全国高等医学院校配套教材

医学基础课程学习指导与强化训练

供临床、预防、基础、口腔、麻醉、影像、药学、检验、护理、中西医结合等专业用

高等数学学习指导

主　编　陈　琳

副主编　张学良

编　委　(以姓氏笔画为序)

刘　浩　吐　娅　张学良

陈　琳　岳　华　祝丽萍

秦伶俐

科学出版社

北　京

内 容 简 介

本书是根据本科《高等数学教学大纲》基本要求、结合医学生高等数学培养特点编写的,是医学本科高等数学教材的配套教材.全书内容分 8 章,分别是:函数、极限与连续,导数与微分,中值定理及导数应用,不定积分,定积分及其应用等.每章后附有强化训练及模拟试题,参考答案另附书末.目的是强化学习.特点是实用性强,内容全面.

本书可供医学本科临床、预防、基础、口腔、麻醉、影像、药学、检验、护理、中西医结合等专业数学使用.

图书在版编目(CIP)数据

高等数学学习指导/陈琳主编.—北京:科学出版社,2006

全国高等医学院校配套教材 · 医学基础课程学习指导与强化训练

ISBN　978-7-03-017912-8

Ⅰ. 高…　Ⅱ 陈…　Ⅲ. 高等数学-医学院校-教学参考资料　Ⅳ. 013

中国版本图书馆 CIP 数据核字(2006)第 100883 号

责任编辑:郭海燕　夏　宇 / 责任校对:纪振红

责任印制:张欣秀 / 封面设计:黄　超

科学出版社出版

北京东黄城根北街 16 号

邮政编码: 100717

http://www.sciencep.com

北京厚诚则铭印刷科技有限公司 印刷

科学出版社发行　各地新华书店经销

*

2006 年 8 月第　一　版　　开本:787×1092　1/16

2017 年 9 月第八次印刷　　印张:17 3/4

字数:418 000

定价:35.00 元

(如有印装质量问题,我社负责调换)

前　　言

随着现代科学技术和信息技术的迅速发展,各门学科和技术都朝着定量化的趋势发展,数学的应用正在向一切领域渗透. 尤其近年来,作为素质教育的一项重要改革,高等数学已经不再是单纯为其他专业课程提供数学工具,更是成为培养和提高大学生科学与数学素质的重要课程.

鉴于目前高等学校非数学类专业学时较少,同时,许多非数学类高等数学教材受到篇幅的限制,存在题型不全、例题简单、强化训练较少等不足,很多学生感到这门课程内容概念复杂,方法深奥灵活,尤其解题困难而不易掌握,而有些学生又感到学得不够. 因此,如何满足学生学习的要求,使学生能真正掌握数学的基本思想和基本技能,是目前高等数学课程教学改革与实践的一项重要课题. 基于此,在多年从事高等数学教学实践的基础上,我们参阅了大量参考书籍,编写了这本主要针对非数学类专业高等数学课程的学习指导,以促进这些专业高等数学的教学和学习.

本书适用于开设高等数学的非数学类本科各专业.还可以作为学生的教学辅导用书,也可以作为教师的教学参考用书.

全书分为 8 章,每章包括知识点、题型分析、解题常见错误剖析、强化训练、模拟试题五部分. 知识点为本章必须掌握的内容;题型分析按常见的题型进行分类,所选例题代表性较强,难易结合,并有解题思路和详细的解题过程;解题常见错误剖析部分选择学生在解题过程中经常出现的错误进行深入分析,并给出正确的解题过程;强化训练是针对教材中强化内容过少,题型不全所补充的练习题,并按照考试中经常出现的题型分为单项选择题、填空题、计算题(包括应用题),难易适中,有少量有一定难度的题目;模拟试题部分按照本章知识点选题. 书后附有强化训练及模拟试题参考答案.

本书第 1 章由刘浩编写,第 2 章由吐娅编写,第 3 章由祝丽萍编写,第 4 章由秦伶俐编写,第 5 章由陈琳编写,第 6 章由岳华编写,第 7 章、第 8 章由张学良编写.

本书在编写过程中参考了国内大量高等数学的教材和著作,在此表示真诚的感谢.

我们所做的工作仅是一种尝试,加之水平有限,时间仓促,错误之处在所难免,恳请专家、同行和读者批评指正.

编　者

2006 年 5 月

目　　录

第1章 函数、极限与连续

1.1 知 识 点

（1）了解函数的概念.熟悉求函数的定义域、表达式及函数值.熟悉建立简单应用问题的函数关系式.

（2）了解函数的几种简单性质，熟悉判断函数的有界性、奇偶性.

（3）了解复合函数的概念，掌握将一个复合函数分解为基本初等函数或简单函数的方法.

（4）掌握基本初等函数及其图形的有关知识（复习初等数学）.

（5）了解极限概念（“$\varepsilon-N$”与“$\varepsilon-\delta$”定义不作要求），熟悉利用极限概念分析函数的变化趋势.了解左极限与右极限的概念.了解 $x\to x_0$ 时函数极限存在的充分必要条件，了解极限存在的两个准则.

（6）掌握极限四则运算法则.

（7）掌握用两个重要极限求极限的方法.

（8）了解无穷小量、无穷大量的概念，熟悉无穷小量的性质、无穷小量与无穷大量的关系.熟悉无穷小量的比较.

（9）掌握分段函数极限的求法.

（10）了解函数（含分段函数）在一点连续与间断的概念，掌握判断简单函数在一点的连续性.熟悉函数在一点连续与在一点极限存在之间的关系.

（11）熟悉求函数的间断点并确定其类型.

（12）了解初等函数在其定义区间的连续性.掌握利用复合函数连续性求极限的方法，熟悉在闭区间上连续函数的性质，了解介值定理及其应用.

1.2 题 型 分 析

1. 求函数的定义域

解题思路 自变量的取值范围称为函数的定义域.

例1 求函数 $y=\sqrt{x^2-x-6}+\arcsin\dfrac{2x-1}{7}$ 的定义域.

解 这是两个函数之和的定义域，先分别求出每个函数的定义域，然后求其公共部分即可.

$\sqrt{x^2-x-6}$ 的定义域必须满足 $x^2-x-6\geqslant 0$，即 $(x-3)(x+2)\geqslant 0$，解得 $x\geqslant 3$ 或 $x\leqslant -2$，而 $\arcsin\dfrac{2x-1}{7}$ 的定义域是 $\left|\dfrac{2x-1}{7}\right|\leqslant 1$，即 $-7\leqslant 2x-1\leqslant 7$，解得 $-3\leqslant x\leqslant 4$.这两个函数的定义域的公共部分是 $-3\leqslant x\leqslant -2$，$3\leqslant x\leqslant 4$.于是，所求函数的定义域是 $-3\leqslant x\leqslant -2$，$3\leqslant x\leqslant 4$，即[-3，-

2],[3,4].

例 2 设 $y=f(x)$ 的定义域是 $[-1,1]$,求 $y=f(x+a)+f(x-a)$ 的定义域,其中 $0\leqslant a\leqslant 1$.

解 因为 $y=f(x)$ 的定义域是 $[-1,1]$,所以 $y=f(x+a)$ 的定义域为 $-1\leqslant x+a\leqslant 1$,即 $-1-a\leqslant x\leqslant 1-a$. $y=f(x-a)$ 的定义域为 $-1\leqslant x-a\leqslant 1$,即 $-1+a\leqslant x\leqslant 1+a$. 这两个函数的定义域的公共部分是 $-1-a\leqslant x\leqslant 1-a$, $-1+a\leqslant x\leqslant 1+a$. 于是,所求函数的定义域是 $-1-a\leqslant x\leqslant 1-a$, $-1+a\leqslant x\leqslant 1+a$,即 $[a-1,1-a]$.

2. 判断两个函数是否相同

解题思路 若两个函数的定义域和对应法则相同,则这两个函数相等或相同.

例 下列函数中 $f(x)$ 与 $g(x)$ 是否相同?

(1) $f(x)=\lg x^2$, $g(x)=2\lg x$; (2) $f(x)=\sqrt[3]{x^4-x^3}$, $g(x)=x\sqrt[3]{x-1}$;

(3) $f(x)=1$, $g(x)=\sec^2x-\tan^2x$.

解 (1) 不同,因为定义域不同.

(2) 相同,因为定义域、对应法则均相同.

(3) 不同,因为定义域不同.

3. 判断函数的奇偶性

解题思路 设 I 为关于原点对称的区间,若 $\forall x\in I$,都有 $f(-x)=f(x)$,则称 $f(x)$ 为偶函数;若 $f(-x)=-f(x)$,则称 $f(x)$ 为奇函数.

例 判断下列函数的奇偶性:

(1) $f(x)=x\sin x$; (2) $f(x)=\sin x-\cos x$;

(3) $f(x)=\ln\left(x+\sqrt{x^2+1}\right)$.

解 (1) 因为 $f(-x)=-x\sin(-x)=x\sin x=f(x)$,所以 $f(x)=x\sin x$ 是偶函数.

(2) 因为 $f(-x)=\sin(-x)-\cos(-x)=-\sin x-\cos x$. 所以 $f(x)=\sin x-\cos x$ 既不是奇函数也不是偶函数.

(3) 因为

$$\begin{aligned}f(-x)&=\ln\left(x+\sqrt{x^2+1}\right)=\ln\left(-x+\sqrt{x^2+1}\right)\\&=\ln\left(\sqrt{x^2+1}-x\,\frac{x+\sqrt{x^2+1}}{x+\sqrt{x^2+1}}\right)=\ln\left(\frac{1}{x+\sqrt{x^2+1}}\right)\\&=\ln\left(x+\sqrt{x^2+1}\right)^{-1}=-\ln\left(x+\sqrt{x^2+1}\right)=-f(x)\end{aligned}$$

所以 $f(x)=\ln\left(x+\sqrt{x^2+1}\right)$ 是奇函数.

4. 函数的有界性与无界性

解题思路 设函数 $y=f(x)$ 在区间 I 上有定义,若对任意的 $M>0$,都存在 $x\in I$,使 $|f(x)|\leqslant M$,则称 $f(x)$ 在 I 上有界.

如果对任意的 $M>0$,都存在 $x\in I$,使 $|f(x)|>M$,则称 $f(x)$ 在 I 上无界.

例 1 $f(x)=\sin x$ 在 $(-\infty,+\infty)$ 上有界,因为 $|\sin x|\leqslant 1$;函数的有界与无界是相对于某个区间而言的,如 $\varphi(x)=\dfrac{1}{x}$ 在 $(0,1)$ 内无界,但 $\varphi(x)=\dfrac{1}{x}$ 在 $[0.001,2]$ 上却是有界的.

例 2 下列函数是否有界?

(1) $y=\frac{1}{x^2}, a\leqslant x\leqslant 1$,其中 $0<a<1$;(2) $y=x\cos x, x\in(-\infty,+\infty)$.

解　(1) 因为 $a\leqslant x\leqslant 1$,所以 $a^2\leqslant x^2\leqslant 1$,所以 $1\leqslant\frac{1}{x^2}\leqslant\frac{1}{a^2}\left(\text{因为 } 0<a<1, \text{所以} \frac{1}{a^2}>1\right)$,即 $y=\frac{1}{x^2}, a\leqslant x\leqslant 1$,其中 $0<a<1$ 有界.

(2) 对任意的 $M>0$,取 $x=(2[M]+1)\pi$($[M]$表示取 M 的整数部分),则 $\cos x=-1$.此时 $|f(x)|=|(2[M]+1)\pi\cos(2[M]+1)\pi|=(2[M]+1)\pi>M$,所以 $y=x\cos x$,$x\in(-\infty,+\infty)$无界.

5. 复合函数的分解

解题思路　分解复合函数要求所分解出的每一个函数都是基本初等函数或基本初等函数的四则运算形式,即不再含有复合函数.

例 1　分解复合函数:$y=\sqrt{\cot\frac{x}{2}}$.

解　$y=\sqrt{u}, u=\cot v, v=\frac{x}{2}$.

例 2　分解复合函数:$y=e^{\sin\sqrt{x^2+1}}$.

解　$y=e^u, u=\sin v, v=\sqrt{t}, t=x^2+1$.

6. 数列的极限

解题思路　利用判断数列收敛的两个准则.

准则 1:(迫敛性定理)若 $\forall n\in N$,有 $x_n\leqslant y_n\leqslant z_n$,且 $\lim\limits_{n\to\infty}x_n=\lim\limits_{n\to\infty}z_n=A$,则$\{y_n\}$收敛,且 $\lim\limits_{n\to\infty}y_n=A$.

准则 2:(单调有界定理)单调有界数列必有极限.

例 1　$x_1=\sqrt{2}, x_{n+1}=\sqrt{2+x_n}\ (n=1,2,3,\cdots)$,求 $\lim\limits_{n\to\infty}x_n$.

解　用数学归纳法证明数列$\{x_n\}$严格单调递增且有上界.

(1) 显然,当 $n=1$ 时,有 $x_1<x_2$ 即 $\sqrt{2}<\sqrt{2+\sqrt{2}}$.

设 $n=k(k\geqslant 1)$时,有 $x_k<x_{k+1}$ 成立,则 $2+x_k<2+x_{k+1}$,所以 $\sqrt{2+x_k}<\sqrt{2+x_{k+1}}$,即 $x_{k+1}<x_{k+2}$.所以 $x_{k+1}<x_{(k+1)+1}$,即当 $n=k+1(k\geqslant 1)$时,命题也成立. 所以数列$\{x_n\}$严格单调递增.

(2) 显然,当 $n=1$ 时,有 $x_1=\sqrt{2}<\sqrt{2}+1$.

设 $n=k(k\geqslant 1)$,有 $x_k<\sqrt{2}+1$ 成立(下界为$\sqrt{2}$),则

$$x_{k+1}=\sqrt{2+x_k}<\sqrt{2+(\sqrt{2}+1)}<\sqrt{2+2\sqrt{2}+1}=\sqrt{(\sqrt{2}+1)^2}=\sqrt{2}+1$$

所以当 $n=k+1$ 时,命题也成立.所以 $\forall n\geqslant 1$,都有 $x_n<\sqrt{2}+1$ 即数列$\{x_n\}$有上界(上界为$\sqrt{2}+1$).所以数列$\{x_n\}$严格单调递增且有界.所以由单调有界定理数列$\{x_n\}$必存在极限,设 $\lim\limits_{n\to\infty}x_n=l$,由已知 $x_{n+1}=\sqrt{2+x_n}$,所以 $x_{n+1}^2=2+x_n$,$\lim\limits_{n\to\infty}x_{n+1}^2=\lim\limits_{n\to\infty}(2+x_n)=2+\lim\limits_{n\to\infty}x_n$,即 $l^2=2+l$,$l^2-l-2=0$,$(l-2)(l+1)=0$,所以 $l=2$ 或 $l=-1$(因为$\sqrt{2}\leqslant x_n<\sqrt{2}+1$).所以 $\lim\limits_{n\to\infty}x_n=2$.

例 2　求 $\lim\limits_{n\to\infty}\left(\frac{1}{\sqrt{n^2+1}}+\frac{1}{\sqrt{n^2+2}}+\cdots+\frac{1}{\sqrt{n^2+n}}\right)$.

解 因为

$$n\cdot\frac{1}{\sqrt{n^2+n}}\leqslant\frac{1}{\sqrt{n^2+1}}+\frac{1}{\sqrt{n^2+2}}+\cdots+\frac{1}{\sqrt{n^2+n}}\leqslant n\cdot\frac{1}{\sqrt{n^2+1}}$$

又因为

$$\lim_{n\to\infty}\frac{n}{\sqrt{n^2+n}}=\lim_{n\to\infty}\frac{1}{\sqrt{1+\frac{1}{n}}}=1$$

$$\lim_{n\to\infty}\frac{n}{\sqrt{n^2+1}}=\lim_{n\to\infty}\frac{1}{\sqrt{1+\frac{1}{n^2}}}=1$$

所以由迫敛性定理

$$\lim_{n\to\infty}\left(\frac{1}{\sqrt{n^2+1}}+\frac{1}{\sqrt{n^2+2}}+\cdots+\frac{1}{\sqrt{n^2+n}}\right)=1$$

7. 函数的极限

解题思路 函数的左、右极限,函数极限存在的判断.

$$\lim_{x\to x_0}f(x)=A\Leftrightarrow\lim_{x\to x_0^-}f(x)=\lim_{x\to x_0^+}f(x)=A$$

$$\lim_{x\to\infty}f(x)=A\Leftrightarrow\lim_{x\to-\infty}f(x)=\lim_{x\to+\infty}f(x)=A$$

例 1 设

$$f(x)=\begin{cases}x^2+1, & x<0\\ x, & x>0\end{cases}$$

求$\lim\limits_{x\to0^-}f(x)$、$\lim\limits_{x\to0^+}f(x)$,并问$\lim\limits_{x\to0}f(x)$是否存在.

解 因为

$$\lim_{x\to0^-}f(x)=\lim_{x\to0^-}(x^2+1)=1,\lim_{x\to0^+}f(x)=\lim_{x\to0^+}x=0$$

所以$\lim\limits_{x\to0}f(x)$不存在.

例 2 问$f(x)=x\cdot\arctan\dfrac{1}{x}$在$x=0$处是否存在极限.

解 因为

$$\lim_{x\to0^-}f(x)=\lim_{x\to0^-}x\cdot\arctan\frac{1}{x}=0\cdot\left(-\frac{\pi}{2}\right)=0$$

$$\lim_{x\to0^+}f(x)=\lim_{x\to0^+}x\cdot\arctan\frac{1}{x}=0\cdot\frac{\pi}{2}=0$$

所以$\lim\limits_{x\to0}f(x)=0$存在.

8. 两个重要极限

解题思路　利用两个重要极限$\lim\limits_{x\to0}\frac{\sin x}{x}=1$，$\lim\limits_{x\to\infty}\left(1+\frac{1}{x}\right)^x=\mathrm{e}$来求函数的极限.

例 1　求$\lim\limits_{x\to0}\frac{\sin3x}{\sin4x}$.

解
$$\lim_{x\to0}\frac{\sin3x}{\sin4x}=\lim_{x\to0}\frac{\sin3x}{3x}\cdot\frac{4x}{\sin4x}\cdot\frac{3x}{4x}=\frac{3}{4}\lim_{x\to0}\frac{\sin 3x}{3x}\cdot\frac{4x}{\sin4x}\cdot\frac{3x}{4x}=\frac{3}{4}$$

例 2　求$\lim\limits_{x\to0}\frac{1-\cos x}{x^2}$.

解
$$\lim_{x\to0}\frac{1-\cos x}{x^2}=\lim_{x\to0}\frac{2\sin^2\frac{x}{2}}{x^2}=\frac{1}{2}\lim_{x\to0}\left(\frac{\sin\frac{x}{2}}{\frac{x}{2}}\right)^2=\frac{1}{2}$$

例 3　求$\lim\limits_{x\to0}\frac{\tan x-\sin x}{x^3}$.

解
$$\lim_{x\to0}\frac{\tan x-\sin x}{x^3}=\lim_{x\to0}\frac{\tan x(1-\cos x)}{x^3}=\lim_{x\to0}\frac{1}{\cos x}\frac{\sin x}{x}\frac{1-\cos x}{x^2}$$
$$=\lim_{x\to0}\frac{1}{\cos x}\lim_{x\to0}\frac{\sin x}{x}\lim_{x\to0}\frac{1-\cos x}{x^2}$$
$$=1\cdot1\cdot\lim_{x\to0}\frac{1-\cos x}{x^2}=\lim_{x\to0}\frac{1-\cos x}{x^2}$$

由例 2 知$\lim\limits_{x\to0}\frac{1-\cos x}{x^2}=\frac{1}{2}$，故$\lim\limits_{x\to0}\frac{\tan x-\sin x}{x^3}=\frac{1}{2}$.

例 4　求$\lim\limits_{x\to\infty}\left(1+\frac{x}{3}\right)^x$.

解　令$\frac{x}{3}=u$，则$x=3u$，并且$x\to\infty\Leftrightarrow u\to\infty$，
$$\lim_{x\to\infty}\left(1+\frac{x}{3}\right)^x=\lim_{u\to\infty}\left(1+\frac{1}{u}\right)^{3u}=\lim_{u\to\infty}\left[\left(1+\frac{1}{u}\right)^u\right]^3=\mathrm{e}^3$$

例 5　求$\lim\limits_{x\to\infty}\left(1-\frac{2}{x}\right)^x$.

解
$$\lim_{x\to\infty}\left(1-\frac{2}{x}\right)^x=\lim_{x\to\infty}\left[\left(1+\frac{1}{-\frac{x}{2}}\right)^{-\frac{1}{2}}\right]^{-2}=\mathrm{e}^{-2}$$

例 6　求$\lim\limits_{x\to\infty}\left(\frac{2-x}{3-x}\right)^x$.

解法一　令$\frac{2-x}{3-x}=1+\frac{1}{u}$，解得$x=u+3$，并且$x\to\infty\Leftrightarrow u\to\infty$，故
$$\lim_{x\to\infty}\left(\frac{2-x}{3-x}\right)^x=\lim_{u\to\infty}\left(1+\frac{1}{u}\right)^{u+3}=\lim_{u\to\infty}\left(1+\frac{1}{u}\right)^u\lim_{u\to\infty}\left(1+\frac{1}{u}\right)^3=\mathrm{e}\cdot1^3=\mathrm{e}$$

解法二 $$\lim_{x\to\infty}\left(\frac{2-x}{3-x}\right)^x=\lim_{x\to\infty}\left[\frac{-x\left(1-\frac{2}{x}\right)}{-x\left(1-\frac{3}{x}\right)}\right]^x=\lim_{x\to\infty}\frac{\left(1-\frac{2}{x}\right)^x}{\left(1-\frac{3}{x}\right)^x}=\lim_{x\to\infty}\frac{\left[\left(1-\frac{2}{x}\right)^{\frac{-x}{2}}\right]^{-2}}{\left[\left(1-\frac{3}{x}\right)^{\frac{-x}{3}}\right]^{-3}}$$

$$=\frac{e^{-2}}{e^{-3}}=e^{-2+3}=e$$

解法三 $$\lim_{x\to\infty}\left(\frac{2-x}{3-x}\right)^x=\lim_{x\to\infty}\left(\frac{3-x-1}{3-x}\right)^x=\lim_{x\to\infty}\left(1-\frac{1}{3-x}\right)^x=\lim_{x\to\infty}\left(1+\frac{1}{x-3}\right)^x$$

$$=\lim_{x\to\infty}\left(1+\frac{1}{x-3}\right)^{x-3}\cdot\left(1+\frac{1}{x-3}\right)^3=e\cdot 1^3=e$$

9. 无穷小量与无穷大量

解题思路 无穷小量是指在某变化过程中以0为极限的一个变量(函数),而不是指很小很小的一个数.但零是可以作为无穷小的惟一常数.

无穷小的性质:①有限个无穷小的代数和仍为无穷小;②有界变量与无穷小之积仍是无穷小;③有限个无穷小之积仍是一个无穷小.

两个无穷小的和、差、积仍是无穷小,但两个无穷小的商不一定是无穷小.无穷小的阶的比较及利用等价无穷小代换来求极限.

下面是常用的几个等价无穷小代换的例子:

当 $x\to 0$ 时,有 $\sin x\sim x$,$\tan x\sim x$,$\arcsin x\sim x$,$\arctan x\sim x$,$1-\cos x\sim\frac{x^2}{2}$,$\ln(1+x)\sim x$,$e^x-1\sim x$,$\sqrt{1+x}-1\sim\frac{1}{2}x$,$(1+x)^{\frac{1}{n}}-1\sim\frac{1}{n}x$.

例1 求 $\lim\limits_{x\to+\infty}\left(\cos\sqrt{x+1}-\cos\sqrt{x}\right)$.

解 $$\cos\sqrt{x+1}-\cos\sqrt{x}=-2\sin\frac{\sqrt{x+1}+\sqrt{x}}{2}\cdot\sin\frac{\sqrt{x+1}-\sqrt{x}}{2}$$

因为 $\left|-2\sin\frac{\sqrt{x+1}+\sqrt{x}}{2}\right|\leqslant 2$ 有界,而

$$0\leqslant\left|\sin\frac{\sqrt{x+1}-\sqrt{x}}{2}\right|<\left|\frac{\sqrt{x+1}-\sqrt{x}}{2}\right|=\frac{1}{2(\sqrt{x+1}+\sqrt{x})}\to 0\quad(x\to+\infty)$$

故 $\lim\limits_{x\to+\infty}\sin\frac{\sqrt{x+1}-\sqrt{x}}{2}=0$,故是无穷小量.因此 $\lim\limits_{x\to+\infty}\left(\cos\sqrt{x+1}-\cos\sqrt{x}\right)=0$.

例2 求 $\lim\limits_{x\to 0}\frac{\tan 2x}{\sin 5x}$.

解 当 $x\to 0$ 时,$\tan 2x\sim 2x$,$\sin 5x\sim 5x$,

$$\lim_{x\to 0}\frac{\tan 2x}{\sin 5x}=\lim_{x\to 0}\frac{2x}{5x}=\frac{2}{5}$$

例3 证明当 $x\to 0$ 时,$\sin(\sin x)\sim\ln(1+x)$.

解 当 $x\to 0$ 时,$\sin(\sin x)\to 0$,$\ln(1+x)\to 0$,

$$\lim_{x\to 0}\frac{\sin(\sin x)}{\ln(1+x)}=\lim_{x\to 0}\frac{\frac{\sin(\sin x)}{x}}{\frac{\ln(1+x)}{x}}=\lim_{x\to 0}\frac{\frac{\sin x}{x}\,\frac{\sin(\sin x)}{\sin x}}{\ln(1+x)^{\frac{1}{x}}}=\frac{\lim\limits_{x\to 0}\frac{\sin x}{x}\lim\limits_{x\to 0}\frac{\sin(\sin x)}{\sin x}}{\lim\limits_{x\to 0}\ln(1+x)^{\frac{1}{x}}}=\frac{1\cdot 1}{1}=1$$

所以当 $x\to0$ 时，$\sin(\sin x)\sim\ln(1+x)$.

10. 几种常见的求极限的类型

解题思路　几种常见的求极限的类型，如：

①$\frac{0}{0}$型不定式；②$\frac{\infty}{\infty}$型不定式；③$\infty-\infty$ 型不定式；④$1^{\infty}$ 型不定式等.

例 1　求 $\lim\limits_{x\to0^+}\frac{x}{x+\sqrt{x}}$　$\left(\frac{0}{0}\text{型}\right)$.

解法一

$$\lim_{x\to0^+}\frac{x}{x+\sqrt{x}}=\lim_{x\to0^+}\frac{x}{x\left(1+\frac{1}{\sqrt{x}}\right)}=\lim_{x\to0^+}\frac{1}{1+\frac{1}{\sqrt{x}}}=0$$

解法二

$$\lim_{x\to0^+}\frac{x}{x+\sqrt{x}}=\lim_{x\to0^+}\frac{x(x-\sqrt{x})}{(x+\sqrt{x})(x-\sqrt{x})}$$

$$=\lim_{x\to0^+}\frac{x(x-\sqrt{x})}{x^2-x}=\lim_{x\to0^+}\frac{x-\sqrt{x}}{x-1}=0$$

例 2　求 $\lim\limits_{x\to0^+}\frac{x}{\sqrt{1-\cos x}}$　$\left(\frac{0}{0}\text{型}\right)$.

解法一

$$\lim_{x\to0^+}\frac{x}{\sqrt{1-\cos x}}=\lim_{x\to0^+}\frac{x\cdot\sqrt{1+\cos x}}{\sqrt{1-\cos x}\cdot\sqrt{1+\cos x}}$$

$$=\lim_{x\to0^+}\frac{x\cdot\sqrt{1+\cos x}}{\sqrt{\sin^2x}}=\lim_{x\to0^+}\frac{x\cdot\sqrt{1+\cos x}}{\sin x}$$

$$=\lim_{x\to0^+}\frac{x}{\sin x}\cdot\sqrt{1+\cos x}=\sqrt{2}$$

解法二

$$\lim_{x\to0^+}\frac{x}{\sqrt{1-\cos x}}=\lim_{x\to0^+}\frac{x}{\sqrt{2\sin^2\frac{x}{2}}}$$

$$=\lim_{x\to0^+}\frac{x}{\sqrt{2}\cdot\sin\frac{x}{2}}=\frac{2}{\sqrt{2}}\lim_{x\to0^+}\frac{\frac{x}{2}}{\sin\frac{x}{2}}=\sqrt{2}$$

例 3　求 $\lim\limits_{x\to0}\frac{x-\sin x}{x+\sin x}$　$\left(\frac{0}{0}\text{型}\right)$.

解

$$\lim_{x\to0}\frac{x-\sin x}{x+\sin x}=\lim_{x\to0}\frac{1-\frac{\sin x}{x}}{1+\frac{\sin x}{x}}=\frac{0}{2}=0$$

例 4　求 $\lim\limits_{n\to\infty}\left(\frac{1}{n^2}+\frac{2}{n^2}+\cdots+\frac{n}{n^2}\right)$　（无限个无穷小的和）.

解

$$\lim_{n\to\infty}\left(\frac{1}{n^2}+\frac{2}{n^2}+\cdots+\frac{n}{n^2}\right)=\lim_{n\to\infty}\frac{1+2+\cdots+n}{n^2}$$

$$=\lim_{n\to\infty}\frac{\frac{n(1+n)}{2}}{n^2}=\lim_{n\to\infty}\frac{n+n^2}{2n^2}=\lim_{n\to\infty}\frac{\frac{1}{n}+1}{2}=\frac{1}{2}$$

例 5 求$\lim\limits_{x\to0}\dfrac{\ln(1+2x)}{x}$ $\left(\dfrac{0}{0}型\right)$.

解法一
$$\lim_{x\to0}\frac{\ln(1+2x)}{x}=\lim_{x\to0}\frac{\dfrac{1}{1+2x}\cdot2}{1}=\lim_{x\to0}\frac{2}{1+2x}=2$$

解法二
$$\lim_{x\to0}\frac{\ln(1+2x)}{x}=\lim_{x\to0}\frac{1}{x}\ln(1+2x)=\lim_{x\to0}\ln(1+2x)^{\frac{1}{x}}$$
$$=\ln\lim_{x\to0}(1+2x)^{\frac{1}{2x}\cdot2}=\ln e^2=2$$

例 6 求$\lim\limits_{x\to\infty}\dfrac{(2x-1)^{30}\cdot(3x-2)^{20}}{(2x+1)^{50}}$ $\left(\dfrac{\infty}{\infty}型\right)$.

解
$$\lim_{x\to\infty}\frac{(2x-1)^{30}\cdot(3x-2)^{20}}{(2x+1)^{50}}=\lim_{x\to\infty}\frac{(2x-1)^{30}\cdot(3x-2)^{20}\cdot\dfrac{1}{x^{50}}}{(2x+1)^{50}\cdot\dfrac{1}{x^{50}}}$$
$$=\lim_{x\to\infty}\frac{\left[(2x-1)\cdot\dfrac{1}{x}\right]^{30}\cdot\left[(3x-2)\cdot\dfrac{1}{x}\right]^{20}}{\left[(2x+1)\cdot\dfrac{1}{x}\right]^{50}}$$
$$=\lim_{x\to\infty}\frac{\left(2-\dfrac{1}{x}\right)^{30}\cdot\left(3-\dfrac{2}{x}\right)^{20}}{\left(2+\dfrac{1}{x}\right)^{50}}=\frac{2^{30}\cdot3^{20}}{2^{50}}=\left(\frac{3}{2}\right)^{20}$$

例 7 求$\lim\limits_{x\to+\infty}\dfrac{e^x+e^{-x}}{e^x-e^{-x}}$ $\left(\dfrac{\infty}{\infty}型\right)$.

解
$$\lim_{x\to+\infty}\frac{e^x+e^{-x}}{e^x-e^{-x}}=\lim_{x\to+\infty}\frac{1+e^{-2x}}{1-e^{-2x}}=1$$

例 8 求$\lim\limits_{x\to+\infty}\sqrt{x}(\sqrt{x+4}-\sqrt{x})$ $(\infty-\infty型)$.

解
$$\lim_{x\to+\infty}\sqrt{x}(\sqrt{x+4}-\sqrt{x})=\lim_{x\to+\infty}\frac{\sqrt{x}(\sqrt{x+4}-\sqrt{x})(\sqrt{x+4}+\sqrt{x})}{\sqrt{x+4}+\sqrt{x}}$$
$$=\lim_{x\to+\infty}\frac{4\sqrt{x}}{\sqrt{x+4}+\sqrt{x}}=\lim_{x\to+\infty}\frac{4}{\sqrt{\dfrac{x+4}{x}}+1}=\lim_{x\to+\infty}\frac{4}{\sqrt{1+\dfrac{4}{x}}+1}$$
$$=2$$

例 9 求$\lim\limits_{x\to-2}\left(\dfrac{4}{4-x^2}-\dfrac{1}{x+2}\right)$ $(\infty-\infty型)$.

解
$$\lim_{x\to-2}\left(\frac{4}{4-x^2}-\frac{1}{x+2}\right)=\lim_{x\to-2}\frac{4-(2-x)}{4-x^2}=\lim_{x\to-2}\frac{2+x}{4-x^2}$$
$$=\lim_{x\to-2}\frac{2+x}{(2-x)(2+x)}=\lim_{x\to-2}\frac{1}{2-x}=\frac{1}{4}$$

例 10 求$\lim\limits_{x\to\infty}\left(\dfrac{x+1}{x-2}\right)^x$ $(1^\infty型)$.

解

$$\lim_{x\to\infty}\left(\frac{x+1}{x-2}\right)^x=\lim_{x\to\infty}\left(1+\frac{3}{x-2}\right)^x=\lim_{x\to\infty}\left(1+\frac{1}{\frac{x-2}{3}}\right)^{\frac{x-2}{3}\cdot 3+2}$$

$$=\lim_{x\to\infty}\left(1+\frac{1}{\frac{x-2}{3}}\right)^{\frac{x-2}{3}\cdot 3}\cdot\left(1+\frac{1}{\frac{x-2}{3}}\right)^2$$

$$=\lim_{x\to\infty}\left(1+\frac{1}{\frac{x-2}{3}}\right)^{\frac{x-2}{3}\cdot 3}\cdot\lim_{x\to\infty}\left(1+\frac{1}{\frac{x-2}{3}}\right)^2=\mathrm{e}^3$$

例 11　求$\lim\limits_{x\to\infty}\left(\frac{x}{1+x}\right)^x$　(1^∞型).

解法一

$$\lim_{x\to\infty}\left(\frac{x}{1+x}\right)^x=\lim_{x\to\infty}\left(\frac{1+x}{x}\right)^{-x}=\lim_{x\to\infty}\left(1+\frac{1}{x}\right)^{x\cdot(-1)}=\mathrm{e}^{-1}$$

解法二

$$\lim_{x\to\infty}\left(\frac{x}{1+x}\right)^x=\lim_{x\to\infty}\left(1-\frac{1}{1+x}\right)^x$$

$$=\lim_{x\to\infty}\left(1+\frac{1}{-(1+x)}\right)^{-(1+x)\cdot(-1)-1}$$

$$=\lim_{x\to\infty}\left(1+\frac{1}{-(1+x)}\right)^{-(1+x)\cdot(-1)}\cdot\left(1+\frac{1}{-(1+x)}\right)^{-1}$$

$$=\lim_{x\to\infty}\left(1+\frac{1}{-(1+x)}\right)^{-(1+x)\cdot(-1)}\cdot\lim_{x\to\infty}\left(1+\frac{1}{-(1+x)}\right)^{-1}$$

$$=\mathrm{e}^{-1}$$

11. 函数连续性的讨论

解题思路　①因为初等函数在其定义域内是连续的,故关于函数连续性的讨论,主要针对非初等函数而言,如某些分段函数、带绝对值号的函数以及由极限定义的函数等,因此讨论这些函数的连续性实际上就是讨论函数在其分段点处的极限,这可通过讨论在该点的左右连续来完成;②对分段函数式中含待定参数的问题,讨论方法同上;③判断方程在区间内是否有实根,主要利用零点定理来完成;④常利用闭区间上连续函数的性质(如介值定理、零点定理等)证明存在一点满足某抽象函数方程.

例 1　设

$$f(x)=\begin{cases}\mathrm{e}^x, & x<0\\ 1, & x=0\\ \dfrac{\sin x}{x}, & x>0\end{cases}$$

求$\lim\limits_{x\to 0^-}f(x)$,$\lim\limits_{x\to 0^+}f(x)$,并问$f(x)$在$x=0$处是否连续.

解

$$\lim_{x\to 0^-}f(x)=\lim_{x\to 0^-}\mathrm{e}^x=\mathrm{e}^0=1,\ \lim_{x\to 0^+}f(x)=\lim_{x\to 0^+}\frac{\sin x}{x}=1$$

又因为 $f(0)=1$，所以 $f(x)$ 在 $x=0$ 处连续.

例 2 设

$$f(x)=\begin{cases} e^x, & x<0 \\ a+x, & x\geqslant 0 \end{cases}$$

问 a 为何值时函数 $f(x)$ 在 $x=0$ 处连续?

解 因为

$$\lim_{x\to 0^-}f(x)=\lim_{x\to 0^-}e^x=e^0,\lim_{x\to 0^+}f(x)=\lim_{x\to 0^+}(a+x)=a=f(0)$$

又因为如果 $f(x)$ 在 $x=0$ 处连续则必有

$$\lim_{x\to 0^-}f(x)=\lim_{x\to 0^+}f(x)=f(0)$$

所以当 $a=1$ 时，函数 $f(x)$ 在 $x=0$ 处连续

例 3 证明方程 $x^5-3x=1$ 至少有一个根介于 1 和 2 之间.

证明 因为 $f(x)=x^5-3x-1\in C[1,2]$，又因为 $f(1)=-3$，$f(2)=25$，所以由零点定理(根的存在定理)，至少存在一个 $\xi\in(1,2)$ 使得 $f(\xi)=0$ 成立，即方程 $x^5-3x=1$ 至少有一个根介于 1 和 2 之间成立.

例 4 利用零点定理证明方程 $x^3-3x^2-x+3=0$ 在区间 $(-2,0)$，$(0,2)$，$(2,4)$ 内各有一个实根.

证明 设 $f(x)=x^3-3x^2-x+3$，则 $f(-2)<0$，$f(0)>0$，$f(2)<0$，$f(4)>0$. 由零点定理知，存在 $\xi_1\in(-2,0)$，$\xi_2\in(0,2)$，$\xi_3\in(2,4)$，使 $f(\xi_1)=0$，$f(\xi_2)=0$，$f(\xi_3)=0$. 所以 ξ_1,ξ_2,ξ_3 是方程 $x^3-3x^2-x+3=0$ 的实根.

12. 函数的间断点及其类型的判断

解题思路 确定函数间断点及其类型的步骤:

(1) 确定函数 $f(x)$ 的定义域，如果在 $x=x_0$ 函数无定义，则 $x=x_0$ 为函数的一个间断点；如果在 $x=x_0$ 函数有定义，再按下一步进行检验.

(2) 如果 $x=x_0$ 是初等函数定义区间内的点，则 x_0 为 $f(x)$ 的连续点；否则检查极限 $\lim\limits_{x\to x_0}f(x)$ 是否存在，如果 $\lim\limits_{x\to x_0}f(x)$ 不存在，则 x_0 为 $f(x)$ 的间断点，如果 $\lim\limits_{x\to x_0}f(x)$ 存在，再按下一步进行检验.

(3) 如果 $\lim\limits_{x\to x_0}f(x)=f(x_0)$，则 x_0 为 $f(x)$ 的连续点，否则为间断点. 最后，根据函数间断点分类定义，判断其类型.

例 1 指出下列函数的间断点的类型:

(1) $f(x)=\dfrac{x^2-1}{x^2-3x+2}$；(2) $f(x)=\dfrac{\tan 2x}{x}$；(3) $f(x)=\begin{cases} e^{\frac{1}{x}}, & x<0, \\ 1, & x=0, \\ x, & x>0. \end{cases}$

解 (1) 因为

$$\lim_{x\to 1}\frac{x^2-1}{x^2-3x+2}=\lim_{x\to 1}\frac{(x-1)(x+1)}{(x-1)(x-2)}=\lim_{x\to 1}\frac{x+1}{x-2}=-2$$

令 $f(1)=-2$，则 $f(x)$ 就在 $x=1$ 处连续了. $x=1$ 为 $f(x)$ 的第一类间断点，并且为可去间断点. 又因为

$$\lim_{x\to 2}\frac{x^2-1}{x^2-3x+2}=\lim_{x\to 2}\frac{(x-1)(x+1)}{(x-1)(x-2)}=\lim_{x\to 2}\frac{x+1}{x-2}=\infty$$

所以 $x=2$ 为 $f(x)$ 的第二类间断点，并且为无穷间断点.

（2）因为

$$\lim_{x\to0}\frac{\tan 2x}{x}=\lim_{x\to0}\frac{1}{2}\ \frac{\tan 2x}{2x}=\frac{1}{2}$$

令 $f(0)=\frac{1}{2}$，则 $f(x)$ 就在 $x=0$ 处连续了，所以 $x=0$ 为 $f(x)$ 的第一类间断点，并且为可去间断点.

又因为 $\lim\limits_{x\to\frac{k\pi}{2}+\frac{\pi}{4}}\frac{\tan 2x}{x}=\infty$，所以 $x=\frac{k\pi}{2}+\frac{\pi}{4}$ 为 $f(x)$ 的第二类间断点，并且为无穷间断点.

（3）因为 $\lim\limits_{x\to0^-}\mathrm{e}^{\frac{1}{x}}=0$，$\lim\limits_{x\to0^+}x=0$，令 $f(0)=0$，则 $f(x)$ 就在 $x=0$ 处连续了，所以 $x=0$ 为 $f(x)$ 的第一类间断点，并且为可去间断点.

例 2 设

$$f(x)=\begin{cases}\dfrac{\cos x}{x+2}, & x\geqslant0\\ \dfrac{\sqrt{a}-\sqrt{a-x}}{x}, & x<0\,(a>0)\end{cases}$$

问当 a 为何值时，$x=0$ 是 $f(x)$ 的间断点？是什么类型的间断点？

解

$$\lim_{x\to0^-}f(x)=\lim_{x\to0^-}\frac{\sqrt{a}-\sqrt{a-x}}{x}=\lim_{x\to0^-}\frac{(\sqrt{a}-\sqrt{a-x})(\sqrt{a}+\sqrt{a-x})}{x(\sqrt{a}+\sqrt{a-x})}$$

$$=\lim_{x\to0^-}\frac{x}{x(\sqrt{a}+\sqrt{a-x})}=\lim_{x\to0^-}\frac{1}{\sqrt{a}+\sqrt{a-x}}=\frac{1}{2\sqrt{a}}$$

$$\lim_{x\to0^+}f(x)=\lim_{x\to0^+}\frac{\cos x}{x+2}=\frac{1}{2}$$

并且 $f(0)=\frac{1}{2}$

当 $\lim\limits_{x\to0^-}f(x)\neq\lim\limits_{x\to0^+}f(x)$，即 $\frac{1}{2}\neq\frac{1}{2\sqrt{a}}$，亦即 $a\neq1$ 时，$x=0$ 是 $f(x)$ 的间断点，由于 a 为大于 0 的实数，故 $f(0^-)$ 与 $f(0^+)$ 均存在，只是 $f(0^-)\neq f(0^+)$，故 $x=0$ 为 $f(x)$ 的第一类间断点，并且为跳跃间断点.

1.3 解题常见错误剖析

例 1 若 $f(x)=\frac{1}{x}$，求 $f[f(x)]$.

常见错误 $f[f(x)]=\dfrac{1}{\frac{1}{x}}=x$.

错误分析 因为 $f(x)=\frac{1}{x}$ 的定义域为 $x\neq0$，所以 $f[f(x)]=\dfrac{1}{f(x)}=\dfrac{1}{\frac{1}{x}}=x$ 中必须是自变

量 $x\neq 0$.

正确解答 $f[f(x)]=x(x\neq 0)$.

例 2 设

$$f(x)=\begin{cases}1, & \frac{1}{e}<x<1,\\ x, & 1\leqslant x<e,\end{cases} \quad g(x)=e^x$$

求 $f[g(x)]$.

常见错误

$$f[g(x)]=\begin{cases}1, & \frac{1}{e}<x<1\\ e^x, & 1\leqslant x<e\end{cases}$$

错误分析 将函数 $f(u)$ 与 $u=g(x)$ 进行复合时,是把 $f(u)$ 中的变量 u 全换为 $g(x)$. 现在

$$f(u)=\begin{cases}1, & \frac{1}{e}<u<1\\ u, & 1\leqslant u<e\end{cases}$$

故不仅要把表达式中的 u 换为 $g(x)$,还要把定义域中的 u 也换为 $g(x)$.

正确解答

$$\begin{aligned}f[g(x)]&=\begin{cases}1, & \frac{1}{e}<g(x)<1\\ g(x), & 1\leqslant g(x)<e\end{cases}\\ &=\begin{cases}1, & \frac{1}{e}<e^x<1\\ e^x, & 1\leqslant e^x<e\end{cases}=\begin{cases}1, & -1<x<0\\ e^x, & 0\leqslant x<1\end{cases}\end{aligned}$$

例 3 设

$$f(x)=\begin{cases}\sin\frac{1}{x}, & x>0\\ x, & x<0\end{cases}$$

求 $\lim\limits_{x\to 0}f(x)$.

常见错误 由于函数 $f(x)$ 在 $x=0$ 处无定义,故 $\lim\limits_{x\to 0}f(x)$ 不存在.

错误分析 函数极限 $\lim\limits_{x\to 0}f(x)=a$ 定义为:对于任意给定的正数 ε,总存在着正数 δ,当 $0<|x-x_0|<\delta$ 时,有 $|f(x)-a|<\varepsilon$,则称 a 为函数 $f(x)$ 当 $x\to x_0$ 时的极限,并记作 $\lim\limits_{x\to x_0}f(x)=a$.注意到 $0<|x-x_0|<\delta$,故函数 $f(x)$ 在 x_0 处的极限存在与否与函数 $f(x)$ 在 x_0 是否有定义,以及有定义时其值如何均无关系.因此,极限 $\lim\limits_{x\to 0}f(x)$ 不存在是因为函数 $f(x)$ 在 $x=0$ 处无定义是不对的.

正确解答 由于 $f(0+0)=\lim\limits_{x\to 0^+}\sin\frac{1}{x}$ 不存在(振荡),故 $\lim\limits_{x\to 0}f(x)$ 不存在.

例 4 求极限 $\lim\limits_{x\to 0}\frac{x^2\sin\frac{1}{x}}{\sin x}$.

常见错误

$$\lim_{x\to 0}\frac{x^2\sin\frac{1}{x}}{\sin x}=\lim_{x\to 0}x\frac{1}{\lim\limits_{x\to 0}\frac{\sin x}{x}}\lim_{x\to 0}\sin\frac{1}{x}=0$$

错误分析 在使用极限运算法则“函数乘积的极限等于各函数的极限的乘积”时，各函数的极限必须存在.现在，由于$\lim\limits_{x\to 0}\sin\dfrac{1}{x}$不存在，所以上述做法是错误的.

正确解答 由于$\lim\limits_{x\to 0}x=0$，$\left|\sin\dfrac{1}{x}\right|\leqslant 1$，从而根据“无穷小与有界函数的乘积是无穷小”可得$\lim\limits_{x\to 0}x\sin\dfrac{1}{x}=0$，于是

$$\lim_{x\to 0}\frac{x^2\sin\dfrac{1}{x}}{\sin x}=\lim_{x\to 0}x\sin\frac{1}{x}\cdot\frac{1}{\lim\limits_{x\to 0}\dfrac{\sin x}{x}}=0\times 1=0$$

例5 求极限$\lim\limits_{n\to\infty}\left(\dfrac{1}{n^2}+\dfrac{2}{n^2}+\cdots+\dfrac{n}{n^2}\right)$.

常见错误

$$\lim_{n\to\infty}\left(\frac{1}{n^2}+\frac{2}{n^2}+\cdots+\frac{n}{n^2}\right)=\lim_{n\to\infty}\frac{1}{n^2}+\lim_{n\to\infty}\frac{2}{n^2}+\cdots+\lim_{n\to\infty}\frac{n}{n^2}$$
$$=0+0+\cdots+0=0$$

错误分析 违反了极限的运算法则，无穷多个无穷小相加不一定还是无穷小，所以上述做法是错误的.

正确解答

$$\lim_{n\to\infty}\left(\frac{1}{n^2}+\frac{2}{n^2}+\cdots+\frac{n}{n^2}\right)=\lim_{n\to\infty}\frac{\dfrac{1}{2}n(n+1)}{n^2}=\frac{1}{2}$$

例6 求$f(x)=\dfrac{x}{\tan x}$的间断点并判别间断点的类型.

常见错误 当$\tan x=0$，即$x=k\pi(k=0,\pm 1,\pm 2,\cdots)$时函数无定义，又因为$\lim\limits_{x\to k\pi}\dfrac{x}{\tan x}=\infty$，故$x=k\pi(k=0,\pm 1,\pm 2,\cdots)$为$f(x)$的第二类间断点.

错误分析 遗漏了使$\tan x$无定义的点$x=k\pi+\dfrac{\pi}{2}(k=0,\pm 1,\pm 2,\cdots)$，这些点也是$f(x)$的间断点.由于$\lim\limits_{x\to 0}\dfrac{x}{\tan x}=1$，故$x=0$不是$f(x)$的第二类间断点.

正确解答 $\tan x$的无定义点和零点分别为：$k\pi+\dfrac{\pi}{2}$和$k\pi(k=0,\pm 1,\pm 2,\cdots)$，又因为

$$\lim_{x\to 0}\frac{x}{\tan x}=1,\ \lim_{x\to k\pi+\frac{\pi}{2}}\frac{x}{\tan x}=0\ (k=0,\pm 1,\pm 2,\cdots)$$

$$\lim_{x\to k\pi}\frac{x}{\tan x}=\infty\ (k=\pm 1,\pm 2,\cdots)$$

故$x=0$和$x=k\pi+\dfrac{\pi}{2}(k=0,\pm 1,\pm 2,\cdots)$为$f(x)$的第一类间断点，并且为可去间断点.

而$x=k\pi(k=\pm 1,\pm 2,\cdots)$为$f(x)$的第二类间断点，并且为无穷间断点.

1.4 强化训练

强化训练 1.1

1. 单项选择题：

(1) 函数 $f(x)=0$(　　).

A. 是奇函数但不是偶函数　　B. 是偶函数但不是奇函数

C. 既是奇函数又是偶函数　　D. 既不是奇函数也不是偶函数

(2) 设 $f(x)=\frac{1}{x}$，$g(x)=1-x$，则 $f(g(x))$ 等于(　　).

A. $1-\frac{1}{x}$　　B. $1+\frac{1}{x}$

C. $\frac{1}{1-x}$　　D. x

(3) 函数 $f(x)=\sqrt{x^2-4x-12}$ 定义域为(　　).

A. $(-\infty,2]$　　B. $[6,+\infty)$

C. $(-\infty,-2]\cup[6,+\infty)$　　D. $[-2,6]$

(4) 当 $x\to0$ 时，$\sin(2x+x^2)$ 与 x 比较是(　　)无穷小量.

A. 较高阶的　　B. 较低阶的

C. 等价的　　D. 同阶的

(5) 极限 $\lim\limits_{x\to a}\frac{\sin x}{x}=$(　　).

A. 1　　B. 不存在

C. 视 a 而定　　D. 0

(6) 极限 $\lim\limits_{x\to2}\left(1+\frac{1}{x}\right)^x=$(　　).

A. e　　B. -1

C. $\frac{9}{4}$　　D. 1

(7) 极限 $\lim\limits_{x\to\infty}\left(1-\frac{2}{x}\right)^{-x}=$(　　).

A. 1　　B. 0

C. e^2　　D. e^{-2}

(8) 设函数 $f(x)=\begin{cases}e^x, & x<0\\ x^2+2a, & x\geqslant0\end{cases}$ 在点 $x=0$ 处连续，则 a 的值等于(　　).

A. 0　　B. 1

C. -1　　D. $\frac{1}{2}$

(9) 设$\lim\limits_{x\to x_0}f(x)=a$,且$a$为常数,则函数$f(x)$在点$x_0$处(　　).

A. 可以有定义,也可以无定义　　B. 一定有定义

C. 一定无定义　　D. 有定义且$f(x_0)=a$

(10) 设$f(x)$的定义域是$[-1,1]$,则$f(x+1)$的定义域是(　　).

A. $[-2,0]$　　B. $[-1,1]$

C. $(0,2]$　　D. $[0,2]$

(11) 下列函数在给定区间内无界的是(　　).

A. $y=\ln(1+x^2)$, $[0,1]$　　B. $y=3^x$, $(-\infty,0)$

C. $y=2x^2+x-5$, $(0,+\infty)$　　D. $y=\cos x$, $(-\infty,+\infty)$

(12) 下列各式中正确的是(　　).

A. $\lim\limits_{x\to 0}\dfrac{x}{\sin x}=1$　　B. $\lim\limits_{x\to \pi}\dfrac{\sin x}{x}=1$

C. $\lim\limits_{x\to \infty}\dfrac{\sin x}{x}=1$　　D. $\lim\limits_{x\to \infty}\dfrac{x}{\sin x}=1$

(13) 下列等式成立的是(　　).

A. $\lim\limits_{x\to\infty}\left(1+\dfrac{1}{x}\right)^{2x}=\mathrm{e}$　　B. $\lim\limits_{x\to\infty}\left(1+\dfrac{2}{x}\right)^{x}=\mathrm{e}$

C. $\lim\limits_{x\to\infty}\left(1+\dfrac{1}{2x}\right)^{x}=\mathrm{e}$　　D. $\lim\limits_{x\to\infty}\left(1+\dfrac{1}{x}\right)^{x+1}=\mathrm{e}$

(14) 无穷小量是指(　　).

A. 一个很小的数　　B. 以零为极限的变量

C. 负无穷　　D. 极限为0.0001的变量

(15) 下列命题正确的有(　　).

A. 无穷小量的倒数是无穷大量　　B. 无穷小量是任意小的正常数

C. 无穷小量是以零为极限的变量　　D. 无穷小量有界,但不一定有极限

(16) 当$x\to 0$时,下列变量中为x的高阶无穷小量的是(　　).

A. $\dfrac{1}{x}$　　B. $\ln x^2$

C. $\sin 2x$　　D. x^2

(17) 当$x\to 0$时,下列变量为无穷大量的是(　　).

A. x^2　　B. $\sqrt{x}$

C. x^{-2}　　D. x^2+2x

(18) 设$\alpha=1-\cos x$, $\beta=2x^2$,则当$x\to 0$时(　　).

A. α与β是同阶但不是等价无穷小　　B. α与β是等价无穷小

C. α是β的高阶无穷小　　D. α是β的低阶无穷小

(19) 函数$f(x)=\begin{cases}x-1, & x<0,\\ 0, & x=0,\\ x+1, & x>0,\end{cases}$则$\lim\limits_{x\to 0}f(x)$是(　　).

A. -1　　B. 0

C. 1　　D. 不存在

(21) $\lim\limits_{x\to x_0^+}f(x)=\lim\limits_{x\to x_0^-}f(x)$是$f(x)$在$x_0$处连续的(　　)条件.

A. 充分条件　　B. 必要条件

C. 充要条件　　D. 无关条件

2. 填空题:

(1) 函数$y=\sqrt{x+3}+\arcsin\left(\dfrac{1}{4}x+1\right)$的定义域为________.

(2) 设$f(u)$定义域为$0\leqslant u<\dfrac{\pi}{4}$,则$f(\arcsin x)$的定义域为________.

(3) 已知$f(x)=\dfrac{1}{1+x}$,则$f\left(\dfrac{1}{f(x)}\right)=$________.

(4) $f(x)=\dfrac{x}{1-x}$,则$f[f(x)]=$________.

(5) $\lim\limits_{x\to 0}(1-x)^{\frac{1}{x}}=$________.

(6) $\lim\limits_{x\to 0}\dfrac{1-\cos x}{x^2}=$________.

(7) $\lim\limits_{x\to\infty}\dfrac{x^n-1}{x-1}=1$, $n=$________.

(8) $\lim\limits_{x\to+\infty}\dfrac{\sqrt[3]{x^2+x}}{x}=$________.

(9) $\lim\limits_{x\to 0}\dfrac{e^x-1}{x}=$________.

(10) $\lim\limits_{x\to 0}\dfrac{x-\sin x}{x^3}=$________.

(11) 当$x\to 0$时,无穷小量$1-\cos x$与mx^n等价,则常数m与n的值分别为________.

(12) 变量$y=\dfrac{1}{x^2-4}$, 当$x\to$________时是无穷大量.

(13) $f(x)=\begin{cases}1+x\sin\dfrac{1}{x}, & x\neq 0\\ a, & x=0\end{cases}$在$x=0$处连续,则$a=$________.

(14) 设$f(x)=\begin{cases}2x^2+x, & x>1,\\ c, & x\leqslant 1,\end{cases}$ $\lim\limits_{x\to 1}f(x)$存在,则$c=$________.

(15) $y=\dfrac{x-1}{x^2-3x+2}$的可去间断点是________.

(16) 函数$y=\left(1+\dfrac{1}{x}\right)^x$的间断点是________.

(17) 设$f(x)=\begin{cases}3x+5, & x<0\\ ax+b, & 0\leqslant x\leqslant 1\\ x^2+8, & x>1\end{cases}$在定义域上连续,则$a=$________;$b=$________.

(18) $\lim\limits_{x\to\infty}\left(1-\dfrac{a}{x}\right)^{x}=e^{3}$,则 $a=$________.

(19) 设$\lim\limits_{x\to 0}\dfrac{1-\cos x}{ax^{2}}=1$,则 $a=$________.

(20) $\lim\limits_{x\to 0}\dfrac{\sin 2x}{\cos\left(x-\dfrac{\pi}{2}\right)}=$________.

3. 计算题:

(1) $\lim\limits_{x\to 1}\dfrac{x^{n}-1}{x-1}$($n$ 为正整数);

(2) $\lim\limits_{x\to+\infty}\dfrac{\cos x}{e^{x}+e^{-x}}$;

(3) $\lim\limits_{x\to 0}\dfrac{\sqrt{1-x}-3}{2+\sqrt[3]{x}}$;

(4) $\lim\limits_{x\to\infty}\dfrac{x^{2}+1}{x^{3}+x}(3+\cos x)$;

(5) $\lim\limits_{x\to+\infty}\dfrac{2x\sin x}{\sqrt{1+x^{2}}}\arctan\dfrac{1}{x}$;

(6) $\lim\limits_{x\to\infty}\dfrac{(2x-1)^{30}(3x-2)^{20}}{(2x+1)^{50}}$;

(7) $\lim\limits_{x\to+\infty}\left(\sqrt{x^{2}+3x}-x\right)$;

(8) $\lim\limits_{x\to 0}\dfrac{\sin 4x}{\sqrt{x+4}-2}$;

(9) $\lim\limits_{x\to\infty}\left(1-\dfrac{1}{2x}\right)^{x}$;

(10) $\lim\limits_{x\to 0}\left(\dfrac{2-x}{2}\right)^{\frac{2}{x}}$;

(11) $\lim\limits_{x\to\infty}\left(\dfrac{x+1}{x-2}\right)^{x}$;

(12) $\lim\limits_{x\to\infty}\left(\dfrac{x}{1+x}\right)^{x}$;

(13) $\lim\limits_{x\to+\infty}\dfrac{e^{x}+e^{-x}}{e^{x}-e^{-x}}$;

(14) $\lim\limits_{x\to+\infty}\left(\sqrt{x+1}-\sqrt{x}\right)$;

(15) $\lim\limits_{n\to\infty}2^{n}\sin\dfrac{\pi}{2^{n}}$;

(16) $\lim\limits_{x\to\infty}\left(\dfrac{x-1}{x+1}\right)^{x+4}$;

(17) $\lim\limits_{n\to\infty}\left(1+\dfrac{1}{2}+\dfrac{1}{4}+\cdots+\dfrac{1}{2^{n}}\right)$;

(18) $\lim\limits_{x\to-2}\left(\dfrac{4}{4-x^{2}}-\dfrac{1}{x+2}\right)$;

(19) $\lim\limits_{x\to 0}\dfrac{\sqrt{1-x}-3}{2+\sqrt[3]{x}}$;

(20) $\lim\limits_{x\to+\infty}\left(\sqrt{(x+p)(x+q)}-x\right)$.

强化训练 1.2

1. 求下列函数的定义域:

(1) $y=\sqrt{2+x-x^{2}}$;

(2) $y=\dfrac{1}{\sqrt{x-x^{2}}}$;

(3) $y=\dfrac{1}{1-x^{2}}+\sqrt{x+4}$;

(4) $y=\dfrac{1}{|x|-x}$.

2. 设$f(x)=\begin{cases}1+x^{2}, x\in(-\infty,0),\\ x-1,\ x\in[0,+\infty),\end{cases}$求$f(-1)$, $f(0)$, $f\left(\dfrac{1}{2}\right)$.

3. 设$f(x)$在$(-\infty,+\infty)$上有定义, $f(1)=2$, $f(x+y)=f(x)f(y)$,求$f(1999)$.

4. 判断下列函数的奇偶性：

(1) $y=x+x^9+5$； (2) $y=\log_a\left(x+\sqrt{x^2+1}\right)$；

(3) $y=\dfrac{e^x+e^{-x}}{2}$； (4) $y=\dfrac{e^x-e^{-x}}{2}$.

5. 设函数 $f(x)$ 定义在 $[-a,a]$ 上，证明：

(1) $f(x)+f(-x)$ 为偶函数； (2) $f(x)-f(-x)$ 为奇函数.

6. 设 $f(x)=\dfrac{1}{1+x}$，$g(x)=1+x^2$，求 $f(f(x))$，$f(g(x))$，$g(f(x))$，$g(g(x))$.

7. 下列函数是由哪些函数复合而成？

(1) $y=e^{\sin x^2}$； (2) $y=\sqrt{\log_a(1+x^2)}$； (3) $y=\left(\arctan\dfrac{1-x}{1+x}\right)^2$；

(4) $y=f(\cos(ax+b))$； (5) $y=2^{\sin^2\frac{1}{x}}$； (6) $y=(1+\arcsin x)^{-1}$.

8. 试证明双曲函数公式.

强化训练 1.3

1. 用"$\varepsilon-N$"语言证明：

(1) $\lim\limits_{n\to\infty}\dfrac{2n-1}{n+1}=2$； (2) $\lim\limits_{n\to\infty}\dfrac{n}{\sqrt{n^2+1}}=1$；

(3) $\lim\limits_{n\to\infty}(\sqrt{n+1}-\sqrt{n})=0$； (4) $\lim\limits_{n\to\infty}\left(1-\dfrac{1}{2^n}\right)=1$.

2. 若数列 $\{x_n\}$ 收敛，证明 $\{x_n\}$ 有界.

3. 求下列数列的极限：

(1) $\lim\limits_{n\to\infty}\dfrac{100n}{n^2+1}$； (2) $\lim\limits_{n\to\infty}\left(\dfrac{1+2+\cdots+n}{n+2}-\dfrac{2}{n}\right)$；

(3) $\lim\limits_{n\to\infty}\left(\dfrac{1}{1\cdot 2}+\dfrac{1}{2\cdot 3}+\cdots+\dfrac{1}{n\cdot(n+1)}\right)$；

(4) $\lim\limits_{n\to\infty}\left(\dfrac{1}{\sqrt{n^2+1}}+\dfrac{1}{\sqrt{n^2+2}}+\cdots+\dfrac{1}{\sqrt{n^2+n}}\right)$.

4. 用"$\varepsilon-\delta$"语言证明：

(1) $\lim\limits_{x\to 1}(3x+4)=7$； (2) $\lim\limits_{x\to-\infty}2^x=0$；

(3) $\lim\limits_{x\to 2}\dfrac{x^2-4}{x-2}=4$； (4) $\lim\limits_{x\to\infty}\dfrac{2x+3}{x}=2$.

5. 求下列函数的极限：

(1) $\lim\limits_{x\to 2}(3x^2+5x+4)$； (2) $\lim\limits_{x\to-2}\dfrac{x^2+x+1}{x-2}$； (3) $\lim\limits_{x\to\infty}\dfrac{3x^2+9x+1}{4x^2+8}$；

(4) $\lim\limits_{x\to 4}\dfrac{\sqrt{x-2}-\sqrt{2}}{x-4}$； (5) $\lim\limits_{x\to 4}\dfrac{\sqrt{2x+1}-3}{\sqrt{x-2}-\sqrt{2}}$； (6) $\lim\limits_{x\to 2}\left(\dfrac{x^3+x+2}{x^2-1}-2\right)$；

(7) $\lim\limits_{h\to 0}\dfrac{(x+h)^2-x^2}{h}$； (8) $\lim\limits_{x\to 1}\left(\dfrac{1}{1-x}-\dfrac{3}{1-x^3}\right)$.

6. 求下列函数的极限：

(1) $\lim\limits_{x\to 0}\dfrac{x}{\sin ax}$；　(2) $\lim\limits_{x\to 0}\dfrac{x^2}{\sin x}$；　(3) $\lim\limits_{x\to 0}\dfrac{\sin 3x}{\tan 4x}$；

(4) $\lim\limits_{x\to\infty} x\sin\dfrac{1}{x}$；　(5) $\lim\limits_{x\to\infty}\left(1+\dfrac{1}{kx}\right)^x$；　(6) $\lim\limits_{x\to 0}(1+x)^{\frac{1}{ax}}$；

(7) $\lim\limits_{x\to\infty}\left(\dfrac{x}{1+x}\right)^{ax}$；　(8) $\lim\limits_{x\to 0}\dfrac{\ln(1+ax)}{x}$.

7. 求函数 $f(x)=\dfrac{|x|}{x}$ 在 $x=0$ 处的左、右极限，并判断函数在 $x=0$ 处的极限是否存在.

8. 判断下列函数哪些是无穷小量，哪些是无穷大量？

(1) $\dfrac{1+2x}{x}, x\to 0$；　(2) $e^{\frac{1}{x}}-1, x\to\infty$；

(3) $\tan x, x\to 0$；　(4) $\dfrac{\sin\theta}{1+\sec\theta}, \theta\to 0$.

9. 证明：当 $x\to 0$ 时，$\arctan x\sim x$；$1-\cos x\sim\dfrac{x^2}{2}$.

10. 许多肿瘤的生长规律服从函数 $v=v_0e^{\frac{A}{\alpha}(1-e^{-\alpha t})}$，其中 v 表示 t 时刻肿瘤的大小（体积或重量），v_0 表示开始观察（$t=0$）时肿瘤的大小；α, A 均为正常数. 问服从此规律的肿瘤是否会无限制地增大？为什么？

强化训练 1.4

1. 用定义证明下列函数在定义域内连续：

(1) $f(x)=x^2-2x-3$；　(2) $f(x)=e^{2x}$.

2. 判断函数 $f(x)=\begin{cases}-x+1, & x\in[0,1)\\ 1, & x=1\\ -x+3, & x\in(1,2]\end{cases}$ 在 $x=1$ 处是否连续？

3. 已知函数 $f(x)=\begin{cases}a+bx^2, & x\in(-\infty,0]\\ \dfrac{\sin bx}{2x}, & x\in(0,+\infty)\end{cases}$ 在 $x=0$ 连续，问 a, b 应满足什么关系？

4. 求下列函数的间断点，并确定其类型.

(1) $y=\dfrac{1}{(x+1)(x-2)}$；　(2) $y=\dfrac{x^2-4}{x-2}$；　(3) $y=\dfrac{\sin x}{x}$；

(4) $y=(1+x)^{\frac{1}{x}}$；　(5) $y=\dfrac{x^2-1}{x^2-3x+2}$；　(6) $f(x)=\begin{cases}x-1, & x\in(-\infty,0],\\ x^2, & x\in(0,+\infty).\end{cases}$

5. 求下列极限：

(1) $\lim\limits_{x\to 1}\dfrac{x^4+x^3+1}{x^3+x^2-1}$；　(2) $\lim\limits_{x\to 0}\dfrac{1-\cos^2 x}{x}$；

(3) $\lim\limits_{x\to x_0}\dfrac{\sin x-\sin x_0}{x-x_0}$；　(4) $\lim\limits_{\Delta x\to 0}\dfrac{\sqrt{x+\Delta x}-\sqrt{x}}{\Delta x}$.

6. 若 $f(x)\in C[0,1]$，且 $0<f(x)<1$，则至少存在一点 $\xi\in(0,1)$，使得 $f(\xi)=\xi$.

7. 研究方程 $x^5-3x+1=0$ 的根.

8. 证明方程 $x\cdot 2^x=1$ 至少有一个小于 1 的正根.

1.5 模拟试题

1. 单项选择题(每小题 2 分):

(1) 下列函数为奇函数的是(　　).

A. $f(x)=\cos\left(x+\dfrac{\pi}{6}\right)$　　B. $f(x)=x^3\cdot\sin x$

C. $f(x)=x+x^2$　　D. $f(x)=\dfrac{e^x-e^{-x}}{2}$

(2) 函数 $f(x)=\sqrt{\ln(\ln x)}$ 定义域为(　　).

A. $(1,+\infty)$　　B. $[1,+\infty)$

C. $(e,+\infty)$　　D. $[e,+\infty)$

(3) 函数 $f(x)=\dfrac{x^3}{x^2-1}$ 在(　　)上有界.

A. $[2,10]$　　B. $[1,10]$

C. $[-10,-1]$　　D. $[-1,1]$

(4) 若函数 $f(x)$ 在某点 x_0 极限存在,则(　　).

A. $f(x)$ 在 x_0 点的函数值必存在且等于极限值

B. $f(x)$ 在 x_0 点的函数值必存在,但不一定等于极限值

C. $f(x)$ 在 x_0 点的函数值可以不存在

D. 如果 $f(x_0)$ 存在的话必等于极限值

(5) 若 $\lim\limits_{x\to x_0}f(x)$ 存在,则(　　).

A. $f(x)$ 必在 x_0 的某一邻域内有界　　B. $f(x)$ 必在 x_0 的某一邻域内一定无界

C. $f(x)$ 必在 x_0 的任一邻域内一定有界　　D. $f(x)$ 必在 x_0 的任一邻域内一定无界

(6) $\lim\limits_{x\to 1}\dfrac{\sin^2(1-x)}{(x-1)^2(x+2)}$ 是(　　).

A. $\dfrac{1}{3}$　　B. $-\dfrac{1}{3}$

C. 0　　D. $\dfrac{2}{3}$

(7) 方程 $x^4-x-1=0$ 至少有一个根的区间是(　　).

A. $\left(0,\dfrac{1}{2}\right)$　　B. $\left(\dfrac{1}{2},1\right)$

C. $(2,3)$　　D. $(1,2)$

(8) 设 $f(x)=\begin{cases}\dfrac{\sqrt{x+1}-1}{x}, & x\neq 0\\ 0, & x=0\end{cases}$,则 $x=0$ 是 $f(x)$ 的(　　).

A. 可去间断点　　B. 无穷间断点

C. 连续点　　D. 跳跃间断点

2. 填空题(每小题 3 分):

(1) 设 $f(x)=ax+b$,则 $\varphi(x)=\dfrac{f(x+h)-f(x)}{h}=$________.

(2) 若 $f\left(x+\dfrac{1}{x}\right)=x^2+\dfrac{1}{x^2}+3$,则 $f(x)=$________.

(3) $\lim\limits_{n\to\infty}(\sqrt{n+3}-\sqrt{n})\sqrt{n-1}=$________.

(4) $\lim\limits_{n\to\infty}\dfrac{1+\dfrac{1}{2}+\dfrac{1}{4}+\cdots+\dfrac{1}{2^n}}{1+\dfrac{1}{3}+\dfrac{1}{9}+\cdots+\dfrac{1}{3^n}}=$________.

(5) 如果 $x\to0$ 时,要使无穷小 $(1-\cos x)$ 与 $a\sin^2\dfrac{x}{2}$ 等价,则 a 应=________.

(6) $\lim\limits_{x\to\infty}\dfrac{(2x-3)^{20}(3x+2)^{30}}{(5x+1)^{50}}=$________.

(7) 函数 $f(x)=\begin{cases}\dfrac{1-x^2}{1+x}, & x\neq-1\\ A, & x=-1\end{cases}$,当 $A=$________时,函数 $f(x)$ 连续.

(8) 已知 $\lim\limits_{x\to2}\dfrac{x^2+ax+b}{x^2-x-2}=2$,则 $a=$________;$b=$________.

3. 计算题((1)—(4)题每小题 7 分,(5)—(8)题每小题 8 分):

(1) 设 $x_n=\dfrac{1^2+2^2+\cdots+n^2}{n^2}-\dfrac{n}{3}$,求 $\lim\limits_{n\to\infty}x_n$;

(2) 求 $\lim\limits_{x\to\frac{1}{2}}\dfrac{8x^3-1}{6x^2-5x+1}$;

(3) 求 $\lim\limits_{n\to\infty}2^n\sin\dfrac{x}{2^n}$($x$ 为不等于 0 的常数);

(4) 求 $\lim\limits_{x\to0}\dfrac{\tan x-\sin x}{\sin^3 x}$;

(5) 求 $\lim\limits_{x\to0}\dfrac{2\sin x-\sin 2x}{x^3}$;

(6) 求 $\lim\limits_{x\to1}\dfrac{\sqrt{5x-4}-\sqrt{x}}{x-1}$;

(7) 求 $\lim\limits_{x\to\infty}\left(\dfrac{2x+3}{2x+1}\right)^{x+1}$;

(8) 求 $\lim\limits_{x\to-\infty}\dfrac{\sqrt{4x^2+x-1}+x+1}{\sqrt{x^2+\sin x}}$.

第 2 章　导数与微分

2.1 知　识　点

（1）了解导数概念与几何意义,熟悉函数的可导性与连续之间的关系,了解求曲线上一点的切线方程.

（2）掌握导数基本公式及导数的四则运算法则,掌握复合函数的求导方法.

（3）掌握求隐函数及由参数方程所确定的函数的一阶导数的方法,掌握对数求导法.

（4）了解高阶导数的概念,熟悉求初等函数的二阶导数.

（5）了解函数微分的概念及微分的几何意义,掌握微分运算法则,熟悉求函数(含隐函数)的微分.了解微分的应用.

2.2 题型分析

1. 利用导数定义求函数的导数

解题思路　（1）如果所求极限可化为如下形式:

$$\lim_{\Delta x\to 0}\frac{f(x_0+\Delta x)-f(x_0)}{\Delta x}\text{或}\lim_{x\to x_0}\frac{f(x)-f(x_0)}{x-x_0}$$

则按导数定义即是 $f'(x_0)$;

（2）$f'(x_0)$ 存在 $\Leftrightarrow f'_-(x_0)=f'_+(x_0)$;

（3）函数 $f(x)$ 在 x 处可微 $\Leftrightarrow$ 函数 $f(x)$ 在 x 处可导.

例 1　设 $f(x)=10x^2$,试按定义求 $f'(-1)$.

解

$$f'(-1)=\lim_{\Delta x\to 0}\frac{f(-1+\Delta x)-f(-1)}{\Delta x}=\lim_{\Delta x\to 0}\frac{10(-1+\Delta x)^2-10(-1)^2}{\Delta x}$$

$$=\lim_{\Delta x\to 0}\frac{10(-1+\Delta x)^2-10(\Delta x)^2}{\Delta x}=\lim_{\Delta x\to 0}(-20+10\Delta x)=-20$$

例 2　设 $f(x)$ 是偶函数,且在 $x=0$ 处可导,求 $f'(0)$.

解

$$f'(0)=\lim_{x\to 0}\frac{f(x)-f(0)}{x-0}=\lim_{x\to 0}\frac{f(x)-f(0)}{x}$$

因为 $f(x)$ 是偶函数,所以 $f(-x)=f(x)$,则

$$f'(0)=\lim_{x\to 0}\frac{f(x)-f(0)}{x}=\lim_{x\to 0}\frac{f(-x)-f(0)}{x}$$

$$=-\lim_{x\to 0}\frac{f(-x)-f(0)}{-x}=-f'(0)$$

即 $2f'(0)=0$,所以 $f'(0)=0$.

例 3　已知 $f'(x_0)$ 存在,试根据导数定义求下列极限的值:

(1) $\lim\limits_{\Delta x\to 0}\dfrac{f(x_0-\Delta x)-f(x_0)}{\Delta x}$； (2) $\lim\limits_{h\to 0}\dfrac{f(x_0+h)-f(x_0-h)}{h}$.

解 (1)
$$\lim_{\Delta x\to 0}\frac{f(x_0-\Delta x)-f(x_0)}{\Delta x}=\lim_{\Delta x\to 0}\frac{f(x_0+(-\Delta x))-f(x_0)}{\Delta x}$$
$$=-\lim_{\Delta x\to 0}\frac{f(x_0+(-\Delta x))-f(x_0)}{-\Delta x}=-f(x_0)$$

(2)
$$\lim_{h\to 0}\frac{f(x_0+h)-f(x_0-h)}{h}=\lim_{h\to 0}\left[\frac{f(x_0+h)-f(x_0)}{h}-\frac{f(x_0-h)-f(x_0)}{h}\right]$$
$$=\lim_{h\to 0}\frac{f(x_0+h)-f(x_0)}{h}+\lim_{h\to 0}\frac{f(x_0+(-h))-f(x_0)}{-h}=2f'(x_0)$$

例4 设$f(x)$在$x=1$处连续,且$\lim\limits_{x\to 1}\dfrac{f(x)}{x-1}=2$,求$f'(1)$.

解 因为
$$f(1)=\lim_{x\to 1}f(x)=\lim_{x\to 1}(x-1)\cdot\frac{f(x)}{x-1}=\lim_{x\to 1}(x-1)\cdot\lim_{x\to 1}\frac{f(x)}{x-1}=0$$
所以
$$f'(1)=\lim_{x\to 1}\frac{f(x)-f(1)}{x-1}=\lim_{x\to 1}\frac{f(x)}{x-1}=2$$

例5 设$f(x)$在$(-\infty,+\infty)$内有定义,对任意x恒有$f(x+1)=2f(x)$,当$0\leqslant x\leqslant 1$时,$f(x)=x(1-x^2)$,试判断在$x=0$处,$f'(x)$是否存在.

解 当$-1\leqslant x<0$时,$0\leqslant x+1<1$,于是
$$f(x)=\frac{1}{2}f(x+1)=\frac{1}{2}(x+1)[1-(x+1)^2]=\frac{1}{2}(x+1)(-2x-x^2)$$
$$f'_+(0)=\lim_{x\to 0^+}\frac{f(x)-f(0)}{x-0}=\lim_{x\to 0^+}\frac{x(1-x^2)}{x}=1$$
$$f'_-(0)=\lim_{x\to 0^-}\frac{f(x)-f(0)}{x-0}=\lim_{x\to 0^-}\frac{-\frac{1}{2}x(x+1)(x+2)}{x}=-1$$
因为$f'_+(0)\neq f'_-(0)$,所以$f(x)$在$x=0$处不可导

2. 复合函数求导法

解题思路 求复合函数的导数关键在于弄清函数的复合关系,然后从外层到里层逐层求导,这样每一步都是基本初等函数的求导,当所给函数既有四则运算又有复合运算时,应注意运算的先后次序;对某些形式较复杂的复合函数,可利用一阶微分形式不变性,逐层求之;对某些形式特殊的复合函数,可设置中间变量,通过复合函数求导法求之.

例1 求函数$y=\sin\ln\sqrt{2x+1}$的导数.

解
$$y'=\cos\ln\sqrt{2x+1}\cdot\frac{1}{\sqrt{2x+1}}\cdot\frac{1}{2\sqrt{2x+1}}\cdot 2=\frac{\cos\ln\sqrt{2x+1}}{2x+1}$$

例2 求函数$y=(\arcsin x)^2$的导数.

解
$$y'=2\arcsin x\cdot\frac{1}{\sqrt{1-x^2}}=\frac{2}{\sqrt{1-x^2}}\arcsin x$$

例 3 设$f'(x)$存在，求$y=\ln|f(x)|$的导数($f(x)\neq0$).

解 分两种情况来考虑：

当$f(x)>0$时，$y=\ln f(x)$，

$$y'=[\ln f(x)]'=\frac{1}{f(x)}f'(x)=\frac{f'(x)}{f(x)}$$

当$f(x)<0$时，$y=\ln(-f(x))$，

$$y'=[\ln(-f(x))]'=\frac{1}{-f(x)}[-f(x)]'=\frac{f'(x)}{f(x)}$$

所以

$$y'=[\ln|f(x)|]'=\frac{f'(x)}{f(x)}$$

例 4 求函数$y=\dfrac{\sqrt{1+x}-\sqrt{1-x}}{\sqrt{1+x}+\sqrt{1-x}}$的导数.

解

$$y'=\frac{\left(\frac{1}{2\sqrt{1+x}}+\frac{1}{2\sqrt{1-x}}\right)(\sqrt{1+x}+\sqrt{1-x})-(\sqrt{1+x}-\sqrt{1-x})\left(\frac{1}{2\sqrt{1+x}}-\frac{1}{2\sqrt{1-x}}\right)}{(\sqrt{1+x}+\sqrt{1-x})^2}$$

$$=\frac{1}{2}\frac{\frac{1}{\sqrt{1+x}\sqrt{1-x}}(\sqrt{1+x}+\sqrt{1-x})^2+\frac{1}{\sqrt{1+x}\sqrt{1-x}}(\sqrt{1+x}-\sqrt{1-x})^2}{2+2\sqrt{1-x^2}}$$

$$=\frac{1}{4}\frac{2+2}{(1+\sqrt{1-x^2})\sqrt{1-x^2}}=\frac{1-\sqrt{1-x^2}}{x^2\sqrt{1-x^2}}$$

例 5 求函数$y=\arcsin\sqrt{\dfrac{1-x}{1+x}}$的导数.

解
$$y'=\frac{1}{1-\left(\sqrt{\frac{1-x}{1+x}}\right)^2}\cdot\frac{1}{2\sqrt{\frac{1-x}{1+x}}}\cdot\frac{-(1+x)-(1-x)}{(1+x)^2}$$

$$=-\frac{1}{\sqrt{1-\frac{1-x}{1+x}}}\cdot\frac{1}{\sqrt{\frac{1-x}{1+x}}}\cdot\frac{1}{(1+x)^2}$$

$$=-\frac{1}{\sqrt{2x}(1+x)\sqrt{1-x}}=-\frac{1}{(1+x)\sqrt{2x(1-x)}}$$

例 6 $y=x^{a^a}+a^{x^a}+a^{a^x}$，$(a>0)$，求$y'$.

解
$$\begin{aligned}y'&=(x^{a^a}+a^{x^a}+a^{a^x})'\\&=a^a\cdot x^{a^a-1}+\ln a\cdot a^{x^a}\cdot a\cdot x^{a-1}+\ln a\cdot a^{a^x}\cdot\ln a\cdot a^x\\&=a^a\cdot x^{a^a-1}+a\ln a\cdot a^{x^a}\cdot x^{a-1}+\ln^2 a\cdot a^{a^x}\cdot a^x\end{aligned}$$

例 7 设$f(x)=e^x$，$g(x)=\ln x$，求$f'[g'(x)]$.

解
$$f'(x)=e^x,g'(x)=\frac{1}{x},f'[g'(x)]=e^{g'(x)}=e^{\frac{1}{x}}$$

例 8 设 f 为可导函数, $y=\sin\{f[\sin f(x)]\}$, 求 $\frac{\mathrm{d}y}{\mathrm{d}x}$.

解 $$\begin{aligned}\frac{\mathrm{d}y}{\mathrm{d}x}&=\{\sin\{f[\sin f(x)]\}\}'=\cos\{f[\sin f(x)]\}\cdot\{f[\sin f(x)]\}'\\&=\cos\{f[\sin f(x)]\}\cdot f'[\sin f(x)]\cdot[\sin f(x)]'\\&=\cos\{f[\sin f(x)]\}\cdot f'[\sin f(x)]\cdot\cos f(x)\cdot[f(x)]'\\&=\cos\{f[\sin f(x)]\}\cdot f'[\sin f(x)]\cdot\cos f(x)\cdot f'(x)\end{aligned}$$

3. 参数方程求导法

解题思路 (1)求参数方程所确定的导数;(2)由极坐标方程所确定的函数的导数,可利用极坐标与直角坐标的关系 $x=\rho\cos\theta, y=\rho\sin\theta$ 将极坐标方程 $\rho=\rho(\theta)$ 化为参数方程再求之.

例 1 求由参数方程

$$\begin{cases}x=\theta(1-\sin\theta)\\y=\theta\cos\theta\end{cases}$$

所确定的函数的导数 $\frac{\mathrm{d}y}{\mathrm{d}x}$.

解 $$\frac{\mathrm{d}y}{\mathrm{d}x}=\frac{\frac{\mathrm{d}y}{\mathrm{d}\theta}}{\frac{\mathrm{d}x}{\mathrm{d}\theta}}=\frac{\cos\theta-\theta\sin\theta}{1-\sin\theta+\theta(-\cos\theta)}=\frac{\cos\theta-\theta\sin\theta}{1-\sin\theta-\theta-\cos\theta}$$

例 2 已知

$$\begin{cases}x=\mathrm{e}^t\sin t\\y=\mathrm{e}^t\cos t\end{cases}$$

求当 $t=\frac{\pi}{3}$ 时 $\frac{\mathrm{d}y}{\mathrm{d}x}$ 的值.

解 $$\frac{\mathrm{d}y}{\mathrm{d}x}=\frac{\frac{\mathrm{d}y}{\mathrm{d}t}}{\frac{\mathrm{d}x}{\mathrm{d}t}}=\frac{\mathrm{e}^t\cos t-\mathrm{e}^t\sin t}{\mathrm{e}^t\sin t+\mathrm{e}^t\cos t}=\frac{\cos t-\sin t}{\sin t+\cos t}$$

$$\left.\frac{\mathrm{d}y}{\mathrm{d}x}\right|_{t=\frac{\pi}{3}}=\frac{\cos\frac{\pi}{3}-\sin\frac{\pi}{3}}{\sin\frac{\pi}{3}+\cos\frac{\pi}{3}}=\frac{\frac{1}{2}-\frac{\sqrt{3}}{2}}{\frac{\sqrt{3}}{2}+\frac{1}{2}}=\sqrt{3}-2$$

例 3 通过曲线的极坐标方程 $r=r(\theta)$, 计算直角坐标 y 关于 x 的导数 $\frac{\mathrm{d}y}{\mathrm{d}x}$.

解 由直角坐标与极坐标的关系得

$$\begin{cases}x=r(\theta)\cos\theta\\y=r(\theta)\sin\theta\end{cases}$$

则

$$\frac{\mathrm{d}y}{\mathrm{d}x}=\frac{[r(\theta)\sin\theta]'}{[r(\theta)\cos\theta]'}=\frac{r'(\theta)\sin\theta+r(\theta)\cos\theta}{r'(\theta)\cos\theta-r(\theta)\sin\theta}=\frac{r'(\theta)\tan\theta+r(\theta)}{r'(\theta)-r(\theta)\tan\theta}$$

4. 隐函数求导法

解题思路 隐函数的导数:隐函数即由方程 $F(x,y)=0$ 所确定的函数 $y=f(x)$.直接在方程 $F(x,y)=0$ 两边对 x 求导,再解出 y'即可,但应注意 F 对变元 y 求导时,要把以 y 为自变量的函数看作是 x 的复合函数,要利用复合函数求导法则.

例 1 求由下列方程所确定的隐函数的导数$\dfrac{dy}{dx}$:

(1) $y^2-2xy+9=0$; (2) $x^3+y^3-3axy=0$;

(3) $xy=e^{x+y}$; (4) $y=1-xe^y$.

解 (1) 在方程两端分别对 x 求导,得 $2yy'-2y-2xy'=0$. 从而 $y'=\dfrac{y}{y-x}$,其中 y 是由方程 $y^2-2xy+9=0$ 所确定的隐函数.

(2) 在方程两端分别对 x 求导,得 $3x^2+3y^2y'-3ay-3axy'=0$. 从而 $y'=\dfrac{ay-x^2}{y^2-ax}$,其中 y 是由方程 $x^3+y^3-3axy=0$ 所确定的隐函数.

(3) 在方程两端分别对 x 求导,得 $y+xy'=e^{x+y}(1+y')$. 从而 $y'=\dfrac{e^{x+y}-y}{x-e^{x+y}}$,其中 y 是由方程 $xy=e^{x+y}$所确定的隐函数.

(4) 在方程两端分别对 x 求导,得 $y'=-e^y-xe^yy'$. 从而 $y'=-\dfrac{-e^y}{1+xe^y}$,其中 y 是由方程 $y=1-xe^y$ 所确定的隐函数.

例 2 设方程 $\ln\sqrt{x^2+y^2}=\arctan\dfrac{x-y}{x+y}$确定 $y=y(x)$,求$\dfrac{dy}{dx}$.

解 因为

$$\frac{1}{\sqrt{x^2+y^2}}\cdot\left(\sqrt{x^2+y^2}\right)'=\frac{1}{1+\left(\dfrac{x-y}{x+y}\right)^2}\cdot\left(\frac{x-y}{x+y}\right)'$$

所以

$$\begin{aligned}&\frac{1}{\sqrt{x^2+y^2}}\cdot\frac{1}{2\sqrt{x^2+y^2}}\cdot(x^2+y^2)'\\&=\frac{(x+y)^2}{2(x^2+y^2)}\cdot\frac{(1-y')\cdot(x+y)-(x-y)\cdot(1+y')}{(x+y)^2}\end{aligned}$$

即

$$\frac{1}{2(x^2+y^2)}\cdot(2x+2y\cdot y')=\frac{y-xy'}{x^2+y^2}$$

因此

$$\frac{x+y\cdot y'}{x^2+y^2}=\frac{y-xy'}{x^2+y^2}$$

所以

$$y'=\frac{y-x}{y+x}$$

5. 对数求导法

解题思路 当函数式较复杂(含乘、除、乘方、开方、幂指函数等)时,可先在方程两边取对数，然后利用隐函数的求导方法求出导数，即对数求导法，对常见的幂指函数 $y=u(x)^{v(x)}$，有如下求导公式：

$$y'=u(x)^{v(x)}\left[v'(x)\cdot\ln u(x)+v(x)\cdot\frac{u'(x)}{u(x)}\right]$$

例 1 用对数求导法求下列函数的导数：

(1) $y=\left(\frac{x}{1+x}\right)^{x}$；　　(2) $y=\sqrt[5]{\frac{x-5}{\sqrt[5]{x^2+2}}}$；

(3) $y=\frac{\sqrt{x+2}\,(3-x)^4}{(x+1)^5}$；　　(4) $y=\sqrt{x\sin x\sqrt{1-\mathrm{e}^x}}$.

解 (1) 在 $y=\left(\frac{x}{1+x}\right)^{x}$ 两端取对数，得 $\ln y=x[\ln x-\ln(1+x)]$. 在上式两端分别对 x 求导，并注意到 y 是 x 的函数，得

$$\frac{y'}{y}=[\ln x-\ln(1+x)]+x\left(\frac{1}{x}-\frac{1}{1+x}\right)=\ln\frac{x}{1+x}+\frac{1}{1+x}$$

于是

$$y'=y\left(\ln\frac{x}{1+x}+\frac{1}{1+x}\right)=\left(\frac{x}{1+x}\right)^{x}\left(\ln\frac{x}{1+x}+\frac{1}{1+x}\right)$$

(2) 在 $y=\sqrt[5]{\frac{x-5}{\sqrt[5]{x^2+2}}}$ 两端取对数，得

$$\ln y=\frac{1}{5}\left[\ln(x-5)-\frac{1}{25}\ln(x^2+2)\right]=\frac{1}{5}\ln(x-5)-\frac{1}{25}\ln(x^2+2)$$

在上式两端分别对 x 求导，并注意到 y 是 x 的函数，得

$$\frac{y'}{y}=\frac{1}{5}\ \frac{1}{x-5}-\frac{1}{25}\ \frac{2x}{x^2+2}$$

于是

$$y'=y\left(\frac{1}{5}\ \frac{1}{x-5}-\frac{1}{25}\ \frac{2x}{x^2+2}\right)=\sqrt[5]{\frac{x-5}{\sqrt[5]{x^2+2}}}\left[\frac{1}{5(x-5)}-\frac{2x}{25(x^2+2)}\right]$$

(3) 在 $y=\frac{\sqrt{x+2}\,(3-x)^4}{(x+1)^5}$ 两端取对数，得

$$\ln y=\frac{1}{2}\ln(x+2)+4\ln(3-x)-5\ln(1+x)$$

在上式两端分别对 x 求导，并注意到 y 是 x 的函数，得

$$\frac{y'}{y}=\frac{1}{2}\cdot\frac{1}{x+2}+4\cdot\frac{-1}{3-x}-5\cdot\frac{1}{1+x}$$

于是

$$\begin{aligned}y'&=y\left[\frac{1}{2(x+2)}-\frac{4}{3-x}-\frac{5}{1+x}\right]\\&=\frac{\sqrt{x+2}\,(3-x)^4}{(x+1)^5}\left(\frac{1}{2(x+2)}-\frac{4}{3-x}-\frac{5}{1+x}\right)\end{aligned}$$

(4) 在 $y=\sqrt{x\sin x\sqrt{1-\mathrm{e}^x}}$ 两端取对数，得

$$\ln y=\frac{1}{2}\left[\ln x+\ln\sin x+\frac{1}{2}\ln(1-e^x)\right]$$

在上式两端分别对 x 求导,并注意到 y 是 x 的函数,得

$$\frac{y'}{y}=\frac{1}{2}\left[\frac{1}{x}+\frac{\cos x}{\sin x}+\frac{1}{2}\ \frac{-e^x}{1-e^x}\right]$$

于是

$$\begin{aligned}y'&=y\left[\frac{1}{2x}+\frac{\cos x}{2\sin x}-\frac{e^x}{4(1-e^x)}\right]\\&=\frac{1}{2}\sqrt{x\sin x\sqrt{1-e^x}}\left[\frac{1}{x}+\cot x-\frac{e^x}{2(1-e^x)}\right]\end{aligned}$$

例 2 求下列函数的导数:

(1) $y=(x-1)(x-2)^2(x-3)^3\cdots(x-n)^n$; (2) $y=\left(\frac{b}{a}\right)^x\left(\frac{b}{x}\right)^a\left(\frac{x}{a}\right)^b$.

解 (1)

$$\ln y=\ln(x-1)+2\ln(x-2)+3\ln(x-3)+\cdots+n\ln(x-n)$$

$$\frac{1}{y}\cdot y'=\frac{1}{x-1}+\frac{2}{x-2}+\frac{3}{x-3}+\cdots+\frac{n}{x-n}$$

$$y'=(x-1)(x-2)^2(x-3)^3\cdots(x-n)^n\left[\frac{1}{x-1}+\frac{2}{x-2}+\frac{3}{x-3}+\cdots+\frac{n}{x-n}\right]$$

(2)

$$\ln y=x\ln\frac{b}{a}+a\ln b-a\ln x+b\ln x-b\ln a$$

$$\frac{1}{y}\cdot y'=\ln\frac{b}{a}-\frac{a}{x}+\frac{b}{x}$$

$$y'=\left(\frac{b}{a}\right)^x\left(\frac{b}{x}\right)^a\left(\frac{x}{a}\right)^b\left[\ln\frac{b}{a}-\frac{a}{x}+\frac{b}{x}\right]$$

6. 分段函数的求导法

解题思路 分段函数的求导通常分为两步:第一步,若函数在各分段的开区间内可导,则按导数的运算法则直接用求导公式求导.第二步,求分段函数在分段点处的导数,分段函数在分段点处的导数不能直接用求导公式来求,通常可以按照以下几种方法来求:①利用导数的定义或左导数和右导数的定义来求;②如果分段函数在分段点连续的一侧导函数的极限存在,那么可以不必用定义来求这一侧的单侧导数,可以直接根据这一侧的函数表达式用求导公式来求;③如果分段函数在分段点处连续,且两侧导函数的极限均存在,那么左、右导数都可以根据分段点两侧的表达式用求导公式来求;④如果分段函数 $f(x)$ 在分段点 x_0 两侧由同一个表达式表示,$f(x)$ 在点 x_0 处连续,且 $\lim\limits_{x\to x_0}f'(x)$ 存在,那么 $\lim\limits_{x\to x_0}f'(x)=f'(x_0)$.

分段函数求导的重点是分段函数在分段点处的可导性,主要采用导数定义或左、右导数的定义进行讨论,此类问题的讨论常常与函数连续性的讨论一起进行,还应注意利用函数连续性与可导性之间的关系.

例 1 已知

$$f(x)=\begin{cases}x^2,x\geqslant0\\-x,x<0\end{cases}$$

求 $f'_-(0)$,$f'_+(0)$,问 $f'(0)$ 是否存在?

解
$$f'_-(0)=\lim_{x\to0^-}\frac{f(x)-f(0)}{x-0}=\lim_{x\to0^-}\frac{-x-0}{x}=-1$$
$$f'_+(0)=\lim_{x\to0^+}\frac{f(x)-f(0)}{x-0}=\lim_{x\to0^+}\frac{x^2-0}{x}=0$$
由于$f'_-(0)\neq f'_+(0)$，所以$f'(0)$不存在.

例2 设
$$f(x)=\begin{cases}e^x, & x\leqslant0\\ a+bx, & x>0\end{cases}$$
当a,b为何值时，$f(x)$在$x=0$处连续且可导.

解 因为
$$\lim_{x\to0^-}f(x)=\lim_{x\to0^-}e^x=1,\lim_{x\to0^+}f(x)=\lim_{x\to0^+}(a+bx)=a$$
所以欲使$f(x)$在$x=0$处连续，须有
$$\lim_{x\to0^-}f(x)=\lim_{x\to0^+}f(x)=f(0)$$
由此解得$a=1$，又
$$f'_-(0)=\lim_{x\to0^-}\frac{f(x)-f(0)}{x-0}=\lim_{x\to0^-}\frac{e^x-1}{x}=1(\text{因为当 }x\to0\text{ 时},e^x-1\sim x)$$
$$f'_+(0)=\lim_{x\to0^+}\frac{f(x)-f(0)}{x-0}=\lim_{x\to0^+}\frac{(1+bx)-1}{x}=b$$
要使$f'(0)$存在，则$b=1$.

故当$a=b=1$时，$f(x)$在$x=0$处连续且可导.

例3 设
$$f(x)=\begin{cases}\frac{2}{3}x^3, & x\geqslant1\\ x^2, & x<1\end{cases}$$
求$f'_-(1)$，$f'_+(1)$及$f'(x)$.

解 当$x>1$时，$f'(x)=2x^2$；当$x<1$时，$f'(x)=2x$.再求$f'_-(1)$，$f'_+(1)$.

因为
$$\lim_{x\to1+}f(x)=\lim_{x\to1+}\frac{2}{3}x^3=\frac{2}{3},\lim_{x\to1-}f(x)=\lim_{x\to1-}x^2=1,f(1)=\frac{2}{3}$$
则$f(x)$在$x=1$处右连续，不左连续

因为$\lim\limits_{x\to1+}f'(x)=\lim\limits_{x\to1+}2x^2=2$存在，所以
$$f'_+(1)=2x^2\Big|_{x=1}=2$$
因为$f(x)$在$x=1$处不左连续，因此$f'_-(1)$只能用定义来求：
$$f'_-(1)=\lim_{x\to1-}\frac{f(x)-f(1)}{x-1}=\lim_{x\to1-}\frac{x^2-\frac{2}{3}}{x-1}=\infty$$
即$f'_-(1)$不存在，所以$f'(1)$不存在，则
$$f'(x)=\begin{cases}2x^2, & x>1\\ 2x, & x<1\end{cases}$$

例 4 设

$$f(x)=\begin{cases}\ln(1-x^3), x\leqslant 0\\ x^2\sin\dfrac{1}{x},\ x>0\end{cases}$$

求 $f'(x)$.

解 当 $x<0$ 时, $f'(x)=\dfrac{-3x^2}{1-x^3}$; 当 $x>0$ 时, $f'(x)=2x\sin\dfrac{1}{x}-\cos\dfrac{1}{x}$. 再求 $f'(0)$.

因为

$$\lim_{x\to 0^+}f(x)=\lim_{x\to 0^+}x^2\sin\frac{1}{x}=0, \lim_{x\to 0^-}f(x)=\lim_{x\to 0^-}\ln(1-x^3)=0,\ f(0)=0$$

所以 $f(x)$ 在 $x=0$ 连续.

因为 $\lim\limits_{x\to 0^-}f'(x)=\lim\limits_{x\to 0^-}\dfrac{-3x^2}{1-x^3}=0$ 存在,所以

$$f'_-(0)=\left.\frac{-3x^2}{1-x^3}\right|_{x=0}=0$$

因为 $\lim\limits_{x\to 0^+}f'(x)=\lim\limits_{x\to 0^+}\left[2x\sin\dfrac{1}{x}-\cos\dfrac{1}{x}\right]$ 不存在,所以只能用右导数定义来求 $f'_+(0)$,

$$f'_+(0)=\lim_{x\to 0^+}\frac{f(x)-f(0)}{x}=\lim_{x\to 0^+}\frac{x^2\sin\dfrac{1}{x}}{x}=\lim_{x\to 0^+}x\sin\frac{1}{x}=0$$

所以 $f'(0)=0$,则

$$f'(x)=\begin{cases}\dfrac{-3x^2}{1-x^3}, & x\leqslant 0\\ 2x\sin\dfrac{1}{x}-\cos\dfrac{1}{x}, & x>0\end{cases}$$

例 5 设

$$f(x)=\begin{cases}2x-1, x\geqslant 1\\ x^3,\quad x<1\end{cases}$$

求 $f'(x)$.

解 当 $x>1$ 时, $f'(x)=2$; 当 $x<1$ 时, $f'(x)=3x^2$. 再求 $f'(1)$.

因为

$$\lim_{x\to 1^+}f(x)=\lim_{x\to 1^+}(2x-1)=1, \text{因为}\lim_{x\to 1^-}f(x)=\lim_{x\to 1^-}x^3=1,\ f(1)=1$$

所以 $f(x)$ 在 $x=1$ 连续. 因为 $\lim\limits_{x\to 1^+}f'(x)=\lim\limits_{x\to 1^+}2=2$ 存在,所以

$$f'_+(1)=2\Big|_{x=1}=2$$

因为 $\lim\limits_{x\to 1^-}f'(x)=\lim\limits_{x\to 1^-}3x^2=3$ 存在,所以

$$f'_-(1)=3x^2\Big|_{x=1}=3$$

即 $f(1)$ 不存在,则

$$f'(x)=\begin{cases}2,\ x>1\\ 3x^2, x<1\end{cases}$$

7. 求高阶导数

解题思路　①对给定的函数,逐阶求出函数的高阶导数;②求出所给函数的前几阶导数后,分析所得结果的规律,归纳出 n 阶导数的表达式,再用数学归纳法证明之;③利用莱布尼茨法则求乘积的 n 阶导数.

例 1　设 $y=e^x\cos x$,求 $y^{(n)}$.

解

$$y'=e^x\cos x-e^x\sin x=e^x(\cos x-\sin x)=\sqrt{2}e^x\cos\left(x+\frac{\pi}{4}\right)$$

$$y''=\sqrt{2}\left[e^x\cos\left(x+\frac{\pi}{4}\right)-e^x\sin\left(x+\frac{\pi}{4}\right)\right]=(\sqrt{2})^2e^x\cos\left(x+2\cdot\frac{\pi}{4}\right)$$

$$y'''=(\sqrt{2})^2\left[e^x\cos\left(x+2\cdot\frac{\pi}{4}\right)-e^x\sin\left(x+2\cdot\frac{\pi}{4}\right)\right]=(\sqrt{2})^3\left[e^x\cos\left(x+3\cdot\frac{\pi}{4}\right)\right]$$

$$\cdots\cdots$$

$$y^{(n)}=(\sqrt{2})^ne^x\cos\left(x+n\cdot\frac{\pi}{4}\right)$$

例 2　设 $f(x)$ 任意阶可导,且 $f'(x)=e^{-f(x)}$,$f(0)=1$,求 $f^{(n)}(0)$.

解

$$f''(x)=-e^{-f(x)}f'(x)=-e^{-2f(x)}$$

$$f'''(x)=2e^{-2f(x)}f'(x)=2e^{-3f(x)}$$

$$f^{(4)}(x)=-3\cdot2e^{-3f(x)}\cdot f'(x)=-3\cdot2e^{-4f(x)}$$

$$\cdots\cdots$$

$$f^{(n)}(x)=(-1)^{n-1}(n-1)!\ e^{-nf(x)}$$

所以,

$$f^{(n)}(0)=(-1)^{n-1}(n-1)!\ e^{-nf(0)}=(-1)^{n-1}(n-1)!\ e^{-n}$$

例 3　设 $f(x)=\sin x\sin3x\sin5x$,求 $f''(0)$.

解法一　利用乘积求导法则

$$f'(x)=\cos x\sin3x\sin5x+3\sin x\cos3x\sin5x+5\sin x\sin3x\cos5x$$

继续利用乘积求导法则求导得

$$f'(x)=-35\sin x\sin3x\sin5x+30\sin x\cos3x\cos5x+10\cos x\sin3x\cos5x+6\cos x\cos3x\sin5x$$

所以 $f''(0)=0$.

解法二　对函数先用和差化积公式得

$$f(x)=\sin x\sin3x\sin5x=\frac{1}{2}\sin x(\cos2x-\cos8x)=\frac{1}{4}(-\sin x+\sin3x+\sin7x-\sin9x)$$

$$f'(x)=\frac{1}{4}(-\cos x+3\cos3x+7\cos7x-9\cos9x)$$

$$f''(x)=\frac{1}{4}(\sin x-9\sin3x-49\sin7x+81\sin9x)$$

所以 $f''(0)=0$.

解法三　利用“可导的奇(偶)函数的导数为偶(奇)函数”.由 $f(x)$ 为奇函数知 $f'(x)$ 为偶函数,$f''(x)$ 为奇函数,又因如果奇函数在 $x=0$ 处有定义,则奇函数在 $x=0$ 处函数值为零,知 $f''(0)=0$.

例 4 已知摆线的参数方程

$$\begin{cases} x=a(t-\sin t) \\ y=a(1-\cos t) \end{cases}$$

求$\frac{\mathrm{d}^2y}{\mathrm{d}x^2}$.

解 利用参数方程求导法求导

$$\frac{\mathrm{d}y}{\mathrm{d}x}=\frac{a(1-\cos t)'}{a(t-\sin t)'}=\frac{\sin t}{1-\cos t}$$

$$\frac{\mathrm{d}^2y}{\mathrm{d}x^2}=\frac{\mathrm{d}}{\mathrm{d}x}\left(\frac{\mathrm{d}y}{\mathrm{d}x}\right)=\frac{\frac{\mathrm{d}}{\mathrm{d}t}\left(\frac{\sin t}{1-\cos t}\right)}{\frac{\mathrm{d}x}{\mathrm{d}t}}$$

$$=\frac{\cos t(1-\cos t)-\sin t\sin t}{(1-\cos t)^2}\cdot\frac{1}{a(1-\cos t)}=\frac{-1}{a(1-\cos t)^2}$$

例 5 $x-y+\frac{1}{2}\sin y=0$，求$\frac{\mathrm{d}^2y}{\mathrm{d}x^2}$.

解 方程两边同时对 x 求导：

$$1-y'+\frac{1}{2}\cos y\cdot y'=0$$

$$y'=\frac{2}{2-\cos y}$$

对上式两边同时对 x 求导：

$$y''=\frac{-2\cdot\sin y\cdot y'}{(2-\cos y)^2}=\frac{-2\cdot\sin y\cdot\frac{2}{2-\cos y}}{(2-\cos y)^2}=\frac{4\sin y}{(\cos y-2)^3}$$

例 6 设 $y=f(u)$，$u=\sin x^2$，求$\frac{\mathrm{d}y}{\mathrm{d}x}$及$\frac{\mathrm{d}^2y}{\mathrm{d}x^2}$.

解

$$\frac{\mathrm{d}y}{\mathrm{d}x}=f'(u)\cdot\cos x^2\cdot 2x$$

$$\frac{\mathrm{d}^2y}{\mathrm{d}x^2}=[f'(u)]'\cdot\cos x^2\cdot 2x+f'(u)\cdot(\cos x^2)'\cdot 2x+f'(u)\cdot\cos x^2\cdot(2x)'$$

$$\frac{\mathrm{d}^2y}{\mathrm{d}x^2}=f''(u)\cdot(\cos x^2\cdot 2x)^2-f'(u)\cdot\sin x^2\cdot(2x)^2+f'(u)\cdot\cos x^2\cdot 2$$

8. 函数$f(x)$在 x_0 点有定义、$f(x)$在 x_0 点极限存在、$f(x)$在 x_0 点连续与$f(x)$在 x_0 点可导(可微)之间的相互关系

解题思路

(1) 函数$f(x)$在 x_0 点有定义是$f(x)$在 x_0 点极限存在的无关条件.

(2) 函数$f(x)$在 x_0 点极限存在是$f(x)$在 x_0 点有定义的无关条件.

(3) 函数$f(x)$在 x_0 点有定义是$f(x)$在 x_0 点连续的必要条件.

(4) 函数$f(x)$在 x_0 点连续是$f(x)$在 x_0 点有定义的充分条件.

(5) 函数$f(x)$在 x_0 点有定义是$f(x)$在 x_0 点可导的必要条件.

(6) 函数$f(x)$在 x_0 点可导是$f(x)$在 x_0 点有定义的充分条件.

(7) 函数$f(x)$在x_0点极限存在是$f(x)$在x_0点连续的必要条件.

(8) 函数$f(x)$在x_0点连续是$f(x)x_0$点极限存在的充分条件.

(9) 函数$f(x)$在x_0点极限存在是$f(x)$在x_0点可导的必要条件.

(10) 函数$f(x)$在x_0点可导是$f(x)$在x_0点极限存在的必要条件.

(11) 函数$f(x)$在x_0点连续是$f(x)$在x_0点可导的必要条件.

(12) 函数$f(x)$在x_0点可导是$f(x)$在x_0点连续的充分条件.

9. 利用导数求切线方程和法线方程

解题思路　利用导数的几何意义和直线方程可以求出曲线的切线方程和法线方程;对于由参数方程和极坐标方程表示的曲线,其切线的斜率要注意用参数方程和极坐标求导法.

例1　求曲线$x^{\frac{2}{3}}+y^{\frac{2}{3}}=a^{\frac{2}{3}}$在点$\left(\frac{\sqrt{2}}{4}a,\frac{\sqrt{2}}{4}a\right)$处的切线方程和法线方程.

解　由导数的几何意义知,所求切线的斜率为

$$k=y'\Big|_{\left(\frac{\sqrt{2}}{4}a,\frac{\sqrt{2}}{4}a\right)}$$

在曲线方程两端分别对x求导,得

$$\frac{2}{3}x^{-\frac{1}{3}}+\frac{2}{3}y^{-\frac{1}{3}}y'=0$$

从而

$$y'=-\frac{x^{-\frac{1}{3}}}{y^{-\frac{1}{3}}},y'\Big|_{\left(\frac{\sqrt{2}}{4}a,\frac{\sqrt{2}}{4}a\right)}=-1$$

于是所求的切线方程为

$$y-\frac{\sqrt{2}}{4}a=-1\cdot\left(x-\frac{\sqrt{2}}{4}a\right),\text{即 }x+y=\frac{\sqrt{2}}{2}a$$

切线方程为

$$y-\frac{\sqrt{2}}{4}a=1\cdot\left(x-\frac{\sqrt{2}}{4}a\right)\text{即 }x+y=0$$

例2　求曲线$y=x^2+2x-3$与x轴平行的切线方程.

解

$$y'=2x+2=2(x+1)$$

因为所求切线与x轴平行,所以切线的斜率为0.即$y'=0$,所以$x=-1$.

$x=-1$时,$y=-4$.所以所求切线方程为$y-(-4)=0\cdot[x-(-1)]$,即$y+4=0$.

例3　写出曲线

$$\begin{cases}x=\dfrac{3at}{1+t^2}\\ y=\dfrac{3at^2}{1+t^2}\end{cases}$$

在$t=2$处的切线方程和法线方程.

解

$$\frac{\mathrm{d}y}{\mathrm{d}x}=\frac{\frac{\mathrm{d}y}{\mathrm{d}t}}{\frac{\mathrm{d}x}{\mathrm{d}t}}=\frac{\left(\frac{3at}{1+t^2}\right)'}{\left(\frac{3at^2}{1+t^2}\right)'}=\frac{\frac{3a[2t(1+t^2)-t^2\cdot 2t]}{(1+t^2)^2}}{\frac{3a[(1+t^2)-t^2\cdot 2t]}{(1+t^2)^2}}=\frac{2t}{1-t^2}$$

$t=2$ 对应点$\left(\frac{6}{5}a,\frac{12}{5}a\right)$,曲线在点$\left(\frac{6}{5}a,\frac{12}{5}a\right)$处的切线方程为

$$y-\frac{12}{5}a=-\frac{4}{3}\left(x-\frac{6}{5}a\right)$$

即 $4x+3y-12a=0$.法线方程为

$$y-\frac{12}{5}a=\frac{3}{4}\left(x-\frac{6}{5}a\right)$$

即 $3x-4y+6a=0$.

例 4 求曲线 $x^2+y^2-2x+3y+2=0$ 的切线,使该切线平行于直线 $2x+y-1=0$.

解 由 $2x+y-1=0$ 得 $y=-2x+1$.所以所求切线的斜率为-2.在曲线方程 $x^2+y^2-2x+3y+2=0$ 两边同时对 x 求导数,得

$$2x+2y\cdot y'-2+3y'=0$$

则

$$y'=\frac{2-2x}{2y+3}$$

令

$$\frac{2-2x}{2y+3}=-2$$

得 $x=2y+4$,把 $x=2y+4$ 代入曲线方程,得

$$(2y+4)^2+y^2-2(2y+4)+3y+2=0$$

整理得 $y^2+3y+2=0$,则 $y_1=-1,y_2=-2$.则

$$\begin{cases}x_1=2\\y_1=-1\end{cases},\begin{cases}x_2=0\\y_2=-2\end{cases}$$

所以所求切线方程为 $y+1=-2(x-2)$ 和 $y+2=-2x$.

10. 相关变化率的有关问题

解题思路 对相关变化率的有关问题,通常可以按以下步骤进行:第一步,建立变量间的函数关系;第二步,将等式两边对时间 t 求导;第三步,求出函数对时间 t 的导数值或表达式.

例 1 有一圆锥形容器(圆锥顶点在上),高为 10cm,底半径为 4cm,现以 5cm^3/min 的速度把水注入该容器,求当水深 5cm 时水面上升的速度.

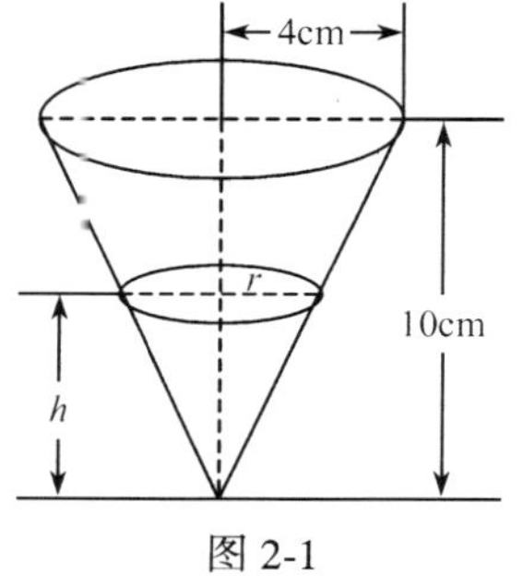

图 2-1

解 如图 2-1,设 t 时刻液面高度为 h,液面半径为 r,所以则

$$\frac{1}{3}\pi r^2h=5t$$

又因为

$$\frac{r}{h}=\frac{4}{10}$$

所以

$$r=\frac{2}{5}h$$

所以

$$\frac{1}{3}\pi\frac{4}{25}h^3=5t$$

即

$$\frac{4}{75}\pi h^3=5t$$

求 h 对 t 的导数

$$\frac{4}{75}\pi\cdot 3h^2\cdot h'=5$$

即

$$\frac{4}{25}\pi h^2 h'=5$$

当 $h=5\text{cm}$ 时，

$$h'=\frac{5}{4\pi}\text{cm/min}$$

例 2　投石入水，在水面上产生同心圆形波纹，若最外一圈波纹扩大时，其半径增加率恒为 6m/s，求第 3s 末被扰动水面面积的变化率.

解　设第 ts 末水面半径为 r，水面面积为 S，则 $S=\pi r^2$.

因为 $r=6t$，所以 $S=\pi r^2=36\pi t^2$，求 S 对 t 的导数：$S'=72\pi t$. 所以

$$S'\big|_{t=3}=216\pi\text{m}^2/\text{s}$$

例 3　若以 $10\text{cm}^3/\text{s}$ 的速度给一个球形气球充气，那么当气球半径为 2cm 时，它的表面积增加有多快？

解　设 t 时刻气球的半径为 r，表面积为 S，则 $S=4\pi r^2$. 因为

$$\frac{4}{3}\pi r^3=10t\Rightarrow r=\sqrt[3]{\frac{15t}{2\pi}}$$

所以

$$S=4\pi r^2=4\pi\cdot\sqrt[3]{\left(\frac{15}{2\pi}t\right)^2}$$

求 S 对 t 的导数：

$$S'=4\pi\cdot\frac{2}{3}\left(\frac{15}{2\pi}t\right)^{-\frac{1}{3}}\cdot\frac{15}{2\pi}=20\cdot\left(\frac{15}{2\pi}t\right)^{-\frac{1}{3}}$$

当 $r=2\text{cm}$ 时，$t=\frac{16}{15}\pi$，所以当 $r=2\text{cm}$ 时，

$$S'=20\cdot\left(\frac{15}{2\pi}\cdot\frac{16}{15}\pi\right)^{-\frac{1}{3}}=10\text{cm}^2/\text{s}$$

例 4　设有一深为 18cm，顶部直径为 12cm 的正圆锥形漏斗装满水，下面接一直径为 10cm 的圆柱形水桶，水由漏斗流入桶内，当漏斗中水深为 12cm，水面下降速度为 1cm/s 时，求桶中水面上升的速度.

解　如图 2-2，设 t 时刻漏斗中水面高度为 h，漏斗中水面半径为 r，水桶中水面高度为 H，则

$$\pi\cdot 5^2\cdot H+\frac{1}{3}\pi r^2 h=\frac{1}{3}\pi\cdot 6^2\cdot 18，即\ 25H+\frac{1}{3}r^2h=6^3$$

因为

$$\frac{r}{h}=\frac{6}{18}\Rightarrow r=\frac{1}{3}h$$

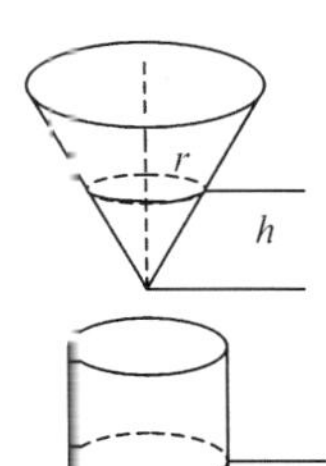

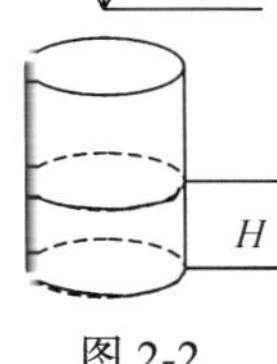

图 2-2

所以

$$25H+\frac{1}{27}h^3=6^3$$

等式两边对 t 求导：

$$25\cdot\frac{\mathrm{d}H}{\mathrm{d}t}+\frac{1}{27}\cdot 3h^2\cdot\frac{\mathrm{d}h}{\mathrm{d}t}=0$$

当 $h=12\mathrm{cm},h'=-1$ 时，

$$25\cdot\frac{\mathrm{d}H}{\mathrm{d}t}+\frac{1}{27}\cdot 3\cdot 12^2\cdot(-1)=0$$

即当 $h=12\mathrm{cm},h'=-1$ 时，

$$\frac{\mathrm{d}H}{\mathrm{d}t}=\frac{16}{25}\mathrm{cm/s}$$

11. 微分及其应用

解题思路 (1)求函数的微分通常有两个途径：一是利用微分公式、微分法则和一阶微分形式的不变性；二是利用可微与可导的关系 $\mathrm{d}y=f'(x)\mathrm{d}x$.

(2) 利用微分进行近似计算，通常用到以下几个近似计算公式：

当 $|\Delta x|$ 很小时，$\Delta y\approx f'(x)\Delta x$；

当 $|\Delta x|$ 很小时，$f(x+\Delta x)\approx f(x)+f'(x)\Delta x$；

当 $|x|$ 很小时，$f(x)\approx f(0)+f'(0)\cdot x$；

当自变量的增量 $|\Delta x|$ 很小且 $f'(x)\neq 0$ 时，我们可以用第一个近似计算公式来计算函数增量 Δy 的近似值；

第二个近似计算公式可以用来近似计算某点 x 的邻近点 $x+\Delta x$ 处的函数值，假定要求 $f(x+\Delta x)$ 的值，但是 $f(x+\Delta x)$ 的值不好求，而 $f(x)$ 和 $f'(x)$ 的值很好求，这时我们就可以利用这个近似计算公式，通过求 $f(x)+f'(x)\Delta x$，从而很方便地求出 $f(x+\Delta x)$ 的近似值；

第三个近似计算公式可以用来计算当 $|x|$ 是微小数值时 $f(x)$ 的近似值.

(3) 利用微分进行误差估计，通常要用到下述概念和结论：

定义 1 如果某个量的精确值为 A，它的近似值(测量值)为 a，那么 $|A-a|$ 叫做 a 的绝对误差，$\frac{|A-a|}{|a|}$ 叫做 a 的相对误差.

在实际工作中，某个量的精确值往往是无法知道的，于是绝对误差和相对误差也就无法求得，但是我们根据测量仪器的精度等因素，常常能够确定误差在某一范围内，这样又产生了绝对误差限和相对误差限的概念.

定义 2 如果某个量的精确值是 A，测得它的近似值(测量值)是 a，又知道它的误差不超过 δ_A，即 $|A-a|\leqslant\delta_A$，那么 δ_A 叫做测量 A 的绝对误差限，而 $\frac{\delta_A}{|a|}$ 叫做测量 A 的相对误差限.

注意：在实际工作中，某个量的精确值往往是无法知道的，于是绝对误差和相对误差也就无法求得，以后就把绝对误差限和相对误差限简称为绝对误差和相对误差.

结论：已知函数 $y=f(x)$，并且知道自变量的测量值为 x_0，测量自变量的绝对误差为 δ_x，现在要根据自变量的测量值 x_0 来计算因变量的值，则计算因变量值时的绝对误差 $\delta_y=|f'(x_0)|\delta_x$，相对误差

$$\frac{\delta_y}{|f(x_0)|}=\left|\frac{f'(x_0)}{f(x_0)}\right|\delta_x$$

如果把定值 x_0 换成任意值 x,上面的结论也成立.

例1 设 $y=e^{\sin x}$,求 dy

解法一 用公式 $dy=f'(x)dx$,得

$$dy=(e^{\sin x})'dx=e^{\sin x}\cos x dx$$

解法二 用一阶微分形式不变性,得

$$dy=de^{\sin x}=e^{\sin x}d\sin x=e^{\sin x}\cos x dx$$

例2 设函数 $\varphi(u)$ 可微,求函数 $y=\ln[\varphi^2(\sin x)]$ 的微分 dy.

解法一 用公式 $dy=f'(x)dx$,因为

$$y'=\frac{1}{\varphi^2(\sin x)}\cdot 2\varphi(\sin x)\cdot\varphi'(\sin x)\cos x$$

所以

$$dy=\frac{1}{\varphi^2(\sin x)}\cdot 2\varphi(\sin x)\cdot\varphi'(\sin x)\cos x=\frac{2\varphi(\sin x)\cdot\varphi'(\sin x)\cos x}{\varphi^2(\sin x)}dx$$

解法二 由一阶微分形式不变性,得

$$\begin{aligned}dy&=\frac{1}{\varphi^2(\sin x)}d\varphi^2(\sin x)=\frac{1}{\varphi^2(\sin x)}\cdot 2\varphi(\sin x)d\varphi(\sin x)\\&=\frac{2\varphi(\sin x)}{\varphi^2(\sin x)}\varphi'(\sin x)d(\sin x)=\frac{2\varphi(\sin x)\cdot\varphi'(\sin x)\cos x}{\varphi^2(\sin x)}dx\end{aligned}$$

例3 设扇形的圆心角 $\alpha=60°$,半径 $R=100\text{cm}$,如果 R 不变,α 减少 $30'$,问扇形面积大约改变了多少?又如 α 不变,R 增加 1cm,问扇形面积大约改变了多少?

解 (1) 设 $S=\frac{1}{2}R^2\alpha$,则当 $|\Delta\alpha|$ 很小时,

$$\Delta S\approx S'\cdot\Delta\alpha=\frac{1}{2}R^2\cdot\Delta\alpha$$

取 $R=100$,

$$\Delta\alpha=-30'=-0.5°=-\frac{\pi}{360}$$

所以当 $|\Delta\alpha|$ 很小时,

$$\Delta S\approx\frac{1}{2}\cdot 100^2\cdot\left(-\frac{\pi}{360}\right)\approx -43.63\text{cm}^2$$

(2) 设 $S=\frac{1}{2}R^2\alpha$,则当 $|\Delta R|$ 很小时,

$$\Delta S\approx S'\cdot\Delta R=R\alpha\cdot\Delta R$$

取 $R=100$,

$$\Delta R=1,\alpha=60°=\frac{\pi}{3}$$

所以当 $|\Delta R|$ 很小时,

$$\Delta S\approx 100\cdot\frac{\pi}{3}\cdot 1\approx 104.72\text{cm}^2$$

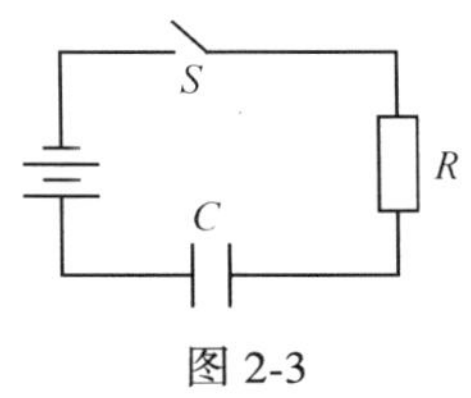

图 2-3

例 4 如图 2-3,在电阻电容串联电路中,当开关 S 合上时,直流电源对电容器充电,电容器上的电压变化规律为 $u_C(t)=u_0(1-\mathrm{e}^{-\frac{t}{RC}})$. 证明:当电阻 R 与电容 C 的乘积比 t 大得多时,$u_C(t)$ 可以用时间 t 的线性函数来近似表达 $u_C(t)=\frac{u_0}{RC}t$.

解 设 $\frac{t}{RC}=x$,则

$$u_C(t)=u(x)=u_0(1-\mathrm{e}^{-x})$$
$$u'(x)=u_0\mathrm{e}^{-x}$$

因为当 $|x|$ 很小时,

$$f(x)\approx f(0)+f'(0)\cdot x$$

所以当 $|x|$ 很小时,

$$u(x)\approx u(0)+u'(0)\cdot x=0+u_0x=u_0x$$

即当 $\frac{t}{RC}$ 很小时,

$$u_C(t)\approx u_0\frac{t}{RC}=\frac{u_0}{RC}t$$

例 5 测量正方形的边长,测定值为(2.41±0.005)m,计算正方形的面积,并估计它的绝对误差和相对误差.

解 设正方形的边长为 x,面积为 S,则 $S=x^2$,

$$S=x^2=2.41^2=5.8081$$
$$\delta_S=|S'|_{x=2.41}|\delta_x$$
$$S'=2x,S'|_{x=2.41}=2\times2.41=4.82,\delta_x=0.005$$
$$\delta_S=|S'|_{x=2.41}|\delta_x=4.82\times0.005=0.0241$$
$$\frac{\delta_S}{|S|_{x=2.41}|}=\frac{0.0241}{2.41^2}\approx0.00415$$

即三方形的面积为 5.8081,正方形面积的绝对误差为 0.0241,相对误差为 0.00415.

例 6 计算球体体积 V 时,希望其相对误差不大于 3%,在测量球直径 D 时的相对误差应控制在什么范围内.

解
$$V=\frac{4}{3}\pi\left(\frac{D}{2}\right)^3=\frac{1}{6}\pi D^3$$

因为 $\left|\frac{V'}{V}\right|\cdot\delta_D\leqslant\frac{3}{100}$,即

$$3\left|\frac{\delta_D}{D}\right|\leqslant\frac{3}{100},\left|\frac{\delta_D}{D}\right|\leqslant\frac{1}{100}$$

即测量球直径 D 时的相对误差不大于 1%.

2.3 解题常见错误剖析

例 1 设 $f(x)=(x-a)g(x)$,其中 $g(x)$ 在 $x=a$ 处连续,求 $f'(a)$.

常见错误　$f'(x)=g(x)+(x-a)\cdot g'(x)$，令 $x=a$，则得 $f'(a)=g(a)$.

错误分析　根据题目条件，只知 $g(x)$ 仅在 $x=a$ 处连续，因此 $g'(x)$ 是否存在无法保证. 因此不能确定 $f(x)=(x-a)g(x)$ 是否可导，故上述解法是错误的.

正确解答　利用导数定义

$$f'(a)=\lim_{x\to a}\frac{f(x)-f(a)}{x-a}=\lim_{x\to a}\frac{(x-a)g(x)-0}{x-a}=g(a)$$

例 2　设 $y=e^{\sin x}\cos(\sin x)$，求 $y(0)$，$y'(0)$.

常见错误　$y(0)=1$，$y'(0)=1'=0$.

错误分析　错误是由误认为 $y'(0)=[y(0)]'$ 所致. 事实上，一般情况下，$y'(0)\neq[y(0)]'$，因为 $y'(0)$ 表示函数 y 在 $x=0$ 点的导数或导函数 $y'(x)$ 在 $x=0$ 点的值，而 $[y(0)]'$ 表示常数 $y(0)$ 的导数，故 $[y(0)]'\equiv0$. 但 $y'(0)$ 却未必是零. 例如对于函数 $y=e^x$，$y'(x)=e^x$，$y'(0)=1$.

正确解答　$y(0)=0$，$y'(x)=e^{\sin x}\cos x\cos(\sin x)-e^{\sin x}\sin(\sin x)\cos x$，$y'(0)=1$

例 3　求由方程 $y=1+xe^y$ 所确定的隐函数 y 的二阶导数 $\frac{d^2y}{dx^2}$.

常见错误　对方程 $y=1+xe^y$ 两边关于 x 求导数，得

$$y'=e^y+xe^yy'$$

故

$$y'=\frac{e^y}{1-xe^y}$$

$$y''=\frac{e^y(1-xe^y)-e^y(-e^y-xe^y)}{(1-xe^y)^2}=\frac{e^y+e^{2y}}{(1-xe^y)^2}$$

错误分析　二阶导数求错. 对表达式 $\frac{e^y}{1-xe^y}$ 关于 x 求导数时，其中的 y 仍是 x 的函数，故

$$\frac{d}{dx}(e^y)=\frac{d}{dy}(e^y)\cdot\frac{dy}{dx}=e^yy'$$

正确解答

$$y''=\frac{e^yy'(1-xe^y)-e^y(-e^y-xe^yy')}{(1-xe^y)^2}=\frac{e^yy'+e^{2y}}{(1-xe^y)^2}=\frac{2e^{2y}-xe^{3y}}{(1-xe^y)^3}$$

利用原方程 $y=1+xe^y$，可将上式化简为

$$y''=\frac{e^{2y}(3-y)}{(2-y)^3}$$

例 4　求由参数方程

$$\begin{cases}x=a\cos^3t\\y=a\sin^3t\end{cases}\quad(0\leqslant t\leqslant2\pi)$$

确定的函数 $y=y(x)$ 的导数 $\frac{dy}{dx}$ 及二阶导数 $\frac{d^2y}{dx^2}$.

常见错误

$$\frac{dy}{dt}=3a\sin^2t\cos t,\ \frac{dx}{dt}=-3a\cos^2t\sin t$$

$$\frac{\mathrm{d}y}{\mathrm{d}x}=\frac{\frac{\mathrm{d}y}{\mathrm{d}t}}{\frac{\mathrm{d}x}{\mathrm{d}t}}=\frac{(a\cos^3t)'}{(a\sin^3t)'}=\frac{3a\sin^2t\cos t}{-3a\cos^2t\sin t}=-\tan t$$

$$\frac{\mathrm{d}^2y}{\mathrm{d}x^2}=\frac{\mathrm{d}}{\mathrm{d}x}(-\tan t)=(-\tan t)'=-\sec^2t$$

错误分析 二阶导数的解法是错误的.二阶导数 $y''=\frac{\mathrm{d}^2y}{\mathrm{d}x^2}$是一阶导数$\frac{\mathrm{d}y}{\mathrm{d}x}$再对 x 求导,而不是$\frac{\mathrm{d}y}{\mathrm{d}x}$对 t 求导.

正确解答

$$\frac{\mathrm{d}^2y}{\mathrm{d}x^2}=\frac{\mathrm{d}}{\mathrm{d}x}(-\tan t)=\frac{\frac{\mathrm{d}(-\tan t)}{\mathrm{d}t}}{\frac{\mathrm{d}x}{\mathrm{d}t}}$$

$$=\frac{-\sec^2t}{-3a\cos^2t\sin t}=\frac{1}{3a\cos^4t\sin t}$$

2.4 强化训练

强化训练 2.1

1. 单项选择题:

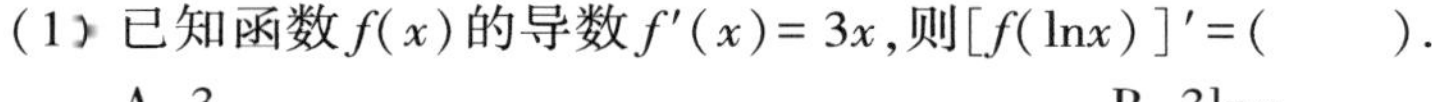

(1) 已知函数$f(x)$的导数$f'(x)=3x$,则$[f(\ln x)]'=$(　　).

A. 3　　B. $3\ln x$

C. $\frac{3\ln x}{x}$　　D. $\frac{\ln 3x}{x}$

(2) 函数$f(x)$可导,且以下各极限都存在,则下列等式不成立的是(　　).

A. $\lim\limits_{x\to a}\frac{f(x)-f(a)}{x-a}=f'(a)$　　B. $\lim\limits_{\Delta x\to 0}\frac{f(a+\Delta x)-f(a)}{\Delta x}=f'(a)$

C. $\lim\limits_{\Delta x\to 0}\frac{f(a+\Delta x)-f(a-\Delta x)}{\Delta x}=f'(a)$　　D. $\lim\limits_{\Delta x\to 0}\frac{f(a+\Delta x)-f(a-\Delta x)}{\Delta x}=2f'(a)$

(3) 函数 $y=x|x|$在 $x=0$ 处(　　).

A. 不连续　　B. 连续但不可导

C. 可导　　D. 不可导

(4) 已知$f'(1)=-1$,则 $y=f(x)$在$(1,f(1))$处的切线与 x 轴正方向的夹角为(　　).

A. $\frac{\pi}{4}$　　B. $-\frac{3\pi}{4}$

C. $-\frac{1}{2}$　　D. $\frac{3\pi}{4}$

(5) 若$f'(x_0)=-3$,则$\lim\limits_{h\to 0}\frac{f(x_0+h)-f(x_0-3h)}{h}=$(　　).

A. -3　　B. -6

C. -9　　D. -12

(6) 曲线 $y=\sin x$ 上切线平行于 x 轴的点为(　　).

A. $(0,0)$　　B. $(\pi,0)$

C. $(2\pi,0)$　　D. $\left(k\pi+\frac{\pi}{2},1\right)(k\in\mathbf{Z})$

(7) 设 $y=f(e^x)$ 下列各式不正确的为(　　).

A. $dy=f'(e^x)de^x$　　B. $dy=f'(e^x)e^x dx$

C. $dy=[f(e^x)]'dx$　　D. $dy=f'(e^x)dx$

(8) 若 $f(x)$ 为 $(-l,l)$ 内的可导奇函数,则 $f'(x)$(　　).

A. 必为 $(-l,l)$ 内的奇函数　　B. 必为 $(-l,l)$ 内的偶函数

C. 必为 $(-l,l)$ 内的非奇非偶函数　　D. 可能为奇函数,也可能为偶函数

(9) $f(x)=|x-2|$ 在点 $x=2$ 处的导数是(　　).

A. 1　　B. 0

C. -1　　D.不存在

(10) 若 $f(x)$ 为可微函数,当 $\Delta x\to 0$ 时,则在点 x 处的 $\Delta y-dy$ 是关于 Δx 的(　　).

A. 高阶无穷小　　B. 等价无穷小

C. 低阶无穷小　　D. 不可比较

(11) $y=\ln(\ln x)$,则 $dy=$(　　).

A. $dy=\frac{dx}{\ln x}$　　B. $dy=\frac{1}{x\ln x}$

C. $dy=\frac{1}{\ln(\ln x)}$　　D. $dy=\frac{dx}{x\ln x}$

(12) 下列"凑微分"不正确的是(　　).

A. $\frac{dx}{2\sqrt{x}}=d(\sqrt{x})$　　B. $-\frac{1}{x}dx=d\left(\frac{1}{x^2}\right)$

C. $e^{\sin x}\cos x dx=e^{\sin x}d(\sin x)$　　D. $xe^{-x^2}dx=-\frac{1}{2}e^{-x^2}d(-x^2)$

(13) 下列说法正确的是(　　).

A. 连续必可导　　B. 可导未必连续

C. 不可导必不连续　　D. 不可导必不可微

(14) $y=x^{2x}$, $dy=$(　　).

A. $x^{2x}(2\ln x+2)dx$　　B. $x^{2x}(2\ln x+1)dx$

C. $x^{2x}\left(2x+\frac{2}{x}\right)dx$　　D. $x^{2x}\left(\ln x+\frac{2}{x}\right)dx$

(15) $f(x)=\begin{cases}x^2, x\leqslant 1\\ 2x, x>1\end{cases}$ 在 $x=1$ 处(　　).

A. 可导且 $f'(1)=2$　　B. 可微

C. 是否可导不一定　　D. 不连续

(16) 设 $y=f(x)$，且 $f'(x^2)=\dfrac{1}{x^2}$，则 $dy=$(　　).

A. $\dfrac{2}{x}dx$　　　　B. $\dfrac{-2}{x^3}dx$

C. $\ln x^2 dx$　　　　D. $\dfrac{1}{x}dx$

(17) 已知 $y=x\ln x$，则 $y^{(10)}=$(　　).

A. $-\dfrac{1}{x}$　　　　B. $\dfrac{1}{x^9}$

C. $\dfrac{8!}{x^9}$　　　　D. $-\dfrac{8!}{x^9}$

(18) 已知 $y=e^{f(x)}$，则 $y''=$(　　).

A. $e^{f(x)}$　　　　B. $e^{f(x)}f''(x)$

C. $e^{f(x)}[f'(x)+f''(x)]$　　　　D. $e^{f(x)}[(f'(x))^2+f''(x)]$

(19) 曲线 $y=2x+\sin^2 x$ 在点 $\left(\dfrac{\pi}{2},1+\pi\right)$ 处的切线方程是(　　).

A. $y=x+1$　　　　B. $y=2x+1$

C. $y=2x-1+\dfrac{\pi}{2}$　　　　D. $y=2x+1-\dfrac{\pi}{2}$

(20) 下列函数中，在 $x=0$ 处可导的是(　　).

A. $\dfrac{\sin x}{x}$　　　　B. $|x|$

C. $\sqrt{x}$　　　　D. $y=x^2$

2. 填空题：

(1) 设 $y=\sin^n x\cdot\cos nx$，则 $y'=$________.

(2) $y=2^{\sin x}$，$y'=$________.

(3) $y=\arctan\sqrt{x}$，$y'=$________.

(4) $y=\dfrac{x}{x+1}$，$y'=$________.

(5) 设 $y=\ln^3(3x+6)$，则 $y'=$________.

(6) 设 $\begin{cases}x=\dfrac{1}{t}\\ y=1+t^2\end{cases}$ (t 为参数)，则 $\left.\dfrac{dy}{dx}\right|_{t=2}=$________.

(7) 设 $\begin{cases}x=\sin t\\ y=\cos t\end{cases}$ (t 为参数)，则 $\left.\dfrac{dy}{dx}\right|_{t=\frac{\pi}{4}}=$________.

(8) $(a^{-x})^{(10)}=$________.

(9) $(\sin x)^{(25)}=$________.

(10) 设 $y=e^{x\sin x}$，则 $dy=$________.

(11) 设 $y=\cos kx$，则 $y^{(6)}=$________.

(12) 设 $y=2^{\sin x^2}$，则 $dy=$________.
(13) 设 $y=e^{ax}$，则 $y^{(n)}=$________.
(14) $\frac{1}{\sqrt{x}}dx=d($________$)$.
(15) $d($________$)=\sin\omega x dx$.
(16) $d($________$)=\frac{1}{1+x}dx$.
(17) $\frac{x}{\sqrt{1-x^2}}dx=d($________$)$.
(18) 曲线 $xy+\ln y=1$ 在点(1,1)处的切线方程是________.
(19) 曲线 $y=x+\frac{1}{x}$ 在点(1,2)处的切线方程是________.
(20) 曲线 $y=\ln x^2$ 在点 $x=e$ 处的切线方程是________.

3. 计算题：

(1) 已知 $y=\sqrt{x\sqrt{x\sqrt{x}}}+\ln 3$，求 y'；
(2) 已知 $y=\ln\cos^2(x^2+1)$，求 y'；
(3) 已知 $y=2^{\sin 3x}+\frac{\cos x}{x}$，求 y'；
(4) 已知 $y=(x+\sqrt{1+x^2})^n$，求 y'；
(5) 已知 $y=\ln\frac{1+\sqrt{x}}{1-\sqrt{x}}$，求 y'；
(6) 已知 $y=x^2e^{-2x}\sin 3x$，求 y'；
(7) 已知 $y=\sqrt[3]{\frac{x^2(1+x)}{1-2x}}$，求 y'；
(8) 已知 $y=\left(\frac{x}{x+1}\right)^x$，求 y'；
(9) 已知 $2x^y=y^x$，求 $\frac{dy}{dx}$；
(10) 已知 $\sin y+e^x-xy^2=1$，求 $\frac{dy}{dx}$；
(11) 已知 $\begin{cases}x=t\cos t\\ y=t^2\sin t\end{cases}$，求 $\frac{dy}{dx}$；
(12) 已知 $\begin{cases}x=\ln(1+t^2)\\ y=t-\arctan t\end{cases}$，求 $\left.\frac{dy}{dx}\right|_{t=1}$；
(13) 已知 $y=\ln(x\sin^2 x)$，求 y'；
(14) 已知 $f(x)=\frac{1}{x}$，求 $f'(\ln x)$；
(15) 已知 $y=(x-1)(x-2)^2(x-3)^3\cdots(x-n)^n$，求 y'；

(16) 已知 $\ln y-\sqrt{\dfrac{1-x}{1+x}}=0$,求$\dfrac{dy}{dx}$;

(17) 求曲线 $y=x^2+2x-3$ 与 x 轴平行的切线方程;

(18) 求曲线 $x^2+y^2-2y=1$ 过点(1,0)的切线方程;

(19) 求曲线 $x^2+y^2-2x+3y+2=0$ 的切线,使该切线平行于直线 $2x+y-1=0$;

(20) 设 $y=x\arctan x-\ln\sqrt{1+x^2}$,求 $y'''(1)$.

强化训练 2.2

1. 设 $f'(x_0)$ 存在,试根据导数定义观察下列极限,指出它们的值各是什么:

(1) $\lim\limits_{x\to x_0}\dfrac{f(x)-f(x_0)}{x-x_0}$;　　(2) $\lim\limits_{h\to 0}\dfrac{f(x_0+h)-f(x_0)}{h}$;

(3) $\lim\limits_{h\to 0}\dfrac{f(x_0+2h)-f(x_0)}{h}$;　　(4) $\lim\limits_{h\to 0}\dfrac{f(x_0-h)-f(x_0)}{h}$.

2. 试根据导数定义计算下列函数在给定点的导数:

(1) $y=x^2-2$,在 $x=2$ 处;　　(2) $y=\dfrac{3}{x}$,在 $x=1$ 处.

3. 利用上题结果,分别求曲线 $y=x^2-2$,在 $x=2$ 处及曲线 $y=\dfrac{3}{x}$,在 $x=1$ 处的切线方程.

4. 讨论函数 $f(x)=\begin{cases}1, x\in(-\infty,0)\\ x, x\in[0,+\infty)\end{cases}$ 在 $x=0$ 处的可导性.

5. 设 $f(x)$ 是偶函数,且在 $x=0$ 处可导,求 $f'(0)$.

强化训练 2.3

1. 求下列函数的导数:

(1) $y=x^2\sin x$;　　(2) $y=x\cos x+3x^2$;

(3) $y=x\tan x-7x+6$;　　(4) $y=e^x\sin x-7\cos x+5x^2$;

(5) $y=4\sqrt{x}+\dfrac{1}{x}-2x^3$;　　(6) $y=3x+5\sqrt{x}+\dfrac{7}{x^3}$;

(7) $y=\dfrac{1+x^2}{1-x^2}$;　　(8) $y=\dfrac{1}{1+x+x^2}$;

(9) $y=\dfrac{x}{(1-x)(2-x)}$;　　(10) $y=\dfrac{1}{1+\sqrt{x}}-\dfrac{1}{1-\sqrt{x}}$.

2. 求下列函数的导数:

(1) $y=(x^3-4)^3$;　　(2) $y=x(a^2+x^2)\sqrt{a^2-x^2}$;

(3) $y=\dfrac{x}{\sqrt{a^2-x^2}}$;　　(4) $y=\sqrt[3]{\dfrac{1+x^3}{1-x^3}}$;

(5) $y=\ln(\ln(x))$;　　(6) $y=\dfrac{1}{2}\ln\left|\dfrac{a+x}{a-x}\right|$;

(7) $y=\ln\left(\sin\sqrt{x^2+1}\right)$;　　(8) $y=\ln\tan\dfrac{x}{2}$;

(9) $y=\cos(\cos\sqrt{x})$; (10) $y=\cos^3x-\cos 3x$;

(11) $y=\frac{1}{\sqrt{2\pi}}e^{-3x^2}$; (12) $y=\arcsin(\sin x\cos x)$;

(13) $y=\arctan\frac{2x}{1-x^2}$; (14) $y=e^{-x^2+2x}$;

(15) $y=\ln\sqrt{\frac{(x+2)(x+3)}{x+1}}$; (16) $y=e^{2x}\sin 3x+\frac{x^2}{2}$;

(17) $y=\frac{e^{-kx}\sin\omega x}{1+x}$($k,\omega$ 为常数); (18) $y=x\sqrt{a^2-x^2}+\frac{x}{\sqrt{a^2-x^2}}$;

(19) $y=\sin^n x\cos nx$; (20) $y=\ln\frac{\sqrt{1+x}-\sqrt{1-x}}{\sqrt{1+x}+\sqrt{1-x}}$.

3. 设函数 $y=f(x)$ 由下列方程所确定,求 y':

(1) $y=\cos(x+y)$; (2) $y=1+xe^y$; (3) $x^2+y^2-xy=1$.

4. 用取对数求导法求下列函数的导数:

(1) $y=x\sqrt{\frac{1-x}{1+x}}$; (2) $y=\frac{x^2}{1-x}\sqrt{\frac{1+x}{1+x+x^2}}$;

(3) $y=\left(x+\sqrt{1+x^2}\right)^n$; (4) $y=x^{\cos\frac{x}{2}}$;

(5) $y=x^{\ln x}(x>0)$; (6) $y=(1+x)^{\frac{1}{x}}(x>0)$;

(7) $y=x^{\tan x}(x>0)$; (8) $y=a^{\sin x}(a>0)$.

5. 设 $f(x)$ 是对 x 可导的函数,求$\frac{dy}{dx}$.

(1) $y=f(x^2)$; (2) $y=f(e^x)e^{f(x)}$; (3) $y=f\{f[f(x)]\}$.

6. 在曲线 $y=\frac{1}{1+x^2}$上求一点,使过该点的切线平行于 x 轴.

7. 求曲线 $x^{\frac{3}{2}}+y^{\frac{3}{2}}=16$ 在点(4,4)处的切线方程.

8. 若方程$\begin{cases}x=\varphi(t)\\y=\psi(t)\end{cases}$,确定 y 与 x 间的函数关系,则称此函数关系所表达的函数为由参数方程所确定的函数.如果 $x=\varphi(t)$ 具有单调连续反函数 $t=\varphi^{-1}(x)$,且此反函数能与 $y=\psi(t)$ 构成复合函数 $y=\psi(\varphi^{-1}(x))$.则由参数方程所确定的函数的导数为$\frac{dy}{dx}=\frac{\psi'(t)}{\varphi'(t)}$,试写出该证明.并求由$\begin{cases}x=R\cos t\\y=R\sin t\end{cases}$$(0<t<\pi)$所确定的函数的导数$\frac{dy}{dx}$.

强化训练 2.4

1. 求下列函数在指定点的高阶导数:

(1) $f(x)=3x^3+4x^2-5x-9$,求 $f''(1)$, $f'''(1)$, $f^{(4)}(1)$;

(2) $f(x)=\frac{x}{\sqrt{1+x^2}}$,求 $f''(0)$, $f''(1)$, $f''(-1)$.

2. 求下列函数的高阶导数：

(1) $y=x\ln x$，求 y''； (2) $y=e^{-x^2}$，求 y'''；

(3) $y=x^2e^{2x}$，求 $y^{(n)}$； (4) $y=\dfrac{\arcsin x}{\sqrt{1-x^2}}$，求 $y^{(n)}$.

3. 求下列函数的 n 阶导数：

(1) $y=e^x+2^x$； (2) $y=\ln x$.

4. 设 $f(x)$ 的各阶导数存在，求 y'' 及 y'''.

(1) $y=f(x^2)$； (2) $y=f\left(\dfrac{1}{x}\right)$；

(3) $y=f(e^{-x})$； (4) $y=f(\ln x)$.

强化训练 2.5

1. 求下列函数的微分：

(1) $y=e^{\frac{1}{x}}$； (2) $y=\tan^2 x$；

(3) $y=\arcsin(1-2x)$； (4) $y=\ln\ln\sqrt{x}$；

(5) $y=x^2\sin\dfrac{1}{x}$； (6) $y+\arctan y=x$.

2. 证明当 $|x|$ 很小时，有近似公式 $\arctan x\approx x$.

3. 求下列各式的近似值：

(1) $\sqrt[3]{1.02}$； (2) $\sqrt[4]{85}$；

(3) $\ln 1.01$； (4) $e^{0.05}$.

2.5 模拟试题

1. 单项选择题(每小题 2 分)：

(1) $y=\ln(\ln(\ln x))$，则 $dy=($　　$)$.

A. $dy=\dfrac{dx}{\ln(\ln x)}$　　B. $dy=\dfrac{dx}{\ln(\ln x)\cdot\ln x\cdot x}$

C. $dy=\dfrac{1}{\ln(\ln x)}$　　D. $dy=\dfrac{1}{\ln(\ln x)\cdot\ln x\cdot x}$

(2) $\lim\limits_{\Delta x\to 0}\dfrac{f(x_0+\Delta x)-f(x_0-\Delta x)}{\Delta x}=($　　$)$.

A. $f'(x_0)$　　B. $-f'(x_0)$

C. $2f'(x_0)$　　D. $-2f'(x_0)$

(3) 函数 $f(x)$ 在点 x_0 连续，则 $f(x)$ 在点 x_0(　　).

A. 极限必存在　　B. 必可导

C. 必不可导　　D. 极限必不存在

(4) $y=x^x$，$(x>0)$ 的导数为(　　).

A. xx^{x-1}　　B. $x^x\ln x$

C. $x^{x-1}+x^x\ln x$　　D. $x^x(\ln x+1)$

（5）已知 $y=\cos x$，则 $y^{(10)}=($　　$)$.

A. $\sin x$　　B. $\cos x$

C. $-\sin x$　　D. $-\cos x$

（6）函数 $y=|x+1|$ 的可导区间是(　　).

A. $(-\infty,+\infty)$　　B. $(-\infty,0]$

C. $[-1,+\infty)$　　D. $(-\infty,-1)\cup(-1,+\infty)$

（7）已知 $f(x)=\begin{cases}x^2-2x, x>2\\ kx+b, x\leqslant 2\end{cases}$ 在 $x=2$ 处可导，则(　　).

A. $k=2,b=-4$　　B. $k=-2,b=-4$

C. $k=-4,b=2$　　D. $k=-4,b=-2$

（8）已知 $f(x)=\begin{cases}e^x, x\leqslant 0\\ \ln x, x>0\end{cases}$，则(　　).

A. $f'(1)=e,\ f'(-1)=e^{-1}$　　B. $f'(1)=1,\ f'(-1)=-1$

C. $f'(1)=e,\ f'(-1)=-1$　　D. $f'(1)=1,\ f'(-1)=e^{-1}$

2. 填空题(每小题3分)：

（1）已知 $f'(3)=2$，则 $\lim\limits_{h\to 0}\dfrac{f(3-h)-f(3)}{2h}=$________.

（2）$y=x\sin 2x, y'(0)=$________.

（3）$f(x)=\ln(1-x)$，则 $f'(x)=$________.

（4）设 $y=\cos x^n$，则 $\mathrm{d}y=$________.

（5）设曲线 $y=x\ln x$，则曲线平行于直线 $2x+2y+3=0$ 的切线为________.

（6）设函数 $f(x)=\ln(1+x^2)$，则 $f''(x)=$________.

（7）$\sec^2 x\mathrm{d}x=\mathrm{d}($________$)$.

（8）已知一物体垂直上抛的运动规律方程为 $S(t)=30t-4.9t^2$ 则物体在 $t=2$(秒)时的瞬时速度=________.

3. 计算题((1)—(4)题每小题7分，(5)—(8)题每小题8分)：

（1）已知 $y=\dfrac{x^3-2x+3}{\sqrt[3]{x}}$，求 y'；　　（2）已知 $y=e^{\sqrt{2x+1}}\sec 3x$，求 y'；

（3）已知 $y=(x+\sin x)^x$，求 y'；　　（4）已知 $x^2+2xy-y^2=2x$，求 $\left.\dfrac{\mathrm{d}y}{\mathrm{d}x}\right|_{\substack{x=2\\y=4}}$；

（5）已知 $\begin{cases}x=5\cos^3 t\\ y=15\sin^3 t\end{cases}$，求 $\dfrac{\mathrm{d}y}{\mathrm{d}x}$；　　（6）$y=\dfrac{x^2}{1-x}\sqrt[3]{\dfrac{3-x}{(3+x)^2}}$，求 y'；

（7）求曲线 $y=x^2+1$ 平行于直线 $y=x$ 的切线方程；

（8）$y=x\ln\left(x+\sqrt{x^2+a^2}\right)-\sqrt{x^2+a^2}$，求 y''.

第3章 中值定理及导数应用

3.1 知识点

(1) 了解罗尔中值定理、拉格朗日中值定理、柯西中值及它们的几何意义.了解用拉格朗日定理证明不等式.

(2) 熟悉利用洛必达法则求$\frac{0}{0}$,$\frac{\infty}{\infty}$,$0\cdot\infty$,$\infty-\infty$,1^{∞},∞^{0},0^{0}等类型的不定式的极限.

(3) 熟悉利用导数判断函数的单调性及求函数的单调增、减区间.

(4) 了解函数极值的概念,熟悉极值的必要条件与充分条件,掌握求函数极值的方法,熟悉简单的最大(小)值的应用问题.

(5) 熟悉判定曲线的凹凸性与曲线拐点的计算.

(6) 熟悉求曲线的水平渐近线与垂直渐近线,了解求曲线斜渐近线的方法.

(7) 熟悉作简单函数的图形.

(8) 了解并会用泰勒公式.

3.2 题型分析

1. 验证函数在给定闭区间上是否满足微分中值定理的条件

解题思路 验证函数在给定闭区间上是否满足微分中值定理条件,一般需要考虑以下几个方面:

(1) 给定的函数在给定闭区间$[a,b]$上是否连续.如果是初等函数,因为一切初等函数在其定义域区间上是连续的,所以只需要求出所给初等函数的定义域,看其在给定闭区间$[a,b]$上是否有定义即可.如果是分段函数还要考虑分段点的情况.

(2) 给定的函数在区间(a,b)上是否可导.对初等函数来说,如果用公式法求出的初等函数$f(x)$的导数$f'(x)$在某个点x_0有定义,则函数$f(x)$在点x_0可导;如果用公式法求出的初等函数$f(x)$的导数$f'(x)$在某个点x_0没有定义,则函数$f(x)$在点x_0一般不可导(这种情况下,函数$f(x)$在点x_0可导的情况极其少见,一般可以不予考虑).所以只需要用公式法求出初等函数$f(x)$的导数$f'(x)$,看$f'(x)$在区间(a,b)上是否有定义即可.对分段函数来说还要考虑分段点的情况.

(3) 在验证罗尔中值定理时,需要求出给定的函数在给定闭区间$[a,b]$的区间端点的函数值$f(a)$和$f(b)$.

(4) 在验证柯西中值定理时,需要验证给定的函数$g(x)$的导数$g'(x)$在区间(a,b)上有没有零点.只需要令 $g'(x)=0$,求出其解,看这个解是否属于区间 (a,b) 即可.

例 1 验证罗尔中值定理对函数 $f(x)=4x^3-5x^2+x-2$ 在区间 $[0,1]$ 上的正确性.

解 因为 $f(x)=4x^3-5x^2+x-2$ 的定义域是 $(-\infty,+\infty)$,所以 $f(x)=4x^3-5x^2+x-2$ 在区间 $[0,1]$ 上连续.因为 $f'(x)=12x^2-10x+1$ 的定义域是 $(-\infty,+\infty)$,所以 $f(x)=4x^3-5x^2+x-2$ 在区间 $(0,1)$ 上可导.因为 $f(x)=-2$,$f(1)=-2$,所以 $f(0)=f(1)$,所以 $f(x)=4x^3-5x^2+x-2$ 在区间 $[0,1]$ 上满足罗尔中值定理的条件.令 $f'(\xi)=0$,则 $12\xi^2-10\xi+1=0$,解得 $\xi=\frac{5-\sqrt{13}}{12}\in(0,1)$ $\left(\frac{5+\sqrt{13}}{12}\text{舍去}\right)$.即罗尔中值定理对函数 $f(x)=4x^3-5x^2+x-2$ 在区间 $[0,1]$ 上是正确的.

例 2 函数 $f(x)=\sqrt[3]{x^2}+1$ 在区间 $[-1,1]$ 是否满足拉格朗日中值定理的条件?如果满足就求出定理中的 ξ.

解 因为 $f(x)=\sqrt[3]{x^2}+1$ 的定义域是 $(-\infty,+\infty)$,所以 $f(x)=\sqrt[3]{x^2}+1$ 在区间 $[-1,1]$ 上连续.因为 $f'(x)=\frac{2}{3}x^{-\frac{1}{3}}=\frac{2}{3\sqrt[3]{x}}$ 的定义域是 $x\neq0$,即 $f(x)=\sqrt[3]{x^2}+1$ 在点 $x=0$ 不可导.所以 $f(x)=\sqrt[3]{x^2}+1$ 在区间 $(-1,1)$ 上不可导.所以 $f(x)=\sqrt[3]{x^2}+1$ 在区间 $[0,1]$ 上不满足拉格朗日中值定理的条件.

例 3 验证拉格朗日中值定理对于函数

$$f(x)=\begin{cases}\dfrac{3-x^2}{2}, & x\leqslant1\\ \dfrac{1}{x}, & x>1\end{cases}$$

在 $[0,2]$ 上的正确性.

解 显然 $\frac{3-x^2}{2}$ 在 $[0,1)$ 上连续,$\frac{1}{x}$ 在 $(1,2]$ 上连续,又

$$\lim_{x\to1^-}f(x)=\lim_{x\to1^-}\frac{3-x^2}{2}=1=\lim_{x\to1^+}f(x)=\lim_{x\to1^+}\frac{1}{x}=1=f(1)=1$$

即 $f(x)$ 在 $x=1$ 连续.所以 $f(x)$ 在 $[0,2]$ 上连续.

当 $x<1$ 时,$f'(x)=-x$,当 $x>1$ 时,$f'(x)=-\frac{1}{x^2}$,又

$$f'_-(1)=\lim_{x\to1^-}\frac{f(x)-f(1)}{x-1}=\lim_{x\to1^-}\frac{\frac{3-x^2}{2}-\frac{3-1}{2}}{x-1}=\lim_{x\to1^-}\frac{1-x^2}{2(x-1)}=-1$$

$$f'_+(1)=\lim_{x\to1^+}\frac{f(x)-f(1)}{x-1}=\lim_{x\to1^+}\frac{\frac{1}{x}-\frac{3-1}{2}}{x-1}=\lim_{x\to1^+}\frac{1-x}{x(x-1)}=-1$$

即 $f'(1)=-1$,所以 $f(x)$ 在 $(0,2)$ 上可导,所以函数 $f(x)$ 在 $[0,2]$ 上满足拉格朗日中值定理的条件

令 $\frac{f(2)-f(0)}{2-0}=f'(\xi)$,即 $f'(\xi)=-\frac{1}{2}$:

当 $0<\xi\leqslant 1$ 时，$f'(\xi)=-\xi=-\dfrac{1}{2}$，即 $\xi=\dfrac{1}{2}$.

当 $1<\xi<2$ 时，$f'(\xi)=-\dfrac{1}{\xi^2}=-\dfrac{1}{2}$，即 $\xi=\sqrt{2}$（$-\sqrt{2}$ 舍去）.

取 $\xi=\dfrac{1}{2}$ 或 $\xi=\sqrt{2}$ 均满足定理要求.

即拉格朗日中值定理对于函数 $f(x)$ 在 $[0,2]$ 上是正确的.

2. 方程根的存在性问题

解题思路 方程根的存在性问题常见的有以下几方面的问题：

（1）证明方程根的存在性.①若 $f(x)$ 在区间 $[a,b]$ 的端点异号，则利用零点定理可证；②若 $f(x)$ 在区间 $[a,b]$ 的端点非异号，通过观察分析，如果能够构造出函数 $F(x)$，使 $f'(x)=f(x)$，则对 $F(x)$ 应用罗尔中值定理一般可证；③反证法.

（2）证明方程根的惟一性的步骤：①利用零点定理或罗尔中值定理证明方程 $f(x)=0$ 根的存在性；②再利用函数的单调性或反证法证明方程 $f(x)=0$ 最多有一个实根.

（3）讨论方程根的个数的方法：求出函数的驻点和导数不存在的点，划分函数的单调区间，求出函数的极值和最值，分区间进行讨论.

例 1 设 $P(x)$ 是多项式且 $P'(x)=0$ 没有实根，试证 $P(x)=0$ 最多只有一个实根.

证明 用反证法.假设 $P(x)=0$ 至少有两个实根 x_1 和 x_2 且 $x_1<x_2$，则 $P(x_1)=P(x_2)=0$. 因为多项式 $P(x)$ 在 $(-\infty,+\infty)$ 上连续并可导，且 $P(x_1)=P(x_2)=0$，所以多项式 $P(x)$ 在 $[x_1,x_2]$ 上满足罗尔中值定理的条件，所以 $\exists\xi\in(x_1,x_2)$，使 $P'(\xi)=0$.

这与已知的 $P'(x)=0$ 没有实根矛盾.所以假设不成立，$P(x)=0$ 最多只有一个实根.

例 2 不求出函数 $f(x)=(x-1)(x-2)(x-3)(x-4)$ 的导数，判断方程 $f'(x)=0$ 有几个实根，并指出它们所在的区间.

解 因为 $f(1)=f(2)=f(3)=f(4)=0$ 且 $f(x)$ 是多项式，所以 $f(x)$ 在 $[1,2]$，$[2,3]$，$[3,4]$ 上满足罗尔中值定理条件.所以 $\exists\xi_1\in(1,2)$，使 $f'(\xi_1)=0$；$\exists\xi_2\in(2,3)$，使 $f'(\xi_2)=0$；$\exists\xi_3\in(3,4)$，使 $f'(\xi_3)=0$.因为 $f'(x)$ 是三次多项式，方程 $f'(x)=0$ 最多有三个实根.所以 $f'(x)=0$ 有三个实根，分别在 $(1,2)$，$(2,3)$ 及 $(3,4)$ 内.

例 3 若函数 $f(x)$ 在 (a,b) 内具有二阶导数，且 $f(x_1)=f(x_2)=f(x_3)$，其中 $a<x_1<x_2<x_3<b$，证明在 (x_1,x_3) 内至少有一点 ξ，使得 $f''(\xi)=0$.

证明 因为 $f(x)$ 在 (a,b) 内具有二阶导数，所以 $f(x)$ 在 (a,b) 内可导，$f'(x)$ 在 (a,b) 内可导.因为 $f(x)$ 在 (a,b) 内可导，$a<x_1<x_2<x_3<b$，所以 $f(x)$ 在 $[x_1,x_2]$，$[x_2,x_3]$ 上连续，在 (x_1,x_2) (x_2,x_3) 上可导. 又 $f(x_1)=f(x_2)=f(x_3)$. 所以 $f(x)$ 在 $[x_1,x_2]$，$[x_2,x_3]$ 上满足罗尔定理条件，所以 $\exists\xi_1\in(x_1,x_2)$，使 $f'(\xi_1)=0$；$\exists\xi_2\in(x_2,x_3)$，使 $f'(\xi_2)=0$.因为 $f'(x)$ 在 (a,b) 内可导，$a<x_1<\xi_1<x_2<\xi_2<x_3<b$，所以 $f'(x)$ 在 $[\xi_1,\xi_2]$ 上连续，在 (ξ_1,ξ_2) 上可导. 又 $f(\xi_1)=f(\xi_2)=0$，所以 $f'(x)$ 在 $[\xi_1,\xi_2]$ 上满足罗尔定理条件.所以 $\exists\xi\in(\xi_1,\xi_2)$，使 $f''(\xi)=0$.即在 (x_1,x_3) 内至少有一点 ξ，使得 $f''(\xi)=0$.

例 4 设在 $[1,+\infty)$ 上处处有 $f''(x)\leqslant 0$，且 $f(1)=2$，$f'(1)=-3$，证明在 $(1,+\infty)$ 内方程 $f(x)=0$ 仅有一实根.

证明 把 $f(x)$ 在 $x=1$ 处展成一阶泰勒公式，

$$f(x)=f(1)+f'(1)(x-1)+\frac{1}{2!}f''(\xi)(x-1)^2$$
$$=2-3(x-1)+\frac{1}{2!}f''(\xi)(x-1)^2\text{，其中 }\xi\text{ 介于 1 和 }x\text{ 之间}$$

因为在$[1,+\infty)$上处处有$f''(x)\leqslant 0$，所以 $x\in[1,+\infty)$时，$\frac{1}{2!}f''(\xi)(x-1)^2\leqslant 0$，则$f(x)\leqslant 2-3(x-1)=5-3x$. 令 $x_0>\frac{5}{3}$，则$f(x_0)\leqslant 5-3x_0<0$，又因为$f(1)=2>0$，对函数$f(x)$在区间$[1,x_0]$上应用零点定理得$\exists\,\eta\in(1,x_0)$，使$f(\eta)=0$. 即方程$f(x)=0$在$(1,+\infty)$内有实根. 因为在$[1,+\infty)$上处处有$f''(x)\leqslant 0$，所以$f'(x)$在$[1,+\infty)$上单调减小. 则当 $x\geqslant 1$ 时，有$f'(x)\leqslant f'(1)=-3<0$，所以$f(x)$在$[1,+\infty)$上严格单调减小.

所以方程$f(x)=0$在$(1,+\infty)$内仅有一个实根.

3. 利用拉格朗日中值定理或柯西中值定理证明不等式

解题思路 利用拉格朗日中值定理或柯西中值定理证明不等式，主要是通过估计中值定理中导函数在中值处的值来证明. 在这一类问题中，关键一点是要先观察需要证明的不等式，结合拉格朗日中值定理或柯西中值定理的结论，构造出应用这两个中值定理时需要用到的函数，对此函数应用中值定理.

例 1 证明不等式$\frac{x}{1+x}<\ln(1+x)<x \quad (x>0)$.

分析 把需要证明的不等式$\frac{x}{1+x}<\ln(1+x)<x(x>0)$加以变形得

$$\frac{1}{1+x}<\frac{\ln(1+x)-\ln 1}{(1+x)-1}<1$$

把此形式与拉格朗日中值定理的结论$f'(\xi)=\frac{f(b)-f(a)}{b-a}$比较，我们可以构造函数$f(m)=\ln m$，并且对此函数在区间$[1,1+x]$上应用拉格朗日中值定理.

证明 设$f(m)=\ln m$，则$f'(m)=\frac{1}{m}$. 因为$f(m)$，$f'(m)$的定义域都是$(0,+\infty)$. 所以$f(m)$在$[1,1+x]$($x>0$)上满足拉格朗日中值定理条件，所以

$$\frac{1}{\xi}=\frac{\ln(1+x)-\ln 1}{(1+x)-1},1<\xi<1+x \quad (x>0)$$

即

$$\frac{1}{\xi}=\frac{\ln(1+x)}{x},1<\xi<1+x \quad (x>0)$$

因为 $1<\xi<1+x$，所以

$$\frac{1}{1+x}<\frac{1}{\xi}<1 \quad (x>0)$$

所以

$$\frac{1}{1+x}<\frac{\ln(1+x)}{x}<1 \quad (x>0)$$

所以

$$\frac{x}{1+x}<\ln(1+x)<x \quad (x>0)$$

例 2 证明不等式 $e^x>1+x \quad (x\neq 0)$.

分析 把需要证明的不等式 $e^x>1+x(x\neq 0)$ 加以变形得 $e^x-1>x$，$\frac{e^x-e^0}{x-0}>1\ (x>0)$ $\left(\text{或}\frac{e^x-e^0}{x-0}<1 \quad (x<0)\right)$，把此形式与拉格朗日中值定理的结论 $f'(\xi)=\frac{f(b)-f(a)}{b-a}$ 比较，我们可以构造函数 $f(m)=e^m$，并且对此函数在区间 $[0,x]$（或 $[x,0]$）上应用拉格朗日中值定理.

证明 设 $f(m)=e^m$，则 $f'(m)=e^m$. 因为 $f(m)$，$f'(m)$ 的定义域都是 $(-\infty,+\infty)$，所以 $f(m)$ 在 $[0,x](x>0)$（或 $[x,0](x<0)$）上满足拉格朗日中值定理条件. 则

$$e^{\xi}=\frac{e^x-e^0}{x-0}=\frac{e^x-1}{x}, \xi \text{ 在 } 0 \text{ 与 } x \text{ 之间}$$

当 $x>0$ 时，$0<\xi<x$，则 $1<e^{\xi}<e^x$，即 $\frac{e^x-1}{x}>1$. 因为 $x>0$，所以 $e^x>1+x$. 当 $x<0$ 时，$x<\xi<0$，则 $e^x<e^{\xi}<1$，即 $\frac{e^x-1}{x}<1$. 因为 $x<0$，所以 $e^x>1+x$.

综上所述，当 $x\neq 0$ 时 $e^x>1+x$.

例 3 设 $f(x)$，$g(x)$ 都是可导函数，且 $|f'(x)|<g'(x)$，证明当 $x>a$ 时，

$$|f(x)-f(a)|<g(x)-g(a)$$

分析 把需要证明的不等式 $|f(x)-f(a)|<g(x)-g(a)$ 加以变形得

$$\frac{|f(x)-f(a)|}{g(x)-g(a)}<1 \quad (\text{当 } g(x)>g(a) \text{ 时})$$

把上形式与柯西中值定理的结论

$$\frac{f'(\xi)}{g'(\xi)}=\frac{f(b)-f(a)}{g(b)-g(a)}$$

比较，我们可以对函数 $f(x)$ 和 $g(x)$ 在区间 $[a,x]$ 上应用柯西中值定理.

证明 因为 $0\leqslant|f'(x)|<g'(x)$，所以 $g'(x)>0$，所以 $g(x)$ 单调增加. 所以当 $x>a$ 时，$g(x)>g(a)$. 容易验证 $f(x)$ 和 $g(x)$ 在区间 $[a,x]$ 上满足柯西定理条件，则 $\exists\xi\in(a,x)$，使

$$\frac{f'(\xi)}{g'(\xi)}=\frac{f(x)-f(a)}{g(x)-g(a)}$$

于是

$$\left|\frac{f'(\xi)}{g'(\xi)}\right|=\left|\frac{f(x)-f(a)}{g(x)-g(a)}\right|$$

由于 $g'(x)>0$，当 $x>a$ 时 $g(x)>g(a)$，所以当 $x>a$ 时，

$$\frac{|f'(\xi)|}{g'(\xi)}=\frac{|f(x)-f(a)|}{g(x)-g(a)}$$

又由于 $0\leqslant|f'(x)|<g'(x)$，所以

$$\frac{|f'(\xi)|}{g'(\xi)}<1$$

所以当 $x>a$ 时，

$$\frac{|f'(\xi)|}{g'(\xi)}=\frac{|f(x)-f(a)|}{g(x)-g(a)}<1$$

即当 $x>a$ 时

$$|f(x)-f(a)|<g(x)-g(a)$$

4. 用洛必达法则求极限

解题思路 用洛必达法则求不定式的极限，对$\frac{0}{0}$,$\frac{\infty}{\infty}$型不定式直接应用洛必达法则，对$0\cdot\infty$,1^{∞},∞^{0},0^{0}型不定式要通过恒等变形将其转化为$\frac{0}{0}$,$\frac{\infty}{\infty}$型不定式，再应用洛必达法则. 在用洛必达法则时有以下几个问题需要注意:

(1) 洛必达法则只适用于求$\frac{0}{0}$型或$\frac{\infty}{\infty}$型不定式的值，因此在应用时首先要验证是不是$\frac{0}{0}$型或$\frac{\infty}{\infty}$型不定式，每用一次都要检验.

(2) 洛必达法则可以重复使用，一直到不是不定式为止，即

$$\lim\frac{f(x)}{g(x)}=\lim\frac{f'(x)}{g'(x)}=\lim\frac{f''(x)}{g''(x)}=\lim\frac{f'''(x)}{g'''(x)}=\cdots$$

(3) 在计算过程中，如果分子、分母中含有公因式，要先将此公因式约去；如果有极限不为零的相乘因式，要用极限四则运算法则将此因式的极限提出来，以简化运算.

(4) 该法则的条件是充分但非必要，即

$$\lim\frac{f'(x)}{g'(x)}=A(\infty)\Rightarrow\lim\frac{f(x)}{g(x)}=A(\infty)$$

但是 $\lim\frac{f'(x)}{g'(x)}$不存在($\neq A$ 且$\neq\infty$)推不出 $\lim\frac{f(x)}{g(x)}$不存在. 也就是说，如果 $\lim\frac{f(x)}{g(x)}$为$\frac{0}{0}$型或$\frac{\infty}{\infty}$型不定式，但是 $\lim\frac{f'(x)}{g'(x)}$不存在($\neq A$ 且$\neq\infty$)或不能确定其极限是否存在时，就不能用洛必达法则来求 $\lim\frac{f(x)}{g(x)}$，而要采用其他的方法.

(5) 数列的极限不能直接用洛必达法则，因为数列中的自变量是自然数 n，它不是连续变量，所以数列没有导数，从而不能直接用洛必达法则来求数列的极限. 怎么办呢? 如果要求$\lim\limits_{n\to\infty}f(n)$，可以先求 $\lim\limits_{x\to+\infty}f(x)$，把 $\lim\limits_{x\to+\infty}f(x)$的值作为$\lim\limits_{n\to\infty}f(n)$的值. 例如求数列的极限 $\lim\limits_{n\to\infty}n(\mathrm{e}^{\frac{1}{n}}-1)$，可以先求函数的极限 $\lim\limits_{x\to+\infty}x(\mathrm{e}^{\frac{1}{x}}-1)$.

例 1 求极限$\lim\limits_{x\to0}\frac{\ln(1+x^2)}{\sec x-\cos x}$.

解

$$\lim_{x\to0}\frac{\ln(1+x^2)}{\sec x-\cos x}=\lim_{x\to0}\frac{\frac{2}{1+x^2}}{\sec x\tan x+\sin x}=\lim_{x\to0}\frac{2x}{(\sec x\tan x+\sin x)(1+x^2)}$$

$$=2\lim_{x\to0}\frac{x}{\sin x}\cdot\lim_{x\to0}\frac{1}{(\sec^2x+1)(1+x^2)}$$

$$=2\cdot1\cdot\frac{1}{2}=1$$

例 2 求极限$\lim\limits_{x\to0}\dfrac{e^x+\ln(1-x)-1}{x-\arctan x}$.

解

$$\lim_{x\to0}\frac{e^x+\ln(1-x)-1}{x-\arctan x}=\lim_{x\to0}\frac{e^x-\dfrac{1}{1-x}}{1-\dfrac{1}{1+x^2}}=\lim_{x\to0}\frac{\dfrac{(1-x)e^x-1}{1-x}}{\dfrac{x^2}{1+x^2}}$$

$$=\lim_{x\to0}\frac{(1+x^2)[(1-x)e^x-1]}{(1-x)x^2}=\lim_{x\to0}\frac{1+x^2}{1-x}\cdot\lim_{x\to0}\frac{(1-x)e^x-1}{x^2}$$

$$=\lim_{x\to0}\frac{-e^x+(1-x)e^x}{2x}=\lim_{x\to0}\frac{-xe^x}{2x}=\lim_{x\to0}\frac{-e^x}{2}=-\frac{1}{2}$$

例 3 求极限$\lim\limits_{x\to1}\dfrac{x-x^x}{1-x+\ln x}$.

解

$$\lim_{x\to1}\frac{x-x^x}{1-x+\ln x}=\lim_{x\to1}\frac{1-x^x(\ln x+1)}{-1+\dfrac{1}{x}}=\lim_{x\to1}\frac{x[1-x^x(\ln x+1)]}{1-x}$$

$$=\lim_{x\to1}\frac{1-x^x(\ln x+1)}{1-x}\cdot1=\lim_{x\to1}(-1)\frac{x^x(\ln x+1)^2+x^x}{-1}=1+1=2$$

例 4 求极限$\lim\limits_{x\to1}(1-x)\tan\dfrac{\pi x}{2}$.

解

$$\lim_{x\to1}(1-x)\tan\frac{\pi x}{2}=\lim_{x\to1}\frac{\tan\dfrac{\pi x}{2}}{(1-x)^{-1}}=\lim_{x\to1}\frac{\dfrac{1}{\cos^2\dfrac{\pi x}{2}}\cdot\dfrac{\pi}{2}}{(1-x)^{-2}}=\frac{\pi}{2}\lim_{x\to1}\frac{(1-x)^2}{\cos^2\dfrac{\pi x}{2}}$$

$$=\frac{\pi}{2}\lim_{x\to1}\frac{-2(1-x)}{-2\cos\dfrac{\pi x}{2}\cdot\sin\dfrac{\pi x}{2}\cdot\dfrac{\pi}{2}}=2\lim_{x\to1}\frac{1-x}{\sin\pi x}=2\lim_{x\to1}\frac{-1}{\pi\cos\pi x}=\frac{2}{\pi}$$

例 5 求极限$\lim\limits_{x\to\infty}[(2+x)e^{\frac{1}{x}}-x]$.

解

$$\lim_{x\to\infty}[(2+x)e^{\frac{1}{x}}-x]=\lim_{x\to\infty}x\left[\left(\frac{2}{x}+1\right)e^{\frac{1}{x}}-1\right]=\lim_{x\to\infty}\frac{\left(\dfrac{2}{x}+1\right)e^{\frac{1}{x}}-1}{\dfrac{1}{x}}$$

这是一个$\dfrac{0}{0}$型不定式,但是如果直接用洛必达法则对分子、分母分别求导,计算量非常大,因此我们先进行换元,令$\dfrac{1}{x}=t$,$x\to\infty$时,$t\to0$,则

$$原式=\lim_{t\to0}\frac{(2t+1)e^t-1}{t}=\lim_{t\to0}\frac{2e^t+(2t+1)e^t}{1}=3$$

例 6 求极限$\lim\limits_{x\to0^+}\left(\ln\dfrac{1}{x}\right)^x$.

解

$$\lim_{x\to0^+}\left(\ln\frac{1}{x}\right)^x=\lim_{x\to0^+}e^{\ln\left(\ln\frac{1}{x}\right)^x}=\lim_{x\to0^+}e^{x\ln\left(\ln\frac{1}{x}\right)}=e^{\lim_{x\to0^+}x\ln\left(\ln\frac{1}{x}\right)}$$

$$\lim_{x\to0^+}x\ln\left(\ln\frac{1}{x}\right)=\lim_{x\to0^+}\frac{\ln\left(\ln\dfrac{1}{x}\right)}{\dfrac{1}{x}}=\lim_{x\to0^+}\frac{\dfrac{1}{\ln\dfrac{1}{x}}\cdot\dfrac{1}{\dfrac{1}{x}}\cdot\left(-\dfrac{1}{x^2}\right)}{-\dfrac{1}{x^2}}$$

$$=-\lim_{x\to0^+}\frac{x}{\ln x}=-\lim_{x\to0^+}x\cdot\frac{1}{\ln x}=0$$

所以

$$\lim_{x\to0^+}\left(\ln\frac{1}{x}\right)^x=e^{\lim_{x\to0^+}x\ln\left(\ln\frac{1}{x}\right)}=e^0=1$$

例 7 求极限$\lim\limits_{x\to0}\left(\frac{a^{x+1}+b^{x+1}+c^{x+1}}{a+b+c}\right)^{\frac{1}{x}}(a>0,b>0,c>0)$.

解 令

$$y=\left(\frac{a^{x+1}+b^{x+1}+c^{x+1}}{a+b+c}\right)^{\frac{1}{x}}$$

则

$$\begin{aligned}\lim_{x\to0}\ln y&=\lim_{x\to0}\ln\left(\frac{a^{x+1}+b^{x+1}+c^{x+1}}{a+b+c}\right)^{\frac{1}{x}}=\lim_{x\to0}\frac{1}{x}\ln\left(\frac{a^{x+1}+b^{x+1}+c^{x+1}}{a+b+c}\right)\\&=\lim_{x\to0}\frac{\ln(a^{x+1}+b^{x+1}+c^{x+1})-\ln(a+b+c)}{x}\\&=\lim_{x\to0}\frac{a^{x+1}\ln a+b^{x+1}\ln b+c^{x+1}\ln c}{a^{x+1}+b^{x+1}+c^{x+1}}=\frac{a\ln a+b\ln b+c\ln c}{a+b+c}\\&=\frac{1}{a+b+c}\ln(a^ab^bc^c)=\ln\left[(a^ab^bc^c)^{\frac{1}{a+b+c}}\right]\end{aligned}$$

故原式$=(a^ab^bc^c)^{\frac{1}{a+b+c}}$.

5. 泰勒公式及其应用

解题思路 (1) 求函数的泰勒公式的方法:①直接法:通过求函数的各阶导数而求得给定函数的泰勒公式;②间接法:利用已知泰勒公式,通过适当运算而求得给定函数的泰勒公式,由此还可以利用泰勒公式的系数求函数的高阶导数.

(2) 利用泰勒公式求极限.

(3) 利用泰勒公式证明不等式:利用泰勒公式证明不等式主要是通过估计泰勒公式的余项来证明不等式.

(4) 利用泰勒公式进行误差估计.

例 1 求函数$f(x)=\frac{1}{x}$按$(x+1)$的幂展开的带有拉格朗日型余项的 n 阶泰勒公式.

解 因为

$$f'(x)=-\frac{1}{x^2},\ f''(x)=\frac{2}{x^3},\ f'''(x)=-\frac{2\cdot3}{x^4},\ f^{(4)}(x)=\frac{2\cdot3\cdot4}{x^5}$$

所以

$$f^{(n)}(x)=(-1)^n\frac{n!}{x^{n+1}},\ f^{(n)}(-1)=(-1)^n\frac{n!}{(-1)^{n+1}}=-n!$$

故

$$f(x)=\frac{1}{x}=f(-1)+f'(-1)(x+1)+\frac{f''(-1)}{2!}(x+1)^2+\frac{f'''(-1)}{3!}(x+1)^3+\cdots$$

$$+\frac{f^{(n)}(-1)}{n!}(x+1)^n+\frac{f^{(n+1)}(\xi)}{(n+1)!}(x+1)^{n+1}$$

$$=-[1+(x+1)+(x+1)^2+(x+1)^3+\cdots+(x+1)^n]+(-1)^{n+1}\xi^{-(n+2)}(x+1)^{n+1}$$

其中 ξ 介于 x 和 -1 之间.

例 2 求函数 $f(x)=xe^x$ 的带有皮亚诺型余项的 n 阶麦克劳林公式.

解 因为

$$f'(x)=e^x+xe^x=(1+x)e^x,\ f''(x)=e^x+(1+x)e^x=(2+x)e^x$$

$$f'''(x)=e^x+(2+x)e^x=(3+x)e^x$$

所以

$$f^{(n)}(x)=(n+x)e^x,\ f^{(n)}(0)=n$$

故

$$f(x)=xe^x=f(0)+f'(0)x+\frac{1}{2!}f''(0)x^2+\cdots+\frac{1}{n!}f^{(n)}(0)x^n+o(x^n)$$

$$=x+x^2+\frac{x^3}{2!}+\cdots+\frac{x^n}{(n-1)!}+o(x^n)$$

例 3 求 $f(x)=e^{-x^2}$ 的带有皮亚诺型余项的麦克劳林公式.

解 令 $t=-x^2$,则 $e^{-x^2}=e^t$,由指数函数的麦克劳林展开式得

$$e^t=1+t+\frac{t^2}{2!}+\frac{t^3}{3!}+\cdots+\frac{t^n}{n!}+o(t^n)$$

则

$$f(x)=e^{-x^2}=1-x^2+\frac{x^4}{2!}-\frac{x^6}{3!}+\cdots+(-1)^n\frac{x^{2n}}{n!}+o(x^{2n})\ (x\to 0)$$

另外从这个例子中还可以看到,由于

$$f(x)=e^{-x^2}=f(0)+f'(0)x+\frac{1}{2!}f''(0)x^2+\cdots+\frac{1}{n!}f^{(n)}(0)x^n+o(x^n)$$

所以

$$\frac{1}{(2n-1)!}f^{(2n-1)}(0)x^{2n-1}=0,\ \frac{1}{(2n)!}f^{(2n)}(0)x^{2n}=(-1)^n\frac{x^{2n}}{n!}$$

即

$$f^{(2n-1)}(0)=0,\ f^{(2n)}(0)=(2n)!\ \frac{(-1)^n}{n!}\quad (n=1,2,3,\cdots)$$

例 4 利用泰勒公式求极限 $\lim\limits_{x\to 0}\dfrac{x^2}{\sqrt[5]{1+5x}-(1+x)}$.

解 因为分子关于 x 的次数为 2,所以

$$\sqrt[5]{1+5x}=(1+5x)^{\frac{1}{5}}=1+\frac{1}{5}\cdot(5x)+\frac{1}{2!}\cdot\frac{1}{5}\cdot\left(\frac{1}{5}-1\right)\cdot(5x)^2+o(x^2)$$

$$=1+x-2x^2+o(x^2)$$

$$\lim_{x\to 0}\frac{x^2}{\sqrt[5]{1+5x}-(1+x)}=\lim_{x\to 0}\frac{x^2}{[1+x-2x^2+o(x^2)]-(1+x)}=-\frac{1}{2}$$

例 5 利用泰勒公式求极限 $\lim\limits_{x\to 0}\dfrac{1+\frac{1}{2}x^2-\sqrt{1+x^2}}{(\cos x-e^{x^2})\sin x^2}$.

解 $\lim\limits_{x\to 0}\dfrac{1+\frac{1}{2}x^2-\sqrt{1+x^2}}{(\cos x-e^{x^2})\sin x^2}=\lim\limits_{x\to 0}\dfrac{1+\frac{1}{2}x^2-\left[1+\frac{1}{2}x^2-\frac{1}{8}x^4+o(x^4)\right]}{\left[1-\frac{1}{2}x^2+o(x^2)-1-x^2+o(x^2)\right][x^2+o(x^2)]}$

$$=\lim_{x\to 0}\frac{\frac{1}{8}x^4+o(x^4)}{-\frac{3}{2}x^4+o(x^4)}=\lim_{x\to 0}\frac{\frac{1}{8}+\frac{o(x^4)}{x^4}}{-\frac{3}{2}+\frac{o(x^4)}{x^4}}=\frac{\frac{1}{8}}{-\frac{3}{2}}=-\frac{1}{12}$$

例6 验证当$0<x\leqslant\dfrac{1}{2}$时，按公式$e^x\approx 1+x+\dfrac{x^2}{2}+\dfrac{x^3}{6}$计算$e^x$的近似值时，所产生的误差小于0.01，并求$\sqrt{e}$的近似值，使误差小于0.01.

解 设$f(x)=e^x$，则$f^{(n)}(0)=1$.故$f(x)=e^x$的三阶麦克劳林公式为

$$e^x=1+x+\frac{x^2}{2!}+\frac{x^3}{3!}+\frac{e^{\xi}}{4!}x^4\text{，其中 }\xi\text{ 介于 }0\text{ 和 }x\text{ 之间}$$

按公式$e^x\approx 1+x+\dfrac{x^2}{2}+\dfrac{x^3}{6}$计算$e^x$的近似值时，其误差为

$$|R_3(x)|=\frac{e^{\xi}}{4!}x^4$$

当$0<x\leqslant\dfrac{1}{2}$时，$0<\xi<\dfrac{1}{2}$，$|R_3(x)|\leqslant\dfrac{3^{\frac{1}{2}}}{4!}\left(\dfrac{1}{2}\right)^4\approx 0.0045<0.01$，

$$\sqrt{e}\approx 1+\frac{1}{2}+\frac{1}{2}\left(\frac{1}{2}\right)^2+\frac{1}{6}\left(\frac{1}{2}\right)^3\approx 1.645$$

例7 设$0<x<\dfrac{\pi}{2}$，证明$\dfrac{x^2}{\pi}<1-\cos x<\dfrac{x^2}{2}$.

证明 由带拉格朗日型余项的泰勒公式

$$\cos x=1-\frac{1}{2}x^2+\frac{1}{4!}x^4\cos(\theta x),\ 0<\theta<1$$

则

$$1-\cos x=\frac{1}{2}x^2-\frac{1}{4!}x^4\cos(\theta x)=x^2\left[\frac{1}{2}-\frac{1}{24}x^2\cos(\theta x)\right]$$

因为$0<x<\dfrac{\pi}{2}$，$0<\theta<1$，所以$0<\cos(\theta x)<1$，所以

$$\frac{1}{2}>\frac{1}{2}-\frac{1}{24}x^2\cos(\theta x)>\frac{1}{2}-\frac{1}{24}\left(\frac{\pi}{2}\right)^2=\frac{1}{2}-\frac{\pi^2}{96}>\frac{1}{3}>\frac{1}{\pi}$$

则

$$\frac{x^2}{2}<x^2\left[\frac{1}{2}-\frac{1}{24}x^2\cos(\theta x)\right]<\frac{x^2}{\pi}$$

即

$$\frac{x^2}{\pi}<1-\cos x<\frac{x^2}{2}\quad\left(\forall x\in\left(0,\frac{\pi}{2}\right)\right)$$

例8 证明$e^x>1+x+\dfrac{x^2}{2}\quad(x>0)$；$e^x<1+x+\dfrac{x^2}{2}\quad(x<0)$.

证明 由带拉格朗日型余项的泰勒公式

$$e^x=1+x+\frac{x^2}{2}+\frac{1}{3!}e^{\theta x}x^3,\quad \theta\in(0,1)$$

显然

$$e^{\theta x}x^3\begin{cases}>0,x>0\\<0,x<0\end{cases}$$

故原不等式得证.

例 9 应用三阶泰勒公式求 $\sqrt[3]{30}$ 的近似值,并估计误差.

解 取

$$f(x)=\sqrt[3]{1+x}=(1+x)^{\frac{1}{3}}$$

则 $f(x)$ 的带拉格朗日型余项的三阶麦克劳林公式为

$$f(x)=(1+x)^{\frac{1}{3}}=1+\frac{1}{3}x+\frac{\frac{1}{3}\left(\frac{1}{3}-1\right)}{2!}x^2+\frac{\frac{1}{3}\left(\frac{1}{3}-1\right)\left(\frac{1}{3}-2\right)}{3!}x^3+R_3(x)$$

$$R_3(x)=\frac{\frac{1}{3}\left(\frac{1}{3}-1\right)\left(\frac{1}{3}-2\right)\left(\frac{1}{3}-3\right)}{4!}(1+\xi)^{\frac{1}{3}-4-1}x^4,\xi\in(0,x)$$

$$f(x)=(1+x)^{\frac{1}{3}}\approx1+\frac{1}{3}x+\frac{\frac{1}{3}\left(\frac{1}{3}-1\right)}{2!}x^2+\frac{\frac{1}{3}\left(\frac{1}{3}-1\right)\left(\frac{1}{3}-2\right)}{3!}x^3$$

$$=1+\frac{1}{3}x-\frac{1}{9}x^2+\frac{5}{81}x^3$$

$$\sqrt[3]{30}=\sqrt[3]{27+3}=3\sqrt[3]{1+\frac{1}{9}}=3\left(1+\frac{1}{9}\right)^{\frac{1}{3}}$$

$$\approx3\left[1+\frac{1}{3}\cdot\frac{1}{9}-\frac{1}{9}\left(\frac{1}{9}\right)^2+\frac{5}{81}\left(\frac{1}{9}\right)^3\right]\approx3.10724$$

误差为

$$|R_3(x)|=\left|\frac{\frac{1}{3}\left(\frac{1}{3}-1\right)\left(\frac{1}{3}-2\right)\left(\frac{1}{3}-3\right)}{4!}(1+\xi)^{\frac{1}{3}-4-1}\left(\frac{1}{9}\right)^4\right|,\xi\in\left(0,\frac{1}{9}\right)$$

因为 $\xi\in\left(0,\frac{1}{9}\right)$,所以

$$|R_3(x)|\leqslant\left|\frac{80}{4!\cdot3^{11}}\right|\approx1.88\times10^{-5}$$

6. 判断函数的单调性、凹凸性,求极值、拐点

解题思路 判断函数的单调性、凹凸性,求极值、拐点一般来说可以分为以下几个步骤:

(1) 求出 $f(x)$ 的定义域 (a,b).

(2) 求 $f'(x)$、$f''(x)$.

(3) 令 $f'(x)=0$,求出驻点;令 $f''(x)=0$,求出根;并且求出使 $f'(x)$、$f''(x)$ 不存在的点,假设求出点 $x_1<x_2<x_3$.

（4）列表判断

x	(a,x_1)	x_1	(x_1,x_2)	x_2	(x_2,x_3)	x_3	(x_3,b)
$f'(x)$							
$f''(x)$							
$f(x)$							

求出极值和拐点坐标.

例 1　讨论 $y=\dfrac{(x-3)^2}{4(x-1)}$的单调性、极值、凹凸性及拐点.

解　（1）$y=\dfrac{(x-3)^2}{4(x-1)}$的定义域是$(-\infty,1)\cup(1,+\infty)$.

（2）
$$y'=\frac{1}{4}\cdot\frac{2(x-3)(x-1)-(x-3)^2}{(x-1)^2}=\frac{(x-3)(x+1)}{4(x-1)^2}=\frac{x^2-2x-3}{4(x-1)^2}$$
$$y''=\frac{1}{4}\cdot\frac{(2x-2)(x-1)^2-(x^2-2x-3)\cdot 2(x-1)}{(x-1)^4}$$
$$=\frac{1}{4}\cdot\frac{2(x-1)^2-2(x^2-2x-3)}{(x-1)^3}=\frac{2}{(x-1)^3}$$

（3）令 $y'=0$,得 $x_1=3,x_2=-1$;$x_3=1$ 时,y'不存在.

令 $y''=0$,无解;$x_3=1$ 时,y''不存在.

（4）列表

x	$(-\infty,-1)$	-1	$(-1,1)$	1	$(1,3)$	3	$(3,+\infty)$
y'	+	0	−	不存在	−	0	+
y''	−	−	−	不存在	+	+	+
y	↑∩	极大值	↓∩	不存在	↓∪	极小值	↑∪

极大值为$f(-1)=-2$,极小值为$f(3)=0$,没有拐点.

例 2　求$f(x)=e^x\cos x$ 的极值.

分析　在求极值时,使用极值的第一充分条件比较多,第一充分条件可以判断驻点和不可导点是不是极值点,而第二充分条件只能判断二阶导数不等于零的驻点是不是极值点.但是有些时候使用第二充分条件比较方便,比如这个例子.

解　（1）$f(x)=e^x\cos x$ 的定义域是$(-\infty,+\infty)$.

（2）$f'(x)=e^x\cos x-e^x\sin x=e^x(\cos x-\sin x)$.

（3）令$f'(x)=0$,得 $x=k\pi+\dfrac{\pi}{4}\quad(k\in\mathbf{Z})$,

$$e^x(\cos x-\sin x)=0\Rightarrow\cos x-\sin x=0$$
$$\Rightarrow\frac{\sqrt{2}}{2}\cos x-\frac{\sqrt{2}}{2}\sin x=0\Rightarrow\cos\frac{\pi}{4}\cos x-\sin\frac{\pi}{4}\sin x=0$$

$$\Rightarrow\cos\left(\frac{\pi}{4}+x\right)=0\Rightarrow\frac{\pi}{4}+x=k\pi+\frac{\pi}{2}\Rightarrow x=k\pi+\frac{\pi}{4}\quad(k\in\mathbf{Z})$$

(4)
$$f''(x)=\mathrm{e}^x(\cos x-\sin x)+\mathrm{e}^x(-\sin x-\cos x)=-2\mathrm{e}^x\sin x$$

$$f''\left(k\pi+\frac{\pi}{4}\right)=-2\mathrm{e}^{k\pi+\frac{\pi}{4}}\sin\left(k\pi+\frac{\pi}{4}\right)$$

$k=2n(n\in\mathbf{Z})$时,

$$f''\left(2n\pi+\frac{\pi}{4}\right)=-2\mathrm{e}^{2n\pi+\frac{\pi}{4}}\sin\left(2n\pi+\frac{\pi}{4}\right)=-2\mathrm{e}^{2n\pi+\frac{\pi}{4}}\sin\frac{\pi}{4}<0$$

即当 $x=2n\pi+\frac{\pi}{4}(n\in\mathbf{Z})$时,$f(x)=\mathrm{e}^x\cos x$ 取得极大值为

$$f\left(2n\pi+\frac{\pi}{4}\right)=\mathrm{e}^{2n\pi+\frac{\pi}{4}}\cos\left(2n\pi+\frac{\pi}{4}\right)=\frac{\sqrt{2}}{2}\mathrm{e}^{2n\pi+\frac{\pi}{4}}$$

$k=2n+1(n\in\mathbf{Z})$时,

$$f''\left[(2n+1)\pi+\frac{\pi}{4}\right]=-2\mathrm{e}^{(2n+1)\pi+\frac{\pi}{4}}\sin\left[(2n+1)\pi+\frac{\pi}{4}\right]=2\mathrm{e}^{(2n+1)\pi+\frac{\pi}{4}}\sin\frac{\pi}{4}>0$$

即当 $x=(2n+1)\pi+\frac{\pi}{4}(n\in\mathbf{Z})$时,$f(x)=\mathrm{e}^x\cos x$ 取得极小值为

$$f\left[(2n+1)\pi+\frac{\pi}{4}\right]=\mathrm{e}^{(2n+1)\pi+\frac{\pi}{4}}\cos\left[(2n+1)\pi+\frac{\pi}{4}\right]=-\frac{\sqrt{2}}{2}\mathrm{e}^{(2n+1)\pi+\frac{\pi}{4}}$$

7. 利用函数的单调性证明不等式

解题思路 利用函数的单调性证明不等式通常适用于某区间上成立的函数不等式,证明的一般程序为:

(1) 移项(有时需要再作其他简单变形),使不等式一端为 0,而另一端为 $f(x)$.

(2) 求 $f'(x)$ 并验证 $f(x)$ 在指定区间的增减性.

(3) 求出区间端点的函数值(或极限值),作比较即得所证.

例 1 证明当 $0<x<\frac{\pi}{2}$时,$\tan x>x+\frac{1}{3}x^3$.

证明 取

$$f(x)=\tan x-x-\frac{1}{3}x^3,x\in\left(0,\frac{\pi}{2}\right)$$

则

$$f'(x)=\sec^2x-1-x^2=\tan^2x-x^2=(\tan x-x)(\tan x+x)$$

令 $g(x)=\tan x-x$,则

$$g'(x)=\sec^2x-1=\tan^2x>0$$

即 $g(x)$ 在$\left(0,\frac{\pi}{2}\right)$内单调增加.

因为 $g(0)=0$,所以当 $0<x<\frac{\pi}{2}$时,

$$g(x)=\tan x-x>g(0)=0$$

即当 $0<x<\frac{\pi}{2}$时,$\tan x-x>0$. 所以当 $0<x<\frac{\pi}{2}$时,

$$f'(x)=(\tan x-x)(\tan x+x)>0$$

即函数$f(x)$在$\left(0,\dfrac{\pi}{2}\right)$内单调增加.

因为$f(0)=0$,所以当$0<x<\dfrac{\pi}{2}$时,

$$f(x)>f(0)=0$$

即 $\tan x>x+\dfrac{1}{3}x^3$.

例 2　证明当 $x>4$ 时,$2^x>x^2$.

证明　令$f(x)=x\ln 2-2\ln x,x>4$,则

$$f'(x)=\ln 2-\frac{2}{x}=\frac{\ln 4}{2}-\frac{2}{x}$$

当 $x>4$ 时,

$$f'(x)=\frac{\ln 4}{2}-\frac{2}{x}>\frac{\ln e}{2}-\frac{2}{4}=0$$

即$f(x)$在$(4,+\infty)$上单调增加,又因为

$$f(4)=4\ln 2-2\ln 4=0$$

所以当 $x>4$ 时,$f(x)>f(4)=0$.即当 $x>4$ 时,

$$x\ln 2>2\ln x\Rightarrow \ln 2^x>\ln x^2\Rightarrow 2^x>x^2$$

例 3　设 $b>a>e$,证明:$a^b>b^a$.

证明　设$f(x)=\dfrac{\ln x}{x}$,则

$$f'(x)=\frac{1-\ln x}{x^2}$$

当 $x>e$ 时,

$$f'(x)=\frac{1-\ln x}{x^2}<0$$

所以$f(x)=\dfrac{\ln x}{x}$在$(e,+\infty)$上单调减小.

因为 $b>a>e$,所以$f(b)<f(a)$,即

$$\frac{\ln b}{b}<\frac{\ln a}{a}\Rightarrow a\ln b<b\ln a\Rightarrow \ln b^a<\ln a^b$$

即当 $b>a>e$ 时,$a^b>b^a$.

例 4　证明当 $x\in(0,+\infty)$时,$(1+x)\ln^2(1+x)<x^2$.

证明　令

$$f(x)=x^2-(1+x)\ln^2(1+x)$$

则

$$f'(x)=2x-\ln^2(1+x)-2\ln(1+x)$$

$$f''(x)=2-2\,\frac{\ln(1+x)}{1+x}-\frac{2}{1+x}=\frac{2}{1+x}(x-\ln(1+x))$$

令 $g(x)=x-\ln(1+x)$,则

$$g'(x)=1-\frac{1}{1+x}=\frac{x}{1+x}$$

当 $x>0$ 时，$g'(x)=\frac{x}{1+x}>0$，即 $g(x)$ 在 $(0,+\infty)$ 上单调增加.

又因为 $g(0)=0$，所以当 $x>0$ 时，$g(x)>g(0)=0$. 即当 $x>0$ 时，$x-\ln(1+x)>0$，因此

$$f''(x)=\frac{2}{1+x}(x-\ln(1+x))>0$$

即 $f'(x)$ 在 $(0,+\infty)$ 上单调增加，又因为 $f'(0)=0$，所以当 $x>0$ 时，$f'(x)>f'(0)=0$，即 $f(x)$ 在 $(0,+\infty)$ 上单调增加，又因为 $f(0)=0$. 所以当 $x>0$ 时，$f(x)>f(0)=0$. 即

$$x^2-(1+x)\ln^2(1+x)>0$$

所以

$$(1+x)\ln^2(1+x)<x^2$$

例 5 利用单调性证明当 $0<x<\frac{\pi}{4}$ 时，$x<\tan x<\frac{4}{\pi}x$.

证明 这个问题实际上是要证明

$$1<\frac{\tan x}{x}<\frac{4}{\pi},x\in\left(0,\frac{\pi}{4}\right)$$

令 $f(x)=\frac{\tan x}{x}$，则

$$f'(x)=\frac{\sec^2x}{2x^2}(2x-\sin 2x)$$

令 $g(x)=2x-\sin 2x$，则

$$g'(x)=2-2\cos 2x$$

当 $0<x<\frac{\pi}{4}$ 时，

$$g'(x)=2-2\cos 2x>0$$

即 $g(x)$ 在 $\left(0,\frac{\pi}{4}\right)$ 上单调增加，又因为 $g(0)=0$，所以当 $0<x<\frac{\pi}{4}$ 时，$g(x)>g(0)=0$，即 $2x-\sin 2x>0$. 所以当 $0<x<\frac{\pi}{4}$ 时，

$$f'(x)=\frac{\sec^2x}{2x^2}(2x-\sin 2x)>0$$

即 $f(x)=\frac{\tan x}{x}$ 在 $\left(0,\frac{\pi}{4}\right)$ 上单调增加. 由于 $f(0)$ 无定义，而 $\lim\limits_{x\to 0}f(x)=1$，故补充定义 $f(0)=1$，则

$$f(x)=\begin{cases}\frac{\tan x}{x},0<x\leqslant\frac{\pi}{4}\\ 1,\ x=0\end{cases}$$

因此 $f(x)$ 在 $\left[0,\frac{\pi}{4}\right]$ 上连续，在 $\left(0,\frac{\pi}{4}\right)$ 上可导，又因为 $f(x)$ 在 $\left(0,\frac{\pi}{4}\right)$ 上单调增加，所以

$$f(0)<f(x)<f\left(\frac{\pi}{4}\right)\Rightarrow 1<f(x)<\frac{4}{\pi}\Rightarrow 1<\frac{\tan x}{x}<\frac{4}{\pi}x,\in\left(0,\frac{\pi}{4}\right)$$

得证.

8. 利用函数的凹凸性证明不等式

解题思路　利用函数的凹凸性来证明不等式主要要用到凹凸性的另外一个定义:

定义　设 $f(x)$ 在区间 I 上连续,如果对 I 上任意两点 x_1,x_2 恒有

$$f\left(\frac{x_1+x_2}{2}\right)<\frac{f(x_1)+f(x_2)}{2}$$

那么称 $f(x)$ 在 I 上的图形是(向上)凹的(或凹弧);如果恒有

$$f\left(\frac{x_1+x_2}{2}\right)>\frac{f(x_1)+f(x_2)}{2}$$

那么称 $f(x)$ 在 I 上的图形是(向上)凸的(或凸弧).

例　利用函数的凸性证明:

(1) $\frac{1}{2}(x^n+y^n)>\left(\frac{x+y}{2}\right)^n \quad (x>0,y>0,x\neq y,n>1)$;

(2) $\frac{e^x+e^y}{2}>e^{\frac{x+y}{2}} \quad (x\neq y)$;

(3) $x\ln x+y\ln y>(x+y)\ln\frac{x+y}{2} \quad (x>0,y>0)$.

证明　(1) 令 $f(t)=t^n \quad (t>0,n>1)$,则 $f'(t)=nt^{n-1}$, $f''(t)=n(n-1)t^{n-2}$. 当 $t>0$, $n>1$ 时, $f''(t)=n(n-1)t^{n-2}>0$. 即当 $t>0,n>1$ 时, $f(t)=t^n$ 是凹的. 设 x,y 是 $(0,+\infty)$ 内任意两点,且 $x\neq y$,则

$$f\left(\frac{x+y}{2}\right)<\frac{f(x)+f(y)}{2}$$

即

$$\frac{1}{2}(x^n+y^n)>\left(\frac{x+y}{2}\right)^n$$

(2) 令 $f(t)=e^t$,则 $f'(t)=e^t$, $f''(t)=e^t$. 当 $t\in(-\infty,+\infty)$ 时, $f''(t)=e^t>0$,所以 $f(t)=e^t$ 在 $(-\infty,+\infty)$ 上是凹的. 设 x,y 是 $(-\infty,+\infty)$ 内任意两点,且 $x\neq y$,则

$$f\left(\frac{x+y}{2}\right)<\frac{f(x)+f(y)}{2}$$

即

$$\frac{e^x+e^y}{2}>e^{\frac{x+y}{2}}$$

(3) 令 $f(t)=t\ln t$,则

$$f'(t)=\ln t+1,\ f''(t)=\frac{1}{t}$$

当 $t>0$ 时, $f''(t)=\frac{1}{t}>0$,所以 $f(t)=t\ln t$ 在 $(0,+\infty)$ 内是凹的. 设 x,y 是 $(0,+\infty)$ 内任意两点,且 $x\neq y$,则

$$f\left(\frac{x+y}{2}\right)<\frac{f(x)+f(y)}{2}$$

即

$$\frac{x+y}{2}\ln\frac{x+y}{2}<\frac{x\ln x+y\ln y}{2}$$

则

$$x\ln x+y\ln y>(x+y)\ln\frac{x+y}{2}$$

9. 求一元函数的最值问题

解题思路 求一元函数的最值,通常有两方面的问题,一是求连续函数在闭区间上的最值 还有就是求最值的应用问题.

(1) 求连续函数在闭区间上的最值.要求连续函数$f(x)$在闭区间$[a,b]$上的最大值和最小值,我们可以先求出$f(x)$在(a,b)内所有的驻点及不可导点,算出函数在这些点的函数值以及$f(a)$和$f(b)$,比较这些值的大小,最大的就是最大值,最小的就是最小值.

有时候我们还可以根据函数的一些具体特征来求函数的最值,例如:①单调连续函数的最大值和最小值一定在闭区间的端点上. ②连续函数在某个区间内只有一个极值时,极大值就是最大值,极小值就是最小值.

(2) 求最值的应用问题.对综合应用问题,首先要从实际问题抽象出数学模型,并建立目标函数,求其最值.若函数仅有一个驻点,则此点的函数值就是所求的最值,而不必再进行判断.

例 1 求函数$f(x)=|x^2-3x+2|$在$[-3,4]$上的最大值与最小值.

解

$$f(x)=\begin{cases}x^2-3x+2, x\in[-3,1]\cup[2,4]\\ -x^2+3x-2, x\in(1,2)\end{cases}$$

$$f'(x)=\begin{cases}2x-3, x\in(-3,1)\cup(2,4)\\ -2x+3, x\in(1,2)\end{cases}$$

在$(-3,4)$内,$f(x)$的驻点为$x=\frac{3}{2}$,不可导点为$x=1,2$.

由于$f(-3)=20$, $f(1)=0$, $f\left(\frac{3}{2}\right)=\frac{1}{4}$, $f(2)=0$, $f(4)=6$.

比较可得$f(x)$在$x=-3$处取得它在$[-3,4]$上的最大值 20,在$x=1$和$x=2$处取得它在$[-3,4]$上的最小值 0.

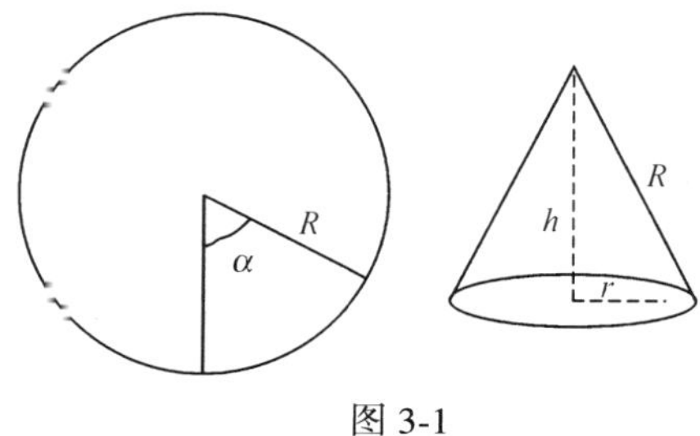

图 3-1

例 2 如图 3-1,从半径为R的圆形铁皮上割去一块中心角为α的扇形,将剩下部分围成一个圆锥形漏斗,当α多大时,漏斗的体积最大?

解 设漏斗体积为V,底面半径为r,高为h,则$V=\frac{1}{3}\pi r^2h$,因为$r^2=R^2-h^2$,所以

$$V=\frac{\pi}{3}(R^2-h^2)h\quad(0\leqslant h\leqslant R)$$

$$V'=\frac{\pi}{3}(R^2-3h^2)$$

令$V'=0$,得驻点

$$h_1=\frac{\sqrt{3}}{3}R, h_2=-\frac{\sqrt{3}}{3}R(\text{舍})$$

$$V''=-2\pi h<0$$

所以 $h=\frac{\sqrt{3}}{3}R$ 时，V 取得极大值，即最大值.

当 $h=\frac{\sqrt{3}}{3}R$ 时，$r=\frac{\sqrt{6}}{3}R$.

扇形中心角 α 所对的弧长 $L=2\pi R-2\pi r$.

根据弧长公式 $L=|\alpha|\cdot R$，得

$$\alpha=\frac{2\pi R-2\pi r}{R}=2\pi\left(1-\frac{\sqrt{6}}{3}\right)\approx 0.36\pi$$

即 $\alpha\approx 0.36\pi$ 弧度

所以 $\alpha\approx 0.36\pi$ 弧度时，漏斗体积最大.

例 3　如图 3-2，铁路线上 AB 的距离为 10km，工厂 C 距 A 处为 20km，AC 垂直于 AB，今要在 AB 线上选定一点 D 向工厂修筑一条公路，已知铁路与公路每 km 货物运费之比为 3 ∶5，问 D 选在何处，才能使从 B 到 C 的运费最省？

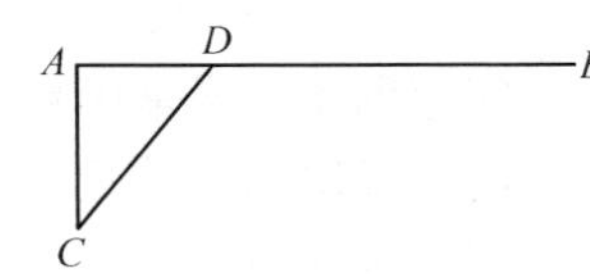

图 3-2

解　设 $AD=x$，铁路每 km 运费为 $3k$，公路每 km 运费为 $5k$，从 B 到 C 的运费为 y，则

$$y=5k\cdot\sqrt{20^2+x^2}+3k\cdot(100-x),\ x\in[0,100]$$

$$y'=5k\cdot\frac{x}{\sqrt{400+x^2}}-3k=k\cdot\left(\frac{5x}{\sqrt{400+x^2}}-3\right)$$

令 $y'=0$，得 $x_1=15$，$x_2=-15$（舍），

$$y''=5k\cdot\frac{\sqrt{400+x^2}-x\frac{x}{\sqrt{400+x^2}}}{400+x^2}=5k\cdot\frac{400}{(400+x^2)\sqrt{400+x^2}}>0$$

所以 $x=15$ 时，y 取得极小值，即最小值. 即 D 点应选在距 A 点 15km 处，运费最省.

例 4　一张 1.4m 高的人体解剖图挂在墙上，它的底边高于观察者的眼 1.8m，问观察者应站在距离墙多远处看图，才能使上、下底到眼的夹角最大？

解　如图 3-3，设观察者距离墙 xm，图的上、下底到眼的夹角为 α，$\angle ACD=\beta$，则

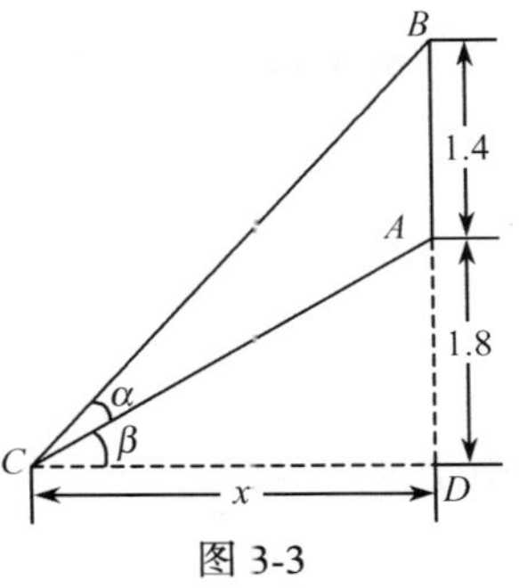

图 3-3

$$\tan\beta=\frac{1.8}{x},\ \tan(\alpha+\beta)=\frac{3.2}{x}$$

所以

$$\beta=\arctan\frac{1.8}{x},\ \alpha+\beta=\arctan\frac{3.2}{x}$$

$$\alpha=\arctan\frac{3.2}{x}-\arctan\frac{1.8}{x},\ x\in(0,+\infty)$$

$$\alpha'(x)=\frac{1}{1+\left(\frac{3.2}{x}\right)^2}\cdot\left(-\frac{3.2}{x^2}\right)-\frac{1}{1+\left(\frac{1.8}{x}\right)^2}\cdot\left(-\frac{1.8}{x^2}\right)$$
$$=\frac{-3.2}{x^2+3.2^2}+\frac{1.8}{x^2+1.8^2}=\frac{-3.2(x^2+1.8^2)+1.8(x^2+3.2^2)}{(x^2+3.2^2)(x^2+1.8^2)}$$
$$=\frac{-1.4x^2+3.2\cdot1.8\cdot1.4}{(x^2+3.2^2)(x^2+1.8^2)}=\frac{1.4(1.8\cdot3.2-x^2)}{(x^2+3.2^2)(x^2+1.8^2)}$$

令 $\alpha'(x)=0$,得 $x_1=2.4,x_2=-2.4$(舍).

由题意可知 α 的最大值确实存在且驻点惟一.

所以当 $x=2.4$m 时,α 最大.观察者应站在距离墙 2.4m 处看图,才能使上、下底到眼的夹角最大.

10. 函数的作图

解题思路 通常函数作图的一般步骤是:

(1) 确定函数的定义域,在 x 轴、y 轴上的截距,找出不连续点.

(2) 求 y',y'',令 $y'=0,y''=0$,分别求出这两个方程的根,并找出使得 y',y''不存在的点,求出这些点的函数值.

(3) 用这些点将函数的定义域划分成若干个区间,讨论函数在这些区间上的单调性、凹凸性,求出极值和拐点(列表说明).

(4) 求渐近线.

(5) 适当地选择若干辅助点,将它们与前面所求出的点标在坐标系中,然后根据讨论用光滑的曲线将这些点连接起来.

3.3 解题常见错误剖析

例 1 求极限$\lim\limits_{x\to0}\frac{x^2\sin\frac{1}{x}}{\sin x}$.

常见错误 由洛必达法则

$$\lim_{x\to0}\frac{x^2\sin\frac{1}{x}}{\sin x}=\lim_{x\to0}\frac{2x\sin\frac{1}{x}+x^2\cos\frac{1}{x}\cdot\left(-\frac{1}{x^2}\right)}{\cos x}$$
$$=\lim_{x\to0}\frac{2x\sin\frac{1}{x}-\cos\frac{1}{x}}{\cos x}$$

由于极限

$$\lim_{x\to0}\frac{2x\sin\frac{1}{x}-\cos\frac{1}{x}}{\cos x}$$

不存在,所以原极限

$$\lim_{x\to0}\frac{x^2\sin\frac{1}{x}}{\sin x}$$

不存在.

错误分析　当极限$\lim\limits_{x\to 0}\dfrac{2x\sin\dfrac{1}{x}-\cos\dfrac{1}{x}}{\cos x}$不存在时,并不意味着原极限$\lim\limits_{x\to 0}\dfrac{x^2\sin\dfrac{1}{x}}{\sin x}$不存在,只能说明洛必达法则不适用.实际上,当上式右边的极限不存在时,式中"等号"的使用是错误的.因为洛必达法则的第三个条件要求 $\lim\dfrac{f'(x)}{g'(x)}$存在(=A 或=∞),也就是说,只有当 $\lim\dfrac{f'(x)}{g'(x)}$存在(=A 或=∞)时,才有 $\lim\dfrac{f(x)}{g(x)}=\lim\dfrac{f'(x)}{g'(x)}$.这就意味着当 $\lim\dfrac{f'(x)}{g'(x)}$不存在时,就不能用洛必达法则来求极限了,而要用其他方法.

正确解答
$$\lim_{x\to 0}\frac{x^2\sin\dfrac{1}{x}}{\sin x}=\lim_{x\to 0}\frac{x\sin\dfrac{1}{x}}{\dfrac{\sin x}{x}}=0$$

例 2　求极限$\lim\limits_{x\to 1}\dfrac{x^3-3x+2}{x^3-x^2-x+1}$.

常见错误
$$\lim_{x\to 1}\frac{x^3-3x+2}{x^3-x^2-x+1}=\lim_{x\to 1}\frac{3x^2-3}{3x^2-2x-1}=\lim_{x\to 1}\frac{6x}{6x-2}=\lim_{x\to 1}\frac{6}{6}=1$$

错误分析　错误发生的原因是,当连续两次使用洛必达法则之后得到的表达式$\lim\limits_{x\to 1}\dfrac{6x}{6x-2}$已经不是不定式了,因此不能对它使用洛必达法则.

正确解答
$$\lim_{x\to 1}\frac{x^3-3x+2}{x^3-x^2-x+1}=\lim_{x\to 1}\frac{3x^2-3}{3x^2-2x-1}=\lim_{x\to 1}\frac{6x}{6x-2}=\frac{3}{2}$$

例 3　求极限$\lim\limits_{x\to\infty}xe^{\frac{1}{x^2}}$.

常见错误
$$\lim_{x\to\infty}xe^{\frac{1}{x^2}}=\lim_{x\to\infty}\frac{e^{\frac{1}{x^2}}}{\dfrac{1}{x}}=\lim_{x\to\infty}\frac{-\dfrac{2}{x^3}e^{\frac{1}{x^2}}}{-\dfrac{1}{x^2}}=\lim_{x\to\infty}\frac{2e^{\frac{1}{x^2}}}{x}=0$$

错误分析　可以看到 $e^{\frac{1}{x^2}}$在 $x\to\infty$ 时的极限值是1,因此$\lim\limits_{x\to\infty}xe^{\frac{1}{x^2}}$不是不定式,所以不能用洛必达法则.

正确解答　$\lim\limits_{x\to\infty}xe^{\frac{1}{x^2}}=\infty$.

例 4　求极限$\lim\limits_{x\to 1}(1-x)\tan\dfrac{\pi}{2}x$.

常见错误
$$\lim_{x\to 1}(1-x)\tan\frac{\pi}{2}x=\lim_{x\to 1}(1-x)'\left(\tan\frac{\pi}{2}x\right)=\lim_{x\to 1}(-1)\cdot\frac{\pi}{2}\sec^2\frac{\pi}{2}x=\infty$$

错误分析　$\lim\limits_{x\to 1}(1-x)\tan\dfrac{\pi}{2}x$ 是一个 $0\cdot\infty$ 型不定式,不属于$\dfrac{0}{0}$或$\dfrac{\infty}{\infty}$型不定式,若要用洛必达法则,必须先变形成$\dfrac{0}{0}$或$\dfrac{\infty}{\infty}$型不定式.

正确解答
$$\lim_{x\to 1}(1-x)\tan\frac{\pi}{2}x=\lim_{x\to 1}\frac{(1-x)\sin\dfrac{\pi}{2}x}{\cos\dfrac{\pi}{2}x}=\lim_{x\to 1}\sin\frac{\pi}{2}x\cdot\lim_{x\to 1}\frac{1-x}{\cos\dfrac{\pi}{2}x}$$

$$=1\cdot\lim_{x\to1}\frac{-1}{-\frac{\pi}{2}\sin\frac{\pi}{2}x}=\frac{2}{\pi}$$

例 5 求极限$\lim\limits_{n\to\infty}n(e^{\frac{1}{n}}-1)$.

常见错误 $$\lim_{n\to\infty}n(e^{\frac{1}{n}}-1)=\lim_{n\to\infty}\frac{e^{\frac{1}{n}}-1}{\frac{1}{n}}=\lim_{n\to\infty}\frac{e^{\frac{1}{n}}\left(-\frac{1}{n^2}\right)}{-\frac{1}{n^2}}=\lim_{n\to\infty}e^{\frac{1}{n}}=1$$

错误分析 求数列的极限不能直接用洛必达法则,因为数列中的自变量是自然数n,它不是连续变量,所以数列没有导数,从而不能直接用洛必达法则来求数列的极限.怎么办呢?如果要求$\lim\limits_{n\to\infty}f(n)$,可以先求$\lim\limits_{x\to+\infty}f(x)$,把$\lim\limits_{x\to+\infty}f(x)$的值作为$\lim\limits_{n\to\infty}f(n)$的值.因此求数列的极限$\lim\limits_{n\to\infty}n(e^{\frac{1}{n}}-1)$,可以先求函数的极限$\lim\limits_{x\to+\infty}x(e^{\frac{1}{x}}-1)$.

正确解答 因为

$$\lim_{x\to+\infty}x(e^{\frac{1}{x}}-1)=\lim_{x\to+\infty}\frac{e^{\frac{1}{x}}-1}{\frac{1}{x}}=\lim_{x\to+\infty}\frac{e^{\frac{1}{x}}\left(-\frac{1}{x^2}\right)}{-\frac{1}{x^2}}=\lim_{x\to+\infty}e^{\frac{1}{x}}=1$$

所以

$$\lim_{n\to\infty}n(e^{\frac{1}{n}}-1)=1$$

例 6 证明柯西中值定理.

常见错误 由定理的已知条件可知,$f(x)$,$g(x)$在$[a,b]$上满足拉格朗日定理的条件,于是有

$$f(b)-f(a)=(b-a)f'(\xi)\quad \xi\in(a,b) \qquad ①$$

$$g(b)-g(a)=(b-a)g'(\xi)\quad \xi\in(a,b) \qquad ②$$

又$g'(x)\neq0\quad(a<x<b)$,$g(b)-g(a)\neq0$,用①式除以②式可得

$$\frac{f(b)-f(a)}{g(b)-g(a)}=\frac{f'(\xi)}{g'(\xi)}\quad \xi\in(a,b)$$

错误分析 实际上①式和②式中的ξ未必是同一个值.

正确解答 作辅助函数

$$F(x)=f(x)-\frac{f(b)-f(a)}{g(b)-g(a)}g(x)$$

显然$F(x)$在$[a,b]$上连续,在(a,b)内可导,且$F(a)=F(b)$.

由罗尔定理可知$\exists\xi\in(a,b)$,使$f'(\xi)=0$,即

$$\frac{f(b)-f(a)}{g(b)-g(a)}=\frac{f'(\xi)}{g'(\xi)},\xi\in(a,b)$$

3.4　强化训练

强化训练 3.1

1. 单项选择题:

(1) 若 $f(x)$ 在 (a,b) 内可导,且 $f(a)=f(b)$,则(　　).

A. 至少存在一点 $\xi\in(a,b)$,使 $f'(\xi)=0$

B. 不存在点 $\xi\in(a,b)$,使 $f'(\xi)=0$

C. 至少存在一点 $\xi\in(a,b)$,使 $f'(\xi)=\dfrac{f(b)-f(a)}{b-a}$

D. 不一定存在 $\xi\in(a,b)$,使 $f'(\xi)=0$

(2) 下列函数在给定区间上满足罗尔定理条件的是(　　).

A. $f(x)=x^2-2x-2,[0,2]$　　B. $f(x)=e^{2x}-1,[-1,1]$

C. $f(x)=\dfrac{\sin x}{x},[-1,1]$　　D. $f(x)=\dfrac{x}{\sqrt{5x-4}},[1,5]$

(3) 函数 $f(x)$ 在 $[a,b]$ 上连续,在 (a,b) 内可导,$a<x_1<x_2<b$,则至少存在一点 ξ,使(　　)必成立.

A. $f'(\xi)=0,\xi\in(a,b)$　　B. $f'(\xi)=0,\xi\in(x_1,x_2)$

C. $f'(\xi)=\dfrac{f(b)-f(a)}{b-a},\xi\in(x_1,x_2)$　　D. $f'(\xi)=\dfrac{f(x_2)-f(x_1)}{x_2-x_1},\xi\in(x_1,x_2)$

(4) 下列函数在给定区间上满足拉格朗日中值定理的是(　　).

A. $y=\dfrac{2x}{1+x^2},[-1,1]$　　B. $y=\dfrac{1}{\ln x},[-1,2]$

C. $y=\begin{cases}2x^2, & x\leqslant 1,\\ x, & x>1,\end{cases}[0,2]$　　D. $y=\begin{cases}x-1, & x\leqslant 0,\\ x, & x>0,\end{cases}[-1,1]$

(5) 若 $f(x)$ 与 $g(x)$ 可导,$\lim\limits_{x\to a}f(x)=\lim\limits_{x\to a}g(x)=0$,且 $\lim\limits_{x\to a}\dfrac{f(x)}{g(x)}=A$,则(　　).

A. 必有 $\lim\limits_{x\to a}\dfrac{f'(x)}{g'(x)}=B$ 存在,且 $A=B$　　B. 必有 $\lim\limits_{x\to a}\dfrac{f'(x)}{g'(x)}=B$ 存在,且 $A\neq B$

C. 如果 $\lim\limits_{x\to a}\dfrac{f'(x)}{g'(x)}=B$ 存在,则 $A=B$　　D. 若 $\lim\limits_{x\to a}\dfrac{f'(x)}{g'(x)}=B$ 存在,不一定有 $A=B$

(6) 下列极限中,不能用罗必达法则的是(　　).

A. $\lim\limits_{x\to 1}x^{\frac{1}{1-x}}$　　B. $\lim\limits_{x\to 0}\dfrac{x^2\sin\dfrac{1}{x}}{\sin x}$

C. $\lim\limits_{x\to+\infty}\dfrac{\ln x}{\sqrt[3]{x}}$　　D. $\lim\limits_{x\to+\infty}x\ln\dfrac{x-a}{x+a}$

(7) $f(x)$ 在 x_0 处取得极值,则下列结论正确的是(　　).

A. $f(x)$ 在 x_0 处可导　　B. $f(x)$ 在 x_0 处二阶可导

C. $f'(x_0)=0$　　D. $f(x)$若在 x_0 处可导,则 $f'(x_0)=0$

(8) 若$(x_0, f(x_0))$是 $y=f(x)$ 的拐点,则(　　).

A. 必有 $f''(x_0)=0$　　B. $f''(x_0)$不存在

C. $f''(x_0)\neq 0$　　D. $f''(x_0)=0$ 或 $f''(x_0)$不存在

(9) 函数$f(x)$在 $x=x_0$ 某邻域内有定义,已知 $f'(x_0)=0$ 且 $f''(x_0)=0$,则在 $x=x_0$ 处 $f(x)$(　　).

A. 必有极值　　B. 必有拐点

C. 必有极值但不一定有拐点　　D. 极值和拐点都不一定有

(10) $f'(x_0)=0$ 是 $f(x)$ 在点 x_0 处取得极值的(　　).

A. 充分非必要条件　　B. 必要非充分条件

C. 充分必要条件　　D. 无关条件

(11) 设函数 $y=f(x)$ 在闭区间$[a,b]$上连续,且 $x_0\in(a,b)$为仅有的极值点且为极小值,则 x_0 必是(　　).

A. 拐点　　B. 不可导点

C. 最小值点　　D. 以上均不对

(12) 函数 $f(x)$ 在 x_0 处取得极小值,则必有(　　).

A. $f'(x_0)=0$　　B. $f'(x_0)=0$ 且 $f''(x_0)=0$

C. 若 $f(x)$ 在 x_0 处可导,则 $f'(x_0)=0$　　D. 以上结论都不对

(13) 已知 $f(x)$ 在$[a,b]$上连续,则下列说法中错误的是(　　).

A. $f(x)$在$[a,b]$上必有极值点　　B. $f(x)$在$[a,b]$上可能没有极值点

C. $f(x)$在$[a,b]$上必有最大值　　D. $f(x)$在$[a,b]$上必有最小值

(14) 若 $f'(x_0)=0$,且 $f''(x_0)<0$,则 $f(x_0)$(　　).

A. 是 $f(x)$ 的极大值　　B. 是 $f(x)$ 的极小值

C. 不是 $f(x)$ 的极值　　D. 是否为 $f(x)$ 的极值,无法确定

(15) 若 $f''(x_0)=0$,则$(x_0, f(x_0))$必为(　　).

A. 极值点　　B. 可能是拐点,也可能不是拐点

C. 拐点　　D. 最大值点

(16) 下列函数中在区间$(1,+\infty)$上单调减少的是(　　).

A. $y=x^2+3$　　B. $y=\arctan x$

C. $y=\lg(1-x)$　　D. $y=\dfrac{1}{x-1}$

(17) 曲线 $y=x^3-12x+1$ 在$(0,2)$内(　　).

A. 单调增加且下凸　　B. 单调减少且下凸

C. 单调增加且上凸　　D. 单调减少且上凸

(18) 函数 $y=2x^3+3x^2-12x$ 的单调减少区间为(　　).

A. $(-2,-1)$　　B. $(2,-1)$

C. $(-2,1)$　　D. $(2,1)$

(19) 函数 $f(x)=x^3+12x+1$ 在其定义域内(　　).

A. 单调增加　　B. 单调减少

C. 曲线下凸　　D. 曲线上凸

(20) $f(x)=\begin{cases}\dfrac{1}{x}, & x>0,\\ \dfrac{1}{x}+1, & x<0,\end{cases}$ 则 $y=f(x)$ 的水平渐近线是(　　).

A. $x=0$　　B. $y=0$

C. $y=1$　　D. $y=0$ 及 $y=1$

(21) 函数 $y=\dfrac{\ln x}{2+x}$ 的垂直渐近线是(　　).

A. $x=2$　　B. $x=0$

C. $x=-2$　　D. $y=-2$

(22) 指出曲线 $y=\dfrac{x}{3-x^2}$ 的渐近线(　　).

A. 没有水平渐近线,也没有斜渐近线　　B. $x=\sqrt{3}$ 为其垂直渐近线,但无水平渐近线

C. 既有垂直渐近线,又有水平渐近线　　D. 只有水平渐近线

2. 填空题:

(1) 函数 $f(x)=\sqrt{x}$ 在区间 $[1,4]$ 上满足拉格朗日中值定理条件的点 $\xi=$________.

(2) 函数 $f(x)$ 在 $[a,b]$ 上连续,在 (a,b) 内可导,且 $f(a)=f(b)$,则必存在 $\xi\in(a,b)$,使 $f'(\xi)=$________.

(3) 若函数 $y=f(x)$ 在 $x=x_0$ 处可导且取得极值,则 $f'(x_0)=$________.

(4) 函数 $f(x)=(x-2)^{\frac{2}{3}}$ 在点________处取得极值.

(5) 函数 $y=1-\sqrt[3]{x^2}$ 的极值是________.

(6) 曲线 $f(x)=x+x^{\frac{5}{3}}$ 的拐点是________.

(7) 函数 $y=x+\sqrt{1-x}$ 在 $[-5,1]$ 上的最大值为________.

(8) 函数 $f(x)=2x^3-9x^2+12x-3$ 的单调下降区间是________.

(9) 曲线 $y=x^3-6x^2+9x-5$ 的驻点是________.

(10) 曲线 $y=\dfrac{x+1}{x^2-1}$ 的垂直渐近线是________.

(11) 函数 $f(x)=\dfrac{x^3+x+1}{2x^3-2x+5}$ 的水平渐近线为________.

(12) 函数 $f(x)=a\sin x+\dfrac{1}{3}\sin 3x$ 在 $x=\dfrac{\pi}{3}$ 点有极值,则 $a=$________.

3. 计算题:

(1) 设 $\dfrac{a_n}{n+1}+\dfrac{a_{n-1}}{n}+\cdots+a_0=0$,则方程 $a_nx^n+a_{n-1}x^{n-1}+\cdots+a_0=0$ 在 $(0,1)$ 内至少有一个实根.

(2) 设 a,b,c 为实数,证明方程 $e^x=ax^2+bx+c$ 的根不超过 3 个.

(3) 证明多项式 $f(x)=x^3-3x+a$ 在 $[0,1]$ 上不可能有两个零点.

(4) 证明对二次多项式 $f(x)=px^2+qx+r$ 应用拉格朗日中值定理所求得的 ξ 总是位于区间的

正中间.

(5) 求证:大于 N^2 的两个连续自然数的平方根的差小于$\frac{1}{2N}$.

(6) 证明等式 $\arcsin\sqrt{1-x^2}+\arctan\frac{x}{\sqrt{1-x^2}}=\frac{\pi}{2}$ $(x\in[0,1))$.

(7) 证明等式 $2\arctan x+\arcsin\frac{2x}{1+x^2}=\pi$ $(x\geqslant1)$.

(8) 求函数 $f(x)=\sqrt{x}$ 按 $(x-4)$ 的幂展开的带有拉格朗日型余项的 3 阶泰勒公式.

(9) 利用泰勒公式求极限 $\lim\limits_{x\to+\infty}\left(\sqrt[3]{x^3+3x^2}-\sqrt[4]{x^4-2x^3}\right)$.

(10) 利用泰勒公式求极限 $\lim\limits_{x\to0}\frac{\cos x-\mathrm{e}^{-\frac{x^2}{2}}}{x^2[x+\ln(1-x)]}$.

(11) 用洛必达法则求下列极限:

① $\lim\limits_{x\to0}\frac{\ln\tan\left(\frac{\pi}{4}+ax\right)}{\sin bx}$ $(b\neq0)$;

② $\lim\limits_{x\to1}(1-x)\tan\frac{\pi x}{2}$;

③ $\lim\limits_{x\to-1}\left[\frac{1}{x+1}-\frac{1}{\ln(x+2)}\right]$;

④ $\lim\limits_{x\to0}\frac{\mathrm{e}^x+\ln(1-x)-1}{x-\arctan x}$;

⑤ $\lim\limits_{x\to0}(1+\sin x)^{\frac{1}{x}}$;

⑥ $\lim\limits_{x\to0}(\sin x+\mathrm{e}^x)^{\frac{1}{x}}$;

⑦ $\lim\limits_{x\to+\infty}(x+\sqrt{1+x^2})^{\frac{1}{x}}$;

⑧ $\lim\limits_{x\to0}\left(\frac{\sin x}{x}\right)^{\frac{1}{x^2}}$;

⑨ $\lim\limits_{x\to a}(a^2-x^2)\tan\frac{\pi x}{2a}$;

⑩ $\lim\limits_{n\to\infty}\left(n\tan\frac{1}{n}\right)^{n^2}$.

(12) 求函数 $y=x^3-3x^2-9x-5$ 的单调增减区间和极值.

(13) 求曲线 $y=2\mathrm{e}^x+\mathrm{e}^{-x}$ 的单调区间和极值.

(14) 求曲线 $y=x-\ln(1+x^2)$ 的凹向与拐点.

(15) 求曲线 $y=\frac{x}{3-x^2}$ 的凹向与拐点.

(16) 求函数 $y=\frac{x^2}{1+x}$ 在闭区间 $\left[-\frac{1}{2},1\right]$ 上的最值.

(17) 印刷书页时,要求文字上、下各空白 2cm,左、右各空白 1cm,若规定印刷面积为 162cm^2,求书页的长、宽各为多少时最省纸张(即四周的空白面积最少)?

强化训练 3.2

1. 验证罗尔定理对函数 $y=\ln\sin x$ 在区间 $\left[\frac{\pi}{6},\frac{5\pi}{6}\right]$ 上的正确性.
2. 不求出函数 $f(x)=(x-1)(x-2)(x-3)$ 的导数,判断方程 $f'(x)=0$ 有几个根,并指出它们所在的区间.
3. 验证拉格朗日中值定理对函数 $y=4x^3-5x^2+x-2$ 在区间 $[0,1]$ 上的正确性.

4. 对函数 $f(x)=\sin x$ 及 $g(x)=x+\cos x$，在区间 $\left[0,\dfrac{\pi}{2}\right]$ 上验证柯西中值定理的正确性.

5. 证明恒等式 $\arcsin x+\arccos x=\dfrac{\pi}{2}\quad(-1\leqslant x\leqslant 1)$.

6. 证明下列不等式：

(1) $|\sin x_2-\sin x_1|\leqslant|x_2-x_1|$；　(2) $\dfrac{x}{1+x}<\ln(1+x)<x\quad(x>0)$；

(3) $e^x>1+x\quad(x\neq 0)$；　(4) $\dfrac{a-b}{a}<\ln\dfrac{a}{b}<\dfrac{a-b}{b}\quad(a>b>0)$.

强化训练 3.3

1. 用洛必达法则求下列极限：

(1) $\lim\limits_{x\to 0}\dfrac{\ln(1+x)}{x}$；　(2) $\lim\limits_{x\to 0}\dfrac{e^x-e^{-x}}{\sin x}$；　(3) $\lim\limits_{x\to a}\dfrac{\sin x-\sin a}{x-a}$；

(4) $\lim\limits_{x\to\pi}\dfrac{\sin 3x}{\tan 5x}$；　(5) $\lim\limits_{x\to\frac{\pi}{2}}\dfrac{\ln\sin x}{(\pi-2x)^2}$；　(6) $\lim\limits_{x\to a}\dfrac{x^m-a^m}{x^n-a^n}$；

(7) $\lim\limits_{x\to 0^+}\dfrac{\ln\tan 7x}{\ln\tan 2x}$；　(8) $\lim\limits_{x\to\frac{\pi}{2}}\dfrac{\tan x}{\tan 3x}$；　(9) $\lim\limits_{x\to+\infty}\dfrac{\ln\left(1+\dfrac{1}{x}\right)}{\operatorname{arccot}x}$；

(10) $\lim\limits_{x\to 0}\dfrac{\ln(1+x^2)}{\sec x-\cos x}$；　(11) $\lim\limits_{x\to 0}x\cot 2x$；　(12) $\lim\limits_{x\to 0}x^2e^{\frac{1}{x^2}}$；

(13) $\lim\limits_{x\to 1}\left(\dfrac{2}{x^2-1}-\dfrac{1}{x-1}\right)$；　(14) $\lim\limits_{x\to\infty}\left(1+\dfrac{a}{x}\right)^x$；　(15) $\lim\limits_{x\to 0^+}x^{\sin x}$；

(16) $\lim\limits_{x\to 0^+}\left(\dfrac{1}{x}\right)^{\tan x}$.

2. 求下列极限：

(1) $\lim\limits_{x\to+\infty}\dfrac{e^x+e^{-x}}{e^x-e^{-x}}$；　(2) $\lim\limits_{x\to 0}\dfrac{e^x-e^{\sin x}}{x-\sin x}$.

强化训练 3.4

1. 把 $f(x)=x^4-5x^3+x^2-3x+4$ 在 $x_0=4$ 展开成泰勒展开式.
2. 应用麦克劳林公式，按 x 乘幂展开函数 $f(x)=(x^2-3x+1)^3$.
3. 当 $x_0=-1$ 时，求函数 $f(x)=\dfrac{1}{x}$ 的 n 阶泰勒公式.
4. 求函数 $f(x)=\tan x$ 的二阶麦克劳林公式.
5. 求函数 $f(x)=xe^x$ 的 n 阶麦克劳林公式.
6. 验证当 $0<x\leqslant\dfrac{1}{2}$ 时，按公式 $e^x\approx 1+x+\dfrac{x^2}{2}+\dfrac{x^3}{6}$ 计算 e^x 的近似值时，所产生的误差小于 0.01，并求 $\sqrt{e}$ 的近似值，使误差小于 0.01.
7. 应用三阶泰勒公式求下列各函数的近似值并估计误差：(1) $\sqrt[3]{30}$；(2) $\sin 18^\circ$.

8. 利用泰勒公式,求下列极限:

(1) $\lim\limits_{x\to 0}\dfrac{e^x\sin x-x(1+x)}{x^3}$;　　(2) $\lim\limits_{x\to\infty}\left[x-x^2\ln\left(1+\dfrac{1}{x}\right)\right]$.

强化训练 3.5

1. 确定下列函数的单调区间:

(1) $y=2x^3-6x^2-18x-7$;　　(2) $y=\dfrac{10}{4x^3-9x^2+6x}$;

(3) $y=(x-1)(x+1)^3$;　　(4) $y=x^n e^{-x}(n>0,x\geqslant 0)$.

2. 证明下列不等式:

(1) 当 $x>0$ 时,$1+\dfrac{1}{2}x>\sqrt{1+x}$;

(2) 当 $x>0$ 时,$1+x\ln\left(x+\sqrt{1+x^2}\right)>\sqrt{1+x^2}$.

3. 求下列函数的极值:

(1) $y=x^2-2x+3$;　　(2) $y=2x^3-6x^2-18x+7$;

(3) $y=x^4+2x^2$;　　(4) $y=\dfrac{1+3x}{\sqrt{4+5x^2}}$;

(5) $y=e^x\cos x$;　　(6) $y=2e^x+e^{-x}$;

(7) $y=3-2(x+1)^{\frac{1}{3}}$.

4. 试问 a 取何值时,函数 $f(x)=a\sin x+\dfrac{1}{3}\sin 3x$ 在 $x=\dfrac{\pi}{3}$ 取得极值?判断它是极大值还是极小值.并求此极值.

5. 求下列函数的最大值、最小值:

(1) $y=2x^3-3x^2,[-1,4]$;　　(2) $y=x^4-8x^2+2,[-1,3]$.

6. 靠墙壁要盖一间长方形小屋,现有存砖只够砌 20m 长的墙壁,问应围成怎样的长方形才能使这间小屋的面积最大?

7. (人在睡眠时气管中气流何时流速最大)人在睡眠时气管中的气流速度 v 与气管半径 R(睡眠时的气管半径)之间的关系,通过作一些合理的假设后,可以用以下公式表达

$$v=a(R_0-R)R^2\quad(\mathrm{cm/s})$$

其中 R_0 表示气管的"休息半径",即在休息而非睡眠时的半径($R_0>R$),a 为常数,它依赖于气管壁的长度,对进入熟睡的人,期望他的气管以使得呼出的气流速度为最大的方式收缩,试问当气管半径收缩多少时 v 达到最大?

强化训练 3.6

1. 求下列函数图形的拐点及上、下凸区间:

(1) $y=x^3-5x^2+3x+5$;　　(2) $y=xe^{-x}$;　　(3) $y=(x+1)^4+e^x$;

(4) $y=\ln(x^2+1)$;　　(5) $y=e^{\arctan x}$;　　(6) $y=x^4(12\ln x-7)$.

2. 利用函数的凸性,证明:

(1) $\dfrac{1}{2}(x^n+y^n)>\left(\dfrac{x+y}{2}\right)^n\quad(x>0,y>0,x\neq y,n>1)$;

（2）$\dfrac{e^x+e^y}{2}>e^{\frac{x+y}{2}}\quad(x\neq y)$；

（3）$x\ln x+y\ln y>(x+y)\ln\dfrac{x+y}{2}\quad(x>0,y>0)$.

3. 问 a 及 b 为何值时，点 $(1,3)$ 为曲线 $y=ax^3+bx^2$ 的拐点？

4. 描绘下列函数的图形：

（1）$y=\dfrac{1}{5}(x^4-6x^2+8x+7)$；　　（2）$y=\dfrac{x}{1+x^2}$；

（3）$y=e^{-(x-1)^2}$；　　（4）$y=\ln(x^2+1)$.

3.5　模拟试题

1. 单项选择题（每小题 2 分）：

（1）设 $y=f(x)$ 是 (a,b) 内的可导函数，$x,x+\Delta x$ 是 (a,b) 内的任意两点，则（　　）.

A. $\Delta y=f'(\xi)\Delta x$

B. 在 $x,x+\Delta x$ 之间恰有一个 ξ，使 $\Delta y=f'(\xi)\Delta x$

C. 在 $x,x+\Delta x$ 之间至少存在一点 ξ，使 $\Delta y=f'(\xi)\Delta x$

D. 对于 x 与 $x+\Delta x$ 之间的任一点 ξ，均有 $\Delta y=f'(\xi)\Delta x$

（2）下列函数在给定区间上满足罗尔定理条件的是（　　）.

A. $f(x)=\dfrac{3}{2x^2+1},[-1,1]$　　B. $f(x)=xe^x,[0,1]$

C. $f(x)=\begin{cases}1, & x\geqslant 5\\ x+2, & x<5\end{cases},[0,5]$　　D. $f(x)=|x|,[0,1]$

（3）下列给定的极限都存在，不能使用洛必达法则的有（　　）.

A. $\lim\limits_{x\to+\infty}\dfrac{\ln x}{\sqrt[3]{x}}$　　B. $\lim\limits_{x\to+\infty}x\left(\dfrac{\pi}{2}-\arctan x\right)$

C. $\lim\limits_{x\to\infty}\dfrac{x-\sin x}{x+\sin x}$　　D. $\lim\limits_{x\to 0}\dfrac{\ln(1+x)}{\tan x}$

（4）下列结论中正确的那一个是（　　）.

A. 若 $f'(x_0)=a\neq 0$，则 x_0 必不是 $f(x)$ 的极值点

B. 若 $f'(x_0)=0$，则 x_0 必是 $f(x)$ 的极值点

C. 若 x_0 是 $f(x)$ 的极值点，则必有 $f'(x_0)=0$

D. 以上结论都不对

（5）$f(x)$ 在区间 (a,b) 内有二阶导数，$x_0\in(a,b)$ 且 $f''(x_0)=0$，则点 $(x_0,f(x_0))$ 是（　　）.

A. 拐点　　B. 极值点

C. 拐点和极值点　　D. 是否拐点不能确定

（6）设点 x_0 为函数 $f(x)$ 的驻点，则 $y=f(x)$ 在点 x_0 处必定（　　）.

A. 不连续　　B. 不可导

C. 无极限　　D. $y=f(x)$ 在点 $(x_0,f(x_0))$ 处的切线平行于 x 轴

(7) 曲线 $y=x^3(x-4)$ 在区间$(3,+\infty)$内是(　　).

A. 单调递增且下凸　　B. 单调递增且上凸

C. 单调递减且下凸　　D. 单调递减且上凸

(8) 曲线 $y=\frac{x^2+1}{x-1}$(　　).

A. 有垂直渐近线　　B. 有水平渐近线

C. 没有渐近线　　D. 既有垂直渐近线又有斜渐近线

2. 填空题(每小题 3 分):

(1) 函数 $y=x^2-2x-3$ 在$[-1,3]$上满足罗尔定理的点 $\xi=$________.

(2) 函数$f(x)$在$[a,b]$上连续,在(a,b)内可导,则必存在 $\xi\in(a,b)$,使$f'(\xi)=$________.

(3) 若函数 $y=f(x)$ 在 $x=x_0$ 处取得极大值,$f''(x_0)\neq 0$,则$f''(x_0)$________.

(4) 曲线$f(x)=3x-x^2$ 的极大值是________.

(5) 曲线 $y=(1+x)^3$ 的拐点是________.

(6) 函数$f(x)=x^3+3x^2$ 在闭区间$[-5,5]$上的最小值为________.

(7) 函数$f(x)=x-\ln(1+x)$的单调增加区间是________.

(8) 曲线 $y=\ln(1-x)$的垂直渐近线是________.

3. 计算题((1)—(4)题每小题 8 分,(5)—(8)题每小题 7 分):

(1) 设 $a_1-\frac{a_2}{3}+\cdots+(-1)^{n-1}\frac{a_n}{2n-1}=0$,证明方程

$$a_1\cos x+a_2\cos 3x+\cdots+a_n\cos(2n-1)x=0$$

在$\left(0,\frac{\pi}{2}\right)$内至少有一个实根;

(2) 应用拉格朗日中值定理证明:当 $a>b>0$ 且 $n>1$ 时,不等式

$$nb^{n-1}(a-b)<a^n-b^n<na^{n-1}(a-b)$$

成立;

(3) 利用泰勒公式求极限$\lim\limits_{x\to 0}\frac{\sin x-\tan x}{x^3}$;

(4) 要造一个圆柱形无盖水池,使其容积为 $V_0\mathrm{m}^3$,底的单位面积造价是周围的两倍,问底半径 r 与高 h 各为多少时,才能使水池造价最低.

(5) 求极限$\lim\limits_{x\to 0}\frac{\mathrm{e}^x-\mathrm{e}^{-x}-2x}{x-\sin x}$;

(6) 求极限$\lim\limits_{x\to 0}\frac{\mathrm{e}^x(x-2)+x+2}{\sin^3 x}$;

(7) 求极限$\lim\limits_{x\to 0}\frac{x-\arcsin x}{\sin^3 x}$;

(8) 求极限$\lim\limits_{x\to 0}\left(\frac{\sin x}{x}\right)^{\frac{1}{1-\cos x}}$.

第4章 不定积分

4.1 知识点

（1）了解原函数与不定积分的概念，熟悉不定积分的性质.

（2）掌握不定积分的基本积分公式.

（3）掌握不定积分的第一换元法、第二换元法（限于三角代换与简单的根式代换），掌握分部积分法.

（4）了解求简单有理函数的不定积分.

4.2 题型分析

1. 利用原函数与不定积分的概念解题

解题思路 若函数 $F(x)$ 是函数 $f(x)$ 的原函数，则有 $F'(x)=f(x)$，$\int f(x)\mathrm{d}x=F(x)+C$. 从而有 $\left[\int f(x)\mathrm{d}x\right]'=f(x)$，$\int F'(x)\mathrm{d}x=F(x)+C$. 利用这几条性质，我们可以解决一些与之相关的问题.

例1 若 $\int f(x)\mathrm{d}x=x^2\mathrm{e}^{2x}+C$，则 $f(x)=($　　$)$.

A. $2x\mathrm{e}^{2x}$　　B. $2x^2\mathrm{e}^{2x}$

C. $x\mathrm{e}^{2x}$　　D. $2x\mathrm{e}^{2x}(1+x)$

解 $(x^2\mathrm{e}^{2x}+C)'=2x\mathrm{e}^{2x}+2x^2\mathrm{e}^{2x}=2x\mathrm{e}^{2x}(1+x)$，所以选 D.

例2 下列函数中是 $y=x\ln x$ 的原函数的是（　　）.

A. $y=\frac{1}{2}x^2\ln x$　　B. $y=\frac{1}{2}x^2\ln x-\frac{x^2}{4}$

C. $y=\frac{1}{2}x^2\ln x+\frac{x^2}{4}$　　D. $y=\frac{1}{2}x\ln^2 x$

解 通过计算只有 $\frac{1}{2}x^2\ln x-\frac{x^2}{4}$ 的导数为 $x\ln x$，所以选 B.

例3 设 $f(x)$ 的一个原函数是 e^{-2x}，则 $f(x)=$________.

解 因为 e^{-2x} 是 $f(x)$ 的原函数，所以 $(\mathrm{e}^{-2x})'=-2\mathrm{e}^{-2x}=f(x)$. 故答案为 $-2\mathrm{e}^{-2x}$.

例4 设 $\int xf(x)\mathrm{d}x=\arcsin x+C$，则 $\int\frac{\mathrm{d}x}{f(x)}=$________.

解 因为

$$\int xf(x)\mathrm{d}x=\arcsin x+C$$

所以

$$(\arcsin x+C)'=\frac{1}{\sqrt{1-x^2}}=xf(x),\ f(x)=\frac{1}{x\sqrt{1-x^2}}$$

$$\int\frac{\mathrm{d}x}{f(x)}=\int x\sqrt{1-x^2}\,\mathrm{d}x=-\frac{1}{2}\int\sqrt{1-x^2}\,\mathrm{d}(1-x^2)=-\frac{1}{3}\sqrt{(1-x^2)^3}+C$$

例 5 若 $F'(x)=f(x)$，则 $\int f(\cos x)\sin x\mathrm{d}x=(\quad)$.

A. $F(\cos x)+C$　　B. $-F(\cos x)+C$

C. $F(\sin x)+C$　　D. $-F(\sin x)+C$

解 因为 $F'(x)=f(x)$，所以 $\int f(x)\mathrm{d}x=F(x)+C$，所以 $\int f(\cos x)\sin x\mathrm{d}x=-\int f(\cos x)\mathrm{d}\cos x=-F(\cos x)+C$. 所以选 B.

例 6 函数 $F(x)=\int f(2x+1)\mathrm{d}x$ 的导数为(　　).

A. $f(2x+1)$　　B. $2f(2x+1)$

C. $f(x)$　　D. $f(2x+1)+1$

解 $F'(x)=\left[\int f(2x+1)\mathrm{d}x\right]'=f(2x+1)$. 所以选 A.

2. 用第一类换元积分法(也称凑微分法)求不定积分

解题思路 定理(第一类换元法)：设 $f(u)$ 具有原函数 $F(u)$，而 $u=\varphi(x)$ 可导，则 $F[\varphi(x)]$ 是 $f[\varphi(x)]\varphi'(x)$ 的原函数，即有 $\int f[\varphi(x)]\varphi'(x)\mathrm{d}x=F[\varphi(x)]+C$.

第一类换元法应用的形式为

$$\int g(x)\mathrm{d}x\ \xlongequal{\text{若 } g(x)=f[\varphi(x)]\varphi'(x)}\ \int f[\varphi(x)]\varphi'(x)\mathrm{d}x=\int f[\varphi(x)]\mathrm{d}\varphi(x)\ \xlongequal{\text{令 } u=\varphi(x)}$$

$$\int f(u)\mathrm{d}u=F(u)+C\ \xlongequal{\text{因为 } u=\varphi(x)}\ F[\varphi(x)]+C$$

第一类换元积分法的解题关键是将给定的函数 $g(x)$ 分解成 $f[\varphi(x)]\varphi'(x)$.

常见的凑微分形式有：

1° $\int f(ax+b)\mathrm{d}x=\frac{1}{a}\int f(ax+b)\mathrm{d}(ax+b)\quad a\neq 0$;

2° $\int f(ax^n)x^{n-1}\mathrm{d}x=\frac{1}{na}\int f(ax^n)\mathrm{d}(ax^n)\quad a\neq 0,n\neq 1$;

3° $\int f(\mathrm{e}^x)\mathrm{e}^x\mathrm{d}x=\int f(\mathrm{e}^x)\mathrm{d}\mathrm{e}^x$;

4° $\int f(\ln x)\frac{\mathrm{d}x}{x}=\int f(\ln x)\mathrm{d}(\ln x)$;

5° $\int f(\sin x)\cos x\mathrm{d}x=\int f(\sin x)\mathrm{d}(\sin x)$;

6° $\int f(\cos x)\sin x\mathrm{d}x=-\int f(\cos x)\mathrm{d}(\cos x)$;

7° $\int f(\tan x)\frac{\mathrm{d}x}{\cos^2 x}=\int f(\tan x)\mathrm{d}(\tan x)$;

8° $\int f(\cot x)\frac{dx}{\sin^2 x}=-\int f(\cot x)d(\cot x)$；

9° $\int f(\arcsin x)\frac{dx}{\sqrt{1-x^2}}=\int f(\arcsin x)d(\arcsin x)$；

10° $\int f(\arctan x)\frac{dx}{1+x^2}=\int f(\arctan x)d(\arctan x)$；

11° $\int f(\sqrt{1+x^2})\frac{xdx}{\sqrt{1+x^2}}=\int f(\sqrt{1+x^2})d(\sqrt{1+x^2})$.

除简单的问题用观察法直接凑微分之外，一般情况下都要进行适当的处理，或四则运算，或恒等变换，或微分运算. 如：

（1）将被积函数与相近的基本积分公式作比较，确定凑微分方案；

（2）将被积函数的一部分求导，发现规律，确定凑微分方案；

若$f(x)=g(x)\varphi(x)$，则在积分前，先对$g(x)$，$\varphi(x)$中较为复杂的一个函数（或构成它的初等函数）求导，看其导数是否等于其中较简函数的常数倍，如果是这种情况，则可用凑微分法解之；若$f(x)=\frac{g(x)}{\varphi(x)}$，则对$\varphi(x)$求导，看其是否等于$g(x)$的常数倍，如果$d\varphi(x)=kg(x)dx$，就有$\int f(x)dx=\int\frac{g(x)}{\varphi(x)}dx=\frac{1}{k}\int\frac{1}{\varphi(x)}d\varphi(x)=\frac{1}{k}\ln|\varphi(x)|+C.$

例1　求不定积分$\int\frac{\arctan\frac{1}{x}}{1+x^2}dx$.

分析　$\frac{\arctan\frac{1}{x}}{1+x^2}$与$\frac{\arctan u}{1+u^2}$类似，而后者的积分为

$$\int\frac{\arctan u}{1+u^2}du=\int\arctan u\,d(\arctan u)=\frac{1}{2}(\arctan u)^2+C$$

解

$$\int\frac{\arctan\frac{1}{x}}{1+x^2}dx=\int\frac{\arctan\frac{1}{x}}{1+\left(\frac{1}{x}\right)^2}\frac{dx}{x^2}=-\int\frac{\arctan\frac{1}{x}}{1+\left(\frac{1}{x}\right)^2}d\left(\frac{1}{x}\right)$$

$$=-\int\arctan\frac{1}{x}d\left(\arctan\frac{1}{x}\right)=-\frac{1}{2}\left(\arctan\frac{1}{x}\right)^2+C.$$

例2　求不定积分$\int x\sqrt{3-x}dx$.

分析　$x\sqrt{3-x}$与$(3-x)^{\alpha}$（α为实数）类似，因此要设法利用积分公式

$$\int(3-x)^{\alpha}d(3-x)=\frac{1}{\alpha+1}(3-x)^{\alpha+1}+C,(\alpha\neq-1)$$

解

$$\int x\sqrt{3-x}dx=-\int(3-x-3)\sqrt{3-x}dx$$

$$=-\int(3-x)\sqrt{3-x}dx+3\int\sqrt{3-x}dx$$

$$=\int(3-x)^{\frac{3}{2}}d(3-x)-3\int(3-x)^{\frac{1}{2}}d(3-x)$$

$$= \frac{2}{5}(3-x)^{\frac{5}{2}} - 2(3-x)^{\frac{3}{2}} + C$$

例 3 求不定积分 $\int \frac{dx}{x(2+x^{10})}$.

解

$$\int \frac{dx}{x(2+x^{10})} = \int \frac{x^9 dx}{x^{10}(2+x^{10})} = \frac{1}{10}\int \frac{d(x^{10})}{x^{10}(2+x^{10})}$$

$$= \frac{1}{20}\int\left(\frac{1}{x^{10}} - \frac{1}{2+x^{10}}\right)d(x^{10}) = \frac{1}{20}[\ln x^{10} - \ln(x^{10}+2)] + C$$

例 4 求不定积分 $\int \frac{1}{1-x^2}\ln\frac{1+x}{1-x}dx$.

解 把 $\frac{1}{1-x^2}$ 与 $\ln\frac{1+x}{1-x}$ 相比较，$\ln\frac{1+x}{1-x}$ 复杂，对它求导数 $\left[\ln\frac{1+x}{1-x}\right]' = \frac{2}{1-x^2}$，于是

$$\int \frac{1}{1-x^2}\ln\frac{1+x}{1-x}dx = \frac{1}{2}\int \ln\frac{1+x}{1-x}d\left(\ln\frac{1+x}{1-x}\right) = \frac{1}{4}\left[\ln\frac{1+x}{1-x}\right]^2 + C$$

例 5 求不定积分 $\int \frac{\sqrt{\ln(x+\sqrt{1+x^2})+5}}{\sqrt{1+x^2}}dx$.

解 $\frac{1}{\sqrt{1+x^2}}$ 与 $\sqrt{\ln(x+\sqrt{1+x^2})+5}$ 相比较，$\sqrt{\ln(x+\sqrt{1+x^2})+5}$ 复杂，而 $\ln(x+\sqrt{1+x^2})+5$ 为构成它的初等函数，因此对 $\ln(x+\sqrt{1+x^2})+5$ 求导数

$$[\ln(x+\sqrt{1+x^2})+5]' = \frac{1}{x+\sqrt{1+x^2}}\left(1+\frac{x}{\sqrt{1+x^2}}\right) = \frac{1}{\sqrt{1+x^2}}$$

于是

$$\int \frac{\sqrt{\ln(x+\sqrt{1+x^2})+5}}{\sqrt{1+x^2}}dx$$

$$= \int \sqrt{\ln(x+\sqrt{1+x^2})+5}\,d[\ln(x+\sqrt{1+x^2})+5]$$

$$= \frac{2}{3}[\ln(x+\sqrt{1+x^2})+5]^{\frac{3}{2}} + C$$

不定积分 $\int \frac{\ln^2(x+\sqrt{1+x^2})}{\sqrt{1+x^2}}dx$ 的计算方法与这道题的计算方法类似.

例 6 求不定积分 $\int \frac{7\cos x - 3\sin x}{5\cos x + 2\sin x}dx$.

解

$$\int \frac{7\cos x - 3\sin x}{5\cos x + 2\sin x}dx$$

$$= \int \frac{(5\cos x + 2\sin x) + (2\cos x - 5\sin x)}{5\cos x + 2\sin x}dx$$

$$= \int 1dx + \int \frac{2\cos x - 5\sin x}{5\cos x + 2\sin x}dx$$

因为 $[5\cos x+2\sin x]' = 2\cos x - 5\sin x$，于是

$$\text{上式} = x + \int \frac{1}{5\cos x + 2\sin x} \mathrm{d}(5\cos x + 2\sin x)$$
$$= x + \ln|5\cos x + 2\sin x| + C$$

例7 求不定积分 $\int \sec x \mathrm{d}x$.

解 $$\int \sec x \mathrm{d}x = \int \frac{\sec x(\tan x + \sec x)}{\tan x + \sec x} \mathrm{d}x = \int \frac{\sec x \cdot \tan x + \sec^2 x}{\tan x + \sec x} \mathrm{d}x$$

因为 $(\tan x + \sec x)' = \sec x \tan x + \sec^2 x$，于是

$$\text{上式} = \int \frac{1}{\tan x + \sec x} \mathrm{d}(\tan x + \sec x) = \ln|\sec x + \tan x| + C$$

3. 用第二类换元积分法求不定积分

解题思路 定理(第二类换元法)：设 $x=\psi(t)$ 在区间 I 是单调、可导的函数，且 $\psi'(t) \neq 0$，又设 $f[\psi(t)]\psi'(t)\mathrm{d}t$ 在区间 I 上具有原函数 $G(t)$，则有换元公式：

$$\int f(x)\mathrm{d}x \xlongequal{x=\psi(t)} \int f[\psi(t)]\psi'(t)\mathrm{d}t = G(t) + C \xlongequal{t=\psi^{-1}(x)} G[\psi^{-1}(x)] + C.$$

其中 $t=\psi^{-1}(x)$ 是 $x=\psi(t)$ 的反函数.

第二类换元积分法的中心思想是：根据被积函数的具体形式，采用变量替换的方法，将所给积分化为另一较容易计算的形式，如对积分 $\int f(x)\mathrm{d}x$ 作变量替换 $x=\psi(t)$，则

$$\mathrm{d}x = \psi'(t)\mathrm{d}t, \int f(x)\mathrm{d}x = \int f[\psi(t)]\psi'(t)\mathrm{d}t = \cdots$$

常用的代换方法有：

(1) 根式代换：如设 $\sqrt[n]{\quad} = t$；

(2) 三角代换：如果被积函数中含有根式 $\sqrt{a^2-x^2}$，$\sqrt{x^2-a^2}$，$\sqrt{x^2+a^2}$，可分别令 $x=a\sin t$，$x=a\sec t$，$x=a\tan t$，以简化被积函数($a>0$)；

(3) 倒数代换：当被积函数的分母次数较高时，可用倒数代换.

例1 求不定积分 $\int \sqrt{x + \sqrt{x^2 + 2}} \mathrm{d}x$.

解 令 $\sqrt{x + \sqrt{x^2 + 2}} = t$，则

$$x + \sqrt{x^2 + 2} = t^2, \sqrt{x^2 + 2} = t^2 - x$$

$$x^2 + 2 = t^4 - 2t^2 x + x^2, 2t^2 x = t^4 - 2, x = \frac{1}{2}t^2 - \frac{1}{t^2}$$

$$\mathrm{d}x = \left(t + \frac{2}{t^3}\right)\mathrm{d}t$$

$$\int \sqrt{x + \sqrt{x^2 + 2}} \mathrm{d}x = \int t\left(t + \frac{2}{t^3}\right)\mathrm{d}t$$
$$= \int t^2 \mathrm{d}t + 2\int \frac{1}{t^2}\mathrm{d}t = \frac{1}{3}t^3 - \frac{2}{t} + C$$
$$= \frac{1}{3}\left[\sqrt{x + \sqrt{x^2 + 2}}\right]^3 - \frac{2}{\sqrt{x + \sqrt{x^2 + 2}}} + C$$

例 2 求不定积分$\int \frac{dx}{2\sqrt{1+x}+\sqrt{(1+x)^3}}$.

解 令$\sqrt{1+x}=t$,则$x=t^2-1, dx=2tdt$,

$$\begin{aligned}
&\int \frac{dx}{2\sqrt{1+x}+\sqrt{(1+x)^3}}\\
&=\int \frac{2t}{2t+t^3}dt\\
&=\int \frac{2}{2+t^2}dt=\int \frac{2}{2\left[1+\left(\frac{t}{\sqrt{2}}\right)^2\right]}dt\\
&=\int \frac{1}{1+\left(\frac{t}{\sqrt{2}}\right)^2}dt=\sqrt{2}\int \frac{1}{1+\left(\frac{t}{\sqrt{2}}\right)^2}d\left(\frac{t}{\sqrt{2}}\right)=\sqrt{2}\arctan\frac{t}{\sqrt{2}}+C\\
&=\sqrt{2}\arctan\frac{\sqrt{1+x}}{\sqrt{2}}+C
\end{aligned}$$

例 3 求不定积分$\int \frac{xe^{-\frac{1}{\sqrt{1+x^2}}}}{\sqrt{(1+x^2)^3}}dx$.

解 如图 4-1,令$x=\tan t$,则$\sqrt{1+x^2}=\sec t$, $dx=\sec^2 t dt$,

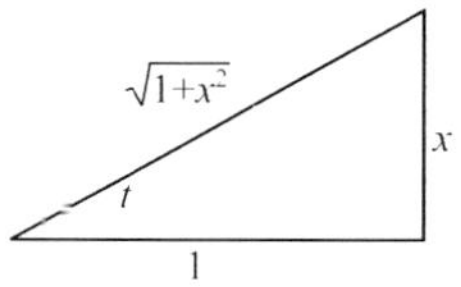

图 4-1

$$\begin{aligned}
\int \frac{xe^{-\frac{1}{\sqrt{1+x^2}}}}{\sqrt{(1+x^2)^3}}dx&=\int \frac{\tan t e^{-\frac{1}{\sec t}}}{\sec^3 t}\sec^2 t dt\\
&=\int e^{-\cos t}\sin t dt=\int e^{-\cos t}d(-\cos t)\\
&=e^{-\cos t}+C=e^{-\frac{1}{\sqrt{1+x^2}}}+C
\end{aligned}$$

例 4 求不定积分$\int \frac{xdx}{(x+2)\sqrt{x^2+4x-12}}$.

解

$$\sqrt{x^2+4x-12}=\sqrt{(x+2)^2-4^2}$$

令$x+2=4\sec t$,则$x=4\sec t-2$, $\sqrt{x^2+4x-12}=4\tan t$, $dx=4\sec t\tan t dt$

$$\begin{aligned}
&\int \frac{xdx}{(x+2)\sqrt{x^2+4x-12}}\\
&=\int \frac{(4\sec t-2)\cdot 4\sec t\tan t}{4\sec t\cdot 4\tan t}dt\\
&=\int\left(\sec t-\frac{1}{2}\right)dt\\
&=\ln|\sec t+\tan t|-\frac{1}{2}t+C\\
&=\ln\left|\frac{x+2}{4}+\frac{\sqrt{x^2+4x-12}}{4}\right|-\frac{1}{2}\arccos\frac{4}{x+2}+C
\end{aligned}$$

$$= \ln\left|x+2+\sqrt{x^2+4x-12}\right| - \frac{1}{2}\arccos\frac{4}{x+2} + C'$$

例 5　求 $\int \frac{\sqrt{a^2-x^2}}{x^4}\mathrm{d}x \quad (a>0)$.

解　令 $x=\frac{1}{t}$,则 $\mathrm{d}x=-\frac{1}{t^2}\mathrm{d}t$,

$$\int \frac{\sqrt{a^2-x^2}}{x^4}\mathrm{d}x$$

$$= \int \frac{\sqrt{a^2-\frac{1}{t^2}}}{\frac{1}{t^4}} \cdot \left(-\frac{1}{t^2}\right)\mathrm{d}t = -\int \frac{\frac{\sqrt{a^2t^2-1}}{t}\cdot\frac{1}{t^2}}{\frac{1}{t^4}}\mathrm{d}t$$

$$= -\int t\sqrt{a^2t^2-1}\,\mathrm{d}t = -\int (a^2t^2-1)^{\frac{1}{2}} \cdot \frac{1}{2a^2}\mathrm{d}(a^2t^2-1)$$

$$= -\frac{1}{2a^2}\cdot\frac{(a^2t^2-1)^{\frac{3}{2}}}{1+\frac{1}{2}} + C = -\frac{(a^2t^2-1)^{\frac{3}{2}}}{3a^2} + C = -\frac{(a^2-x^2)^{\frac{3}{2}}}{3a^2x^3} + C$$

例 6　求不定积分 $\int \frac{\mathrm{d}x}{x(x^6+4)}$.

解　令 $x=\frac{1}{t}$,则 $\mathrm{d}x=-\frac{1}{t^2}\mathrm{d}t$,

$$\int \frac{\mathrm{d}x}{x(x^6+4)}$$

$$= \int \frac{-\frac{1}{t^2}}{\frac{1}{t}\left(\frac{1}{t^6}+4\right)}\mathrm{d}t$$

$$= -\int \frac{t^5}{4t^6+1}\mathrm{d}t = -\frac{1}{24}\int \frac{1}{4t^6+1}\mathrm{d}(4t^6+1)$$

$$= -\frac{1}{24}\ln|4t^6+1| + C = -\frac{1}{24}\ln\left(\frac{4}{x^6}+1\right) + C$$

$$= -\frac{1}{24}\ln(4+x^6) + \frac{1}{4}\ln|x| + C$$

例 7　求不定积分 $\int \frac{\mathrm{d}x}{1+\mathrm{e}^{\frac{x}{2}}+\mathrm{e}^{\frac{x}{3}}+\mathrm{e}^{\frac{x}{6}}}$.

解　设 $u=\mathrm{e}^{\frac{x}{6}}$,则 $\mathrm{d}u=\frac{1}{6}\mathrm{e}^{\frac{x}{6}}\mathrm{d}x$,$\mathrm{d}x=\frac{6}{u}\mathrm{d}u$,

$$\int \frac{dx}{1+e^{\frac{x}{2}}+e^{\frac{x}{3}}+e^{\frac{x}{6}}}$$

$$=\int \frac{1}{1+u^3+u^2+u}\cdot\frac{6}{u}du$$

$$=\int\left[\frac{6}{u}-\frac{3}{1+u}-\frac{3u+3}{1+u^2}\right]du$$

$$=6\ln u-3\ln(1+u)-\frac{3}{2}\ln(1+u^2)-3\arctan u+C$$

$$=x-3\ln(1+e^{\frac{x}{6}})-\frac{3}{2}\ln(1+e^{\frac{x}{3}})-3\arctan e^{\frac{x}{6}}+C$$

4. 用分部积分法求不定积分

解题思路 定理(分部积分法):设函数 $u=u(x)$ 及 $v=v(x)$ 具有连续导数,则 $\int u dv=uv-\int v du$.

分部积分公式的作用是:如果求 $\int u dv$ 有困难而求 $\int v du$ 比较容易时,可以通过求 $uv-\int v du$ 来求 $\int u dv$.

分部积分法的适用范围:一般来说,当被积式的乘积因子有对数函数、三角函数、反三角函数以及指数函数时可考虑用分部积分法.

分部积分公式的应用要点:使用分部积分法的关键在于适当选择 u 和 dv,如果选择不当,可能反而会使所求不定积分更加复杂. 一般来说,把积分容易者选为 dv,求导简单者选为 u,在不可兼得的情况下,要首先保证前者.

对于一部分使用分部积分法的积分问题,人们已经总结出了一些选择 u 和 dv 的规律,只要熟记这些规律,这一类问题就可以轻松解决了.

(1) 如果被积函数是幂函数和正弦函数的乘积、幂函数和余弦函数的乘积、幂函数和指数函数的乘积,就可以考虑用分部积分法,并设幂函数为 u.

(2) 如果被积函数是对数函数、反三角函数、幂函数与对数函数的乘积、幂函数与反三角函数的乘积,就可以考虑用分部积分法,并设对数函数或反三角函数为 u.

(3) 如果被积函数是指数函数与正弦函数的乘积.指数函数与余弦函数的乘积,就可以考虑用分部积分法,并且选择哪个函数为 u 都可以.

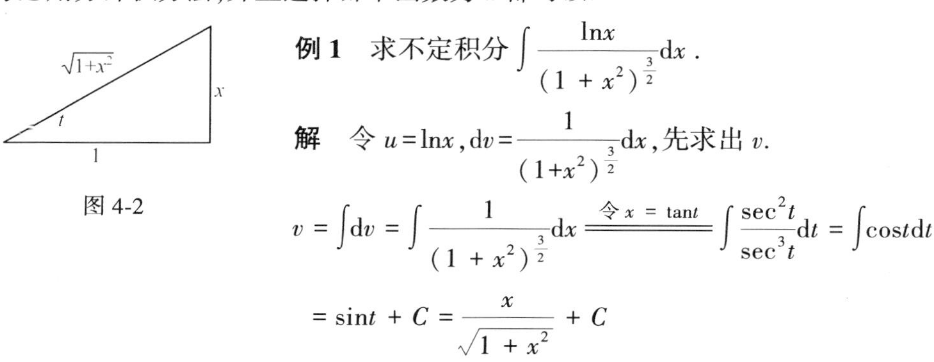

图 4-2

例 1 求不定积分 $\int \frac{\ln x}{(1+x^2)^{\frac{3}{2}}}dx$.

解 令 $u=\ln x, dv=\frac{1}{(1+x^2)^{\frac{3}{2}}}dx$,先求出 v.

$$v=\int dv=\int \frac{1}{(1+x^2)^{\frac{3}{2}}}dx \xlongequal{\text{令 } x=\tan t} \int \frac{\sec^2 t}{\sec^3 t}dt=\int \cos t dt$$

$$=\sin t+C=\frac{x}{\sqrt{1+x^2}}+C$$

$$原式 = \int \ln x \mathrm{d}\left(\frac{x}{\sqrt{1+x^2}}\right) = \frac{x}{\sqrt{1+x^2}}\ln x - \int \frac{x}{\sqrt{1+x^2}}\mathrm{d}(\ln x)$$

$$= \frac{x}{\sqrt{1+x^2}}\ln x - \int \frac{1}{\sqrt{1+x^2}}\mathrm{d}x \qquad \left(对积分\int \frac{1}{\sqrt{1+x^2}}\mathrm{d}x 用三角代换法\right)$$

$$= \frac{x}{\sqrt{1+x^2}}\ln x - \ln(x + \sqrt{1+x^2}) + C$$

例 2　求不定积分 $\int \frac{x\mathrm{e}^x}{(1+x)^2}\mathrm{d}x$.

解

$$\int \frac{x\mathrm{e}^x}{(1+x)^2}\mathrm{d}x = \int \frac{(1+x-1)\mathrm{e}^x}{(1+x)^2}\mathrm{d}x = \int \frac{\mathrm{e}^x}{1+x}\mathrm{d}x - \int \frac{\mathrm{e}^x}{(1+x)^2}\mathrm{d}x$$

$$= \int \frac{\mathrm{e}^x}{1+x}\mathrm{d}x + \int \mathrm{e}^x \mathrm{d}\left(\frac{1}{1+x}\right)$$

$$= \int \frac{\mathrm{e}^x}{1+x}\mathrm{d}x + \frac{\mathrm{e}^x}{1+x} - \int \frac{1}{1+x}\mathrm{d}\mathrm{e}^x = \frac{\mathrm{e}^x}{1+x} + C$$

例 3　求不定积分 $\int x\mathrm{e}^x \sin x \mathrm{d}x$.

解

$$\int x\mathrm{e}^x \sin x \mathrm{d}x$$

$$= \int x\sin x \mathrm{d}\mathrm{e}^x$$

$$= x\mathrm{e}^x \sin x - \int \mathrm{e}^x \mathrm{d}(x\sin x)$$

$$= x\mathrm{e}^x \sin x - \int \mathrm{e}^x(\sin x + x\cos x)\mathrm{d}x$$

$$= x\mathrm{e}^x \sin x - \int \mathrm{e}^x \sin x \mathrm{d}x - \int x\mathrm{e}^x \cos x \mathrm{d}x$$

$$= x\mathrm{e}^x \sin x + \int \mathrm{e}^x \mathrm{d}\cos x - \int x\cos x \mathrm{d}\mathrm{e}^x$$

$$= x\mathrm{e}^x \sin x + \left[\mathrm{e}^x \cos x - \int \cos x \mathrm{d}\mathrm{e}^x\right] - \left[x\mathrm{e}^x \cos x - \int \mathrm{e}^x \mathrm{d}(x\cos x)\right]$$

$$= x\mathrm{e}^x \sin x + \mathrm{e}^x \cos x - \int \mathrm{e}^x \cos x \mathrm{d}x - x\mathrm{e}^x \cos x + \int \mathrm{e}^x(\cos x - x\sin x)\mathrm{d}x$$

$$= x\mathrm{e}^x \sin x + \mathrm{e}^x \cos x - \int \mathrm{e}^x \cos x \mathrm{d}x - x\mathrm{e}^x \cos x + \int \mathrm{e}^x \cos x \mathrm{d}x - \int x\mathrm{e}^x \sin x \mathrm{d}x$$

$$= x\mathrm{e}^x \sin x + \mathrm{e}^x \cos x - x\mathrm{e}^x \cos x - \int x\mathrm{e}^x \sin x \mathrm{d}x$$

移项后得

$$\int x\mathrm{e}^x \sin x \mathrm{d}x = \frac{1}{2}x\mathrm{e}^x[\sin x - \cos x] + \frac{1}{2}\mathrm{e}^x \cos x + C$$

例 4　求不定积分 $\int \frac{\mathrm{d}x}{\sin 2x \cos x}$.

解　$\int \frac{\mathrm{d}x}{\sin 2x \cos x} = \frac{1}{2}\int \frac{\mathrm{d}x}{\sin x \cos^2 x} = \frac{1}{2}\int \frac{1}{\sin x}\mathrm{d}\tan x$

$$= \frac{1}{2}\left(\frac{\tan x}{\sin x} - \int \tan x \mathrm{d}\csc x\right) = \frac{1}{2}\left(\frac{1}{\cos x} + \int \csc x \mathrm{d}x\right)$$

$$= \frac{1}{2}\left(\frac{1}{\cos x} + \ln|\csc x - \cot x|\right) + C$$

例 5 求不定积分 $\int e^{2x}(\tan x + 1)^2 \mathrm{d}x$.

解
$$\int e^{2x}(\tan x + 1)^2 \mathrm{d}x = \int e^{2x}(\sec^2 x + 2\tan x)\mathrm{d}x$$

$$= \int e^{2x}\sec^2 x\mathrm{d}x + 2\int e^{2x}\tan x\mathrm{d}x = \int e^{2x}\mathrm{d}\tan x + 2\int e^{2x}\tan x\mathrm{d}x$$

$$= e^{2x}\tan x - \int \tan x \mathrm{d}e^{2x} + 2\int e^{2x}\tan x\mathrm{d}x$$

$$= e^{2x}\tan x - 2\int e^{2x}\tan x\mathrm{d}x + 2\int e^{2x}\tan x\mathrm{d}x$$

$$= e^{2x}\tan x + C$$

例 6 用分部积分法求积分 $\int \sqrt{x^2 + a^2}\mathrm{d}x$.

解 $\int \sqrt{x^2 + a^2}\mathrm{d}x = x\sqrt{x^2 + a^2} - \int x\mathrm{d}\sqrt{x^2 + a^2} = x\sqrt{x^2 + a^2} - \int \frac{x^2}{\sqrt{x^2 + a^2}}\mathrm{d}x$

$$= x\sqrt{x^2 + a^2} - \int \frac{x^2 + a^2 - a^2}{\sqrt{x^2 + a^2}}\mathrm{d}x$$

$$= x\sqrt{x^2 + a^2} - \int \sqrt{x^2 + a^2}\mathrm{d}x + a^2\int \frac{1}{\sqrt{x^2 + a^2}}\mathrm{d}x$$

$$= x\sqrt{x^2 + a^2} - \int \sqrt{x^2 + a^2}\mathrm{d}x + a^2\int \frac{\frac{x + \sqrt{x^2 + a^2}}{\sqrt{x^2 + a^2}}}{x + \sqrt{x^2 + a^2}}\mathrm{d}x$$

$$= x\sqrt{x^2 + a^2} - \int \sqrt{x^2 + a^2}\mathrm{d}x + a^2\int \frac{1}{x + \sqrt{x^2 + a^2}}\mathrm{d}(x + \sqrt{x^2 + a^2})$$

$$= x\sqrt{x^2 + a^2} - \int \sqrt{x^2 + a^2}\mathrm{d}x + a^2\ln\left|x + \sqrt{x^2 + a^2}\right|$$

移项后得

$$\int \sqrt{x^2 + a^2}\mathrm{d}x = \frac{1}{2}x\sqrt{x^2 + a^2} + \frac{a^2}{2}\ln\left|x + \sqrt{x^2 + a^2}\right| + C$$

5. $\int \frac{m}{x^2 + px + q}\mathrm{d}x$($p,q,m$ 为常数,且 $m \neq 0$) 的积分方法

解题思路 对于形如$\int \frac{m}{x^2 + px + q}\mathrm{d}x$ 的积分可以采用统一的方法求出它们的积分. 当然除了下面介绍的方法外,还有其他一些方法,如部分分式法.

(1) 当 $\Delta = p^2 - 4q = 0$ 时,一定有 $x^2 + px + q = (x - a)^2$,

$$\int \frac{m}{x^2 + px + q}\mathrm{d}x = m\int \frac{1}{(x - a)^2}\mathrm{d}x = m\int \frac{1}{(x - a)^2}\mathrm{d}(x - a)$$

$$=-\frac{m}{x-a}+C$$

（2）当 $\Delta=p^2-4q>0$ 时，一定有 $x^2+px+q=(x-a)(x-b)$，

$$\int\frac{m}{x^2+px+q}\mathrm{d}x=m\int\frac{1}{(x-a)(x-b)}\mathrm{d}x$$
$$=m\int\frac{1}{a-b}\left(\frac{1}{x-a}-\frac{1}{x-b}\right)\mathrm{d}x$$
$$=\frac{m}{a-b}\int\frac{1}{x-a}\mathrm{d}x-\frac{m}{a-b}\int\frac{1}{x-b}\mathrm{d}x$$
$$=\frac{m}{a-b}\ln|x-a|-\frac{m}{a-b}\ln|x-b|+C$$

（3）当 $\Delta=p^2-4q<0$ 时，一定有 $x^2+px+q=(x-a)^2+b^2$，

$$\int\frac{m}{x^2+px+q}\mathrm{d}x=m\int\frac{1}{(x-a)^2+b^2}\mathrm{d}x=m\int\frac{1}{b^2\left[\left(\frac{x-a}{b}\right)^2+1\right]}\mathrm{d}x$$
$$=\frac{m}{b}\int\frac{1}{1+\left(\frac{x-a}{b}\right)^2}\mathrm{d}\left(\frac{x-a}{b}\right)=\frac{m}{b}\arctan\frac{x-a}{b}+C$$

例1 求不定积分 $\int\frac{5}{4x^2-24x+20}\mathrm{d}x$.

解 $\int\frac{5}{4x^2-24x+20}\mathrm{d}x=\frac{5}{4}\int\frac{1}{x^2-6x+5}\mathrm{d}x=\frac{5}{4}\int\frac{1}{(x-1)(x-5)}\mathrm{d}x$

$$=\frac{5}{4}\int-\frac{1}{4}\left[\frac{1}{x-1}-\frac{1}{x-5}\right]\mathrm{d}x=-\frac{5}{16}\int\frac{1}{x-1}\mathrm{d}x+\frac{5}{16}\int\frac{1}{x-5}\mathrm{d}x$$
$$=-\frac{5}{16}\ln|x-1|+\frac{5}{16}\ln|x-5|+C$$

例2 求不定积分 $\int\frac{1}{x^2+x+3\frac{1}{4}}\mathrm{d}x$.

解 $\int\frac{1}{x^2+x+3\frac{1}{4}}\mathrm{d}x=\int\frac{1}{x^2+x+\frac{1}{4}+3}\mathrm{d}x=\int\frac{1}{\left(x+\frac{1}{2}\right)^2+3}\mathrm{d}x$

$$=\frac{1}{\sqrt{3}}\int\frac{1}{\left(\frac{x+\frac{1}{2}}{\sqrt{3}}\right)^2+1}\mathrm{d}\left(\frac{x+\frac{1}{2}}{\sqrt{3}}\right)=\frac{1}{\sqrt{3}}\mathrm{atctan}\left(\frac{x+\frac{1}{2}}{\sqrt{3}}\right)+C$$

6. $\int\frac{mx+n}{x^2+px+q}\mathrm{d}x$（$p,q,m,n$ 为常数，且 $m\neq0$）的积分法

解题思路 形如 $\int\frac{mx+n}{x^2+px+q}\mathrm{d}x$ 的积分可以采用统一的方法求出它们的积分. 当然除了下面介绍的方法外，还有其他一些方法，如部分分式法.

首先求出分母 x^2+px+q 的导数，$(x^2+px+q)'=2x+p$.

(1) 若 $mx+n=2x+p$,则

$$\int \frac{mx+n}{x^2+px+q}\mathrm{d}x=\int \frac{2x+p}{x^2+px+q}\mathrm{d}x=\int \frac{1}{x^2+px+q}\mathrm{d}(x^2+px+q)$$
$$=\ln|x^2+px+q|+C$$

(2) 若 $mx+n\neq 2x+p$,则对分子 $mx+n$ 作变形,使其变形为

$$mx+n=\frac{m}{2}(2x+p)-\frac{mp}{2}+n=\frac{m}{2}(2x+p)+\left(n-\frac{mp}{2}\right)$$

$$\int \frac{mx+n}{x^2+px+q}\mathrm{d}x=\int \frac{\frac{m}{2}(2x+p)+\left(n-\frac{mp}{2}\right)}{x^2+px+q}\mathrm{d}x$$

$$=\frac{m}{2}\int \frac{2x+p}{x^2+px+q}\mathrm{d}x+\int \frac{n-\frac{mp}{2}}{x^2+px+q}\mathrm{d}x$$

$$=\frac{m}{2}\int \frac{1}{x^2+px+q}\mathrm{d}(x^2+px+q)+\int \frac{n-\frac{mp}{2}}{x^2+px+q}\mathrm{d}x$$

$$=\frac{m}{2}\ln|x^2+px+q|+\int \frac{n-\frac{mp}{2}}{x^2+px+q}\mathrm{d}x$$

积分 $\int \frac{n-\frac{mp}{2}}{x^2+px+q}\mathrm{d}x$ 属于"5"介绍的类型,可参照"5"求出积分.

例 求不定积分 $\int \frac{x-2}{x^2+2x+3}\mathrm{d}x$.

解 $\int \frac{x-2}{x^2+2x+3}\mathrm{d}x$ (因为 $(x^2+2x+3)'=2x+2$)

$$=\int \frac{\frac{1}{2}(2x+2)-3}{x^2+2x+3}\mathrm{d}x=\frac{1}{2}\int \frac{2x+2}{x^2+2x+3}\mathrm{d}x-\int \frac{3}{x^2+2x+3}\mathrm{d}x$$

$$=\frac{1}{2}\int \frac{1}{x^2+2x+3}\mathrm{d}(x^2+2x+3)-3\int \frac{1}{(x+1)^2+2}\mathrm{d}x$$

$$=\frac{1}{2}\ln(x^2+2x+3)-\frac{3}{\sqrt{2}}\int \frac{1}{\left(\frac{x+1}{\sqrt{2}}\right)^2+1}\mathrm{d}\left(\frac{x+1}{\sqrt{2}}\right)$$

$$=\frac{1}{2}\ln(x^2+2x+3)-\frac{3}{\sqrt{2}}\arctan\frac{x+1}{\sqrt{2}}+C$$

7. 被积函数中含有根式 $\sqrt{x^2+px+q}$ (p,q 为常数)的积分问题

解题思路 如果被积函数中含有根式 $\sqrt{x^2+px+q}$,一般可以用三角代换法求出其积分.

(1) 当 $\Delta=p^2-4q=0$ 时,一定有 $x^2+px+q=(x-a)^2$,则

$$\sqrt{x^2+px+q}=\sqrt{(x-a)^2}=x-a$$

从而去掉根式,然后积分.

(2) 当 $\Delta = p^2 - 4q > 0$ 时,一定有 $x^2 + px + q = (x - a)^2 - b^2$,则

$$\sqrt{x^2 + px + q} = \sqrt{(x - a)^2 - b^2}$$

作三角代换令 $x - a = b\sec t$,则

$$\sqrt{x^2 + px + q} = \sqrt{(x - a)^2 - b^2} = b\tan t$$

如果是根式 $\sqrt{-x^2 - px - q}$,则

$$\sqrt{-x^2 - px - q} = \sqrt{-(x^2 + px + q)} = \sqrt{-[(x - a)^2 - b^2]} = \sqrt{b^2 - (x - a)^2}$$

作三角代换令 $x - a = b\sin t$,则

$$\sqrt{-x^2 - px - q} = \sqrt{b^2 - (x - a)^2} = b\cos t$$

(3) 当 $\Delta = p^2 - 4q < 0$ 时,一定有 $x^2 + px + q = (x - a)^2 + b^2$,

$$\sqrt{x^2 + px + q} = \sqrt{(x - a)^2 + b^2}$$

作三角代换令 $x - a = b\tan t$,则

$$\sqrt{x^2 + px + q} = \sqrt{(x - a)^2 + b^2} = b\sec t$$

例 1 求不定积分 $\int \frac{1}{\sqrt{x^2 + 10x + 21}}\mathrm{d}x$.

解
$$\int \frac{1}{\sqrt{x^2 + 10x + 21}}\mathrm{d}x = \int \frac{1}{\sqrt{(x + 5)^2 - 2^2}}\mathrm{d}x$$

令 $x+5=2\sec t$,则

$$x = 2\sec t - 5, \sqrt{(x + 5)^2 - 2^2} = 2\tan t, \mathrm{d}x = 2\sec t\tan t\mathrm{d}t$$

$$\begin{aligned}
&\int \frac{1}{\sqrt{(x + 5)^2 - 2^2}}\mathrm{d}x \\
&= \int \frac{1}{2\tan t}2\sec t\tan t\mathrm{d}t \\
&= \int \sec t\mathrm{d}t \\
&= \ln\left|\sec t + \tan t\right| + C \\
&= \ln\left|\frac{x + 5}{2} + \frac{\sqrt{x^2 + 10x + 21}}{2}\right| + C \\
&= \ln\left|x + 5 + \sqrt{x^2 + 10x + 21}\right| + C'
\end{aligned}$$

例 2 求不定积分 $\int \frac{1}{\sqrt{2 + x - x^2}}\mathrm{d}x$.

解 $\int \frac{1}{\sqrt{2 + x - x^2}}\mathrm{d}x = \int \frac{1}{\sqrt{-\left(x^2 - x + \frac{1}{4}\right) + \frac{9}{4}}}\mathrm{d}x = \int \frac{1}{\sqrt{\left(\frac{3}{2}\right)^2 - \left(x - \frac{1}{2}\right)^2}}\mathrm{d}x$

令 $x-\frac{1}{2}=\frac{3}{2}\sin t$,则

$$x = \frac{3}{2}\sin t + \frac{1}{2}, \sqrt{\left(\frac{3}{2}\right)^2 - \left(x - \frac{1}{2}\right)^2} = \frac{3}{2}\cos t, \mathrm{d}x = \frac{3}{2}\cos t\mathrm{d}t$$

$$\int \frac{1}{\sqrt{\left(\frac{3}{2}\right)^2 - \left(x - \frac{1}{2}\right)^2}} \mathrm{d}x = \int \frac{\frac{3}{2}\cos t}{\frac{3}{2}\cos t} \mathrm{d}t = \int \mathrm{d}t = t + C$$

因为 $x - \frac{1}{2} = \frac{3}{2}\sin t$，所以 $\sin t = \frac{2x-1}{3}$，所以 $t = \arcsin\frac{2x-1}{3}$，

$$原式 = \arcsin\frac{2x-1}{3} + C$$

其实这道题还有一种比较简单的解法：

$$\begin{aligned}
&\int \frac{1}{\sqrt{2 + x - x^2}} \mathrm{d}x \\
&= \int \frac{1}{\sqrt{-\left(x^2 - x + \frac{1}{4}\right) + \frac{9}{4}}} \mathrm{d}x \\
&= \int \frac{1}{\sqrt{\left(\frac{3}{2}\right)^2 - \left(x - \frac{1}{2}\right)^2}} \mathrm{d}x = \int \frac{1}{\frac{3}{2}\sqrt{1 - \left(\frac{x - \frac{1}{2}}{\frac{3}{2}}\right)^2}} \mathrm{d}x \\
&= \int \frac{1}{\frac{3}{2}\sqrt{1 - \left(\frac{2x-1}{3}\right)^2}} \mathrm{d}x = \int \frac{1}{\sqrt{1 - \left(\frac{2x-1}{3}\right)^2}} \mathrm{d}\left(\frac{2x-1}{3}\right) \\
&= \arcsin\frac{2x-1}{3} + C
\end{aligned}$$

8. 有理函数的积分

解题思路 设 $P(x)$，$Q(x)$ 为多项式，则积分 $\int \frac{P(x)}{Q(x)} \mathrm{d}x$ 称为有理函数的积分. 有理函数积分的一个常用方法是部分分式法，解题程序为：

(1) 用多项式除法，把被积函数化为一个整式与一个真分式之和；

(2) 把真分式分解成部分分式之和，分解方法为：若 $\frac{P(x)}{Q(x)}$ 是真分式，把分母 $Q(x)$ 进行因式分解，如果 $Q(x)$ 中含有因式 $(x-a)^m$，则 $(x-a)^m$ 所对应的部分分式为

$$\frac{A_1}{x-a} + \frac{A_2}{(x-a)^2} + \cdots + \frac{A_m}{(x-a)^m}$$

如果 $Q(x)$ 中含有二次质因式 $(x^2 + px + q)^n$，则 $(x^2 + px + q)^n$ 所对应的部分分式为

$$\frac{A_1 x + A_2}{x^2 + px + q} + \frac{A_3 x + A_4}{(x^2 + px + q)^2} + \cdots + \frac{A_{(2n-1)} x + A_{2n}}{(x^2 + px + q)^n}$$

(3) 求出各个部分分式的积分.

部分分式法是求有理函数积分的一般方法，计算比较繁琐，因此在求有理函数的积分时，应首先考虑有无其他更简单的方法.

例 1 求不定积分 $\int \frac{x^5 + x^4 - 8}{x^3 - x} \mathrm{d}x$.

解 因为

$$\frac{x^5+x^4-8}{x^3-x}=(x^2+x+1)+\frac{x^2+x-8}{x^3-x}$$

所以

$$\int\frac{x^5+x^4-8}{x^3-x}\mathrm{d}x=\int(x^2+x+1)\mathrm{d}x+\int\frac{x^2+x-8}{x^3-x}\mathrm{d}x$$

$$=\frac{x^3}{3}+\frac{x^2}{2}+x+\int\frac{x^2+x-8}{x^3-x}\mathrm{d}x$$

现在关键是求 $\int\frac{x^2+x-8}{x^3-x}\mathrm{d}x$.因为分式的分母是 $x^3-x=x(x-1)(x+1)$,所以

$$\frac{x^2+x-8}{x^3-x}=\frac{A_1}{x}+\frac{A_2}{x-1}+\frac{A_3}{x+1}$$

上式的两边同时乘以 $x^3-x=x(x-1)(x+1)$ 得

$$x^2+x-8=A_1(x^2-1)+A_2(x^2+x)+A_3(x^2-x)$$

所以

$$\begin{cases}A_1+A_2+A_3=1\\A_2-A_3=1\\A_1=8\end{cases}$$

解得

$$\begin{cases}A_1=8\\A_2=-3\\A_3=-4\end{cases}$$

所以

$$\frac{x^2+x-8}{x^3-x}=\frac{8}{x}-\frac{3}{x-1}-\frac{4}{x+1}$$

所以

$$\int\frac{x^2+x-8}{x^3-x}\mathrm{d}x=8\int\frac{1}{x}\mathrm{d}x-3\int\frac{1}{x-1}\mathrm{d}x-4\int\frac{1}{x+1}\mathrm{d}x$$

$$=8\ln|x|-3\ln|x-1|-4\ln|x+1|+C$$

所以

$$\int\frac{x^5+x^4-8}{x^3-x}\mathrm{d}x=\frac{x^3}{3}+\frac{x^2}{2}+x+\int\frac{x^2+x-8}{x^3-x}\mathrm{d}x$$

$$=\frac{x^3}{3}+\frac{x^2}{2}+x+8\ln|x|-3\ln|x-1|-4\ln|x+1|+C$$

由于部分分式法比较麻烦,所以对分子或分母中幂函数的次数较高的有理函数,应具体分析被积函数的特点,尽可能采用凑微分或变量代换的方法进行积分.

例 2 求不定积分 $\int\frac{x^{11}}{x^8+3x^4+2}\mathrm{d}x$.

解 $\int\frac{x^{11}}{x^8+3x^4+2}\mathrm{d}x=\frac{1}{4}\int\frac{x^8}{x^8+3x^4+2}\mathrm{d}(x^4)\xlongequal{t=x^4}\frac{1}{4}\int\frac{t^2}{t^2+3t+2}\mathrm{d}t$

$$= \frac{1}{4}\int \frac{t^2+3t+2-3t-2}{t^2+3t+2}dt = \frac{1}{4}\left(\int dt - \int \frac{3t+2}{t^2+3t+2}dt\right)$$

$$= \frac{1}{4}t - \frac{1}{4}\int\left(\frac{4}{t+2} - \frac{1}{t+1}\right)dt = \frac{1}{4}t - \ln(t+2) + \frac{1}{4}\ln(t+1) + C$$

$$= \frac{1}{4}x^4 + \ln\frac{\sqrt[4]{x^4+1}}{x^4+2} + C$$

例 3 求不定积分 $\int \frac{1-x^8}{x(1+x^8)}dx$.

解
$$\int \frac{1-x^8}{x(1+x^8)}dx = \int \frac{(1-x^8)x^7}{x^8(1+x^8)}dx = \frac{1}{8}\int \frac{1-x^8}{x^8(1+x^8)}d(x^8)$$

$$\xlongequal{t=x^8} \frac{1}{8}\int \frac{1-t}{t(1+t)}dt = \frac{1}{8}\int\left(\frac{1}{t} - \frac{2}{1+t}\right)dt$$

$$= \frac{1}{8}[\ln t - 2\ln(1+t)] + C = \frac{1}{8}[\ln x^8 - 2\ln(1+x^8)] + C$$

$$= \ln|x| - \frac{1}{4}\ln(1+x^8) + C$$

9. 简单无理函数的积分

解题思路 对简单无理函数的积分,最常用的是变量代换法,通过变量代换,去掉被积函数中的根号,将其化为有理函数的积分,其实这一类问题在前面的第二类换元积分法中已经见到了很多. 有些问题,还可以通过将无理函数的分子或分母有理化的方法来解决.

例 1 求不定积分 $\int \frac{\sqrt{x(x+1)}}{\sqrt{x}+\sqrt{x+1}}dx$.

解
$$\int \frac{\sqrt{x(x+1)}}{\sqrt{x}+\sqrt{x+1}}dx = \int \frac{\sqrt{x(x+1)}(\sqrt{x}-\sqrt{x+1})}{(\sqrt{x}+\sqrt{x+1})(\sqrt{x}-\sqrt{x+1})}dx$$

$$= -\int \sqrt{x(x+1)}(\sqrt{x}-\sqrt{x+1})dx$$

$$= -\int x\sqrt{x+1}dx + \int (x+1)\sqrt{x}dx$$

$$= -\int (x+1-1)\sqrt{x+1}dx + \int (x^{\frac{3}{2}} + x^{\frac{1}{2}})dx$$

$$= -\int [(x+1)^{\frac{3}{2}} - (x+1)^{\frac{1}{2}}]dx + \frac{2}{5}x^{\frac{5}{2}} + \frac{2}{3}x^{\frac{3}{2}} + C$$

$$= -\frac{2}{5}(x+1)^{\frac{5}{2}} + \frac{2}{3}(x+1)^{\frac{3}{2}} + \frac{2}{5}x^{\frac{5}{2}} + \frac{2}{3}x^{\frac{3}{2}} + C$$

例 2 求不定积分 $\int \frac{1}{x}\sqrt{\frac{x+2}{x-2}}dx$.

解 设 $\sqrt{\frac{x+2}{x-2}} = t$, 则

$$x = \frac{2(t^2+1)}{t^2-1}, dx = \frac{-8t}{(t^2-1)^2}dt$$

$$\int \frac{1}{x}\sqrt{\frac{x+2}{x-2}}dx$$

$$= \int \frac{t^2-1}{2(t^2+1)} \cdot t \cdot \frac{-8t}{(t^2-1)^2}dt$$

$$= \int \frac{4t^2}{(1+t^2)(1-t^2)}dt = 2\int\left(\frac{1}{1-t^2} - \frac{1}{1+t^2}\right)dt$$

$$= 2\int \frac{1}{1-t^2}dt - 2\int \frac{1}{1+t^2}dt = \int\left(\frac{1}{1-t} + \frac{1}{1+t}\right)dt - 2\arctan t + C$$

$$= \ln|1+t| - \ln|1-t| - 2\arctan t + C = \ln\left|\frac{1+t}{1-t}\right| - 2\arctan t + C$$

$$= \ln\left|\frac{1+\sqrt{\frac{x+2}{x-2}}}{1-\sqrt{\frac{x+2}{x-2}}}\right| - 2\arctan\sqrt{\frac{x+2}{x-2}} + C$$

10. 三角函数有理式的积分

解题思路 三角函数有理式的积分在换元积分法和分部积分法中已经遇到了很多,这里不再赘述. 下面介绍一种对三角函数有理式进行积分的非常重要的方法——万能代换:

计算 $\int R(\sin x,\cos x)dx$.

设 $\tan\frac{x}{2}=t$,则

$$\sin x = \frac{2t}{1+t^2}, \cos x = \frac{1-t^2}{1+t^2}, x = 2\arctan t, dx = \frac{2}{1+t^2}dt$$

$$\int R(\sin x,\cos x)dx = \int R\left(\frac{2t}{1+t^2},\frac{1-t^2}{1+t^2}\right)\frac{2}{1+t^2}dx$$

由于 $\int R\left(\frac{2t}{1+t^2},\frac{1-t^2}{1+t^2}\right)\frac{2}{1+t^2}dx$ 是一个有理函数的积分,就可以用前面讲的有理函数的积分方法求出它的积分.

虽然,万能代换可以把任何一个三角函数有理式的积分转化为有理函数的积分,但是,有时用万能代换得到的有理函数的积分往往非常繁琐,因此万能代换不一定是最简洁的代换. 在求有些三角函数有理式的积分时,采用其他的代换方法反而会更简单. 一般来说,在求 $\int R(\sin x,\cos x)dx$ 时,我们可以根据以下规律来选择合适的变量代换:

类 型	$R(\sin x,\cos x)$满足的条件	所作变量代换
1	$R(\sin x,\cos x)=-R(\sin x,-\cos x)$	$t=\sin x$
2	$R(\sin x,\cos x)=-R(-\sin x,\cos x)$	$t=\cos x$
3	$R(\sin x,\cos x)=R(-\sin x,-\cos x)$	$t=\tan x$
4	$R(\sin x,\cos x)$为任何三角函数有理式	$t=\tan\frac{x}{2}$

注意:一般来说,形如 $\int\frac{dx}{a+b\cos x}$ 和 $\int\frac{dx}{a+b\sin x}$ 的积分,必须用万能代换来解.

例 1 求不定积分 $\int \frac{1+\sin x}{\sin x(1+\cos x)}\mathrm{d}x$.

解 设 $\tan\frac{x}{2}=t$,则 $x=2\arctan t$, $\mathrm{d}x=\frac{2}{1+t^2}\mathrm{d}t$,

$$\sin x=\frac{2t}{1+t^2},\cos x=\frac{1-t^2}{1+t^2}$$

$$\begin{aligned}
&\int \frac{1+\sin x}{\sin x(1+\cos x)}\mathrm{d}x\\
&=\int \frac{1+\frac{2t}{1+t^2}}{\frac{2t}{1+t^2}\left(1+\frac{1-t^2}{1+t^2}\right)}\cdot\frac{2}{1+t^2}\mathrm{d}t\\
&=\int \frac{1+t^2+2t}{2t\left(1+\frac{1-t^2}{1+t^2}\right)}\cdot\frac{2}{1+t^2}\mathrm{d}t=\int \frac{1+t^2+2t}{t(1+t^2+1-t^2)}\mathrm{d}t\\
&=\int \frac{1+t^2+2t}{2t}\mathrm{d}t=\frac{1}{2}\int\left(2+t+\frac{1}{t}\right)\mathrm{d}t=t+\frac{t^2}{4}+\frac{1}{2}\ln|t|+C\\
&=\tan\frac{x}{2}+\frac{1}{4}\tan^2\frac{x}{2}+\frac{1}{2}\ln\left|\tan\frac{x}{2}\right|+C
\end{aligned}$$

例 2 求不定积分 $\int \frac{\mathrm{d}x}{3+\cos x}$.

解 设 $\tan\frac{x}{2}=t$,则 $x=2\arctan t$, $\mathrm{d}x=\frac{2}{1+t^2}\mathrm{d}t$,

$$\sin x=\frac{2t}{1+t^2},\cos x=\frac{1-t^2}{1+t^2}$$

$$\begin{aligned}
\int \frac{\mathrm{d}x}{3+\cos x}&=\int \frac{\frac{2}{1+t^2}}{3+\frac{1-t^2}{1+t^2}}\mathrm{d}t=\int \frac{2}{3+3t^2+1-t^2}\mathrm{d}t\\
&=\int \frac{1}{2+t^2}\mathrm{d}t=\int \frac{1}{2\left[1+\left(\frac{t}{\sqrt{2}}\right)^2\right]}\mathrm{d}t=\frac{\sqrt{2}}{2}\int \frac{1}{1+\left(\frac{t}{\sqrt{2}}\right)^2}\mathrm{d}\left(\frac{t}{\sqrt{2}}\right)\\
&=\frac{\sqrt{2}}{2}\arctan\frac{t}{\sqrt{2}}+C=\frac{\sqrt{2}}{2}\arctan\frac{\tan\frac{x}{2}}{\sqrt{2}}+C
\end{aligned}$$

例 3 求不定积分 $\int \frac{\mathrm{d}x}{\cos x+\sin 2x}$.

解 设 $\sin x=t$,则 $x=\arcsin t$, $\mathrm{d}x=\frac{1}{\sqrt{1-t^2}}\mathrm{d}t$, $\cos x=\sqrt{1-t^2}$,

$$\int \frac{\mathrm{d}x}{\cos x + \sin 2x}$$

$$= \int \frac{1}{\cos x(1 + 2\sin x)}\mathrm{d}x$$

$$= \int \frac{1}{\sqrt{1 - t^2}(1 + 2t)} \cdot \frac{1}{\sqrt{1 - t^2}}\mathrm{d}t = -\int \frac{1}{(t^2 - 1)(1 + 2t)}\mathrm{d}t$$

$$= -\int \frac{1}{(t - 1)(t + 1)(1 + 2t)}\mathrm{d}t$$

因为真分式的分母为$(t - 1)(t + 1)(2t + 1)$，所以

$$\frac{1}{(t - 1)(t + 1)(2t + 1)} = \frac{A_1}{t - 1} + \frac{A_2}{t + 1} + \frac{A_3}{2t + 1}$$

上式两边同时乘以$(t - 1)(t + 1)(2t + 1)$，得

$$1 = A_1(t + 1)(2t + 1) + A_2(t - 1)(2t + 1) + A_3(t - 1)(t + 1)$$

$$1 = (2A_1 + 2A_2 + A_3)t^2 + (3A_1 - A_2)t + (A_1 - A_2 - A_3)$$

所以

$$\begin{cases} 2A_1 + 2A_2 + A_3 = 0 \\ 3A_1 - A_2 = 0 \\ A_1 - A_2 - A_3 = 1 \end{cases}$$

解得

$$\begin{cases} A_1 = \dfrac{1}{6} \\ A_2 = \dfrac{1}{2} \\ A_3 = -\dfrac{4}{3} \end{cases}$$

所以

$$\frac{1}{(t - 1)(t + 1)(2t + 1)} = \frac{\frac{1}{6}}{t - 1} + \frac{\frac{1}{2}}{t + 1} + \frac{-\frac{4}{3}}{2t + 1}$$

所以

$$-\int \frac{1}{(t - 1)(t + 1)(1 + 2t)}\mathrm{d}t$$

$$= -\frac{1}{6}\int \frac{1}{t - 1}\mathrm{d}t - \frac{1}{2}\int \frac{1}{t + 1}\mathrm{d}t + \frac{4}{3}\int \frac{1}{2t + 1}\mathrm{d}t$$

$$= -\frac{1}{6}\ln|t - 1| - \frac{1}{2}\ln|t + 1| + \frac{2}{3}\ln|2t + 1| + C$$

$$= -\frac{1}{6}\ln|\sin x - 1| - \frac{1}{2}\ln|\sin x + 1| + \frac{2}{3}\ln|2\sin x + 1| + C$$

例 4 求不定积分$\int \frac{\sin x}{3 + \tan^2 x}\mathrm{d}x$.

解 设 $\cos x = t$，则 $x = \arccos t, \mathrm{d}x = -\dfrac{1}{\sqrt{1-t^2}}\mathrm{d}t$,

$$\sin x = \sqrt{1-t^2}, \tan x = \frac{\sin x}{\cos x} = \frac{\sqrt{1-t^2}}{t},$$

$$\begin{aligned}
&\int \frac{\sin x}{3+\tan^2 x}\mathrm{d}x \\
&= \int \frac{\sqrt{1-t^2}}{3+\dfrac{1-t^2}{t^2}} \cdot \left(-\frac{1}{\sqrt{1-t^2}}\right)\mathrm{d}t = -\int \frac{1}{3+\dfrac{1-t^2}{t^2}}\mathrm{d}t \\
&= -\int \frac{t^2}{2t^2+1}\mathrm{d}t = -\int \frac{\dfrac{1}{2}(2t^2+1)-\dfrac{1}{2}}{2t^2+1}\mathrm{d}t \\
&= -\frac{1}{2}\int \mathrm{d}t + \frac{1}{2}\int \frac{1}{2t^2+1}\mathrm{d}t = -\frac{1}{2}t + \frac{1}{2}\int \frac{1}{1+(\sqrt{2}t)^2}\mathrm{d}t \\
&= -\frac{1}{2}t + \frac{1}{2\sqrt{2}}\int \frac{1}{1+(\sqrt{2}t)^2}\mathrm{d}(\sqrt{2}t) = -\frac{1}{2}t + \frac{1}{2\sqrt{2}}\arctan(\sqrt{2}t) + C \\
&= -\frac{1}{2}\cos x + \frac{1}{2\sqrt{2}}\arctan(\sqrt{2}\cos x) + C
\end{aligned}$$

例 5 求不定积分 $\displaystyle\int \frac{\mathrm{d}x}{16\cos^2 x + 9\sin^2 x}$.

解 设 $\tan x = t$，则 $x = \arctan t, \mathrm{d}x = \dfrac{1}{1+t^2}\mathrm{d}t$,

$$\sin x = \frac{t}{\sqrt{1+t^2}}, \cos x = \frac{1}{\sqrt{1+t^2}}$$

$$\begin{aligned}
\int \frac{\mathrm{d}x}{16\cos^2 x + 9\sin^2 x} &= \int \frac{\dfrac{1}{1+t^2}}{16\cdot\dfrac{1}{1+t^2} + 9\cdot\dfrac{t^2}{1+t^2}}\mathrm{d}t \\
&= \int \frac{1}{16+9t^2}\mathrm{d}t = \int \frac{1}{16\left(1+\dfrac{9t^2}{16}\right)}\mathrm{d}t = \frac{1}{16}\int \frac{1}{1+\left(\dfrac{3t}{4}\right)^2}\mathrm{d}t \\
&= \frac{1}{16}\int \frac{1}{1+\left(\dfrac{3t}{4}\right)^2}\mathrm{d}t = \frac{1}{16}\cdot\frac{4}{3}\int \frac{1}{1+\left(\dfrac{3t}{4}\right)^2}\mathrm{d}\left(\frac{3t}{4}\right) \\
&= \frac{1}{12}\arctan\left(\frac{3}{4}t\right) + C = \frac{1}{12}\arctan\left(\frac{3}{4}\tan x\right) + C
\end{aligned}$$

实际上，在求有些三角函数有理式的积分时，不作变量代换反而会更简单 .

例 6 求不定积分 $\displaystyle\int \frac{1}{1+\sin x}\mathrm{d}x$.

解　方法一

$$\int\frac{1}{1+\sin x}\mathrm{d}x$$
$$=\int\frac{1-\sin x}{1-\sin^2 x}\mathrm{d}x=\int\frac{1}{\cos^2 x}\mathrm{d}x-\int\frac{\sin x}{\cos^2 x}\mathrm{d}x$$
$$=\int\sec^2 x\mathrm{d}x+\int(\cos x)^{-2}\mathrm{d}\cos x=\tan x-\sec x+C$$

方法二

$$\int\frac{1}{1+\sin x}\mathrm{d}x$$
$$=\int\frac{1}{1+\cos\left(\frac{\pi}{2}-x\right)}\mathrm{d}x$$
$$=\int\frac{1}{2\cos^2\left(\frac{\pi}{4}-\frac{x}{2}\right)}\mathrm{d}x$$
$$=-\int\frac{1}{\cos^2\left(\frac{\pi}{4}-\frac{x}{2}\right)}\mathrm{d}\left(\frac{\pi}{4}-\frac{x}{2}\right)$$
$$=-\int\sec^2\left(\frac{\pi}{4}-\frac{x}{2}\right)\mathrm{d}\left(\frac{\pi}{4}-\frac{x}{2}\right)$$
$$=-\tan\left(\frac{\pi}{4}-\frac{x}{2}\right)+C$$

4.3　解题常见错误剖析

例1　求下列不定积分：

(1) $\int\frac{1}{\sqrt[5]{x^3}}\mathrm{d}x$；　(2) $\int 5^x\mathrm{d}x$；　(3) $\int\frac{1-x}{x^2-2x+1}\mathrm{d}x$；　(4) $\int(x^3+a^3)\mathrm{d}x$.

常见错误　(1) $\int\frac{1}{\sqrt[5]{x^3}}\mathrm{d}x=\int x^{-\frac{3}{5}}\mathrm{d}x=-\frac{3}{5}x^{-\frac{8}{5}}+C$；

(2) $\int 5^x\mathrm{d}x=\frac{1}{x+1}5^{x+1}+C$；

(3) $\int\frac{1-x}{x^2-2x+1}\mathrm{d}x=\int\frac{1}{x^2-2x+1}\mathrm{d}(x^2-2x+1)=\ln|x^2-2x+1|+C$；

(4) $\int(x^3+a^3)\mathrm{d}x=\frac{1}{4}x^4+\frac{1}{4}a^4+C$.

错误分析　(1) 把求不定积分当作求导数；

(2) 用幂函数的积分公式去求指数函数的积分；

(3) 第一个等式不成立，在凑微分时，丢了系数$-\frac{1}{2}$，这是求不定积分是最为常见的错

误. 为了避免此类错误,每进行一步运算就要及时地看看能否还原到上一步;

(4) 把 a^3 当作了幂函数来对待, a^3 是一个常数,其原函数为 a^3x.

正确解答 (1) $\int \frac{1}{\sqrt[5]{x^3}}dx = \int x^{-\frac{3}{5}}dx = \frac{1}{1-\frac{3}{5}}x^{1-\frac{3}{5}} + C = \frac{5}{2}x^{\frac{2}{5}} + C$;

(2) $\int 5^x dx = \frac{5^x}{\ln 5} + C$;

(3) $\int \frac{1-x}{x^2-2x+1}dx = -\frac{1}{2}\int \frac{1}{x^2-2x+1}d(x^2-2x+1) = -\frac{1}{2}\ln|x^2-2x+1| + C$;

(4) $\int (x^3+a^3)dx = \frac{1}{4}x^4 + a^3x + C.$

例 2 求不定积分 $\int \frac{\cos x}{\sin x}dx$.

常见错误 用分部积分法.

$$\begin{aligned}\int \frac{\cos x}{\sin x}dx &= \int \frac{1}{\sin x}d\sin x = \frac{1}{\sin x}\sin x - \int \sin x d\frac{1}{\sin x}\\ &= 1 - \int \sin x(-\csc x\cot x)dx\\ &= 1 + \int \frac{\cos x}{\sin x}dx\end{aligned}$$

移项得到 $0=1$.

错误分析 这个运算结果显然是错误的,产生错误的原因是由于不定积分是函数族,而不是初等函数,因此按初等函数进行运算是错误的.

事实上,设在原式 $\int \frac{\cos x}{\sin x}dx$ 中含有任意常数 C_1,则最后一个式子 $1+\int \frac{\cos x}{\sin x}dx$ 中的 $\int \frac{\cos x}{\sin x}dx$ 是经过一次积分后得到的,它所含的任意常数不再是 C_1,而是 C_2,这里 $1+C_2=C_1$. 因此式子 $\int \frac{\cos x}{\sin x}dx = 1 + \int \frac{\cos x}{\sin x}dx$ 是正确的,只是不能将两边的 $\int \frac{\cos x}{\sin x}dx$ 当成是相等的两个初等函数进行运算.

正确解答 $\int \frac{\cos x}{\sin x}dx = \int \frac{1}{\sin x}d\sin x = \ln|\sin x| + C$.

4.4 强 化 训 练

强化训练 4.1

1. 单项选择题:

(1) 设在 $(-\infty,+\infty)$ 上 $F(x)$ 是 $f(x)$ 的一个原函数,则(　　).

A. $F(x)$ 一定在 $(-\infty,+\infty)$ 上连续　　B. $F(x)$ 可能有不连续点

C. $f(x)$ 必在 $(-\infty,+\infty)$ 上不连续　　D. 只有 $f(x)$ 在 $(-\infty,+\infty)$ 上连续

(2) 如果 $F'(x)=f(x)$，则下列说法中错误的一个是(　　).

A. $F(x)$ 是 $f(x)$ 的不定积分　　B. $F(x)$ 是 $f(x)$ 的一个原函数

C. $f(x)$ 是 $F(x)$ 的导数　　D. $dF(x)=f(x)dx$

(3) 下列结论正确的是(　　).

A. $\int f'(x)dx=f(x)$　　B. $\int df(x)=f(x)$

C. $d\left[\int f(x)dx\right]=f(x)$　　D. $\frac{d}{dx}\left[\int f(x)dx\right]=f(x)$

(4) 在区间 (a,b) 内，如果 $f'(x)=g'(x)$，则一定有(　　).

A. $f(x)=g(x)$　　B. $f(x)=g(x)+C$

C. $\left(\int f(x)dx\right)'=f(x)+C$　　D. $\int f(x)dx=\int g(x)dx$

(5) 下列函数中是 $y=xe^x$ 的原函数的是(　　).

A. $\frac{1}{2}x^2e^x$　　B. $\frac{1}{4}x^2e^{2x}$

C. xe^x-e^x　　D. $\frac{1}{2}x^2e^x+xe^x$

(6) $\int f'(\sqrt{x})\,d\sqrt{x}=$(　　).

A. $f(\sqrt{x})$　　B. $f(\sqrt{x})+C$

C. $f(x)$　　D. $f(x)+C$

(7) 若 $\int f(x)dx=2\sin\frac{x}{2}+C$，则 $f(x)$ 等于(　　).

A. $\cos\frac{x}{2}+C$　　B. $2\sin\frac{x}{2}$

C. $2\cos\frac{x}{2}+C$　　D. $\cos\frac{x}{2}$

(8) $\int\frac{dx}{1+e^x}=$(　　).

A. $e^x-\ln(1+e^x)+C$　　B. $x-\ln(1+e^x)+C$

C. $\ln(1+e^x)+C$　　D. 以上答案都不正确

(9) $\int\sqrt{x}\cdot\sqrt[3]{x}\,dx=$(　　).

A. $\frac{6}{11}x^{\frac{11}{6}}+C$　　B. $\frac{5}{6}x^{\frac{6}{5}}+C$

C. $\frac{3}{4}x^{\frac{4}{3}}+C$　　D. $\frac{2}{3}x^{\frac{3}{2}}+C$

(10) 设 $f(x)=e^{-x}$，则 $\int\frac{f'(\ln x)}{x}dx=$(　　).

A. $-\frac{1}{x}+C$　　B. $-\ln x+C$

C. $\frac{1}{x}+C$　　D. $\ln x+C$

(11) $F(x)$ 是 $f(x)$ 的一个原函数,则 $\int xf(x^2)\mathrm{d}x=$(　　).

A. $F(x^2)+C$　　B. $\frac{1}{2}F(x^2)+C$

C. $xF(x^2)-F(x^2)+C$　　D. 不能确定

(12) 若 $f'(\mathrm{e}^x)=x+1$,则 $f(x)=$(　　).

A. $\frac{1}{2}x^2+x+C$　　B. $x\mathrm{e}^x+C$

C. x^2+C　　D. $x\ln x+C$

(13) 设函数 $f(x)$ 在 $(-\infty,+\infty)$ 上连续,则 $\mathrm{d}\left[\int f(x)\mathrm{d}x\right]=$(　　).

A. $f(x)$　　B. $f(x)\mathrm{d}x$

C. $f(x)+C$　　D. $f'(x)\mathrm{d}x$

(14) 若 $f(x)$ 的导函数是 $\sin x$,则 $f(x)$ 有一个原函数为(　　).

A. $1+\sin x$　　B. $1-\sin x$

C. $1+\cos x$　　D. $1-\cos x$

(15) 设 $f(x)=\ln x$,则 $\int \mathrm{e}^{2x}f'(\mathrm{e}^x)\mathrm{d}x=$(　　).

A. $x+C$　　B. $\frac{1}{2}\mathrm{e}^{2x}+C$

C. e^x+C　　D. $\frac{1}{3}\mathrm{e}^{3x}+C$

2. 填空题:

(1) $\int 0\mathrm{d}x=$________.

(2) $\int u\mathrm{d}v=uv-$________.

(3) $\int F'(x)\mathrm{d}x=$________.

(4) $\int x^{\mu}\mathrm{d}x=$________ $(\mu\neq-1)$.

(5) $\int \sin x\cos x\mathrm{d}x=$________.

(6) $\int \frac{x}{1+x^2}\mathrm{d}x=$________.

(7) 若 $\int f(x)\mathrm{d}x=F(x)+C$,则 $\int f(\mathrm{e}^{-x})\mathrm{e}^{-x}\mathrm{d}x=$________.

(8) $\int \frac{f'\left(\frac{1}{x}\right)}{x^2}\mathrm{d}x=$________.

(9) 若 $\int f(x)\mathrm{d}x=\frac{1}{x}+C$，则 $f(x)=$________.

(10) 设 $\sin x$ 是 $f(x)$ 的一个原函数，则 $\int xf(x)\mathrm{d}x=$________.

(11) 已知 $\int f(x)\mathrm{d}x=\tan x+C$，则 $\int f(\mathrm{e}^x)\mathrm{e}^x\mathrm{d}x=$________.

(12) $\int 2^x\cdot 3^x\mathrm{d}x=$________.

(13) 已知 $\int f(x)\mathrm{d}x=\frac{x+1}{x-1}+C$，则 $f(x)=$________.

(14) 设 $a^x\mathrm{d}x=\mathrm{d}f(x)$，则 $f(x)=$________.

(15) 如果 $\int f(x)\mathrm{d}x=\sin x+C$，那么 $\int\frac{f(\arcsin x)}{\sqrt{1-x^2}}\mathrm{d}x=$________.

(16) $\int \mathrm{e}^{f(x)}f'(x)\mathrm{d}x=$________.

(17) $\int\tan x\mathrm{d}x=$________.

(18) $\int x\mathrm{e}^x\mathrm{d}x=$________.

(19) $\int\frac{1}{\sqrt{3+2x}}\mathrm{d}x=$________.

(20) 设 $\varphi(x)=\int(x+\sin x)\mathrm{d}x$，则 $\varphi'(x)$ 在闭区间 $[0,2\pi]$ 上的最大值为________，最小值为________.

(21) $\int\frac{\tan x}{\sqrt{\cos x}}\mathrm{d}x=$________.

(22) $\int \mathrm{e}^{\mathrm{e}^x+x}\mathrm{d}x=$________.

(23) 设 $\int f\left(\frac{x}{2}\right)\mathrm{d}x=\sin x^2+C$，则 $\int\frac{xf\left(\sqrt{2x^2-1}\right)}{\sqrt{2x^2-1}}\mathrm{d}x=$________.

3. 计算题：

(1) 求下列不定积分.

① $\int\frac{\mathrm{d}x}{\sin^2x\cos^2x}$；　② $\int\frac{x^3-1}{x-1}\mathrm{d}x$；　③ $\int\sin^2\frac{x}{2}\mathrm{d}x$；

④ $\int 10^{3-2x}\mathrm{d}x$；　⑤ $\int\frac{\mathrm{e}^{2t}-1}{\mathrm{e}^t-1}\mathrm{d}t$；　⑥ $\int\frac{(1-x^4)^{\frac{3}{2}}+\sqrt{1+x^2}}{\sqrt{1-x^4}}\mathrm{d}x$.

(2) 求下列不定积分.

① $\int\frac{\mathrm{e}^{3x}+1}{\mathrm{e}^x+1}\mathrm{d}x$；　② $\int\cos^2x\mathrm{d}x$；　③ $\int\frac{2\mathrm{e}^{\frac{1}{x^2}}}{x^3}\mathrm{d}x$；

④ $\int x^2\sqrt[5]{x^3+2}\,\mathrm{d}x$；　⑤ $\int\frac{\mathrm{d}x}{(2x-3)^2}$；　⑥ $\int 2^{\sin x}\cos x\mathrm{d}x$；

⑦ $\int \frac{dx}{x^2-5x+6}$；　⑧ $\int \frac{dx}{x\sqrt{1-\ln^2 x}}$；　⑨ $\int \frac{dx}{2-2x+x^2}$；

⑩ $\int \frac{1}{x\ln x}dx$；　⑪ $\int \frac{dx}{\cos^2 x-\sin^2 x}$；　⑫ $\int \frac{1}{x^2}\sin\frac{1}{x}dx$；

⑬ $\int e^x\cos e^x dx$；　⑭ $\int \sec^2 x\sqrt{\tan x}\,dx$；　⑮ $\int \frac{\sin x\cos x}{1+\cos^2 x}dx$；

⑯ $\int \frac{x}{\sqrt{2x^2+3}}dx$；　⑰ $\int x^2\sqrt{2x^3+1}\,dx$；　⑱ $\int \cos^5 x\sin 2x dx$；

⑲ $\int \frac{1}{4x^2+4x+5}dx$；　⑳ $\int 9x^2\sqrt{x^3+8}\,dx$；　㉑ $\int (2x^{\frac{3}{2}}+1)^{\frac{2}{3}}\sqrt{x}\,dx$；

㉒ $\int \frac{\sec^2 x}{(1+\tan x)^2}dx$；　㉓ $\int \frac{(\arctan x)^2}{1+x^2}dx$；　㉔ $\int \frac{dx}{\sqrt{4-x^2}\cdot\arcsin\frac{x}{2}}$；

㉕ $\int \frac{dx}{x\ln^4 x}$；　㉖ $\int \tan^{10}x\sec^2 x dx$；　㉗ $\int \frac{dx}{x\ln x\ln\ln x}$；

㉘ $\int \frac{dx}{e^x+e^{-x}}$；　㉙ $\int \tan\sqrt{1+x^2}\cdot\frac{x dx}{\sqrt{1+x^2}}$；　㉚ $\int \tan^3 x\sec x dx$；

㉛ $\int \cos x\cos\frac{x}{2}dx$；　㉜ $\int \sin 2x\cos 3x dx$；　㉝ $\int \frac{10^{\arcsin x}}{\sqrt{1-x^2}}dx$；

㉞ $\int \frac{dx}{(\arcsin x)^2\sqrt{1-x^2}}$；　㉟ $\int \frac{\arctan\sqrt{x}}{\sqrt{x}(1+x)}dx$；　㊱ $\int \frac{\sin x\cos x}{1+\sin^4 x}dx$；

㊲ $\int (x\ln x)^p(\ln x+1)dx$；　㊳ $\int \frac{x^2 dx}{(x-1)^{100}}$；　㊴ $\int \frac{\ln(x+1)-\ln x}{x(x+1)}dx$；

㊵ $\int \frac{x-\sqrt{\arctan 2x}}{4+16x^2}dx$；　㊶ $\int \frac{e^{\arctan x}+x\ln(1+x^2)}{1+x^2}dx$.

(3) 求下列不定积分.

① $\int \frac{x}{\sqrt{x+1}}dx$；　② $\int \frac{dx}{\sqrt{3-2x}+1}$；　③ $\int \frac{dx}{\sqrt{x}+\sqrt[3]{x^2}}$；

④ $\int \frac{x+1}{\sqrt[3]{x}}dx$；　⑤ $\int x\sqrt{2x+1}\,dx$；　⑥ $\int \frac{dx}{x\sqrt{x^2-1}}$；

⑦ $\int \frac{\sqrt{x^2-a^2}}{x}dx$；　⑧ $\int \frac{\sqrt{1-x^2}}{x^2}dx$；　⑨ $\int \frac{dx}{\sqrt{(1+x^2)^3}}$；

⑩ $\int \frac{1}{\sqrt{x}+\sqrt[4]{x}}dx$；　⑪ $\int \frac{x^2}{\sqrt{2-x}}dx$；　⑫ $\int \frac{x}{1+\sqrt{1+x^2}}dx$；

⑬ $\int (a^2-x^2)^{\frac{3}{2}}dx\ (a>0)$；　⑭ $\int \frac{dx}{\sqrt{1+e^x}}$；　⑮ $\int \sqrt{5-4x-x^2}\,dx$；

⑯ $\int \frac{3^x}{1+3^x+9^x}dx$；　⑰ $\int 2e^x\sqrt{1-e^{2x}}\,dx$；　⑱ $\int \frac{xe^x}{\sqrt{e^x-1}}dx$.

（4）求下列不定积分.

① $\int x\sin x\cos x\mathrm{d}x$；　② $\int x^3\ln x\mathrm{d}x$；　③ $\int \frac{\ln x}{x^2}\mathrm{d}x$；

④ $\int \sec^3 x\mathrm{d}x$；　⑤ $\int x\arctan x\mathrm{d}x$；　⑥ $\int x\ln x\mathrm{d}x$；

⑦ $\int x\mathrm{e}^{2x}\mathrm{d}x$；　⑧ $\int \ln^2 x\mathrm{d}x$；　⑨ $\int x\cos^2 x\mathrm{d}x$；

⑩ $\int \mathrm{e}^{2x}\cos x\mathrm{d}x$；　⑪ $\int \frac{\ln(1+x^2)}{x^2}\mathrm{d}x$；　⑫ $\int \frac{\sin 3x}{\mathrm{e}^x}\mathrm{d}x$；

⑬ $\int \frac{\mathrm{e}^x}{x}(1+x\ln x)\mathrm{d}x$；　⑭ $\int \frac{x^2}{1+x^2}\arctan x\mathrm{d}x$；　⑮ $\int \frac{\ln(\mathrm{e}^x+1)}{\mathrm{e}^x}\mathrm{d}x$；

⑯ $\int \frac{\ln x}{(1-x)^2}\mathrm{d}x$；　⑰ $\int x\ln\frac{1+x}{1-x}\mathrm{d}x$；　⑱ $\int \cos\ln x\mathrm{d}x$；

⑲ $\int \frac{\ln(1+x^2)}{x^3}\mathrm{d}x$.

（5）求下列不定积分.

① $\int \frac{4x+6}{x(x-2)(x-3)}\mathrm{d}x$；　② $\int \frac{x\mathrm{d}x}{(x-1)(x^2+1)}$；　③ $\int \frac{\mathrm{d}x}{x^2+6x+25}$；

④ $\int \frac{x^3}{x^8+3}\mathrm{d}x$；　⑤ $\int \frac{x^3}{3+x}\mathrm{d}x$；　⑥ $\int \frac{x^2}{(x-1)^5}\mathrm{d}x$；

⑦ $\int \frac{x}{1+x-2x^2}\mathrm{d}x$；　⑧ $\int \frac{3x}{x^2+4x+6}\mathrm{d}x$；　⑨ $\int \frac{\mathrm{d}x}{(x^2+1)(x^2+x+1)}$.

（6）求下列不定积分.

① $\int \frac{\mathrm{d}x}{1+\sin x+\cos x}$；　② $\int \frac{\mathrm{d}x}{2\sin x-\cos x+5}$；

③ $\int \frac{x}{\sqrt{x+1}-\sqrt[3]{x+1}}\mathrm{d}x$；　④ $\int \frac{\sqrt{1+x}}{\sqrt{1-x}}\mathrm{d}x$.

强化训练 4.2

1. 求下列不定积分：

（1）$\int \frac{\mathrm{d}x}{\sqrt{x}}$；　（2）$\int \sqrt[m]{x^n}\mathrm{d}x$；

（3）$\int (x^2+1)^2\mathrm{d}x$；　（4）$\int (\sqrt{x}+1)(\sqrt{x^3}-1)\mathrm{d}x$；

（5）$\int \frac{x^2}{1+x^2}\mathrm{d}x$；　（6）$\int \left(\frac{1}{1+x^2}+\frac{3}{\sqrt{1-x^2}}\right)\mathrm{d}x$；

（7）$\int \left(2\mathrm{e}^x+\frac{1}{3x}\right)\mathrm{d}x$；　（8）$\int \frac{2\cdot 3^x+5\cdot 2^x}{3^x}\mathrm{d}x$；

（9）$\int \frac{\cos 2x}{\cos x-\sin x}\mathrm{d}x$；　（10）$\int \frac{\mathrm{d}x}{1+\cos 2x}$；

（11）$\int \frac{\cos 2x}{\cos^2 x\sin^2 x}\mathrm{d}x$；　（12）$\int \left(\sqrt{\frac{1+x}{1-x}}+\sqrt{\frac{1-x}{1+x}}\right)\mathrm{d}x$；

(5) $\int \sec x(\sec x - \tan x)\mathrm{d}x$.

2. 一曲线过点(e,2),且在任一点处切线的斜率等于该点横坐标的倒数,求该曲线的方程.

强化训练 4.3

1. 用换元法求下列不定积分:

(1) $\int \frac{\mathrm{d}x}{\sqrt{2-x}}$; (2) $\int \sin^2 x\mathrm{d}x$; (3) $\int \frac{\sin\sqrt{t}}{\sqrt{t}}\mathrm{d}t$;

(4) $\int x\mathrm{e}^{x^2}\mathrm{d}x$; (5) $\int \frac{\mathrm{e}^x}{4-3\mathrm{e}^x}\mathrm{d}x$; (6) $\int \frac{\sec^2 x}{(1+\tan x)^2}\mathrm{d}x$;

(7) $\int \frac{1+\ln x}{(x\ln x)^2}\mathrm{d}x$; (8) $\int \frac{x^3}{1+x^2}\mathrm{d}x$; (9) $\int \sin^3 x\mathrm{d}x$;

(10) $\int \cos^4 x\mathrm{d}x$; (11) $\int \frac{\mathrm{d}x}{4-9x^2}$; (12) $\int \frac{\mathrm{d}x}{\sqrt{x^2+9}}$;

(13) $\int \frac{\sqrt{x^2-a^2}}{x^2}\mathrm{d}x$; (14) $\int \frac{\mathrm{d}x}{\sqrt{2+x-x^2}}$; (15) $\int (a^2-x^2)^{-\frac{3}{2}}\mathrm{d}x$;

(16) $\int \sin 5x\cos 7x\mathrm{d}x$; (17) $\int \frac{x\mathrm{d}x}{1+\sqrt{x}}$; (18) $\int \frac{\mathrm{d}x}{x^2-3x+2}$.

2. 用分部积分法求下列不定积分:

(1) $\int x^2\sin x\mathrm{d}x$; (2) $\int x^3\cos x\mathrm{d}x$; (3) $\int x\mathrm{e}^{-x}\mathrm{d}x$;

(4) $\int x^3\mathrm{e}^{x^2}\mathrm{d}x$; (5) $\int \ln x\mathrm{d}x$; (6) $\int (x\ln x)^2\mathrm{d}x$;

(7) $\int (\arcsin x)^2\mathrm{d}x$; (8) $\int x^2\arctan x\mathrm{d}x$; (9) $\int \mathrm{e}^{ax}\sin bx\mathrm{d}x$;

(10) $\int \mathrm{e}^{ax}\cos bx\mathrm{d}x$; (11) $\int \mathrm{e}^{\sqrt[3]{x}}\mathrm{d}x$; (12) $\int \sqrt{x^2+a^2}\mathrm{d}x$.

强化训练 4.4

1. 求下列有理函数的积分:

(1) $\int \frac{\mathrm{d}x}{x^2(x+1)}$; (2) $\int \frac{2x^2+x+4}{x^2+2}\mathrm{d}x$; (3) $\int \frac{\mathrm{d}x}{x(x^2+1)}$;

(4) $\int \frac{\mathrm{d}x}{(x+1)(x+2)(x+3)}$; (5) $\int \frac{x^4}{x^2+1}\mathrm{d}x$; (6) $\int \frac{\mathrm{d}x}{x^2+2x+3}$.

2. 求下列三角函数有理式的积分:

(1) $\int \frac{\mathrm{d}x}{3+\cos x}$; (2) $\int \frac{\mathrm{d}x}{2+\sin x}$; (3) $\int \frac{\mathrm{d}x}{\cos x+\sin 2x}$;

(4) $\int \frac{\sin x}{3+\tan^2 x}\mathrm{d}x$; (5) $\int \frac{\mathrm{d}x}{16\cos^2 x+9\sin^2 x}$; (6) $\int \frac{\mathrm{d}x}{1+\tan x}$.

3. 求下列无理函数的积分:

(1) $\int \frac{dx}{2\sqrt{1+x}+\sqrt{(1+x)^3}}$; (2) $\int \frac{x^3}{\sqrt{1-x^2}}dx$; (3) $\int \frac{dx}{\sqrt{x}+\sqrt[4]{x}}$;

(4) $\int \frac{\sqrt{x+1}-1}{\sqrt{x+1}+1}dx$; (5) $\int \sqrt{\frac{a+x}{a-x}}dx$; (6) $\int \frac{dx}{x\sqrt{x^2-1}}$.

4.5 模拟试题

1. 单项选择题(每小题2分):

(1) 下列等式成立的是( ).

A. $\int dF(x)=F(x)$ B. $\left(\int dF(x)\right)'=F(x)$

C. $\left(\int f(x)dx\right)'=f(x)+C$ D. $\left(\int dF(x)\right)'=F'(x)$

(2) 对于函数$f(x)$,$g(x)$,若$f'(x)=g'(x)$,则下列各式成立的是( ).

A. $f(x)=g(x)$ B. $f(x)-g(x)=C$

C. $\int f(x)dx=\int g(x)dx$ D. $\left(\int f(x)dx\right)'=\left(\int g(x)dx\right)'$

(3) $\int \frac{dx}{1+\cos x}=$( ).

A. $\tan x-\sec x+C$ B. $-\cot x+\csc x+C$

C. $\tan\frac{x}{2}+C$ D. $\tan\left(\frac{x}{2}-\frac{\pi}{4}\right)$

(4) 若$\int f(x)dx=x^2+C$,则$\int xf(1-x^2)dx=$( ).

A. $2(1-x^2)^2+C$ B. $-2(1-x^2)^2+C$

C. $\frac{1}{2}(1-x^2)^2+C$ D. $-\frac{1}{2}(1-x^2)^2+C$

(5) x^2是$f(x)$的一个原函数,则$\int \cos xf(\sin x)dx=$( ).

A. $\sin^2x+C$ B. $-\sin^2x+C$

C. $\frac{1}{2}\sin^2x+C$ D. $-\frac{1}{2}\sin^2x+C$

(6) 积分$\int xf''(x)dx=$( ).

A. $f(x)+C$ B. $f'(x)-xf(x)+C$

C. $xf'(x)-f(x)+C$ D. $xf(x)+C$

(7) 若$f'(x^2)=\frac{1}{x}(x>0)$,则$f(x)=$( ).

A. $\frac{1}{\sqrt{x}}+C$ B. $2\sqrt{x}+C$

C. $\sqrt{x}+C$　　D. $\ln|x|+C$

(8) 设 $a=\ln 2$，则$\int(2^x+a^3)\mathrm{d}x=$(　　).

A. $\dfrac{2^x}{\ln 2}+a^3x$　　B. $\dfrac{2^x}{\ln 2}+\dfrac{a^4}{4}+C$

C. $\dfrac{2^x}{\ln 2}+(\ln 2)^3x+C$　　D. $\dfrac{2^{x+1}}{x+1}+(\ln 2)^3+C$

2. 填空题(每小题3分)：

(1) 设$\int f(x)\mathrm{d}x=x^2\mathrm{e}^{2x}+C$，则$f(x)=$________.

(2) $\int\dfrac{\ln^2x}{x}\mathrm{d}x=$________.

(3) $\int\dfrac{f'(\sqrt{x})}{\sqrt{x}}\mathrm{d}x=$________.

(4) $\int f'\left(\dfrac{x}{5}\right)\mathrm{d}x=$________.

(5) 设$\dfrac{\cos x}{x}$为$f(x)$的一个原函数，则$\int xf'(x)\mathrm{d}x=$________.

(6) $\int\dfrac{f'(x)}{1+f^2(x)}\mathrm{d}x=$________.

(7) 设$f'(x)=2$，且$f(0)=0$，则$\int f(x)\mathrm{d}x=$________.

(8) 函数$f(x)$的全体原函数$F(x)+C$称为$f(x)$的________.

3. 计算题((1)—(4)题每小题8分，(5)—(6)题每小题7分，(7)题14分)：

(1) 已知$\dfrac{\sin x}{x}$是$f(x)$的原函数，求$\int xf'(x)\mathrm{d}x$；

(2) 已知$f(x)=\dfrac{\mathrm{e}^x}{x}$，求$\int xf''(x)\mathrm{d}x$；

(3) 求不定积分$\int(\mathrm{e}^{-x}-\mathrm{e}^{2\sqrt{x}})\mathrm{d}x$；

(4) 已知$f(u)$有二阶连续的导数，求$\int\mathrm{e}^{2x}f''(\mathrm{e}^x)\mathrm{d}x$；

(5) 求不定积分$\int\dfrac{x^2}{\sqrt[3]{(x^3-5)^2}}\mathrm{d}x$；

(6) 求不定积分$\int\dfrac{\mathrm{d}x}{\sqrt{9x^2-4}}$；

(7) 至少用三种方法求不定积分$\int\dfrac{\sin x}{\sin x+\cos x}\mathrm{d}x$.

第5章 定积分及其应用

5.1 知 识 点

(1) 了解定积分概念、几何意义及其性质.

(2) 了解可变上限积分为其上限的函数及其求导定理.

(3) 掌握牛顿-莱布尼兹公式.

(4) 掌握用定积分的换元法和分部积分法计算定积分.

(5) 掌握微元法以及用于求平面图形的面积、立体的体积和平面曲线的弧长.熟悉简单的物理应用(变力所做的功、液体的静压力等).

(6) 了解无穷区间上广义积分收敛与发散的概念,了解计算简单函数在无穷区间上的广义积分.了解无界函数的广义积分及其计算.

5.2 题 型 分 析

1. 利用定积分的几何意义计算定积分

解题思路 定积分的几何意义:定积分 $\int_a^b f(x)\mathrm{d}x$ 在几何上表示由曲线 $y = f(x)$,直线 $x = a, x = b$ 及 x 轴所围成的各部分曲边梯形面积的代数和. 因此根据曲线 $y = f(x)$,直线 $x = a, x = b$ 及 x 轴所围成的各部分曲边梯形面积的代数和,可以求出定积分 $\int_a^b f(x)\mathrm{d}x$ 的值.

例 1 利用定积分的几何意义计算 $\int_0^a \sqrt{a^2 - x^2}\,\mathrm{d}x$.

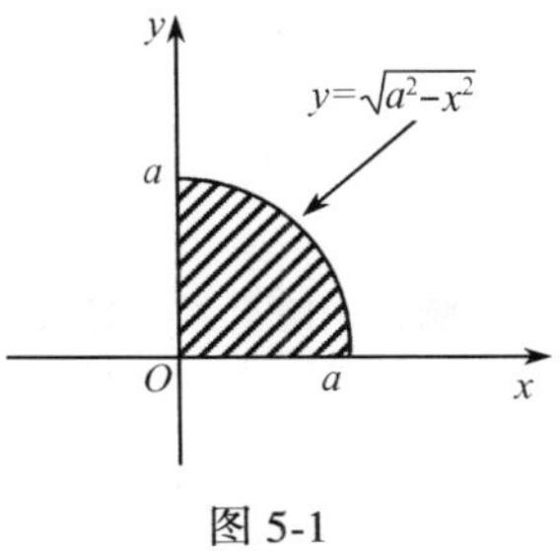

图 5-1

解 定积分 $\int_0^a \sqrt{a^2 - x^2}\,\mathrm{d}x$ 在几何上表示由曲线 $y = \sqrt{a^2 - x^2}$,直线 $x = 0, x = a$ 以及 x 轴所围成的 x 轴上方曲边梯形的面积减去 x 轴下方曲边梯形的面积. 如图 5-1,因此 $\int_0^a \sqrt{a^2 - x^2}\,\mathrm{d}x = \dfrac{\pi a^2}{4}$.

例 2 利用定积分的几何意义证明 $\int_{-\pi}^{\pi} \sin x\mathrm{d}x = 0$.

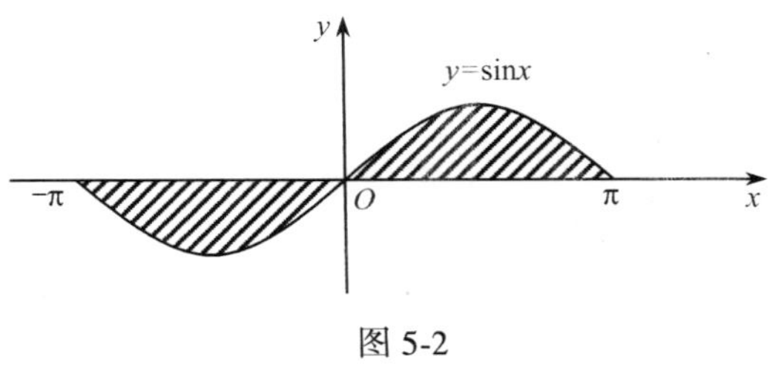

图 5-2

证明 定积分 $\int_{-\pi}^{\pi} \sin x\mathrm{d}x$ 在几何上表示由曲线 $y = \sin x$,直线 $x = -\pi, x = \pi$ 以及 x 轴所围成的 x 轴上方曲边梯形的面积减去 x 轴下方曲边梯形的面积. 如图 5-2, 因此 $\int_{-\pi}^{\pi} \sin x\mathrm{d}x = 0$.

2. 定积分性质的应用

解题思路 定积分性质的应用主要由以下几个方面：

(1) 利用定积分的性质对定积分进行估值与证明不等式.

解决这一类问题主要要用到定积分的“积分估值性质”和“积分比较性质”.

积分估值性质：设 M 和 m 分别是函数 $f(x)$ 在 $[a,b]$ 上的最大值和最小值，则 $m(b-a) \leqslant \int_a^b f(x)\mathrm{d}x \leqslant M(a,b)$，$(a<b)$.

积分比较性质：① 如果在区间 $[a,b]$ 上，$f(x) \geqslant 0$，则 $\int_a^b f(x)\mathrm{d}x \geqslant 0 \quad (a<b)$；② 如果在区间 $[a,b]$ 上，$f(x) \leqslant g(x)$，则 $\int_a^b f(x)\mathrm{d}x \leqslant \int_a^b f(x)\mathrm{d}x \quad (a<b)$.

在使用“积分估值性质”时，关键是要求出被积函数 $f(x)$ 在积分区间 $[a,b]$ 上的最大值 M 和最小值 m. 求被积函数 $f(x)$ 在积分区间 $[a,b]$ 上的最大值 M 和最小值 m 可以用前面学过的求函数最值的方法来解决，比如：单调连续函数的最大值和最小值一定在闭区间的端点上；又如：要求连续函数 $f(x)$ 在闭区间 $[a,b]$ 上的最大值和最小值，我们可以先求出 $f(x)$ 在 (a,b) 内所有的驻点及不可导点，算出函数在这些点的函数值以及 $f(a)$ 和 $f(b)$，比较这些值的大小，最大的就是最大值，最小的就是最小值.

在使用“积分比较性质”时，常常要用到不等式的放大与缩小定出被积函数的范围.

(2) 利用定积分的性质对两个定积分的值进行比较.

解决这一类问题主要要用到“积分比较性质”.

在使用“积分比较性质”时，关键是要判断出在 $[a,b]$ 上被积函数的大小关系. 要判断出在 $[a,b]$ 上被积函数的大小关系，有时需要用到不等式的放大与缩小定出被积函数的范围；有时需要用到函数的单调性.

(3) 利用积分中值定理求极限.

定积分中值定理：如果函数 $f(x)$ 在闭区间 $[a,b]$ 上连续，则在 $[a,b]$ 上至少存在一点 ξ，使 $\int_a^b f(x)\mathrm{d}x = f(\xi)(b-a) \quad (a \leqslant \xi \leqslant b)$.

例 1 估计 $\int_{\frac{1}{\sqrt{3}}}^{\sqrt{3}} x\arctan x\mathrm{d}x$ 的值.

解 用积分估值性质. 首先求出被积函数 $f(x) = x\arctan x$ 在积分区间 $\left[\frac{1}{\sqrt{3}},\sqrt{3}\right]$ 上的最大值和最小值

$$f'(x) = \arctan x + \frac{x}{1+x^2}$$

当 $x \in \left[\frac{1}{\sqrt{3}},\sqrt{3}\right]$ 时，$f'(x) > 0$，所以 $f(x)$ 在 $\left[\frac{1}{\sqrt{3}},\sqrt{3}\right]$ 上单调增加.

故 $f(x) = x\arctan x$ 在 $\left[\frac{1}{\sqrt{3}},\sqrt{3}\right]$ 上的最小值为 $f\left(\frac{1}{\sqrt{3}}\right) = \frac{\pi}{6\sqrt{3}}$，最大值为 $f(\sqrt{3}) = \frac{\sqrt{3}\pi}{3}$.

根据积分估值性质

$$\frac{\pi}{6\sqrt{3}}\left(\sqrt{3}-\frac{1}{\sqrt{3}}\right) \leqslant \int_{\frac{1}{\sqrt{3}}}^{\sqrt{3}} x\arctan x\mathrm{d}x \leqslant \frac{\sqrt{3}\pi}{3}\left(\sqrt{3}-\frac{\sqrt{3}}{3}\right)$$

即

$$\frac{\pi}{9} \leqslant \int_{\frac{1}{\sqrt{3}}}^{\sqrt{3}} x\arctan x\mathrm{d}x \leqslant \frac{2\pi}{3}$$

例 2　估计 $\int_0^{-2} x\mathrm{e}^x\mathrm{d}x$ 的值.

解　利用积分估值性质. 首先求出被积函数 $f(x)=x\mathrm{e}^x$ 在积分区间 $[-2,0]$ 上的最大值和最小值.

$$f'(x)=x\mathrm{e}^x=(1+x)\mathrm{e}^x$$

令 $f'(x)=0$,得 $x=-1$. 因为 $f(-1)=-\frac{1}{\mathrm{e}}$, $f(-2)=-\frac{2}{\mathrm{e}^2}$, $f(0)=0$. 所以 $f(x)=x\mathrm{e}^x$ 在 $[-2,0]$ 上的最大值为 $f(0)=0$,最小值为 $f(-1)=-\frac{1}{\mathrm{e}}$.

根据积分估值性质 $-\frac{1}{\mathrm{e}}\cdot 2 \leqslant \int_{-2}^{0} x\mathrm{e}^x\mathrm{d}x \leqslant 0$. 即 $0 \leqslant \int_0^{-2} x\mathrm{e}^x\mathrm{d}x \leqslant \frac{2}{\mathrm{e}}$.

例 3　估计 $\int_0^{\frac{\pi}{2}} \frac{\sin x}{x}\mathrm{d}x$ 的值.

解　用积分估值性质. 首先求出被积函数 $f(x)=\frac{\sin x}{x}$ 在积分区间 $\left[0,\frac{\pi}{2}\right]$ 上的最大值和最小值.

$$f'(x)=\frac{x\cos x-\sin x}{x^2}=\frac{\cos x(x-\tan x)}{x^2}$$

设 $g(x)=x-\tan x$,则 $g'(x)=1-\sec^2 x$,当 $x\in\left(0,\frac{\pi}{2}\right)$ 时,$g'(x)<0$. 所以 $g(x)=x-\tan x$ 在 $x\in\left[0,\frac{\pi}{2}\right)$ 单调减小,又 $g(0)=0$. 所以当 $x\in\left(0,\frac{\pi}{2}\right)$ 时,$g(x)<g(0)=0$. 即当 $x\in\left(0,\frac{\pi}{2}\right)$ 时

$$f'(x)=\frac{\cos x(x-\tan x)}{x^2}<0$$

即 $f(x)=\frac{\sin x}{x}$ 在 $\left(0,\frac{\pi}{2}\right)$ 单调减小.

由于 $f(x)=\frac{\sin x}{x}$ 在 $x=0$ 无定义,而 $\lim\limits_{x\to 0}\frac{\sin x}{x}=1$,故补充定义 $f(0)=1$. 则

$$f(x)=\begin{cases}\frac{\sin x}{x}, 0<x\leqslant\frac{\pi}{2}\\ 1, \quad x=0\end{cases}$$

因此 $f(x)$ 在 $\left[0,\frac{\pi}{2}\right]$ 上连续,又 $f(x)$ 在 $\left(0,\frac{\pi}{2}\right)$ 单调减小,故 $f(x)=\frac{\sin x}{x}$ 在 $\left[0,\frac{\pi}{2}\right]$ 上的最大值为 $f(0)=1$,最小值为 $f\left(\frac{\pi}{2}\right)=\frac{2}{\pi}$.

根据积分估值性质

$$\frac{2}{\pi}\left(\frac{\pi}{2}-0\right) \leqslant \int_0^{\frac{\pi}{2}} \frac{\sin x}{x}\mathrm{d}x \leqslant 1\cdot\left(\frac{\pi}{2}-0\right)$$

即

$$1 \leqslant \int_0^{\frac{\pi}{2}} \frac{\sin x}{x}\mathrm{d}x \leqslant \frac{\pi}{2}$$

例 4 估计 $\int_0^1 \frac{\mathrm{d}x}{\sqrt{4-x^2+x^3}}$ 的值.

解 利用积分比较性质. 当 $x\in[0,1]$ 时, $4\geqslant 4-x^2+x^3\geqslant 4-x^2$, 所以

$$\frac{1}{\sqrt{4}} \leqslant \frac{1}{\sqrt{4-x^2+x^3}} \leqslant \frac{1}{\sqrt{4-x^2}}$$

根据积分比较性质

$$\int_0^1 \frac{1}{2}\mathrm{d}x \leqslant \int_0^1 \frac{1}{\sqrt{4-x^2+x^3}}\mathrm{d}x \leqslant \int_0^1 \frac{1}{\sqrt{4-x^2}}\mathrm{d}x$$

因为

$$\int_0^1 \frac{1}{2}\mathrm{d}x = \frac{1}{2}, \int_0^1 \frac{1}{\sqrt{4-x^2}}\mathrm{d}x = \arcsin\frac{x}{2}\bigg|_2^1 = \frac{\pi}{6}$$

所以

$$\frac{1}{2} \leqslant \int_0^1 \frac{1}{\sqrt{4-x^2+x^3}}\mathrm{d}x \leqslant \frac{\pi}{6}$$

例 5 不计算积分值, 比较 $\int_0^1 \mathrm{e}^x\mathrm{d}x$ 与 $\int_0^1 \ln(1+x)\mathrm{d}x$ 的大小.

解 利用积分比较性质. 令 $f(x)=\mathrm{e}^x-\ln(1+x)$, 则

$$f'(x)=\mathrm{e}^x-\frac{1}{1+x}=\frac{\mathrm{e}^x(1+x)-1}{1+x}=\frac{x\mathrm{e}^x+(\mathrm{e}^x-1)}{1+x}$$

当 $x\in(0,1)$ 时, $f'(x)=\frac{x\mathrm{e}^x+(\mathrm{e}^x-1)}{1+x}>0$, 所以 $f(x)$ 在 $(0,1)$ 单调增加.

因为 $f(x)$ 在 $[0,1]$ 上连续, 又 $f(x)$ 在 $(0,1)$ 上单调增加, 所以当 $x\in(0,1)$ 时, $f(x)>f(0)=1$, 即

$$f(x)=\mathrm{e}^x-\ln(1+x)>1$$

所以当 $x\in(0,1)$ 时, $\mathrm{e}^x>\ln(1+x)$. 根据积分比较性质

$$\int_0^1 \mathrm{e}^x\mathrm{d}x > \int_0^1 \ln(1+x)\mathrm{d}x$$

例 6 不计算积分值, 比较 $\int_1^0 \ln(1+x)\mathrm{d}x$ 与 $\int_1^0 \frac{x}{1+x}\mathrm{d}x$ 的大小.

解 利用积分比较性质. 令 $f(x)=\ln(1+x)-\frac{x}{1+x}$, 则

$$f'(x)=\frac{1}{1+x}-\frac{1}{(1+x)^2}=\frac{x}{(1+x)^2}$$

当 $x\in(0,1)$ 时, $f'(x)>0$, 所以 $f(x)$ 在 $(0,1)$ 上单调增加.

因为 $f(x)$ 在 $[0,1]$ 上连续, 又 $f(x)$ 在 $(0,1)$ 上单调增加, 所以当 $x\in(0,1)$ 时, $f(x)>$

$f(0)=0.$

由积分估值性质$\int_0^1 f(x)\,dx>0$,所以$\int_1^0 f(x)\,dx<0$.所以

$$\int_1^0 \ln(1+x)\,dx<\int_1^0 \frac{x}{1+x}dx$$

例 7　求极限 $\lim\limits_{n\to\infty}\int_n^{n+p}\frac{\sin x}{x}dx$.

解　$\frac{\sin x}{x}$ 的原函数不是初等函数,不能直接积分,根据积分中值定理

$$\int_n^{n+p}\frac{\sin x}{x}dx=\frac{\sin\xi}{\xi}[(n+p)-n]=\frac{\sin\xi}{\xi}p,\xi\in[n,n+p]$$

当 $n\to\infty$ 时,有 $\xi\to\infty$,所以

$$\lim_{n\to\infty}\int_n^{n+p}\frac{\sin x}{x}dx=\lim_{\xi\to\infty}\frac{\sin\xi}{\xi}p=0$$

例 8　求极限 $\lim\limits_{n\to\infty}\int_0^{\frac{1}{2}}\frac{x^n}{1+x}dx$.

解　根据积分中值定理

$$\int_0^{\frac{1}{2}}\frac{x^n}{1+x}dx=\frac{\xi_n^n}{1+\xi_n}\cdot\frac{1}{2},\quad 0\leqslant\xi_n\leqslant\frac{1}{2}$$

因为$0\leqslant\xi_n\leqslant\frac{1}{2}$,所以$\lim\limits_{n\to\infty}\xi_n^n=0$,$\left\{\frac{1}{1+\xi_n}\right\}$有界,所以$\lim\limits_{n\to\infty}\frac{\xi_n^n}{1+\xi_n}\cdot\frac{1}{2}=0$.所以

$$\lim_{n\to\infty}\int_0^{\frac{1}{2}}\frac{x^n}{1+x}dx=\lim_{n\to\infty}\frac{\xi_n^n}{1+\xi_n}\cdot\frac{1}{2}=0$$

3. 利用变上限积分的导数解题

解题思路　利用变上限积分的导数解题主要用到微积分学基本定理.

微积分学基本定理:设函数$f(x)$在$[a,b]$上连续,则$\Phi(x)=\int_a^x f(t)\,dt$在区间$[a,b]$上可导,且$\Phi'(x)=\left[\int_a^x f(t)\,dt\right]'=f(x)\qquad(a\leqslant x\leqslant b)$.

利用复合函数求导法则进一步可以得到常用公式

$$\frac{d}{dx}\int_a^{g(x)}f(t)\,dt=f[g(x)]\cdot g'_x(x)$$

利用变上限积分的导数可以解决许多问题,如:求变上限积分的导数;求隐函数的导数;求参数方程的导数;判断函数的单调性;求函数的极值、最值;求不定式的极限等.

例 1　若$f(x)=\begin{cases}\dfrac{\int_0^x(e^{t^2}-1)\,dt}{x^2}, & x\neq 0\\ 0, & x=0,\end{cases}$,求$f'(0)$.

解　根据函数在一点处导数的定义,

$$f'(0)=\lim_{x\to 0}\frac{f(x)-f(0)}{x-0}=\lim_{x\to 0}\frac{\dfrac{\int_0^x(\mathrm{e}^{t^2}-1)\,\mathrm{d}t}{x^2}-0}{x}$$

$$=\lim_{x\to 0}\frac{\int_0^x(\mathrm{e}^{t^2}-1)\,\mathrm{d}t}{x^3}$$

$$=\lim_{x\to 0}\frac{\mathrm{e}^{x^2}-1}{3x^2}=\lim_{x\to 0}\frac{2x\mathrm{e}^{x^2}}{6x}=\lim_{x\to 0}\frac{\mathrm{e}^{x^2}}{3}=\frac{1}{3}$$

例 2 求函数 $f(x)=\int_0^x t(t-4)\,\mathrm{d}t$ 在 $[-1,5]$ 上的最值.

解 因为 $t(t-4)$ 在 $(-\infty,+\infty)$ 上连续,所以函数 $f(x)$ 的定义域是 $(-\infty,+\infty)$,所以函数 $f(x)$ 在 $[-1,5]$ 上连续,$f'(x)=x(x-4)$,令 $f'(x)=0$ 得 $x_1=0,x_2=4$.

下面只要计算出 $f(x)$ 在 $x=-1,x=5,x=0,x=4$ 点的函数值.

$$f(x)=\int_0^x t(t-4)\,\mathrm{d}t=\left(\frac{1}{3}t^3-2t^2\right)\Bigg|_0^x=\frac{1}{3}x^3-2x^2$$

则

$$f(-1)=-\frac{7}{3},\ f(5)=-\frac{25}{3},\ f(0)=0,\ f(4)=-\frac{32}{3}$$

所以 $f(x)=\int_0^x t(t-4)\,\mathrm{d}t$ 在 $[-1,5]$ 上的最大值是 $f(0)=0$,最小值是 $f(4)=-\dfrac{32}{3}$.

例 3 设 $f(x)$ 在 $[0,+\infty)$ 上连续,若 $\int_0^{x^2}f(t)\,\mathrm{d}t=x^2(1+x)$,求 $f(2)$.

解 在 $\int_0^{x^2}f(t)\,\mathrm{d}t=x^2(1+x)$ 两边同时对 x 求导数得

$$2xf(x^2)=2x+3x^2$$

则

$$f(x^2)=1+\frac{3}{2}x$$

取 $x=\sqrt{2}$,则 $f(2)=1+\dfrac{3\sqrt{2}}{2}$.

例 4 设 $x=\int_1^{t^2}u\ln u\,\mathrm{d}u,\ y=\int_{t^2}^1 u^2\ln u\,\mathrm{d}u$,这里 $t>1$,求 $\dfrac{\mathrm{d}^2y}{\mathrm{d}x^2}$.

解 $x'_t=2t^3\ln t^2=4t^3\ln t,\ y'_t=-2t^5\ln t^2=-4t^5\ln t$,则

$$\frac{\mathrm{d}y}{\mathrm{d}x}=\frac{-4t^5\ln t}{4t^3\ln t}=-t^2$$

$$\frac{\mathrm{d}^2y}{\mathrm{d}x^2}=\frac{\mathrm{d}\left(\dfrac{\mathrm{d}y}{\mathrm{d}x}\right)}{\mathrm{d}x}=\frac{\dfrac{\mathrm{d}(-t^2)}{\mathrm{d}t}}{\dfrac{\mathrm{d}x}{\mathrm{d}t}}=\frac{-2t}{4t^3\ln t}=\frac{-1}{2t^2\ln t}$$

例 5 求函数 $y=\int_0^x(t-2)(t-1)\,\mathrm{d}t$ 的极值.

解 因为被积函数 $(t-2)(t-1)$ 的定义域是 $(-\infty,+\infty)$，所以函数 $y=\int_0^x(t-2)\cdot(t-1)\mathrm{d}t$ 的定义域是 $(-\infty,+\infty)$，$y'=(x-2)(x-1)$.

令 $y'=0$，得 $x_1=1$，$x_2=2$. 极值情况如下表：

x	$(-\infty,1)$	1	$(1,2)$	2	$(2,+\infty)$
y'	+	0	−	0	+
y	↑	极大值	↓	极小值	↑

所以极大值为

$$f(1)=\int_0^1(t-2)(t-1)\mathrm{d}t=\int_0^1(t^2-3t+2)\mathrm{d}t$$
$$=\left(\frac{t^3}{3}-\frac{3t^2}{2}+2t\right)\Bigg|_0^1=\frac{5}{6}$$

极小值为

$$f(2)=\int_0^2(t-2)(t-1)\mathrm{d}t=\left(\frac{t^3}{3}-\frac{3t^2}{2}+2t\right)\Bigg|_0^2=\frac{2}{3}$$

4. 用换元积分法计算定积分

解题思路 定理(定积分的换元法)：设函数 $f(x)\in C[a,b]$，函数 $x=\psi(t)$ 满足：

(1) $x=\psi(t)$ 在 $[\alpha,\beta]$ (或 $[\beta,\alpha]$) 上是单值函数且有连续导数 $\psi'(t)$；

(2) 当 t 在 $[\alpha,\beta]$ (或 $[\beta,\alpha]$) 上变化时，$x=\psi(t)$ 在 $[a,b]$ 上变化，且 $\psi(\alpha)=a$，$\psi(\beta)=b$，则有 $\int_a^b f(x)\mathrm{d}x=\int_\alpha^\beta f[\psi(t)]\psi'(t)\mathrm{d}t$.

上面的公式从左到右用就是定积分的第二类换元法，从右到左用就是定积分的第一类换元法. 在用换元积分法计算定积分时，需要注意以下几点：① 在用 $t=\varphi(x)$ 引入新变量 t 时，一定要注意反函数 $x=\psi(t)$ 的单值、可微等条件；②在使用换元积分法时，如果只凑微分而没有引入换元变量，则不需要改变积分限. 如果引入了换元变量，则必须相应的改变积分限，同时在求出新的被积函数的原函数后，直接代入新变量的积分限即可.

例 1 已知 $f(x)=\tan^2x$，求 $\int_0^{\frac{\pi}{4}}f'(x)f''(x)\mathrm{d}x$.

解 $f'(x)=2\tan x\sec^2x$

$$\int_0^{\frac{\pi}{4}}f'(x)f''(x)\mathrm{d}x=\int_0^{\frac{\pi}{4}}f'(x)\mathrm{d}f'(x)=\frac{1}{2}[f'(x)]^2\Bigg|_0^{\frac{\pi}{4}}$$
$$=\frac{1}{2}[2\tan x\sec^2x]^2\Bigg|_0^{\frac{\pi}{4}}=8$$

例 2 计算 $\int_0^1 x(1-x^4)^{\frac{3}{2}}\mathrm{d}x$.

解
$$\int_0^1 x(1-x^4)^{\frac{3}{2}}\mathrm{d}x=\frac{1}{2}\int_0^1(1-x^4)^{\frac{3}{2}}\mathrm{d}x^2$$

令 $x^2=\sin t$，当 $x=0$ 时，$t=0$，当 $x=1$ 时，$t=\frac{\pi}{2}$.

原式$=\frac{1}{2}\int_0^{\frac{\pi}{2}}(1-\sin^2 t)^{\frac{3}{2}}\mathrm{d}\sin t=\frac{1}{2}\int_0^{\frac{\pi}{2}}\cos^4 t\mathrm{d}t=\frac{1}{2}\int_0^{\frac{\pi}{2}}\left(\frac{1+\cos 2t}{2}\right)^2\mathrm{d}t$

$=\frac{1}{8}\int_0^{\frac{\pi}{2}}(1+2\cos 2t+\cos^2 2t)\mathrm{d}t=\frac{1}{8}\int_0^{\frac{\pi}{2}}\left(1+2\cos 2t+\frac{1+\cos 4t}{2}\right)\mathrm{d}t$

$=\frac{1}{16}\int_0^{\frac{\pi}{2}}(3+4\cos 2t+\cos 4t)\mathrm{d}t=\frac{3}{32}\pi$

例 3 计算 $\int_0^{\ln 5}\frac{\mathrm{e}^x\sqrt{\mathrm{e}^x-1}}{\mathrm{e}^x+3}\mathrm{d}x$.

解 令 $\sqrt{\mathrm{e}^x-1}=t$,则

$$\mathrm{e}^x=t^2+1,x=\ln(t^2+1),\mathrm{d}x=\frac{2t}{1+t^2}\mathrm{d}t$$

当 $x=0$ 时,$t=0$;当 $x=\ln 5$ 时,$t=2$.

$$\begin{aligned}\int_0^{\ln 5}\frac{\mathrm{e}^x\sqrt{\mathrm{e}^x-1}}{\mathrm{e}^x+3}\mathrm{d}x&=\int_0^2\frac{(t^2+1)\cdot t}{t^2+1+3}\cdot\frac{2t}{1+t^2}\mathrm{d}t=2\int_0^2\frac{t^2}{t^2+4}\mathrm{d}t\\&=2\int_0^2\frac{t^2+4-4}{t^2+4}\mathrm{d}t=2t\Big|_0^2-8\int_0^2\frac{1}{t^2+4}\mathrm{d}t\\&=4-4\int_0^2\frac{1}{1+\left(\frac{t}{2}\right)^2}\mathrm{d}\left(\frac{t}{2}\right)\\&=4-4\arctan\frac{t}{2}\Big|_0^2=4-\pi\end{aligned}$$

例 4 计算 $\int_0^{\frac{1}{2}}\sqrt{\frac{1-2x}{1+2x}}\mathrm{d}x$.

解

$$\begin{aligned}\int_0^{\frac{1}{2}}\sqrt{\frac{1-2x}{1+2x}}\mathrm{d}x&=\int_0^{\frac{1}{2}}\frac{1-2x}{\sqrt{1-4x^2}}\mathrm{d}x\\&=\int_0^{\frac{1}{2}}\frac{1}{\sqrt{1-4x^2}}\mathrm{d}x-\int_0^{\frac{1}{2}}\frac{2x}{\sqrt{1-4x^2}}\mathrm{d}x\\&=\frac{1}{2}\int_0^{\frac{1}{2}}\frac{1}{\sqrt{1-(2x)^2}}\mathrm{d}(2x)+\frac{1}{2}\int_0^{\frac{1}{2}}\frac{1}{2\sqrt{1-4x^2}}\mathrm{d}(1-4x^2)\\&=\frac{1}{2}\arcsin(2x)\Big|_0^{\frac{1}{2}}+\frac{1}{2}\sqrt{1-4x^2}\Big|_0^{\frac{1}{2}}\\&=\frac{\pi}{4}-\frac{1}{2}\end{aligned}$$

例 5 计算 $\int_1^3\frac{\mathrm{d}x}{x\sqrt{x^2+5x+1}}$.

解

$$\int_1^3\frac{\mathrm{d}x}{x\sqrt{x^2+5x+1}}=\int_1^3\frac{\mathrm{d}x}{x^2\sqrt{1+\frac{5}{x}+\frac{1}{x^2}}}$$

令 $x=\frac{1}{t}$,则 $dx=-\frac{1}{t^2}dt$;$x=1$ 时,$t=1$,$x=3$ 时,$t=\frac{1}{3}$.

$$原式=\int_1^{\frac{1}{3}}\frac{-\frac{1}{t^2}dt}{\frac{1}{t^2}\sqrt{1+5t+t^2}}=\int_{\frac{1}{3}}^1\frac{dt}{\sqrt{1+5t+t^2}}=\int_{\frac{1}{3}}^1\frac{dt}{\sqrt{\left(t+\frac{5}{2}\right)^2-\left(\frac{\sqrt{21}}{2}\right)^2}}$$

下面求不定积分 $\int\frac{dt}{\sqrt{\left(t+\frac{5}{2}\right)^2-\left(\frac{\sqrt{21}}{2}\right)^2}}$.

令 $t+\frac{5}{2}=\frac{\sqrt{21}}{2}\sec m$,则

$$\sqrt{\left(t+\frac{5}{2}\right)^2-\left(\frac{\sqrt{21}}{2}\right)^2}=\frac{\sqrt{21}}{2}\tan m$$

$$dt=\frac{\sqrt{21}}{2}\sec m\tan m\,dm$$

$$\begin{aligned}&\int\frac{dt}{\sqrt{\left(t+\frac{5}{2}\right)^2-\left(\frac{\sqrt{21}}{2}\right)^2}}\\&=\int\frac{\frac{\sqrt{21}}{2}\sec m\tan m\,dm}{\frac{\sqrt{21}}{2}\tan m}=\int\sec m\,dm\\&=\ln|\sec m+\tan m|+C=\ln\left|t+\frac{5}{2}+\sqrt{1+5t+t^2}\right|+C\end{aligned}$$

$$\begin{aligned}所以原式&=\int_{\frac{1}{3}}^1\frac{dt}{\sqrt{\left(t+\frac{5}{2}\right)^2-\left(\frac{\sqrt{21}}{2}\right)^2}}\\&=\ln\left|t+\frac{5}{2}+\sqrt{1+5t+t^2}\right|\Bigg|_{\frac{1}{3}}^1\\&=\ln(7+2\sqrt{7})-2\ln 3\end{aligned}$$

例 6　计算 $\int_0^1\frac{dx}{(1+x^2)^2}$.

解　令 $x=\tan t$,则 $(1+x^2)^2=\sec^4 t$,$dx=\sec^2 t\,dt$.

$x=0$ 时,$t=0$;$x=1$ 时,$t=\frac{\pi}{4}$.

$$\begin{aligned}\int_0^1\frac{dx}{(1+x^2)^2}&=\int_0^{\frac{\pi}{4}}\frac{\sec^2 t\,dt}{\sec^4 t}=\int_0^{\frac{\pi}{4}}\cos^2 t\,dt=\frac{1}{2}\int_0^{\frac{\pi}{4}}(1+\cos 2t)\,dt\\&=\frac{1}{2}\left[t+\frac{1}{2}\sin 2t\right]\Bigg|_0^{\frac{\pi}{4}}=\frac{\pi}{8}+\frac{1}{4}\end{aligned}$$

5. 用分部积分法计算定积分

解题思路 定理(定积分的分部积分法):设函数在区间 $[a,b]$ 上具有连续导数,则 $\int_a^b u\mathrm{d}v = uv\Big|_a^b - \int_a^b v\mathrm{d}u$.

在定积分的分部积分公式中 u 和 $\mathrm{d}v$ 的选择方法与不定积分是完全相同的.

例 1 计算 $\int_0^\pi \sin^{n-1}x\cos(n+1)x\mathrm{d}x$.

解 由 $\cos(n+1)x = \cos(nx+x) = \cos nx\cos x - \sin nx\sin x$,得

$$\begin{aligned}&\int_0^\pi \sin^{n-1}x\cos(n+1)x\mathrm{d}x\\ &= \int_0^\pi \sin^{n-1}x[\cos nx\cos x - \sin nx\sin x]\mathrm{d}x\\ &= \int_0^\pi \sin^{n-1}x\cos nx\cos x\mathrm{d}x - \int_0^\pi \sin^n x\sin nx\mathrm{d}x\end{aligned}$$

记 $I_1 = \int_0^\pi \sin^{n-1}x\cos nx\cos x\mathrm{d}x, I_2 = \int_0^\pi \sin^n x\sin nx\mathrm{d}x$,

$$\begin{aligned}I_1 &= \int_0^\pi \sin^{n-1}x\cos nx\cos x\mathrm{d}x = \int_0^\pi \cos nx\mathrm{d}\left(\frac{\sin^n x}{n}\right)\\ &= \frac{1}{n}\sin^n x\cos nx\Big|_0^\pi - \int_0^\pi \frac{\sin^n x}{n}\mathrm{d}\cos nx\\ &= \frac{1}{n}\sin^n x\cos nx\Big|_0^\pi + \int_0^\pi \sin^n x\sin nx\mathrm{d}x = \int_0^\pi \sin^n x\sin nx\mathrm{d}x = I_2\end{aligned}$$

因为 $I_1 = I_2$,所以原式 = 0.

例 2 计算 $\int_{-\frac{\pi}{4}}^{\frac{\pi}{4}} \frac{\mathrm{e}^{\frac{x}{2}}(\cos x - \sin x)}{\sqrt{\cos x}}\mathrm{d}x$.

解 $$\int_{-\frac{\pi}{4}}^{\frac{\pi}{4}} \frac{\mathrm{e}^{\frac{x}{2}}(\cos x - \sin x)}{\sqrt{\cos x}}\mathrm{d}x = \int_{-\frac{\pi}{4}}^{\frac{\pi}{4}} \mathrm{e}^{\frac{x}{2}}\sqrt{\cos x}\,\mathrm{d}x - \int_{-\frac{\pi}{4}}^{\frac{\pi}{4}} \frac{\mathrm{e}^{\frac{x}{2}}\sin x}{\sqrt{\cos x}}\mathrm{d}x$$

记 $I_1 = \int_{-\frac{\pi}{4}}^{\frac{\pi}{4}} \mathrm{e}^{\frac{x}{2}}\sqrt{\cos x}\,\mathrm{d}x, I_2 = \int_{-\frac{\pi}{4}}^{\frac{\pi}{4}} \frac{\mathrm{e}^{\frac{x}{2}}\sin x}{\sqrt{\cos x}}\mathrm{d}x$,

$$\begin{aligned}I_2 &= \int_{-\frac{\pi}{4}}^{\frac{\pi}{4}} \frac{\mathrm{e}^{\frac{x}{2}}\sin x}{\sqrt{\cos x}}\mathrm{d}x = -2\int_{-\frac{\pi}{4}}^{\frac{\pi}{4}} \mathrm{e}^{\frac{x}{2}}\mathrm{d}\sqrt{\cos x}\\ &= -2\mathrm{e}^{\frac{x}{2}}\sqrt{\cos x}\Big|_{-\frac{\pi}{4}}^{\frac{\pi}{4}} + 2\int_{-\frac{\pi}{4}}^{\frac{\pi}{4}} \sqrt{\cos x}\,\mathrm{d}\mathrm{e}^{\frac{x}{2}}\\ &= -2\mathrm{e}^{\frac{x}{2}}\sqrt{\cos x}\Big|_{-\frac{\pi}{4}}^{\frac{\pi}{4}} + \int_{-\frac{\pi}{4}}^{\frac{\pi}{4}} \mathrm{e}^{\frac{x}{2}}\sqrt{\cos x}\,\mathrm{d}x\\ &= -\sqrt[4]{8}(\mathrm{e}^{\frac{\pi}{8}} - \mathrm{e}^{-\frac{\pi}{8}}) + I_1\end{aligned}$$

原式 $= I_1 - I_2 = \sqrt[4]{8}(\mathrm{e}^{\frac{\pi}{8}} - \mathrm{e}^{-\frac{\pi}{8}})$.

例 3 计算 $\int_0^1 \frac{x\mathrm{e}^x}{(1+x)^2}\mathrm{d}x$.

解 $$\int_0^1 \frac{x\mathrm{e}^x}{(1+x)^2}\mathrm{d}x = -\int_0^1 x\mathrm{e}^x\mathrm{d}\frac{1}{1+x} = -x\mathrm{e}^x\frac{1}{1+x}\Big|_0^1 + \int_0^1 \frac{1}{1+x}\mathrm{d}(x\mathrm{e}^x)$$

$$=-\frac{e}{2}+\int_0^1\frac{e^x+xe^x}{1+x}dx=-\frac{e}{2}+\int_0^1 e^x dx$$

$$=-\frac{e}{2}+e^x\Big|_0^1=\frac{e}{2}-1$$

6. 计算分段函数的定积分

解题思路　如果被积函数在积分区间上是一个分段函数,我们必须先用分段点把积分区间分成几部分,这时定积分就等于各个区间上定积分的和.

分段函数的定积分常见的有以下几种情况.

(1) 给出的被积函数直接就是一个分段函数,这种情况是比较容易辨认的,例如:设

$$f(x)=\begin{cases}\dfrac{1}{1+x}, & x\geqslant 0\\ \dfrac{1}{1+e^x}, & x<0\end{cases}$$

计算$\int_0^2 f(x-1)dx$;

(2) 被积函数含有绝对值符号,遇到这种情况首先要将绝对值符号去掉,使其成为分段函数,然后再积分. 例如:计算 $\int_{-4}^4|x^2-x-6|dx$;

(3) 被积函数中含有"平方再开方的成分" 如$\sqrt{(x-1)^2}$,这时一定要注意

$$\sqrt{(x-1)^2}=|x-1|=\begin{cases}x-1, & x\geqslant 1\\ 1-x, & x<1\end{cases}$$

而不能武断的认为$\sqrt{(x-1)^2}=x-1$. 例如:计算$\int_0^\pi\sqrt{\sin^3 x-\sin^5 x}\,dx$.

例 1　设

$$f(x)=\begin{cases}\dfrac{1}{1+x}, & x\geqslant 0\\ \dfrac{1}{1+e^x}, & x<0\end{cases}$$

计算$\int_0^2 f(x-1)dx$.

解

$$f(x-1)=\begin{cases}\dfrac{1}{1+(x-1)}, & x-1\geqslant 0\\ \dfrac{1}{1+e^{x-1}}, & x-1<0\end{cases}=\begin{cases}\dfrac{1}{x}, & x\geqslant 1\\ \dfrac{1}{1+e^{x-1}}, & x<1\end{cases}$$

$$\int_0^2 f(x-1)dx=\int_0^1 f(x-1)dx+\int_1^2 f(x-1)dx$$

$$=\int_0^1\frac{1}{1+e^{x-1}}dx+\int_1^2\frac{1}{x}dx=\int_0^1\frac{e^{-x+1}}{e^{-x+1}+1}dx+\ln x\Big|_1^2$$

$$=-\int_0^1\frac{1}{e^{-x+1}+1}d(e^{-x+1}+1)+\ln 2$$

$$=-\ln(e^{-x+1}+1)\Big|_0^1+\ln 2$$

$$=-\ln 2+\ln(1+e)+\ln 2=\ln(1+e)$$

例 2　计算 $\int_{-4}^{4}|x^2-x-6|dx$.

解　先去绝对值符号.令 $x^2-x-6\geqslant 0$,得 $x\geqslant 3$ 或 $x\leqslant -2$;
令 $x^2-x-6<0$,得 $-2<x<3$,则

$$|x^2-x-6|=\begin{cases}x^2-x-6, & x\in(-\infty,-2]\cup[3,+\infty)\\ -x^2+x+6, & -2<x<3\end{cases}$$

$$\begin{aligned}&\int_{-4}^{4}|x^2-x-6|dx\\ &=\int_{-4}^{-2}|x^2-x-6|dx+\int_{-2}^{3}|x^2-x-6|dx+\int_{3}^{4}|x^2-x-6|dx\\ &=\int_{-4}^{-2}(x^2-x-6)dx+\int_{-2}^{3}(-x^2+x+6)dx+\int_{3}^{4}(x^2-x-6)dx\\ &=\left(\frac{x^3}{3}-\frac{x^2}{2}-6x\right)\Big|_{-4}^{-2}-\left(\frac{x^3}{3}-\frac{x^2}{2}-6x\right)\Big|_{-2}^{3}+\left(\frac{x^3}{3}-\frac{x^2}{2}-6x\right)\Big|_{3}^{4}\\ &=\left(\frac{56}{3}-6\right)-\left(-\frac{9}{2}+\frac{8}{3}-19\right)+\left(\frac{64}{3}+\frac{9}{2}-23\right)=\frac{109}{3}\end{aligned}$$

例 3　计算 $\int_{0}^{\pi}\sqrt{\sin^3x-\sin^5x}\,dx$.

解

$$\begin{aligned}\int_{0}^{\pi}\sqrt{\sin^3x-\sin^5x}\,dx&=\int_{0}^{\pi}\sqrt{\sin^3x(1-\sin^2x)}\,dx=\int_{0}^{\pi}\sqrt{\sin^3x\cos^2x}\,dx\\ &=\int_{0}^{\pi}\sqrt{\sin^3x}\,|\cos x|dx\\ &=\int_{0}^{\frac{\pi}{2}}\sqrt{\sin^3x}\,|\cos x|dx+\int_{\frac{\pi}{2}}^{\pi}\sqrt{\sin^3x}\,|\cos x|dx\\ &=\int_{0}^{\frac{\pi}{2}}\sqrt{\sin^3x}\cos x dx-\int_{\frac{\pi}{2}}^{\pi}\sqrt{\sin^3x}\cos x dx\\ &=\int_{0}^{\frac{\pi}{2}}\sqrt{\sin^3x}\,d\sin x-\int_{\frac{\pi}{2}}^{\pi}\sqrt{\sin^3x}\,d\sin x\\ &=\frac{2}{5}(\sin x)^{\frac{5}{2}}\Big|_{0}^{\frac{\pi}{2}}-\frac{2}{5}(\sin x)^{\frac{5}{2}}\Big|_{\frac{\pi}{2}}^{\pi}=\frac{4}{5}\end{aligned}$$

例 4　计算 $\int_{0}^{1}t|t-x|dt$.

解　先去绝对值符号

$$|t-x|=\begin{cases}t-x, t\geqslant x\\ x-t, t<x\end{cases}$$

则被积函数

$$t|t-x|=\begin{cases}t^2-xt, t\geqslant x\\ xt-t^2, t<x\end{cases}$$

点 x 是这个分段函数的分段点.

由于积分变量 t 的取值区间是[0,1],如何计算 $\int_{0}^{1}t|t-x|dt$,关键看分段函数的分段点 x

是否在积分区间内,下面进行讨论:

(1) 当 $x<0$ 时,因为积分变量 t 的取值区间是 $[0,1]$,所以分段函数的分段点不在积分区间内,这时 $t>x$,所以被积函数的表达式为 t^2-xt,则

$$\int_0^1 t|t-x|\mathrm{d}t=\int_0^1(t^2-xt)\mathrm{d}t=\left(\frac{t^3}{3}-\frac{x}{2}t^2\right)\Big|_0^1=\frac{1}{3}-\frac{x}{2}$$

(2) 当 $0\leqslant x\leqslant 1$ 时,则分段函数的分段点 x 落在了积分区间内,这时必须用分段点把积分区间分成两部分,则

$$\begin{aligned}\int_0^1 t|t-x|\mathrm{d}t&=\int_0^x t|t-x|\mathrm{d}t+\int_x^1 t|t-x|\mathrm{d}t\\&=\int_0^x(xt-t^2)\mathrm{d}t+\int_x^1(t^2-xt)\mathrm{d}t\\&=-\left(\frac{t^3}{3}-\frac{x}{2}t^2\right)\Big|_0^x+\left(\frac{t^3}{3}-\frac{x}{2}t^2\right)\Big|_x^1\\&=\frac{1}{3}-\frac{x}{2}+\frac{x^3}{3}\end{aligned}$$

(3) 当 $x>1$ 时,因为积分变量 t 的取值区间是 $[0,1]$,所以分段函数的分段点不在积分区间内,这时 $t<x$,所以被积函数的表达式为 $xt-t^2$,则

$$\int_0^1 t|t-x|\mathrm{d}t=\int_0^1(xt-t^2)\mathrm{d}t=-\left(\frac{t^3}{3}-\frac{x}{2}t^2\right)\Big|_0^1=-\frac{1}{3}+\frac{x}{2}$$

综上所述

$$\int_0^1 t|t-x|\mathrm{d}t=\begin{cases}\dfrac{1}{3}-\dfrac{x}{2}, & x<0\\ \dfrac{1}{3}-\dfrac{x}{2}+\dfrac{x^3}{3}, & 0\leqslant x\leqslant 1\\ -\dfrac{1}{3}+\dfrac{x}{2}, & x>1\end{cases}$$

7. 利用奇偶性和周期性计算定积分

解题思路　利用奇偶性计算定积分主要用到结论:设 $f(x)$ 在 $[-a,a]$ 上连续,则

(1) 若 $f(x)$ 为偶函数,则 $\int_{-a}^a f(x)\mathrm{d}x=2\int_0^a f(x)\mathrm{d}x$;

(2) 若 $f(x)$ 为奇函数,则 $\int_{-a}^a f(x)\mathrm{d}x=0$.

遇到积分区间是对称区间时,一般可以先看一下被积函数是不是奇函数或偶函数,如果是,就可以用上面的结论以简化运算.

利用周期性计算定积分主要用结论:设连续函数 $f(x)$ 是一个以 T 为周期的周期函数,则对任意常数 a,有 $\int_a^{a+T}f(x)\mathrm{d}x=\int_0^T f(x)\mathrm{d}x$.

这个结论说明周期函数在"一个周期长度 —— 即积分区间的长度等于一个周期"上的定积分的值是相等的. 遇到被积函数是周期函数,而积分区间的长度又是周期的整数倍时,就可以用上面的结论以简化运算.

例1　利用奇偶性计算 $\int_{-1}^1\left(x+\sqrt{1-x^2}\right)^2\mathrm{d}x$.

解 $\int_{-1}^{1}\left(x+\sqrt{1-x^2}\right)^2\mathrm{d}x=\int_{-1}^{1}\left(x^2+2x\sqrt{1-x^2}+1-x^2\right)\mathrm{d}x$

$$=\int_{-1}^{1}(2x\sqrt{1-x^2}+1)\mathrm{d}x$$

$$=\int_{-1}^{1}2x\sqrt{1-x^2}\,\mathrm{d}x+\int_{-1}^{1}1\mathrm{d}x$$

因为 $2x\sqrt{1-x^2}$ 是奇函数,所以$\int_{-1}^{1}2x\sqrt{1-x^2}\,\mathrm{d}x=0$.所以原式 $=0+\int_{-1}^{1}1\mathrm{d}x=2$.

例 2 利用奇偶性计算$\int_{-1}^{1}(2x+|x|+1)^2\mathrm{d}x$.

解 $\int_{-1}^{1}(2x+|x|+1)^2\mathrm{d}x=\int_{-1}^{1}(5x^2+2|x|+1+4x|x|+4x)\mathrm{d}x$

$$=\int_{-1}^{1}(5x^2+2|x|+1)\mathrm{d}x+\int_{-1}^{1}(4x|x|+4x)\mathrm{d}x$$

因为 $4x|x|+4x$ 是奇函数,所以$\int_{-1}^{1}(4x|x|+4x)\mathrm{d}x=0$.

$$原式=\int_{-1}^{1}(5x^2+2|x|+1)\mathrm{d}x$$

因为 $5x^2+2|x|+1$ 是偶函数,所以

$$原式=\int_{-1}^{1}(5x^2+2|x|+1)\mathrm{d}x$$

$$=2\int_{0}^{1}(5x^2+2x+1)\mathrm{d}x$$

$$=2\left(\frac{5}{3}x^3+x^2+x\right)\Big|_0^1=\frac{22}{3}$$

例 3 证明若$f(x)$为定义在$(-\infty,+\infty)$上周期为 T 的连续函数,则有

$$\int_{a}^{a+T}f(x)\mathrm{d}x=\int_{0}^{T}f(x)\mathrm{d}x,\qquad a\text{ 为任意常数}$$

证明 $\int_{a}^{a+T}f(x)\mathrm{d}x=\int_{a}^{0}f(x)\mathrm{d}x+\int_{0}^{T}f(x)\mathrm{d}x+\int_{T}^{a+T}f(x)\mathrm{d}x$

下面关键证明$\int_{a}^{0}f(x)\mathrm{d}x$与$\int_{T}^{a+T}f(x)\mathrm{d}x$恰好只相差一个负号,在$\int_{T}^{a+T}f(x)\mathrm{d}x$中,令 $x=u+T$,则 $\mathrm{d}x=\mathrm{d}u$,$x=T$ 时,$u=0$;$x=a+T$ 时,$u=a$,

$$\int_{T}^{a+T}f(x)\mathrm{d}x=\int_{0}^{a}f(u+T)\mathrm{d}u$$

因为$f(u)$为定义在$(-\infty,+\infty)$上周期为 T 的连续函数,所以$f(u+T)=f(u)$,所以

$$\int_{T}^{a+T}f(x)\mathrm{d}x=\int_{0}^{a}f(u+T)\mathrm{d}u=\int_{0}^{a}f(u)\mathrm{d}u$$

$$=\int_{0}^{a}f(x)\mathrm{d}x=-\int_{a}^{0}f(x)\mathrm{d}x$$

所以

$$\int_{a}^{a+T}f(x)\mathrm{d}x=\int_{a}^{0}f(x)\mathrm{d}x+\int_{0}^{T}f(x)\mathrm{d}x+\int_{T}^{a+T}f(x)\mathrm{d}x$$

$$=\int_{0}^{T}f(x)\mathrm{d}x$$

例 4　计算 $\int_{\frac{\pi}{2}}^{\frac{5\pi}{2}}(\sin^2x+\sin 2x)|\sin x|\mathrm{d}x$.

解　因为 $(\sin^2x+\sin 2x)|\sin x|$ 是周期为 π 的周期函数,所以

$$\begin{aligned}&\int_{\frac{\pi}{2}}^{\frac{5\pi}{2}}(\sin^2x+\sin 2x)|\sin x|\mathrm{d}x\\&=2\int_{\frac{\pi}{2}}^{\frac{3\pi}{2}}(\sin^2x+\sin 2x)|\sin x|\mathrm{d}x\\&=2\int_{-\frac{\pi}{2}}^{\frac{\pi}{2}}(\sin^2x+\sin 2x)|\sin x|\mathrm{d}x\\&=2\int_{-\frac{\pi}{2}}^{\frac{\pi}{2}}\sin^2x|\sin x|\mathrm{d}x+2\int_{-\frac{\pi}{2}}^{\frac{\pi}{2}}\sin 2x|\sin x|\mathrm{d}x\end{aligned}$$

因为 $\sin 2x|\sin x|$ 是奇函数,所以 $2\int_{-\frac{\pi}{2}}^{\frac{\pi}{2}}\sin 2x|\sin x|\mathrm{d}x=0$.

因为 $\sin^2x|\sin x|$ 是偶函数,所以

$$2\int_{-\frac{\pi}{2}}^{\frac{\pi}{2}}\sin^2x|\sin x|\mathrm{d}x=4\int_0^{\frac{\pi}{2}}\sin^2x|\sin x|\mathrm{d}x$$

$$\begin{aligned}\text{原式}&=4\int_0^{\frac{\pi}{2}}\sin^2x|\sin x|\mathrm{d}x=4\int_0^{\frac{\pi}{2}}\sin^3x\mathrm{d}x\\&=-4\int_0^{\frac{\pi}{2}}(1-\cos^2x)\mathrm{d}\cos x\\&=-4\left(\cos x-\frac{\cos^3x}{3}\right)\Bigg|_0^{\frac{\pi}{2}}=\frac{8}{3}\end{aligned}$$

8. 关于定积分等式的证明

解题思路　关于定积分等式的证明,常用的方法有换元法和分部积分法.

(1) 换元法:换元法是证明定积分等式的一种非常重要和常用的方法,它的证明思路为:

第一步,分析比较等式两边的被积函数或积分限,以此来确定合适的代换变量.

第二步,利用所作变换,从等式一边推证另一边,证明过程中应注意利用定积分的值与积分变量无关的特性.

(2) 分部积分法:适用于被积函数中含有 $f'(x)$ 或 $f''(x)$ 或变上限积分的情况,可将其凑微分成为 $\mathrm{d}v$.

例 1　设 $f(x)$ 在 $[0,2a]$ $(a>0)$ 上连续,证明

$$\int_0^{2a}f(x)\mathrm{d}x=\int_0^a[f(x)+f(2a-x)]\mathrm{d}x$$

证明

$$\text{左边}=\int_0^{2a}f(x)\mathrm{d}x=\int_0^a f(x)\mathrm{d}x+\int_a^{2a}f(x)\mathrm{d}x$$

$$\text{右边}=\int_0^a[f(x)+f(2a-x)]\mathrm{d}x=\int_0^a f(x)\mathrm{d}x+\int_0^a f(2a-x)\mathrm{d}x$$

下面只要证明 $\int_a^{2a}f(x)\mathrm{d}x=\int_0^a f(2a-x)\mathrm{d}x$ 即可.

分析 对这个等式两边的积分限进行比较，发现相差 a，要证明两边相等，积分限必须相同，被积函数也必须相同，结合这两点考虑引入换元变量 $x=2a-u$.

在$\int_a^{2a}f(x)\mathrm{d}x$ 中，设 $x=2a-u$，则 $\mathrm{d}x=-\mathrm{d}u$；$x=a$ 时，$u=a$；$x=2a$ 时，$u=0$.

$$\int_a^{2a}f(x)\mathrm{d}x=-\int_a^0 f(2a-u)\mathrm{d}u=\int_0^a f(2a-u)\mathrm{d}u=\int_0^a f(2a-x)\mathrm{d}x$$

所以原等式得证.

例 2 若函数 $f(x)$ 在区间 $[-a,a]$ 上连续，证明

$$\int_0^a f(x)\mathrm{d}x=\int_0^{\frac{a}{2}}[f(x)+f(a-x)]\mathrm{d}x$$

证明 左边 $=\int_0^a f(x)\mathrm{d}x=\int_0^{\frac{a}{2}}f(x)\mathrm{d}x+\int_{\frac{a}{2}}^a f(x)\mathrm{d}x$

右边 $=\int_0^{\frac{a}{2}}[f(x)+f(a-x)]\mathrm{d}x=\int_0^{\frac{a}{2}}f(x)\mathrm{d}x+\int_0^{\frac{a}{2}}f(a-x)\mathrm{d}x$

下面只要证明$\int_{\frac{a}{2}}^a f(x)\mathrm{d}x=\int_0^{\frac{a}{2}}f(a-x)\mathrm{d}x$ 即可.

对这个等式两边的积分限进行比较，发现相差 $\frac{a}{2}$，要证明两边相等，积分限必须相同，被积函数也必须相同，结合这两点考虑引入换元变量 $x=a-u$.

在$\int_{\frac{a}{2}}^a f(x)\mathrm{d}x$ 中，令 $x=a-u$，则 $\mathrm{d}x=-\mathrm{d}u$；$x=\frac{a}{2}$ 时，$u=\frac{a}{2}$；$x=a$ 时，$u=0$.

$$\int_{\frac{a}{2}}^a f(x)\mathrm{d}x=-\int_{\frac{a}{2}}^0 f(a-u)\mathrm{d}u=\int_0^{\frac{a}{2}}f(a-u)\mathrm{d}u=\int_0^{\frac{a}{2}}f(a-x)\mathrm{d}x$$

所以原等式得证.

例 3 设 $f(x)$ 是以 π 为周期的连续函数，证明

$$\int_0^{2\pi}(\sin x+x)f(x)\mathrm{d}x=\int_0^{\pi}(2x+\pi)f(x)\mathrm{d}x$$

证明 要证明 $\int_0^{2\pi}(\sin x+x)f(x)\mathrm{d}x=\int_0^{\pi}(2x+\pi)f(x)\mathrm{d}x$，只要证明

$$\int_0^{\pi}(\sin x+x)f(x)\mathrm{d}x+\int_{\pi}^{2\pi}(\sin x+x)f(x)\mathrm{d}x=\int_0^{\pi}(2x+\pi)f(x)\mathrm{d}x$$

即

$$\int_{\pi}^{2\pi}(\sin x+x)f(x)\mathrm{d}x=\int_0^{\pi}(2x+\pi)f(x)\mathrm{d}x-\int_0^{\pi}(\sin x+x)f(x)\mathrm{d}x$$

即只要证明

$$\int_{\pi}^{2\pi}(\sin x+x)f(x)\mathrm{d}x=\int_0^{\pi}(x+\pi-\sin x)f(x)\mathrm{d}x$$

下面证明该等式成立.

对这个等式两边的积分限进行比较，发现相差 π，要证明两边相等，积分限必须相同，被积函数也必须相同，另外可以看到 $f(x+\pi)=f(x)$，$\sin(x+\pi)=-\sin x$，结合这三方面考虑引入换元变量 $x=u+\pi$.

在$\int_{\pi}^{2\pi}(\sin x+x)f(x)\mathrm{d}x$中,设$x=u+\pi$,则$\mathrm{d}x=\mathrm{d}u$;$x=\pi$时,$u=0$;$x=2\pi$时,$u=\pi$.

$$\begin{aligned}\int_{\pi}^{2\pi}(\sin x+x)f(x)\mathrm{d}x&=\int_{0}^{\pi}[\sin(u+\pi)+u+\pi]f(u+\pi)\mathrm{d}u\\&=\int_{0}^{\pi}(-\sin u+u+\pi)f(u)\mathrm{d}u\\&=\int_{0}^{\pi}(x+\pi-\sin x)f(x)\mathrm{d}x\end{aligned}$$

所以原等式成立.

例4 设$f(x)$为连续函数,验证$\int_{0}^{\pi}xf(\sin x)\mathrm{d}x=\frac{\pi}{2}\int_{0}^{\pi}f(\sin x)\mathrm{d}x$,并用这个结果计算$\int_{0}^{\pi}\frac{x\sin x}{1+\cos^2 x}\mathrm{d}x$.

证明 设$x=\pi-t$,则$\mathrm{d}x=-\mathrm{d}t$;$x=0$时,$t=\pi$;$x=\pi$时,$t=0$.

$$\begin{aligned}\int_{0}^{\pi}xf(\sin x)\mathrm{d}x&=-\int_{\pi}^{0}(\pi-t)f[\sin(\pi-t)]\mathrm{d}t\\&=\int_{0}^{\pi}(\pi-t)f(\sin t)\mathrm{d}t\\&=\pi\int_{0}^{\pi}f(\sin t)\mathrm{d}t-\int_{0}^{\pi}tf(\sin t)\mathrm{d}t\\&=\pi\int_{0}^{\pi}f(\sin x)\mathrm{d}x-\int_{0}^{\pi}xf(\sin x)\mathrm{d}x\end{aligned}$$

移项得

$$\int_{0}^{\pi}xf(\sin x)\mathrm{d}x=\frac{\pi}{2}\int_{0}^{\pi}f(\sin x)\mathrm{d}x$$

$$\begin{aligned}\int_{0}^{\pi}\frac{x\sin x}{1+\cos^2 x}\mathrm{d}x&=\int_{0}^{\pi}x\frac{\sin x}{2-\sin^2 x}\mathrm{d}x\\&=\frac{\pi}{2}\int_{0}^{\pi}\frac{\sin x}{2-\sin^2 x}\mathrm{d}x=\frac{\pi}{2}\int_{0}^{\pi}\frac{\sin x}{1+\cos^2 x}\mathrm{d}x\\&=-\frac{\pi}{2}\int_{0}^{\pi}\frac{1}{1+\cos^2 x}\mathrm{d}\cos x\\&=-\frac{\pi}{2}\arctan(\cos x)\Big|_{0}^{\pi}\\&=-\frac{\pi}{2}\left[-\frac{\pi}{4}-\frac{\pi}{4}\right]=\frac{\pi^2}{4}\end{aligned}$$

例5 证明:若$f(x)$是连续函数,则$\int_{0}^{x}\left[\int_{0}^{u}f(t)\mathrm{d}t\right]\mathrm{d}u=\int_{0}^{x}(x-u)f(u)\mathrm{d}u$.

证明

$$\begin{aligned}\int_{0}^{x}\left[\int_{0}^{u}f(t)\mathrm{d}t\right]\mathrm{d}u&=\left[u\cdot\int_{0}^{u}f(t)\mathrm{d}t\right]\Big|_{0}^{x}-\int_{0}^{x}u\mathrm{d}\left[\int_{0}^{u}f(t)\mathrm{d}t\right]\\&=\left[u\cdot\int_{0}^{u}f(t)\mathrm{d}t\right]\Big|_{0}^{x}-\int_{0}^{x}uf(u)\mathrm{d}u\\&=x\cdot\int_{0}^{x}f(t)\mathrm{d}t-\int_{0}^{x}uf(u)\mathrm{d}u\end{aligned}$$

$$= x \cdot \int_0^x f(u)\mathrm{d}u - \int_0^x uf(u)\mathrm{d}u = \int_0^x (x-u)f(u)\mathrm{d}u$$

例 6 设 $f''(x)$ 在 $[a,b]$ 上连续,试证

$$\int_a^b xf''(x)\mathrm{d}x = [bf'(b) - f(b)] - [af'(a) - f(a)]$$

并用此结果计算 $\int_0^1 x\mathrm{e}^{-x}\mathrm{d}x$.

证明 $\int_a^b xf''(x)\mathrm{d}x = \int_a^b x\mathrm{d}f'(x) = xf'(x)\Big|_a^b - \int_a^b f'(x)\mathrm{d}x$

$$= bf'(b) - af'(a) - f(x)\Big|_a^b$$

$$= [bf'(b) - f(b)] - [af'(a) - f(a)]$$

设 $f(x) = \mathrm{e}^{-x}$,则 $f'(x) = -\mathrm{e}^{-x}$,$f''(x) = \mathrm{e}^{-x}$,代入上面的等式得

$$\int_0^1 x\mathrm{e}^{-x}\mathrm{d}x = [1\cdot(-\mathrm{e}^{-1}) - \mathrm{e}^{-1}] - [0 - \mathrm{e}^0]$$

$$= -\frac{1}{\mathrm{e}} - \frac{1}{\mathrm{e}} + 1 = -\frac{2}{\mathrm{e}} + 1$$

9. 广义积分的计算

解题思路 计算广义积分,一般是先将其转化为定积分,再求极限. 广义积分的计算步骤为:

第一步,判断积分类型.通常有三种类型:无穷区间上的广义积分;无界函数的广义积分;混合型广义积分(既含有无穷区间上的广义积分,又含有无界函数的广义积分). 对混合型广义积分,一定要先进行分解,使各单个积分只有一个奇点或只有一个积分限为无穷.

第二步,计算定积分.

第三步,求极限.

无穷区间上的广义积分是比较好分辨的,只要注意到积分限是 $-\infty$, $+\infty$ 就知道这是一个无穷区间上的广义积分.

无界函数的广义积分比较难于分辨,因为无界函数的广义积分与定积分在外形上是完全一样的,都具有形状 $\int_a^b f(x)\mathrm{d}x$,也就是说形如 $\int_a^b f(x)\mathrm{d}x$ 的积分可能是定积分,也可能是无界函数的广义积分. 因此今后只要看到具有形状 $\int_a^b f(x)\mathrm{d}x$ 的积分,就一定要先判断一下它是定积分还是无界函数的广义积分. 判断的方法是:

第一步,求出被积函数 $f(x)$ 的定义域.看一下在闭区间 $[a,b]$ 上有没有 $f(x)$ 没有定义的点,如果有则进入第二步,否则就是定积分.

第二步,如果被积函数 $f(x)$ 在闭区间 $[a,b]$ 上的某个点 c 处没有定义,则求 $\lim\limits_{x\to c} f(x)$,若 $\lim\limits_{x\to c} f(x) = \infty$ 就是广义积分,如果极限存在就是定积分. (如果点 c 恰好是闭区间 $[a,b]$ 的端点,则只求单侧极限).

例 1 计算 $\int_1^2 \frac{\mathrm{d}x}{x\sqrt{3x^2-2x-1}}$.

解 被积函数 $\frac{1}{x\sqrt{3x^2-2x-1}}$ 在 $(1,2]$ 上连续,且

$$\lim_{x \to 1+} \frac{1}{x\sqrt{3x^2 - 2x - 1}} = \infty$$

$$\int_1^2 \frac{dx}{x\sqrt{3x^2 - 2x - 1}} = \lim_{\varepsilon \to 0+} \int_{1+\varepsilon}^2 \frac{dx}{x\sqrt{3x^2 - 2x - 1}}$$

下面先计算不定积分$\int \frac{dx}{x\sqrt{3x^2 - 2x - 1}}$，令 $x = \frac{1}{t}$，则 $dx = -\frac{1}{t^2}dt$，

$$\begin{aligned}
&\int \frac{dx}{x\sqrt{3x^2 - 2x - 1}} \\
&= \int \frac{-\frac{1}{t^2}dt}{\frac{1}{t}\sqrt{\frac{3}{t^2} - \frac{2}{t} - 1}} = -\int \frac{1}{\sqrt{3 - 2t - t^2}}dt \\
&= -\int \frac{1}{\sqrt{4 - (1+t)^2}}dt = -\int \frac{1}{\sqrt{1 - \left(\frac{1+t}{2}\right)^2}}d\frac{1+t}{2} \\
&= -\arcsin\frac{1+t}{2} + C = -\arcsin\frac{x+1}{2x} + C
\end{aligned}$$

所以

$$\begin{aligned}
\text{原式} &= \lim_{\varepsilon \to 0+} \int_{1+\varepsilon}^2 \frac{dx}{x\sqrt{3x^2 - 2x - 1}} = -\lim_{\varepsilon \to 0+} \left[\arcsin\frac{x+1}{2x}\right]\Bigg|_{1+\varepsilon}^2 \\
&= -\lim_{\varepsilon \to 0+} \left[\arcsin\frac{3}{4} - \arcsin\frac{2+\varepsilon}{2+2\varepsilon}\right] = \frac{\pi}{2} - \arcsin\frac{3}{4}
\end{aligned}$$

例 2 计算 $\int_1^5 \frac{dx}{\sqrt{(x-1)(5-x)}}$.

解 被积函数 $\frac{1}{\sqrt{(x-1)(5-x)}}$ 在(1,5)上连续，且

$$\lim_{x \to 1+} \frac{1}{\sqrt{(x-1)(5-x)}} = \infty$$

$$\lim_{x \to 5-} \frac{1}{\sqrt{(x-1)(5-x)}} = \infty$$

$$\int_1^5 \frac{dx}{\sqrt{(x-1)(5-x)}} = \lim_{\substack{\varepsilon_1 \to 0+ \\ \varepsilon_2 \to 0+}} \int_{1+\varepsilon_1}^{5-\varepsilon_2} \frac{dx}{\sqrt{(x-1)(5-x)}}$$

先计算不定积分

$$\int \frac{1}{\sqrt{(x-1)(5-x)}}dx = \int \frac{1}{\sqrt{4 - (x-3)^2}}dx = \arcsin\frac{x-3}{2} + C$$

所以

$$\text{原式} = \lim_{\substack{\varepsilon_1 \to 0+ \\ \varepsilon_2 \to 0+}} \left[\arcsin\frac{x-3}{2}\right]\Bigg|_{1+\varepsilon_1}^{5-\varepsilon_2}$$

$$= \lim_{\substack{\varepsilon_1 \to 0- \\ \varepsilon_2 \to 0-}} \left[\arcsin \frac{2-\varepsilon_2}{2} - \arcsin \frac{-2+\varepsilon_1}{2}\right]$$

$$= \frac{\pi}{2} - \left(-\frac{\pi}{2}\right) = \pi$$

例 3 计算 $\int_{-\frac{\pi}{4}}^{\frac{3\pi}{4}} \frac{1}{\cos^2 x}\mathrm{d}x$.

解 被积函数 $\frac{1}{\cos^2 x}$ 在 $\left[-\frac{\pi}{4}, \frac{3\pi}{4}\right]$ 上除了 $x = \frac{\pi}{2}$ 外都连续,且

$$\lim_{x \to \frac{\pi}{2}} \frac{1}{\cos^2 x} = \infty$$

$$\int_{-\frac{\pi}{4}}^{\frac{3\pi}{4}} \frac{1}{\cos^2 x}\mathrm{d}x = \int_{-\frac{\pi}{4}}^{\frac{\pi}{2}} \frac{1}{\cos^2 x}\mathrm{d}x + \int_{\frac{\pi}{2}}^{\frac{3\pi}{4}} \frac{1}{\cos^2 x}\mathrm{d}x$$

$$= \lim_{\varepsilon_1 \to 0+} \int_{-\frac{\pi}{4}}^{\frac{\pi}{2}-\varepsilon_1} \frac{1}{\cos^2 x}\mathrm{d}x + \lim_{\varepsilon_2 \to 0+} \int_{\frac{\pi}{2}+\varepsilon_2}^{\frac{3\pi}{4}} \frac{1}{\cos^2 x}\mathrm{d}x$$

$$= \lim_{\varepsilon_1 \to 0+} \tan x \Big|_{-\frac{\pi}{4}}^{\frac{\pi}{2}-\varepsilon_1} + \lim_{\varepsilon_2 \to 0+} \tan x \Big|_{\frac{\pi}{2}+\varepsilon_2}^{\frac{3\pi}{4}}$$

$$= \lim_{\varepsilon_1 \to 0+} \left[\tan\left(\frac{\pi}{2} - \varepsilon_1\right) - \tan\left(-\frac{\pi}{4}\right)\right] + \lim_{\varepsilon_2 \to 0+} \left[\tan\left(\frac{3\pi}{4}\right) - \tan\left(\frac{\pi}{2} + \varepsilon_2\right)\right]$$

以上两个极限都不存在,所以 $\int_{-\frac{\pi}{4}}^{\frac{3\pi}{4}} \frac{1}{\cos^2 x}\mathrm{d}x$ 发散.

例 4 计算 $\int_{\mathrm{e}}^{+\infty} \frac{1}{x(\ln x)^k}\mathrm{d}x$,其中 k 为常数.

解
$$\int_{\mathrm{e}}^{+\infty} \frac{1}{x(\ln x)^k}\mathrm{d}x = \lim_{b \to +\infty} \int_{\mathrm{e}}^{b} \frac{1}{x(\ln x)^k}\mathrm{d}x = \lim_{b \to +\infty} \int_{\mathrm{e}}^{b} \frac{1}{(\ln x)^k}\mathrm{d}\ln x$$

当 $k = 1$ 时,

$$原式 = \lim_{b \to +\infty} \int_{\mathrm{e}}^{b} \frac{1}{\ln x}\mathrm{d}\ln x = \lim_{b \to +\infty} \ln|\ln x| \Big|_{\mathrm{e}}^{b}$$

$$= \lim_{b \to +\infty} [\ln|\ln b| - \ln|\ln \mathrm{e}|] = \infty$$

发散.

当 $k \neq 1$ 时,

$$原式 = \lim_{b \to +\infty} \int_{\mathrm{e}}^{b} (\ln x)^{-k}\mathrm{d}\ln x = \lim_{b \to +\infty} \frac{(\ln x)^{1-k}}{1-k}\Big|_{\mathrm{e}}^{b}$$

$$= \lim_{b \to +\infty} \left[\frac{(\ln b)^{1-k}}{1-k} - \frac{1}{1-k}\right] = \begin{cases} +\infty, & k < 1 \\ \dfrac{1}{k-1}, & k > 1 \end{cases}$$

所以,当 $k \leqslant 1$ 时,$\int_{\mathrm{e}}^{+\infty} \frac{1}{x(\ln x)^k}\mathrm{d}x$ 发散.当 $k > 1$ 时,$\int_{\mathrm{e}}^{+\infty} \frac{1}{x(\ln x)^k}\mathrm{d}x$ 收敛于 $\frac{1}{k-1}$.

例5　计算 $\int_0^{+\infty}\frac{\arctan x}{(1+x^2)^{\frac{3}{2}}}\mathrm{d}x$.

解
$$\int_0^{+\infty}\frac{\arctan x}{(1+x^2)^{\frac{3}{2}}}\mathrm{d}x=\lim_{b\to+\infty}\int_0^{b}\frac{\arctan x}{(1+x^2)^{\frac{3}{2}}}\mathrm{d}x$$

先计算不定积分 $\int\frac{\arctan x}{(1+x^2)^{\frac{3}{2}}}\mathrm{d}x$. 令 $x=\tan t$，则 $(1+x^2)^{\frac{3}{2}}=\sec^3 t$，$\arctan x=t$，$\mathrm{d}x=\sec^2 t\mathrm{d}t$，

$$\int\frac{\arctan x}{(1+x^2)^{\frac{3}{2}}}\mathrm{d}x=\int\frac{t}{\sec^3 t}\sec^2 t\mathrm{d}t=\int t\cos t\mathrm{d}t=\int t\mathrm{d}\sin t$$
$$=t\sin t-\int\sin t\mathrm{d}t=t\sin t+\cos t+C$$
$$=\arctan x\cdot\frac{x}{\sqrt{1+x^2}}+\frac{1}{\sqrt{1+x^2}}+C$$

$$\text{原式}=\lim_{b\to+\infty}\int_0^{b}\frac{\arctan x}{(1+x^2)^{\frac{3}{2}}}\mathrm{d}x$$
$$=\lim_{b\to+\infty}\left[\arctan x\cdot\frac{x}{\sqrt{1+x^2}}+\frac{1}{\sqrt{1+x^2}}\right]\Bigg|_0^b$$
$$=\lim_{b\to+\infty}\left[\arctan b\cdot\frac{b}{\sqrt{1+b^2}}+\frac{1}{\sqrt{1+b^2}}-1\right]=\frac{\pi}{2}-1$$

例6　已知 $\int_0^{+\infty}\frac{\sin x}{x}\mathrm{d}x=\frac{\pi}{2}$，求 $\int_0^{+\infty}\frac{\sin^2 x}{x^2}\mathrm{d}x$.

解
$$\int_0^{+\infty}\frac{\sin^2 x}{x^2}\mathrm{d}x=-\int_0^{+\infty}\sin^2 x\mathrm{d}\left(\frac{1}{x}\right)$$
$$=-\frac{\sin^2 x}{x}\Bigg|_0^{+\infty}+\int_0^{+\infty}\frac{2\sin x\cos x}{x}\mathrm{d}x=0+\int_0^{+\infty}\frac{2\sin x\cos x}{x}\mathrm{d}x$$
$$=\int_0^{+\infty}\frac{\sin 2x}{x}\mathrm{d}x=\int_0^{+\infty}\frac{\sin 2x}{2x}\mathrm{d}(2x)$$
$$\xlongequal{u=2x}\int_0^{+\infty}\frac{\sin u}{u}\mathrm{d}u=\frac{\pi}{2}$$

10. 微元法

解题思路　一般来说，如果某一实际问题中的所求量 Q 满足这样三个条件：

1）Q 的值与某个变量 x 的变化区间 $[a,b]$ 有关；

2）Q 对于区间 $[a,b]$ 具有可加性，即如果把 $[a,b]$ 分成 n 个小区间 $[x_{i-1},x_i]$ $(i=1,2,\cdots,n)$，则 Q 的值相应地分成 n 个部分量 ΔQ_i，且 $Q=\sum_{i=1}^{n}\Delta Q_i$；

3）部分量 ΔQ_i 的近似值可表示为 $f(\xi_i)\Delta x_i$.

那么就可以考虑用微元法来求量 Q 的值. 微元法的具体步骤为：

1）在 $[a,b]$ 内任取一个小区间 $[x,x+\mathrm{d}x]$；

2）求出 Q 在 $[x,x+\mathrm{d}x]$ 上的部分量 ΔQ 的近似值，记作 $\mathrm{d}Q$；

3) 得出 Q 的积分表达式,若 $\mathrm{d}Q=f(x)\mathrm{d}x$,则 $Q=\int_a^b f(x)\mathrm{d}x$.

注意:a. 我们在求 ΔQ 的近似值时,要求所求出的近似值 $f(x)\mathrm{d}x$ 足够准确,即 $\Delta Q-f(x)\mathrm{d}x$ 是比 Δx 高阶的无穷小,即 $\Delta Q-f(x)\mathrm{d}x=o(\Delta x)$. 可以看到若 $\Delta Q-f(x)\mathrm{d}x=o(\Delta x)$, $f(x)\mathrm{d}x$ 实际上就是 Q 的微分,所以我们要把 ΔQ 的近似值 $f(x)\mathrm{d}x$ 记作 $\mathrm{d}Q$.

b. 在 $[x,x+\mathrm{d}x]$ 上求微元 $\mathrm{d}Q$ 的一般思路是"常代变","匀代不匀","直代曲". 用微元法解题的程序为:

第一步,选择坐标系,确定积分变量. 其原则是:所求量 Q 与积分变量能够建立起联系;尽量使在 $[a,b]$ 上构造的关系式 $\mathrm{d}Q=f(x)\mathrm{d}x$ 形式简单,个数少.

第二步,根据微观世界在一定条件下,可以以"常代变"、"匀代不匀"、"直代曲"的思想获得微元关系式 $\mathrm{d}Q=f(x)\mathrm{d}x$.

第三步,写出积分式并解之.

11. 求平面图形的面积

解题思路 求平面图形的面积,可以根据具体问题按照微元法的步骤一步步来作,也可以用人们用微元法推导出的现成的公式来作.

(1) 直角坐标系中平面图形的面积.

a. 如果函数 $y=f(x)$ 在 $[a,b]$ 上连续,且 $f(x)\geqslant 0$,那么由曲线 $y=f(x)$,直线 $x=a,x=b$ 及 x 轴所围成的曲边梯形的面积 $S=\int_a^b f(x)\mathrm{d}x$,如图 5-3.

b. 如果函数 $y=f(x)$ 在 $[a,b]$ 上连续,且 $f(x)\leqslant 0$,那么由曲线 $y=f(x)$,直线 $x=a,x=b$ 及 x 轴所围成的曲边梯形的面积 $S=-\int_a^b f(x)\mathrm{d}x$, 如图 5-4.

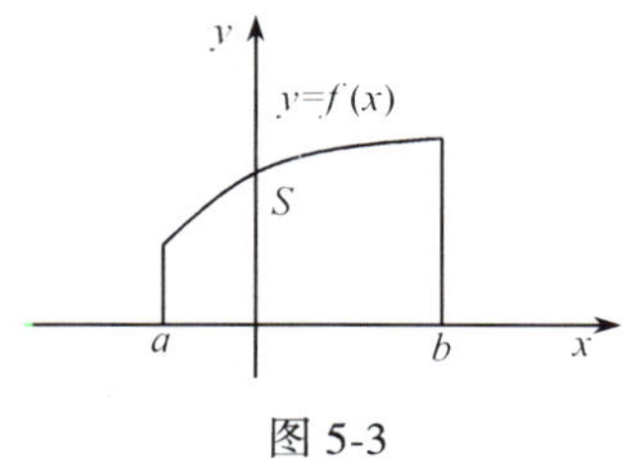

图 5-3

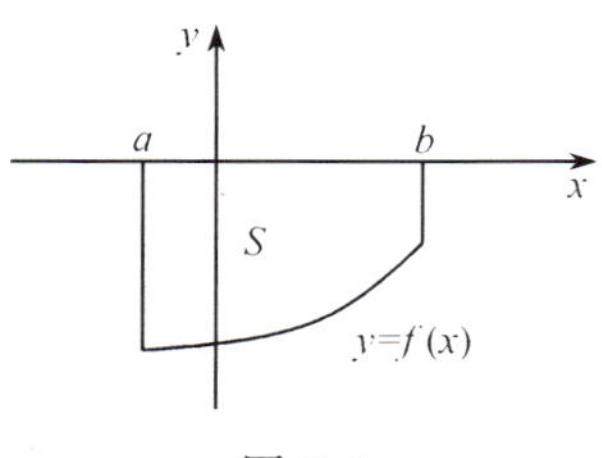

图 5-4

c. 如果函数 $y=f(x)$ 在 $[a,b]$ 上连续,且在 $[a,b]$ 上有时取正,有时取负,那么由曲线 $y=f(x)$, 直线 $x=a,x=b$ 及 x 轴所围成的曲边梯形的面积 $S=S_1+S_2+S_3=\int_a^{c_1}f(x)\mathrm{d}x-\int_{c_1}^{c_2}f(x)\mathrm{d}x+\int_{c_2}^{b}f(x)\mathrm{d}x=\int_a^b|f(x)|\mathrm{d}x$,如图 5-5.

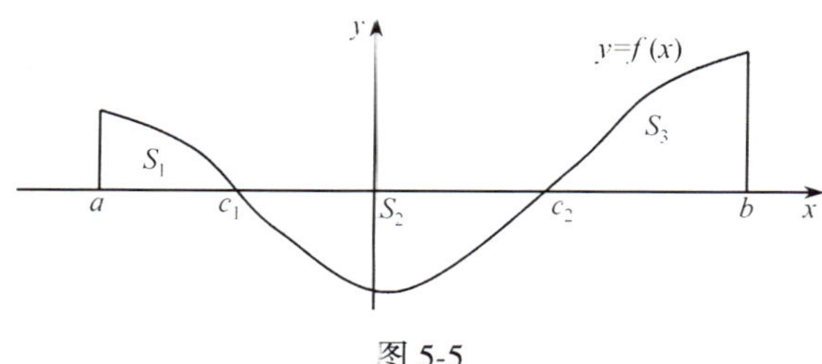

图 5-5

d. 如果函数 $x=\varphi(y)$ 在 $[c,d]$ 上连续,且 $\varphi(y)\geqslant 0$,那么由曲线 $x=\varphi(y)$,直线 $y=c$,$y=d$ 及 y 轴所围成的曲边梯形的面积 $S=\int_c^d\varphi(y)\mathrm{d}y$, 如图 5-6.

e. 如果函数 $x=\varphi(y)$ 在 $[c,d]$ 上连续,且 $\varphi(y)\leqslant 0$,那么由曲线 $x=\varphi(y)$,直线 $y=c$,$y=d$ 及 y 轴所围成的曲边梯形的面积 $S=-\int_c^d\varphi(y)\mathrm{d}y$,如图 5-7.

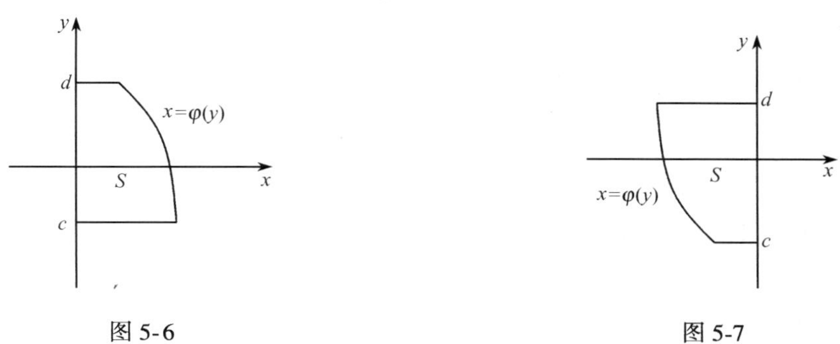

图 5-6　　　　图 5-7

f. 设函数 $y=f(x)$,$y=g(x)$ 都是 $[a,b]$ 上的连续函数,且总有 $g(x)\leqslant f(x)$,则由曲线 $y=f(x)$,$y=g(x)$,直线 $x=a$,$x=b$ 所围成的图形的面积 $S=\int_a^b[f(x)-g(x)]\mathrm{d}x$,这种图形我们通常称之为 X 型区域,如图 5-8.

注意:在这一类问题中,只要求 $g(x)\leqslant f(x)$,而不必考虑 $f(x)$ 与 $g(x)$ 的符号.

g. 设函数 $x=\varphi(y)$,$x=\psi(y)$ 都是 $[c,d]$ 上的连续函数,且总有 $\psi(y)\leqslant\varphi(y)$,则由曲线 $x=\varphi(y)$,$x=\psi(y)$,直线 $y=c$,$y=d$ 所围成的图形的面积 $S=\int_c^d[\varphi(y)-\psi(y)]\mathrm{d}y$,这种图形我们通常称之为 Y 型区域,如图 5-9.

注意:在这一类问题中,只要求 $\psi(y)\leqslant\varphi(y)$,而不必考虑 $\varphi(y)$ 与 $\psi(y)$ 的符号.

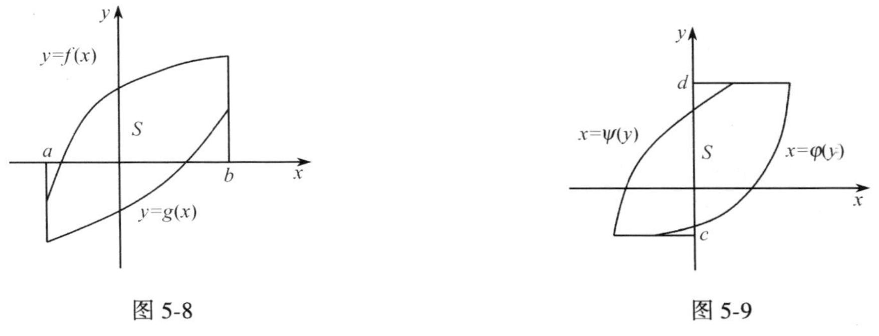

图 5-8　　　　图 5-9

以上是直角坐标系中求平面图形面积的一些基本公式,在解题过程中可以直接使用.需要注意的是,拿到一个具体问题时,一定要先画出图形,确定所求面积属于哪一种情况,然后再用相应的公式. 如果所求面积的图形非常复杂,不属于这几种情况,则可以把原图形分成几小部分,使每一部分都属于上述情况之一,再使用相应的公式.

(2) 曲线是参数方程的曲边梯形的面积.

在很多情况下,曲边梯形的曲边是以参数方程的形式给出的,如果曲边梯形的曲边是以参数方程给出的,怎样来求这个曲边梯形的面积呢?我们可以仿照下面的例子来求曲线是参数方程的曲边梯形的面积.

例如图 5-10,曲边梯形的曲边是以参数方程 $\begin{cases} x = \varphi(t) \\ y = \psi(t) \end{cases}$ 给出的,求该曲边梯形的面积.

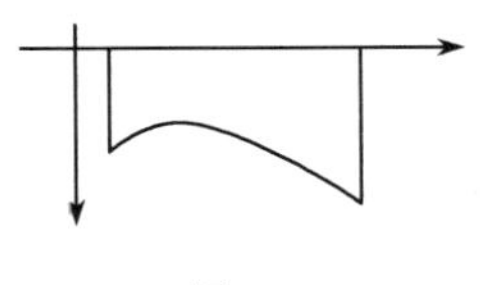

图 5-10

第一步,写出该曲边梯形在直角坐标系下的计算公式

$$S = -\int_a^b f(x)\,\mathrm{d}x$$

第二步,在此计算公式中用 $\begin{cases} x = \varphi(t) \\ y = \psi(t) \end{cases}$ 进行换元,得到

$$S = -\int_a^b y\mathrm{d}x = -\int_{t_1}^{t_2} \psi(t)\,\mathrm{d}\varphi(t) = -\int_{t_1}^{t_2} \psi(t)\varphi'(t)\,\mathrm{d}t$$

其中积分下限 t_1 是曲线的左端点所对应的参数值;积分上限 t_2 是曲线的右端点所对应的参数值.

由此可以看到,曲线是参数方程的曲边梯形的面积公式根本不需要记,我们只需要先写出该曲边梯形在直角坐标系下的计算公式,然后在此公式中用参数方程中的参数 t 进行换元即可.

(3) 极坐标系下平面图形的面积.

a. 极点 O 在平面图形的边界上.

如图 5-11,在极坐标系下,由曲线 $r = r(\theta)$,射线 $\theta = \alpha, \theta = \beta$ 所围成的平面图形的面积 $S = \dfrac{1}{2}\int_\alpha^\beta r^2(\theta)\,\mathrm{d}\theta$,这里 $r(\theta)$ 在 $[\alpha,\beta]$ 上连续.

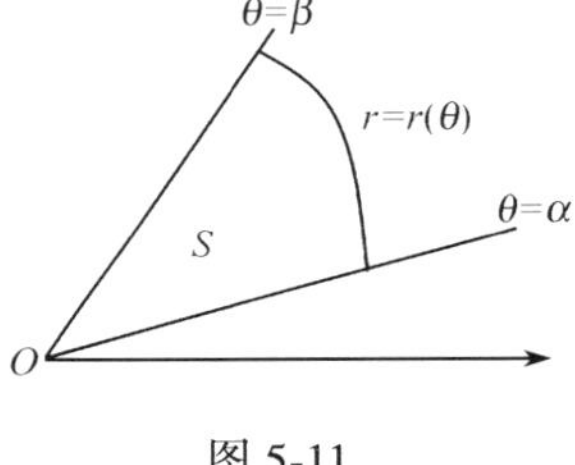

图 5-11

b. 极点 O 在平面图形的内部.

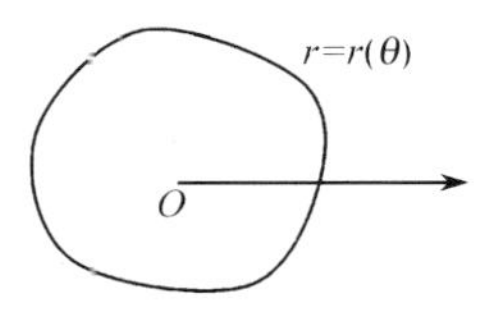

图 5-12

如图 5-12,在极坐标系中,由曲线 $r = r(\theta)$ 所围成的平面图形的面积 $S = \int_0^{2\pi} \dfrac{1}{2}[r(\theta)]^2\mathrm{d}\theta$,这里极点 O 在平面图形的内部,$r(\theta)$ 是连续函数.

可以看到,这种情况实际上是上面那种情况在 $\alpha = 0, \beta = 2\pi$ 时的特例.

c. 极点 O 在平面图形的外侧.

如图 5-13,在极坐标系中,由曲线 $r = r_1(\theta), r = r_2(\theta)$,射线 $\theta = \alpha, \theta = \beta$ 所围成的平面图形的面积 $S = \dfrac{1}{2}\int_\alpha^\beta [r_2^2(\theta) - r_1^2(\theta)]\mathrm{d}\theta$,这里 $r_1(\theta), r_2(\theta)$ 在 $[\alpha,\beta]$ 上连续.

可以看到,这个平面图形的面积实际上等于由曲线 $r = r_2(\theta)$,射线 $\theta = \alpha, \theta = \beta$ 所围成的图形的面积减去由曲线 $r = r_1(\theta)$,射线 $\theta = \alpha, \theta = \beta$ 所围成的图形的面积.

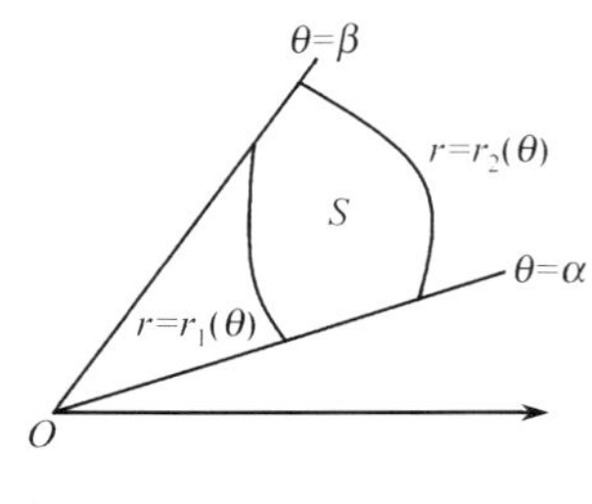

图 5-13

以上是极坐标系中求平面图形面积的一些基本公式,在解题过程中可以直接使用. 需要注意的是,拿到一个具体问题时,一定要先画出图形,确定所求面积属于哪一种情况,然后再用相应的公式.

例 1　求曲线 $y=\dfrac{1}{1+x^2}$ 与 $y=\dfrac{x^2}{2}$, $x=-\sqrt{3}$ 和 $x=\sqrt{3}$ 围成的平面图形的面积.

解　作出图形,如图 5-14.由

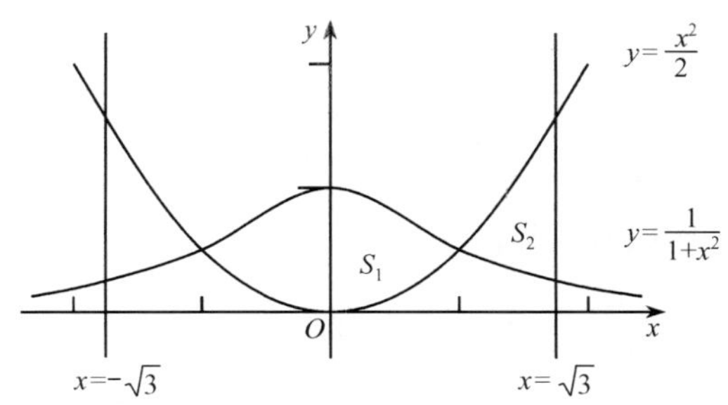

图 5-14

$$\begin{cases} y=\dfrac{1}{1+x^2} \\ y=\dfrac{x^2}{2} \end{cases}$$

得

$$\begin{cases} x_1=1 \\ y_1=\dfrac{1}{2} \end{cases}, \begin{cases} x_2=-1 \\ y_2=\dfrac{1}{2} \end{cases}$$

$$\begin{aligned} S &= 2(S_1+S_2) \\ &= 2\left[\int_0^1\left(\frac{1}{1+x^2}-\frac{x^2}{2}\right)\mathrm{d}x+\int_1^{\sqrt{3}}\left(\frac{x^2}{2}-\frac{1}{1+x^2}\right)\mathrm{d}x\right] \\ &= 2\left[\left(\arctan x-\frac{x^3}{6}\right)\Big|_0^1+\left(\frac{x^3}{6}-\arctan x\right)\Big|_1^{\sqrt{3}}\right] \\ &= 2\left[\left(\frac{\pi}{4}-\frac{1}{6}\right)-0+\left(\frac{\sqrt{3}}{2}-\frac{\pi}{3}\right)-\left(\frac{1}{6}-\frac{\pi}{4}\right)\right] \\ &= 2\left(\frac{\pi}{6}+\frac{\sqrt{3}}{2}-\frac{1}{3}\right)=\frac{\pi}{3}+\sqrt{3}-\frac{2}{3}=\frac{1}{3}(\pi+3\sqrt{3}-2) \end{aligned}$$

例 2　由曲线 $y=\dfrac{x^2}{4}$ 和直线 $x=2$ 及 x 轴围成平面图形 S,试在曲线 $y=\dfrac{x^2}{4}$ 上求一点,使得过该点垂直于 x 轴的直线将图形 S 分割成面积相等的两部分.

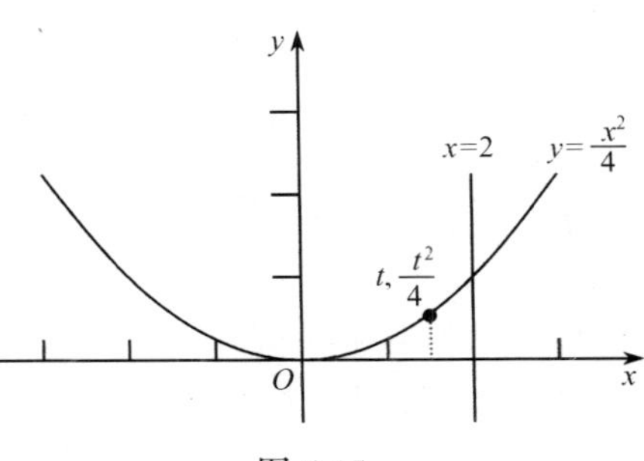

图 5-15

解　如图 5-15,设所求点的坐标为 $\left(t,\dfrac{t^2}{4}\right)$,其中 $0<t<2$,根据题意得

$$\int_0^t \frac{x^2}{4}\mathrm{d}x = \int_t^2 \frac{x^2}{4}\mathrm{d}x$$

$$\Rightarrow \frac{x^3}{12}\bigg|_0^t = \frac{x^3}{12}\bigg|_t^2$$

$$\Rightarrow \frac{t^3}{12} = \frac{8}{12} - \frac{t^3}{12} \Rightarrow t^3 = 4 \Rightarrow t = \sqrt[3]{4}$$

$t = \sqrt[3]{4}$ 时，$\frac{t^2}{4} = \frac{\sqrt[3]{4^2}}{4} = \frac{1}{\sqrt[3]{4}}$. 所以所求点的坐标为$\left(\sqrt[3]{4}, \frac{1}{\sqrt[3]{4}}\right)$.

例 3 求界于直线 $x = 0, x = 2\pi$ 之间，由曲线 $y = \sin x$ 和 $y = \cos x$ 所围成的平面图形的面积.

解 作出图形，如图 5-16.

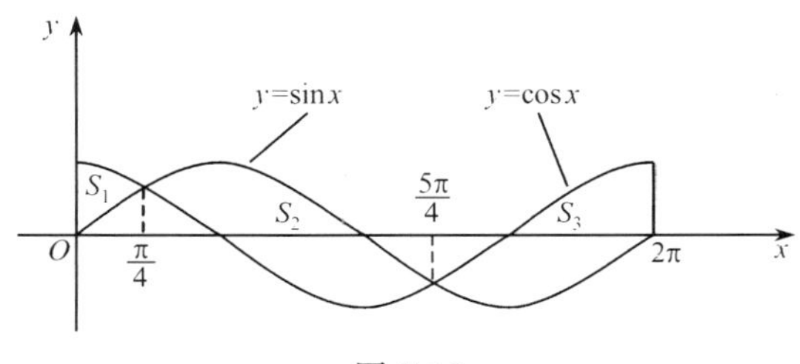

图 5-16

$$\begin{aligned} S &= S_1 + S_2 + S_3 \\ &= \int_0^{\frac{\pi}{4}} (\cos x - \sin x)\mathrm{d}x + \int_{\frac{\pi}{4}}^{\frac{5\pi}{4}} (\sin x - \cos x)\mathrm{d}x + \int_{\frac{5\pi}{4}}^{2\pi} (\cos x - \sin x)\mathrm{d}x \\ &= (\cos x + \sin x)\bigg|_0^{\frac{\pi}{4}} + (-\cos x - \sin x)\bigg|_{\frac{\pi}{4}}^{\frac{5\pi}{4}} + (\cos x + \sin x)\bigg|_{\frac{5\pi}{4}}^{2\pi} \\ &= \left(\frac{\sqrt{2}}{2} + \frac{\sqrt{2}}{2} - 1\right) + \left(\frac{\sqrt{2}}{2} + \frac{\sqrt{2}}{2} + \frac{\sqrt{2}}{2} + \frac{\sqrt{2}}{2}\right) + \left(1 + \frac{\sqrt{2}}{2} + \frac{\sqrt{2}}{2}\right) \\ &= 4\sqrt{2} \end{aligned}$$

例 4 求椭圆 $x^2 + \frac{y^2}{3} = 1$ 和 $\frac{x^2}{3} + y^2 = 1$ 的公共部分面积.

解 先作出图形，如图 5-17.

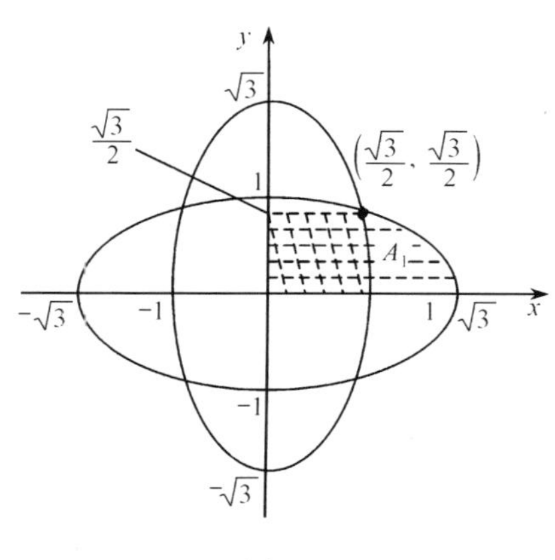

图 5-17

分析 可以看到，公共部分的面积等于一个椭圆的面积减去 A_1 部分面积的 4 倍. 下面关键求出 A_1 部分的面积. 可以看到，A_1 部分的面积等于整个阴影部分的面积减去重叠阴影部分的面积. 整个阴影部分和重叠阴影部分都是底在 y 轴上的曲边梯形，其底都是$\left[0, \frac{\sqrt{3}}{2}\right]$.

$$A_1 = \int_0^{\frac{\sqrt{3}}{2}} \left(\sqrt{3}\sqrt{1 - y^2} - \sqrt{1 - \frac{y^2}{3}}\right)\mathrm{d}y$$

$$= \sqrt{3}\int_0^{\frac{\sqrt{3}}{2}} \sqrt{1 - y^2}\,\mathrm{d}y - \int_0^{\frac{\sqrt{3}}{2}} \sqrt{1 - \frac{y^2}{3}}\,\mathrm{d}y$$

在第一个积分中，令 $y = \sin t$，在第二个积分中令 $y = \sqrt{3}\sin t$，

$$A_1 = \sqrt{3}\int_0^{\frac{\pi}{3}} \cos^2 t\mathrm{d}t - \sqrt{3}\int_0^{\frac{\pi}{6}} \cos^2 t\mathrm{d}t = \sqrt{3}\int_{\frac{\pi}{6}}^{\frac{\pi}{3}} \cos^2 t\mathrm{d}t = \frac{\sqrt{3}}{12}\pi$$

$$S = \sqrt{3}\pi - 4 \cdot \frac{\sqrt{3}}{12}\pi = \frac{2\sqrt{3}}{3}\pi$$

例 5　求抛物线 $y = -x^2 + 4x - 3$ 在点 $(0, -3)$ 和 $(3,0)$ 处的切线所围成的图形的面积.

解　先求出抛物线 $y = -x^2 + 4x - 3$ 在点 $(0, -3)$ 和 $(3,0)$ 处的切线方程

$$y' = -2x + 4, y'(0) = 4, y'(3) = -2$$

在点 $(0, -3)$ 处的切线方程为

$$y + 3 = 4(x - 0)$$

即 $y = 4x - 3$. 在点 $(3,0)$ 处的切线方程为

$$y - 0 = -2(x - 3)$$

即 $y = -2x + 6$. 作出图形，如图 5-18.

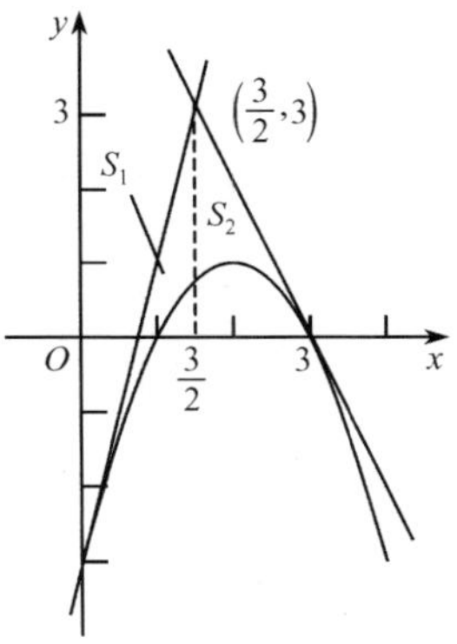

图 5-18

$$S = S_1 + S_2$$

$$= \int_0^{\frac{3}{2}} [(4x - 3) - (-x^2 + 4x - 3)]\mathrm{d}x + \int_{\frac{3}{2}}^{3} [(-2x + 6) - (-x^2 + 4x - 3)]\mathrm{d}x$$

$$= \int_0^{\frac{3}{2}} x^2\mathrm{d}x + \int_{\frac{3}{2}}^{3} (x^2 - 6x + 9)\mathrm{d}x = 2\frac{1}{4}$$

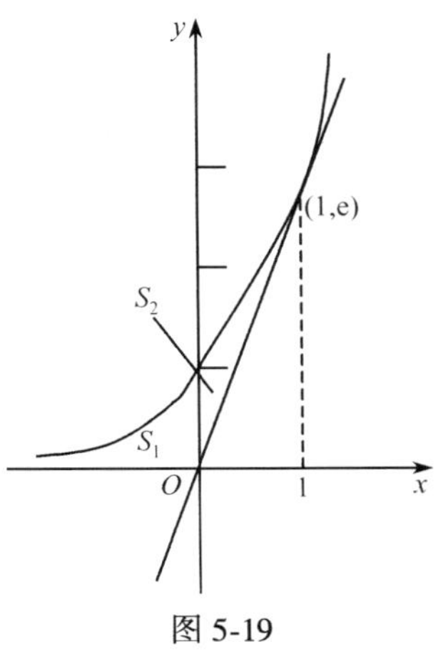

图 5-19

例 6　求曲线 $y = \mathrm{e}^x$ 及该曲线的过原点的切线和 x 轴的负半轴所围成的平面图形的面积.

解　先求出曲线 $y = \mathrm{e}^x$ 过原点的切线方程，$y = \mathrm{e}^x$ 在任意一点 (x_0, e^{y_0}) 的切线方程为

$$y - \mathrm{e}^{y_0} = \mathrm{e}^{y_0}(x - x_0)$$

因为所求切线过原点，所以取 $x = y = 0$，则 $x_0 = 1$，所以 $y_0 = \mathrm{e}$. 则所求切线为 $y - \mathrm{e} = \mathrm{e}(x - 1)$，即 $y = \mathrm{e}x$. 作出图形，如图 5-19.

$$S = S_1 + S_2 = \int_{-\infty}^{0} \mathrm{e}^x\mathrm{d}x + \int_0^1 (\mathrm{e}^x - \mathrm{e}x)\mathrm{d}x = \frac{\mathrm{e}}{2}$$

例 7　求双纽线 $r^2 = a^2\cos 2\theta$ 所围成的图形的面积，如图 5-20.

解　$S = 4S_1 = 4 \cdot \dfrac{1}{2}\displaystyle\int_0^{\frac{\pi}{4}} a^2\cos 2\theta\mathrm{d}\theta$

$$= a^2\int_0^{\frac{\pi}{4}} \cos 2\theta\mathrm{d}2\theta$$

$$= a^2\sin 2\theta \Big|_0^{\frac{\pi}{4}}$$

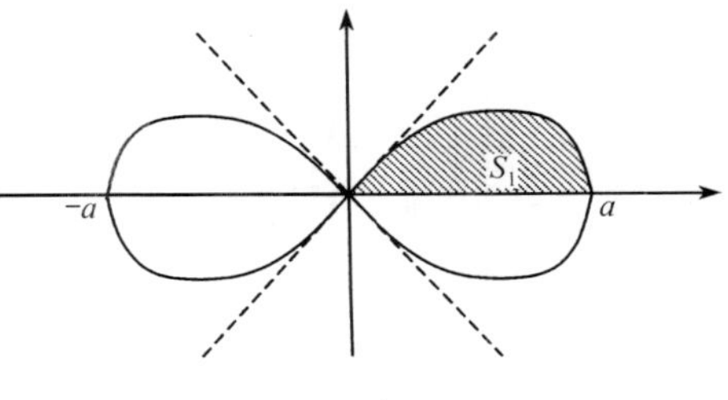

图 5-20

$= a^2$

例 8 求星形线 $x = a\cos^3 t, y = a\sin^3 t \quad (a > 0)$ 围成的面积，如图 5-21.

解 $x = 0$ 时，$t = \dfrac{\pi}{2}$；$x = a$ 时，$t = 0$.

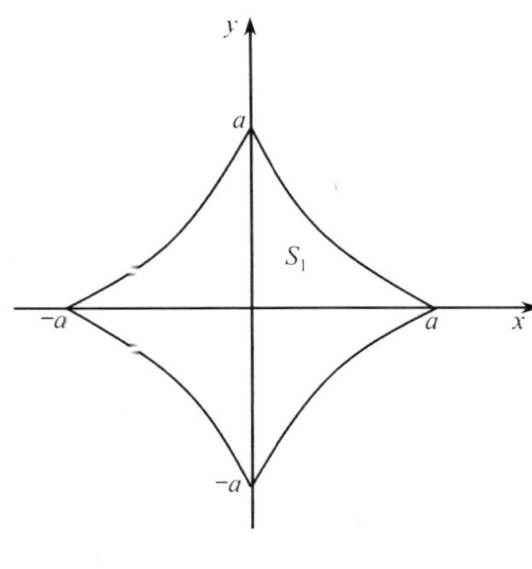

图 5-21

$$S_1 = \int_0^a f(x)\,dx = \int_{\frac{\pi}{2}}^0 a\sin^3 t\,d(a\cos^3 t)$$

$$= \int_{\frac{\pi}{2}}^0 a\sin^3 t \cdot 3a\cos^2 t(-\sin t)\,dt$$

$$= -3a^2\int_{\frac{\pi}{2}}^0 \sin^4 t\cos^2 t\,dt$$

$$= -3a^2\int_{\frac{\pi}{2}}^0 \sin^2 t\left(\frac{\sin 2t}{2}\right)^2 dt$$

$$= -\frac{3}{4}a^2\int_{\frac{\pi}{2}}^0 \sin^2 t\sin^2 2t\,dt$$

$$= -\frac{3}{4}a^2\int_{\frac{\pi}{2}}^0 \frac{1-\cos 2t}{2}\sin^2 2t\,dt$$

$$= -\frac{3}{8}a^2\int_{\frac{\pi}{2}}^0 \sin^2 2t\,dt + \frac{3}{16}a^2\int_{\frac{\pi}{2}}^0 \sin^2 2t\,d\sin 2t$$

$$= -\frac{3}{8}a^2\int_{\frac{\pi}{2}}^0 \frac{1-\cos 4t}{2}dt + \frac{3}{16}a^2 \cdot \frac{\sin^3 2t}{3}\Big|_{\frac{\pi}{2}}^0$$

$$= -\frac{3}{16}a^2\int_{\frac{\pi}{2}}^0 dt + \frac{3}{16}a^2\int_{\frac{\pi}{2}}^0 \cos 4t\,dt$$

$$= -\frac{3}{16}a^2 \cdot t\Big|_{\frac{\pi}{2}}^0 + \frac{3}{64}a^2 \cdot \sin 4t\Big|_{\frac{\pi}{2}}^0 = \frac{3}{32}a^2\pi$$

$$S = 4S_1 = \frac{3}{8}a^2\pi$$

例 9 设曲线 $y = e^{\frac{x}{2}}$，试在原点 O 与 x 点 $(x > 0)$ 之间找一点 ξ，使该点左、右两边的阴影部分的图形面积相等. 如图 5-22.

解 $\displaystyle\int_0^{\xi}(e^{\frac{t}{2}} - 1)\,dt = \int_{\xi}^{x}(e^{\frac{x}{2}} - e^{\frac{t}{2}})\,dt$

$$2\int_0^{\xi} e^{\frac{t}{2}}d\left(\frac{t}{2}\right) - \int_0^{\xi}dt = \int_{\xi}^{x} e^{\frac{x}{2}}dt - 2\int_{\xi}^{x} e^{\frac{t}{2}}d\left(\frac{t}{2}\right)$$

$$2e^{\frac{t}{2}}\Big|_0^{\xi} - t\Big|_0^{\xi} = e^{\frac{x}{2}}t\Big|_{\xi}^{x} - 2e^{\frac{t}{2}}\Big|_{\xi}^{x}$$

$$2e^{\frac{\xi}{2}} - 2 - \xi = xe^{\frac{x}{2}} - \xi e^{\frac{x}{2}} - 2e^{\frac{x}{2}} + 2e^{\frac{\xi}{2}}$$

$$\xi e^{\frac{x}{2}} - \xi = e^{\frac{x}{2}}(x-2) + 2$$

$$\xi(e^{\frac{x}{2}} - 1) = e^{\frac{x}{2}}(x-2) + 2$$

$$\xi = \frac{e^{\frac{x}{2}}(x-2) + 2}{e^{\frac{x}{2}} - 1}$$

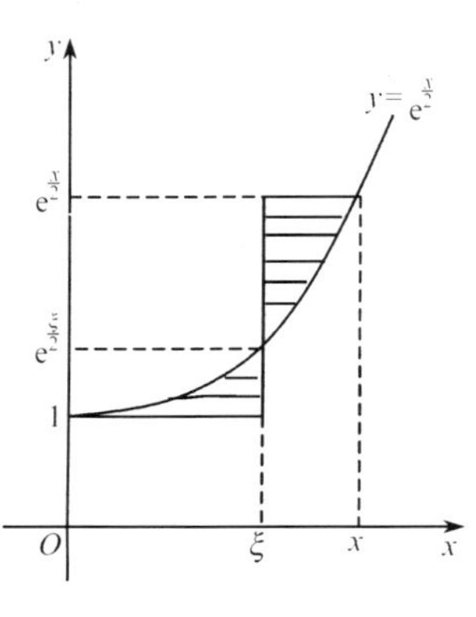

图 5-22

12. 求立体的体积

解题思路　求立体的体积通常有两大类问题，一是求旋转体的体积，二是求平行截面面积为已知的立体的体积. 这两大类问题都可以用微元法来解决，也可以用人们用微元法推导出的现成的公式来解决.

（1）旋转体的体积.

1）由连续曲线 $y=f(x)$，直线 $x=a,x=b$ 及 x 轴所围成的曲边梯形绕 x 轴旋转所得到的旋转体的体积 $V=\int_a^b \pi f^2(x)\,dx$，这里 $a<b$，如图 5-23.

2）由连续曲线 $x=\varphi(y)$，直线 $y=c,y=d$ 及 y 轴所围成的曲边梯形绕 y 轴旋转所得到的旋转体的体积 $V=\int_c^d \pi\varphi^2(y)\,dy\quad(c<d)$，如图 5-24.

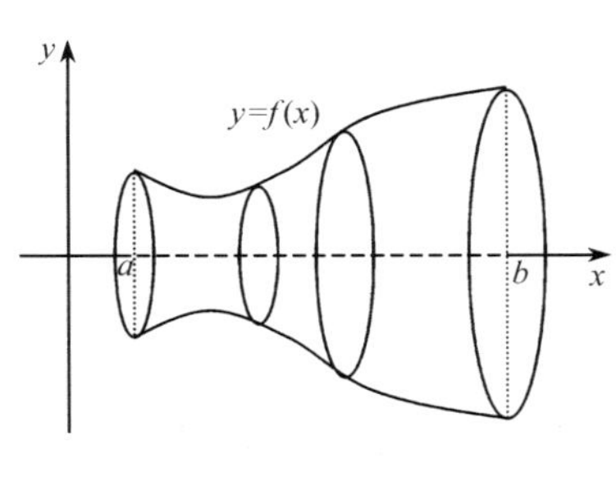

图 5-23

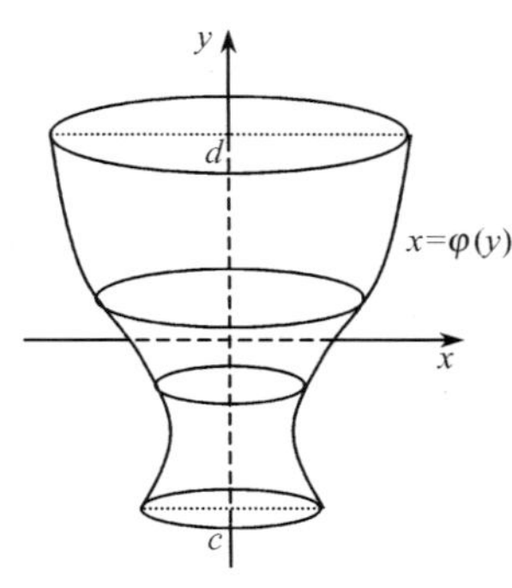

图 5-24

虽然只介绍了底在 x 轴上的曲边梯形绕 x 轴旋转所产生的旋转体的体积公式和底在 y 轴上的曲边梯形绕 y 轴旋转所产生的旋转体的体积公式，但是要注意对这两个公式的灵活使用.

a. 当产生旋转体的平面图形不是曲边梯形时，可以根据实际情况把这个平面图形看成是两个曲边梯形的组合.

b. 当平面图形不是绕 x 轴或 y 轴旋转时，可以通过重新建立直角坐标系的方法，把旋转轴定为坐标轴，然后算出新坐标系下各个曲线的方程，再用上面的公式.

c. 如果形成旋转体的曲边梯形的曲边是用参数方程 $\begin{cases}x=\varphi(t)\\y=\psi(t)\end{cases}$ 给出的，可以先写出直角坐标系下计算该旋转体体积的公式 $V=\int_a^b \pi f^2(x)\,dx$（或 $V=\int_c^d \pi\varphi^2(y)\,dy$），在这个公式中用参数方程 $\begin{cases}x=\varphi(t)\\y=\psi(t)\end{cases}$ 进行换元即可.

（2）平行截面面积为已知的立体的体积.

1）设有一立体，它夹在两平面 $x=a,x=b$ 之间 $(a<b)$，立体上过点 x 且垂直于 x 轴的截面的面积为 $A(x)$，$A(x)$ 为 x 的连续函数，则该立体的体积为 $V=\int_a^b A(x)\,dx$，如图 5-25.

2）设有一立体，它夹在两平面 $y=c,y=d\,(c<d)$ 之间，立体上过点 y 且垂直于 y 轴的截

面的面积为 $B(y)$，$B(y)$ 为 y 的连续函数，则该立体的体积为 $V=\int_c^d B(y)\,\mathrm{d}y$，如图 5-26.

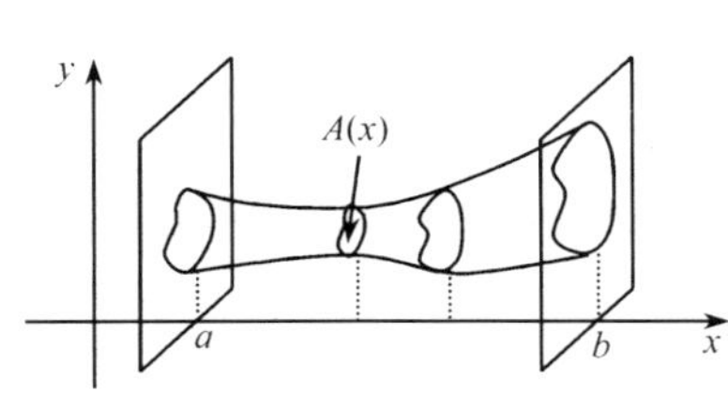

图 5-25

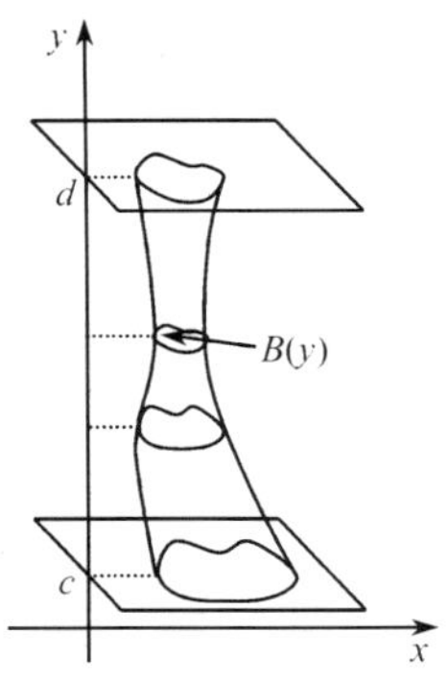

图 5-26

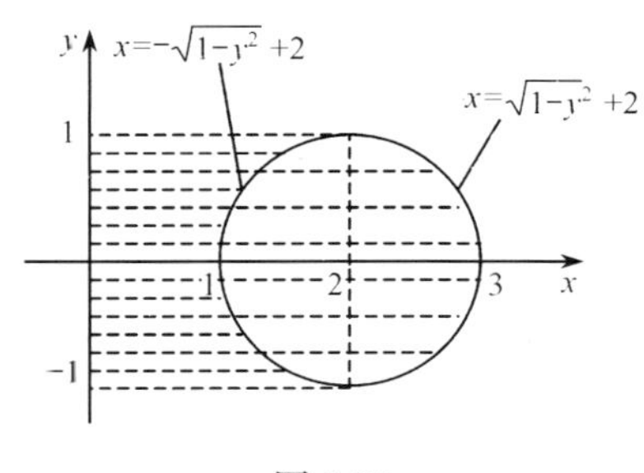

图 5-27

在解题过程中需要注意，如果题目中没有给出坐标系，就需要根据问题的实际情况建立一个恰当的坐标系，建立坐标系的原则是：使得平行截面的面积容易计算.

例 1 求 $(x-2)^2+y^2=1$ 绕 y 轴旋转一周所得到的旋转体的体积.

分析 如图 5-27，$(x-2)^2+y^2=1$ 绕 y 轴旋转一周所得到的旋转体，可以看作是两个底在 y 轴上的曲边梯形绕 y 轴旋转一周所得到的旋转体体积的差. 其中一个曲边梯形是全阴影部分，另一个曲边梯形是重叠阴影部分.

解
$$V=\int_{-1}^{1}\pi\left(\sqrt{1-y^2}+2\right)^2\mathrm{d}y-\int_{-1}^{1}\pi\left(-\sqrt{1-y^2}+2\right)^2\mathrm{d}y$$
$$=\int_{-1}^{1}\pi\left(1-y^2+4\sqrt{1-y^2}+4\right)\mathrm{d}y-\int_{-1}^{1}\pi\left(1-y^2-4\sqrt{1-y^2}+4\right)\mathrm{d}y$$
$$=8\pi\int_{-1}^{1}\sqrt{1-y^2}\,\mathrm{d}y$$

令 $y=\sin t$，则 $\sqrt{1-y^2}=\cos t$，$\mathrm{d}y=\cos t\mathrm{d}t$.

$y=-1$ 时，$t=-\dfrac{\pi}{2}$；$y=1$ 时，$t=\dfrac{\pi}{2}$.

$$V=8\pi\int_{-1}^{1}\sqrt{1-y^2}\,\mathrm{d}y=8\pi\int_{-\frac{\pi}{2}}^{\frac{\pi}{2}}\cos^2t\mathrm{d}t=8\pi\int_{-\frac{\pi}{2}}^{\frac{\pi}{2}}\frac{1+\cos 2t}{2}\mathrm{d}t$$
$$=4\pi\int_{-\frac{\pi}{2}}^{\frac{\pi}{2}}\mathrm{d}t+2\pi\int_{-\frac{\pi}{2}}^{\frac{\pi}{2}}\cos 2t\mathrm{d}2t=4\pi t\Big|_{-\frac{\pi}{2}}^{\frac{\pi}{2}}+2\pi\sin 2t\Big|_{-\frac{\pi}{2}}^{\frac{\pi}{2}}$$
$$=4\pi^2$$

例 2 求 $x^2+y^2=a^2$ 绕 $x=-b$ $(0<a<b)$ 旋转一周所产生的旋转体体积.

分析 如图 5-28，在这个问题中 $x^2+y^2=a^2$ 是绕 $x=-b$ 旋转，而不是绕坐标轴旋转，因此重新建立直角坐标系，x 轴不动，把直线 $x=-b$ 当作新坐标系的 y 轴，在新坐标系下，圆的方程为 $(x-b)^2+y^2=a^2$，并且绕 y 轴旋转，如图 5-29.

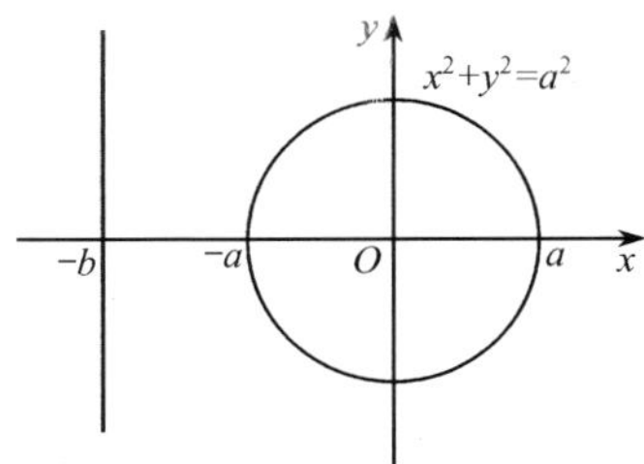

图 5-28

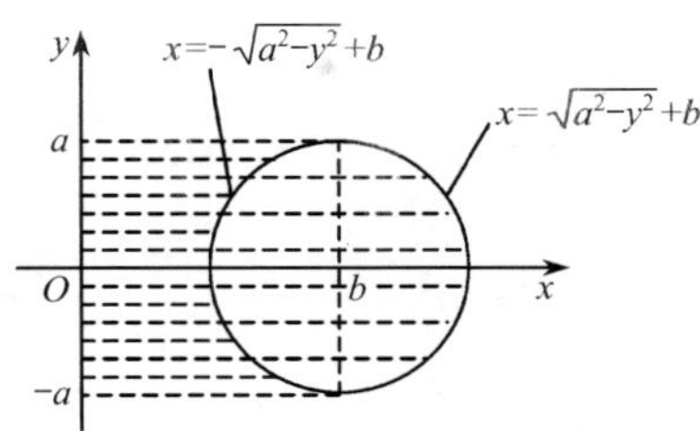

图 5-29

解
$$V=\int_{-a}^{a}\pi\left(\sqrt{a^2-y^2}+b\right)^2\mathrm{d}y-\int_{-a}^{a}\pi\left(-\sqrt{a^2-y^2}+b\right)^2\mathrm{d}y$$
$$=\int_{-a}^{a}\pi\left(a^2-y^2+2b\sqrt{a^2-y^2}+b^2\right)\mathrm{d}y-\int_{-a}^{a}\pi\left(a^2-y^2-2b\sqrt{a^2-y^2}+b^2\right)\mathrm{d}y$$
$$=4\pi b\int_{-a}^{a}\sqrt{a^2-y^2}\,\mathrm{d}y$$

令 $y=a\sin t$，则 $\sqrt{a^2-y^2}=a\cos t$，$\mathrm{d}y=a\cos t\mathrm{d}t$.

$y=-a$ 时，$t=-\dfrac{\pi}{2}$；$y=a$ 时，$t=\dfrac{\pi}{2}$.

$$V=4\pi b\int_{-a}^{a}\sqrt{a^2-y^2}\,\mathrm{d}y=4\pi a^2b\int_{-\frac{\pi}{2}}^{\frac{\pi}{2}}\cos^2t\mathrm{d}t=4\pi a^2b\int_{-\frac{\pi}{2}}^{\frac{\pi}{2}}\frac{1+\cos2t}{2}\mathrm{d}t$$
$$=2\pi a^2b\int_{-\frac{\pi}{2}}^{\frac{\pi}{2}}\mathrm{d}t+\pi a^2b\int_{-\frac{\pi}{2}}^{\frac{\pi}{2}}\cos2t\mathrm{d}2t$$
$$=2\pi a^2bt\Big|_{-\frac{\pi}{2}}^{\frac{\pi}{2}}+\pi a^2b\sin2t\Big|_{-\frac{\pi}{2}}^{\frac{\pi}{2}}=2\pi^2a^2b$$

例 3　如图 5-30，求摆线 $x=a(t-\sin t)$，$y=a(1-\cos t)$，$t\in[0,2\pi]$ 与 x 轴围成的平面图形绕 x 轴旋转一周所产生的旋转体体积.

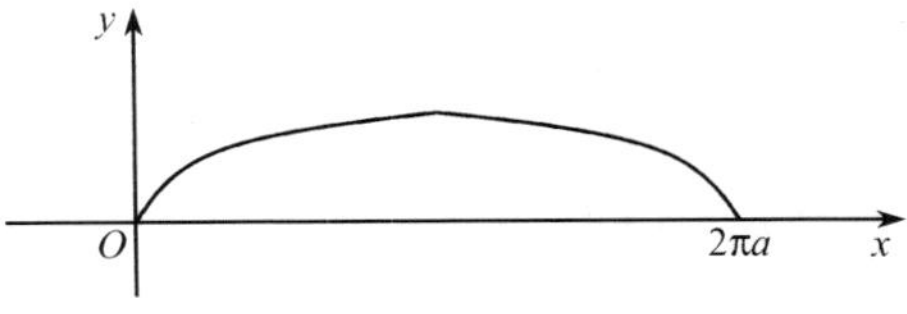

图 5-30

解
$$V=\int_0^{2\pi a}\pi f^2(x)\mathrm{d}x=\int_0^{2\pi}\pi\cdot a^2(1-\cos t)^2\mathrm{d}[a(t-\sin t)]$$
$$=\int_0^{2\pi}\pi\cdot a^2(1-\cos t)^2\cdot a(1-\cos t)\mathrm{d}t$$
$$=\pi a^3\int_0^{2\pi}(1-\cos t)^3\mathrm{d}t$$

$$= \pi a^3\int_0^{2\pi}(1-3\cos t+3\cos^2 t-\cos^3 t)\mathrm{d}t$$

$$= \pi a^3\int_0^{2\pi}1\mathrm{d}t-3\pi a^3\int_0^{2\pi}\cos t\mathrm{d}t+3\pi a^3\int_0^{2\pi}\cos^2 t\mathrm{d}t-\pi a^3\int_0^{2\pi}\cos^3 t\mathrm{d}t$$

$$= \pi a^3 t\Big|_0^{2\pi}-3\pi a^3\sin t\Big|_0^{2\pi}+3\pi a^3\int_0^{2\pi}\frac{1+\cos 2t}{2}\mathrm{d}t-\pi a^3\int_0^{2\pi}(1-\sin^2 t)\mathrm{d}\sin t$$

$$= 2\pi^2 a^3+\frac{3}{2}\pi a^3 t\Big|_0^{2\pi}+\frac{3}{4}\pi a^3\int_0^{2\pi}\cos 2t\mathrm{d}2t-\pi a^3\int_0^{2\pi}1\mathrm{d}\sin t+\pi a^3\int_0^{2\pi}\sin^2 t\mathrm{d}\sin t$$

$$= 5\pi^2 a^3+\frac{3}{4}\pi a^3\sin 2t\Big|_0^{2\pi}-\pi a^3\sin t\Big|_0^{2\pi}+\frac{1}{3}\pi a^3\sin^3 t\Big|_0^{2\pi}=5\pi^2 a^3$$

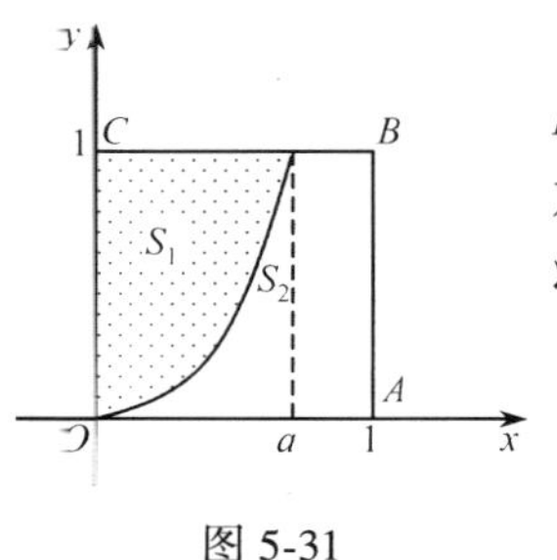

图 5-31

例 4 有一正方形，如图 5-31 所示，顶点 $O(0,0)$，$A(1,0)$，$B(1,1)$ 和 $C(0,1)$，设抛物线 $a^2y=x^2(0<a<1)$ 将该正方形分成左、右两部分，分别记为 S_1 和 S_2，将 S_1 绕 y 轴旋转一周得体积 V_1，再将 S_2 绕 x 轴旋转一周得体积 V_2.

(1) 求 a 值，使 $V_1=V_2$；

(2) 问当 a 为何值时，V_1+V_2 取得最小值.

解 (1) $V_1=\int_0^1\pi a^2 y\mathrm{d}y=\frac{\pi a^2}{2}y^2\Big|_0^1=\frac{\pi a^2}{2}$

$$V_2=\int_0^a\pi\frac{1}{a^4}x^4\mathrm{d}x+\pi\cdot 1^2\cdot(1-a)=\frac{\pi}{5a^4}x^5\Big|_0^a+(1-a)\pi$$

$$=\frac{1}{5}\pi a+\pi-\pi a=\pi-\frac{4}{5}\pi a$$

$$\frac{\pi a^2}{2}=\pi-\frac{4}{5}\pi a$$

$$5a^2+8a-10=0, a=\frac{-8\pm\sqrt{264}}{10}\text{（负值舍去）}$$

$$a=\frac{-8+\sqrt{264}}{10}\approx 0.8248$$

(2) $V=V_1+V_2=\frac{\pi a^2}{2}+\pi-\frac{4}{5}\pi a$，$V'=\pi a-\frac{4}{5}\pi$，令 $V'=0$，得 $a=\frac{4}{5}$. 由于驻点惟一，而实际问题确实存在最小值，所以 $a=\frac{4}{5}$ 时，V 取得最小值. $a=\frac{4}{5}$ 时，$V=\frac{17}{25}\pi$.

例 5 有一立体以抛物线 $y^2=2x$ 与直线 $x=2$ 所围成的图形为底，而垂直于抛物线轴的截面是等边三角形，求其体积.

解 如图 5-32，在 $[0,2]$ 上任取一点 x，则此立体上过点 x 且垂直于 x 轴的截面的面积 $A(x)=2\sqrt{3}x$. 所以

$$V=\int_0^2 2\sqrt{3}x\mathrm{d}x=\sqrt{3}x^2\Big|_0^2=4\sqrt{3}$$

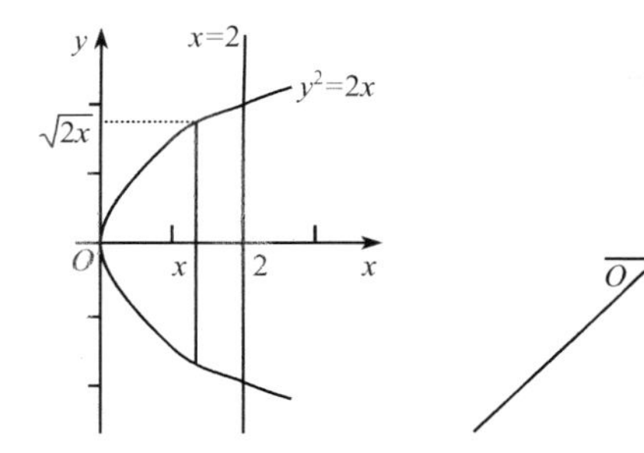

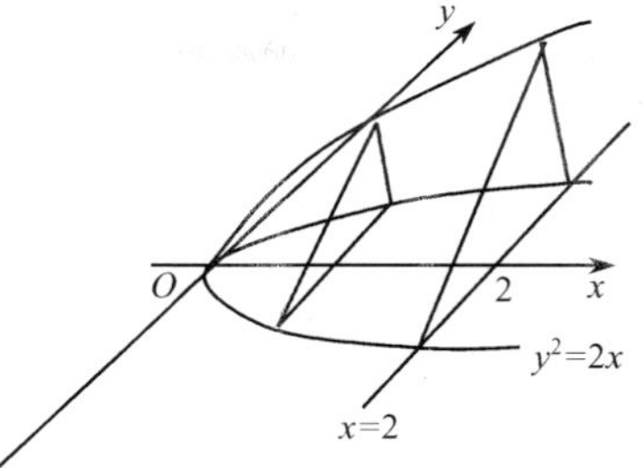

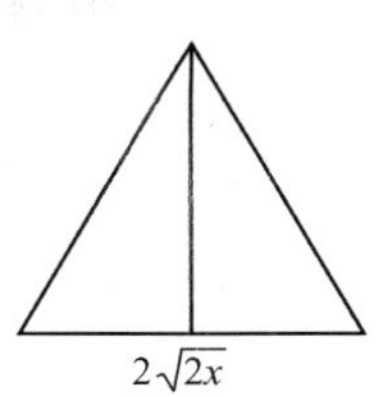

图 5-32

例 6 有一立体,以长半轴 $a = 10$,短半轴 $b = 5$ 的椭圆为底,而垂直于长轴的截面都是等边三角形,求其体积.

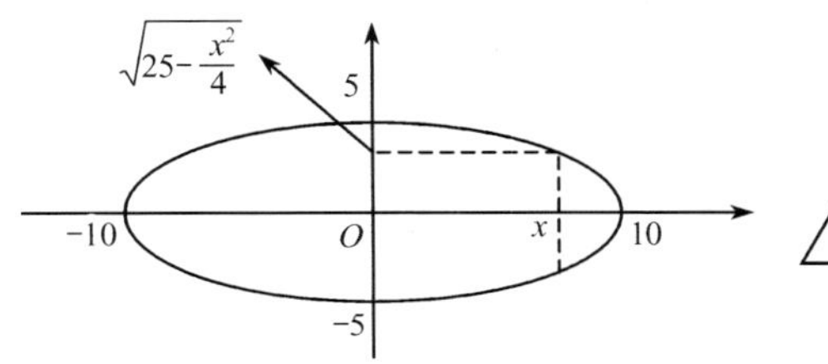

图 5-33

解 建立直角坐标系,如图 5-33,则椭圆的方程为 $\dfrac{x^2}{100} + \dfrac{y^2}{25} = 1$

在$[-10,10]$内任取一点 x,则该立体上过点 x 且垂直于 x 轴的截面面积为

$$A(x) = \frac{1}{2} \cdot \left(2\sqrt{25 - \frac{x^2}{4}}\right)^2 \cdot \sin\frac{\pi}{3} = 25\sqrt{3} - \frac{\sqrt{3}}{4}x^2$$

$$V = \int_{-10}^{10}\left(25\sqrt{3} - \frac{\sqrt{3}}{4}x^2\right)\mathrm{d}x = 25\sqrt{3}x\Big|_{-10}^{10} - \frac{\sqrt{3}}{12}x^3\Big|_{-10}^{10}$$

$$= 500\sqrt{3} - \frac{1}{3} \cdot 500\sqrt{3} = \frac{2}{3} \cdot 500\sqrt{3} = \frac{1000\sqrt{3}}{3}$$

例 7 求由柱体 $x^2 + y^2 \leqslant R^2$ 和 $x^2 + z^2 \leqslant R^2$ 相贯部分的体积.

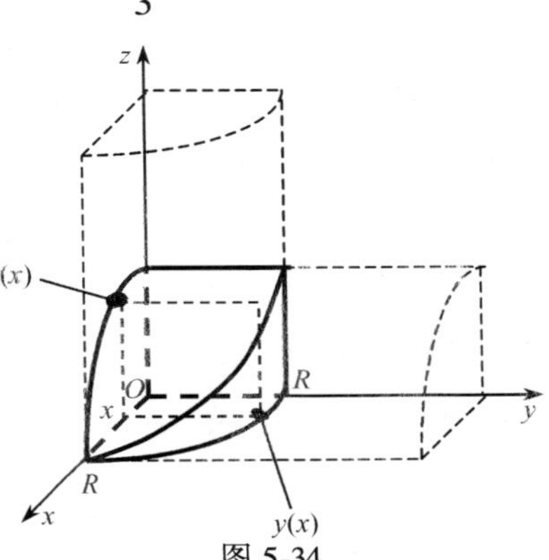

图 5-34

解 根据对称性,画出两个柱体相贯部分在第Ⅰ卦限部分的图形,如图 5-34. 在$[0,R]$内任取一点 x,则该立体上过点 x 且垂直于 x 轴的截面面积为

$$S(x) = z(x) \cdot y(x)$$
$$= \sqrt{R^2 - x^2} \cdot \sqrt{R^2 - x^2} = R^2 - x^2$$

根据对称性,所求体积为第Ⅰ卦限部分的 8 倍,所以

$$V = 8\int_0^a S(x)\,dx = 8\int_0^a (R^2 - x^2)\,dx = \frac{16}{3}R^3$$

13. 求平面曲线的弧长

解题思路 求平面曲线的弧长,可以根据具体问题按照微元法的步骤一步步来作,也可以用人们用微元法推导出的现成的公式来作.

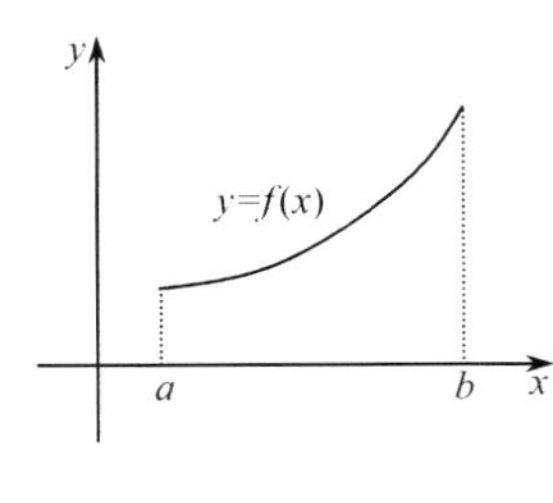

图 5-35

(1) 在直角坐标系下计算平面曲线的弧长.

设函数 $y=f(x)$ 在区间 $[a,b]$ 上具有一阶连续导数,则曲线 $y=f(x)$ 上相应于 x 从 a 到 b 的这段曲线的弧长 $L=\int_a^b \sqrt{1+(y')^2}\,dx$,如图 5-35.

在使用这个公式时要注意"函数 $y=f(x)$ 在区间 $[a,b]$ 上具有一阶连续导数"这个条件,否则就有可能出错.

(2) 曲线是以参数方程给出的.

设曲线的参数方程是 $\begin{cases} x=\varphi(t) \\ y=\psi(t), \end{cases}$ 其中 $\alpha \leqslant t \leqslant \beta$,且 $\varphi(t),\psi(t)$ 在 $[\alpha,\beta]$ 上具有连续导数,则曲线上相应于 t 从 α 到 β 的一段弧长为 $L=\int_\alpha^\beta \sqrt{[\varphi'(t)]^2+[\psi'(t)]^2}\,dt$.

实际上,参数方程情况下平面曲线的弧长公式 $L=\int_\alpha^\beta \sqrt{[\varphi'(t)]^2+[\psi'(t)]^2}\,dt$,是由直角坐标系下平面曲线的弧长公式推导出来的. 其推导过程是:如果曲线是用参数方程 $\begin{cases} x=\varphi(t) \\ y=\psi(t), \end{cases}$ $\alpha \leqslant t \leqslant \beta$ 给出的,我们可以先写出显函数下的弧长公式 $L=\int_a^b \sqrt{1+(y')^2}\,dx$,然后用 $\begin{cases} x=\varphi(t) \\ y=\psi(t) \end{cases}$ 进行换元即可. 需要注意的是换元后要计算 $\sqrt{\dfrac{1}{[\varphi'(t)]^2}}=\dfrac{1}{|\varphi'(t)|}$,这时就要分 $x=\varphi(t)$ 单增和 $x=\varphi(t)$ 单减两种情况分别计算,可以看到,不管在那一种情况下都有曲线弧长 $L=\int_\alpha^\beta \sqrt{[\varphi'(t)]^2+[\psi'(t)]^2}\,dt$.

(3) 在极坐标系下计算平面曲线的弧长.

在极坐标系中,设曲线的极坐标方程是 $r=r(\theta)$,其中 $\alpha \leqslant \theta \leqslant \beta$,且 $r(\theta)$ 在 $[\alpha,\beta]$ 上具有连续导数,则曲线上相应于 θ 从 α 到 β 的一段弧长 $L=\int_\alpha^\beta \sqrt{[r'(\theta)]^2+[r'(\theta)]^2}\,d\theta$. 这个公式的推导很简单,由直角坐标与极坐标的关系可得

$$\begin{cases} x=r(\theta)\cos\theta \\ y=r(\theta)\sin\theta \end{cases} (\alpha \leqslant \theta \leqslant \beta)$$

这是一个参数方程,代入参数方程情况下的计算公式即可得到结果.

例 1 计算曲线 $y=\ln x$ 上相应于 $\sqrt{3} \leqslant x \leqslant \sqrt{8}$ 的一段弧的弧长.

解
$$y'=\frac{1}{x}$$

$$L=\int_{\sqrt{3}}^{\sqrt{8}}\sqrt{1+(y')^2}\,dx=\int_{\sqrt{3}}^{\sqrt{8}}\sqrt{\frac{x^2+1}{x^2}}\,dx=\int_{\sqrt{3}}^{\sqrt{8}}\frac{\sqrt{1+x^2}}{x}dx$$
$$=\int_{\sqrt{3}}^{\sqrt{8}}\frac{x\sqrt{1+x^2}}{x^2}dx=\frac{1}{2}\int_{\sqrt{3}}^{\sqrt{8}}\frac{\sqrt{1+x^2}}{x^2}dx^2\xlongequal{x^2=u}\frac{1}{2}\int_3^8\frac{\sqrt{1+u}}{u}du$$
$$\xlongequal{\sqrt{1+u}=t}\frac{1}{2}\int_2^3\frac{t\cdot 2t}{t^2-1}dt=\int_2^3\frac{t^2-1+1}{t^2-1}dt=\int_2^3\left(1+\frac{1}{t^2-1}\right)dt$$
$$=\left(t+\frac{1}{2}\ln\left|\frac{t-1}{t+1}\right|\right)\Bigg|_2^3=1+\frac{1}{2}\ln\frac{3}{2}$$

例2　证明曲线 $y=\sin x$ 的一个周期($0\leqslant x\leqslant 2\pi$)的弧长等于椭圆 $x^2+2y^2=2$ 的周长.

证明　设 L_1 为 $y=\sin x$ 的一个周期的弧长,L_2 为椭圆 $x^2+2y^2=2$ 的周长.
$$L_1=\int_0^{2\pi}\sqrt{1+(y')^2}\,dx=\int_0^{2\pi}\sqrt{1+\cos^2x}\,dx$$
椭圆 $x^2+2y^2=2$ 的周长与椭圆 $2x^2+y^2=2$ 的周长相等,椭圆 $2x^2+y^2=2$ 的参数方程为
$$\begin{cases}x=\cos\theta\\ y=\sqrt{2}\sin\theta\end{cases}\quad(0\leqslant\theta\leqslant 2\pi)$$
则
$$L_2=\int_0^{2\pi}\sqrt{(x'_\theta)^2+(y'_\theta)^2}\,d\theta=\int_0^{2\pi}\sqrt{\sin^2\theta+2\cos^2\theta}\,d\theta$$
$$=\int_0^{2\pi}\sqrt{1+\cos^2\theta}\,d\theta$$
所以 $L_1=L_2$,得证.

例3　求对数螺线 $r=e^{a\theta}$ 相应于自 $\theta=0$ 至 $\theta=\varphi$ 的一段弧长.

解　$r'_\theta=ae^{a\theta}$
$$L=\int_0^{\varphi}\sqrt{[ae^{a\theta}]^2+[e^{a\theta}]^2}\,d\theta=\int_0^{\varphi}\sqrt{a^2+1}\,e^{a\theta}d\theta$$
$$=\sqrt{a^2+1}\int_0^{\varphi}e^{a\theta}d\theta=\frac{\sqrt{a^2+1}}{a}\int_0^{\varphi}e^{a\theta}da\theta=\frac{\sqrt{a^2+1}}{a}e^{a\theta}\Bigg|_0^{\varphi}$$
$$=\frac{\sqrt{a^2+1}}{a}(e^{a\varphi}-1)$$

例4　求抛物线 $x=y^2$ 被直线 $y=2-x$ 所截得的一段弧长.

分析　根据题意作出图形,如图5-36,因为 $x=y^2$,所以 $y=\pm\sqrt{x}$,即弧 L_1 和弧 L_2 的方程不同. 因此抛物线 $x=y^2$ 被直线 $y=2-x$ 所截得的弧应看作是两段,弧 L_1 和弧 L_2,应分别计算弧长,非常麻烦. 在这个问题中,如果把 y 看作自变量,把 x 看作因变量,问题就显得相对简单了.

解　$x'=2y$,

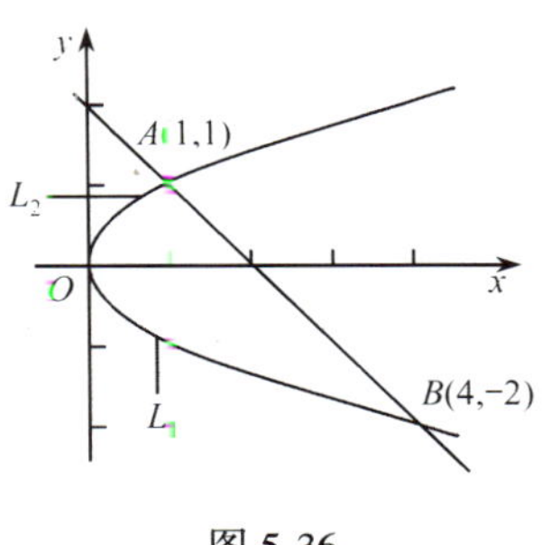

图 5-36

$$L=\int_{-2}^{1}\sqrt{1+(x')^2}\,dy=\int_{-2}^{1}\sqrt{1+(2y)^2}\,dy$$

$$=\int_{-2}^{1}\sqrt{1+4y^2}\,dy=2\int_{-2}^{1}\sqrt{\left(\frac{1}{2}\right)^2+y^2}\,dy$$

下面先计算$\int\sqrt{\left(\frac{1}{2}\right)^2+y^2}\,dy$.令 $y=\frac{1}{2}\tan t$,则

$$dy=\frac{1}{2}\sec^2 t dt,\sqrt{\left(\frac{1}{2}\right)^2+y^2}=\frac{1}{2}\sec t$$

$$\int\sqrt{\left(\frac{1}{2}\right)^2+y^2}\,dy=\int\frac{1}{2}\sec t\cdot\frac{1}{2}\sec^2 t dt=\frac{1}{4}\int\sec^3 t dt$$

下面计算$\int\sec^3 t dt$.

$$\int\sec^3 t dt=\int\sec t d\tan t=\sec t\tan t-\int\tan t d\sec t$$

$$=\sec t\tan t-\int\sec t\tan^2 t dt=\sec t\tan t-\int\sec t(\sec^2 t-1)dt$$

$$=\sec t\tan t-\int\sec^3 t dt+\int\sec t dt$$

$$=\sec t\tan t-\int\sec^3 t dt+\ln\left|\sec t+\tan t\right|$$

移项得

$$\int\sec^3 t dt=\frac{1}{2}\sec t\tan t+\frac{1}{2}\ln\left|\sec t+\tan t\right|+C$$

$$\int\sqrt{\left(\frac{1}{2}\right)^2+y^2}\,dy=\frac{1}{4}\int\sec^3 t dt=\frac{1}{8}\sec t\tan t+\frac{1}{8}\ln\left|\sec t+\tan t\right|+C$$

$$=\frac{1}{8}\cdot 2\sqrt{\left(\frac{1}{2}\right)^2+y^2}\cdot 2y+\frac{1}{8}\ln\left|2\sqrt{\left(\frac{1}{2}\right)^2+y^2}+2y\right|+C$$

$$=\frac{y}{4}\sqrt{1+4y^2}+\frac{1}{8}\ln\left|\sqrt{1+4y^2}+2y\right|+C$$

$$L=2\int_{-2}^{1}\sqrt{\left(\frac{1}{2}\right)^2+y^2}\,dy$$

$$=\left[\frac{y}{2}\sqrt{1+4y^2}+\frac{1}{4}\ln\left|\sqrt{1+4y^2}+2y\right|\right]\Bigg|_{-2}^{1}$$

$$=\frac{1}{2}\sqrt{5}+\frac{1}{4}\ln(\sqrt{5}+2)-\left[-\sqrt{17}+\frac{1}{4}\ln(\sqrt{17}-4)\right]$$

$$=\frac{1}{2}\sqrt{5}+\frac{1}{4}\ln(\sqrt{5}+2)+\sqrt{17}-\frac{1}{4}\ln(\sqrt{17}-4)$$

14. 定积分在物理上的应用

解题思路　定积分在物理上的应用非常广泛,常见的物理应用问题有以下几方面:①变力做功问题;②液体的静压力;③均匀薄板的质心等.

利用微元法解决物理问题时,一定要根据实际问题选择一个恰当的坐标系;计算微元时,要注意“常代变”,“匀代不匀”,“直代曲”.

例 1 半径为 R 的球沉入水中,并与水面相切,球的比重与水的比重相同,现将球从水中捞出至水面,需做功多少?

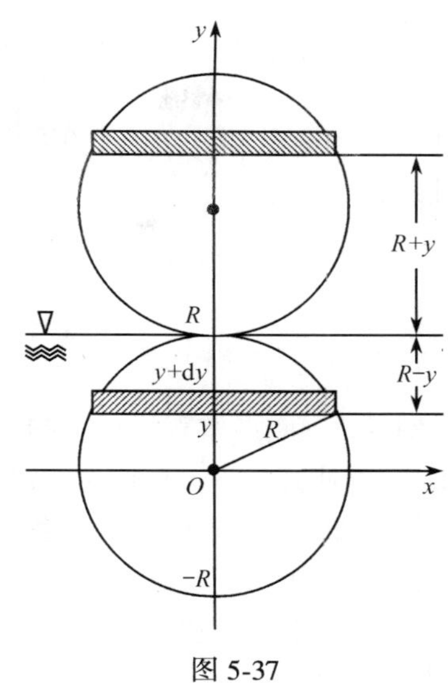

图 5-37

解 如图 5-37,建立直角坐标系,单位:m.

(1) 在 $[-R,R]$ 上任取一个小区间 $[y,y+\mathrm{d}y]$.

(2) 求出功 W 在 $[y,y+\mathrm{d}y]$ 上的部分量 ΔW 的近似值,即求出 $\mathrm{d}W$.

在 $[y,y+\mathrm{d}y]$ 上,小薄片的体积约为 $\pi(R^2-y^2)\mathrm{d}y\mathrm{m}^3$,质量约为 $\pi(R^2-y^2)\mathrm{d}y\cdot 10^3\mathrm{kg}$,所受重力约为 $\pi g(R^2-y^2)\mathrm{d}y\cdot 10^3$ 牛顿.把小球捞出水面时,对这个小薄片所做的功约为 $(R+y)\cdot\pi g(R^2-y^2)\mathrm{d}y\cdot 10^3\mathrm{J}$.即

$$\mathrm{d}W=(R+y)\cdot\pi g(R^2-y^2)\mathrm{d}y\cdot 10^3$$

(3)
$$\begin{aligned}W&=10^3\cdot\int_{-R}^{R}(R+y)\cdot\pi g(R^2-y^2)\mathrm{d}y\\&=10^3\cdot\pi g\int_{-R}^{R}(R^3+R^2y-Ry^2-y^3)\mathrm{d}y\\&=10^3\cdot\pi g\left(R^3y+\frac{R^2}{2}y^2-\frac{R}{3}y^3-\frac{y^4}{4}\right)\Bigg|_{-R}^{R}=\frac{4}{3}\pi R^4g\cdot 10^3(\mathrm{J})\end{aligned}$$

例 2 半径为 3m 的半球形水池盛满了水,若把其中的水全部抽尽问要做多少功?

解 如图 5-38,建立直角坐标系,单位:m.

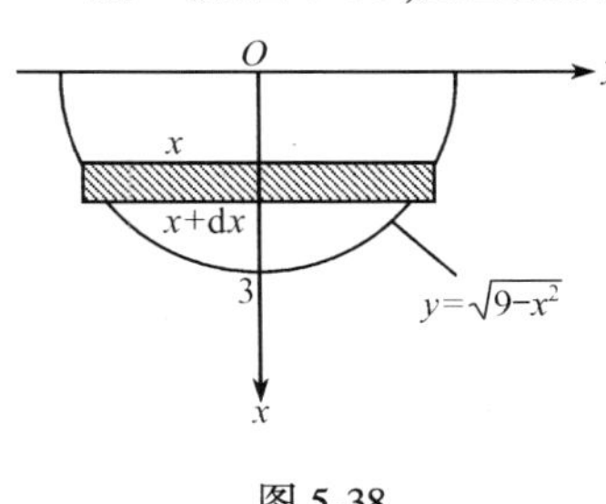

图 5-38

(1) 在 $[0,3]$ 内任取一个小区间 $[x,x+\mathrm{d}x]$.

(2) 求出功 W 在 $[x,x+\mathrm{d}x]$ 上的部分量 ΔW 的近似值,即求出 $\mathrm{d}W$.

在 $[x,x+\mathrm{d}x]$ 上,水的体积约为 $\pi\cdot(9-x^2)\mathrm{d}x$,质量约为 $\pi\cdot(9-x^2)\mathrm{d}x\cdot 10^3$,所受重力约为 $9.8\cdot\pi\cdot(9-x^2)\mathrm{d}x\cdot 10^3$,把这一薄层水抽出水面,克服重力做功约为 $9.8\cdot\pi\cdot(9-x^2)x\mathrm{d}x\cdot 10^3$.即

$$\mathrm{d}W=9.8\cdot\pi\cdot(9-x^2)x\mathrm{d}x\cdot 10^3$$

(3)
$$\begin{aligned}W&=10^3\int_0^3 9.8\cdot\pi\cdot(9-x^2)x\mathrm{d}x=9.8\cdot 10^3\pi\int_0^3(9x-x^3)\mathrm{d}x\\&=9.8\cdot 10^3\pi\cdot\left(\frac{9}{2}x^2-\frac{1}{4}x^4\right)\Bigg|_0^3\\&=9.8\cdot 10^3\pi\cdot\frac{81}{4}\approx 6.23\times 10^5(\text{焦耳})\end{aligned}$$

例 3 弹簧压缩所受的力 F 与压缩距离成正比,现在弹簧由原长压缩了 6cm,问需要做多少功.

解 如图 5-39,建立直角坐标系,单位:m.

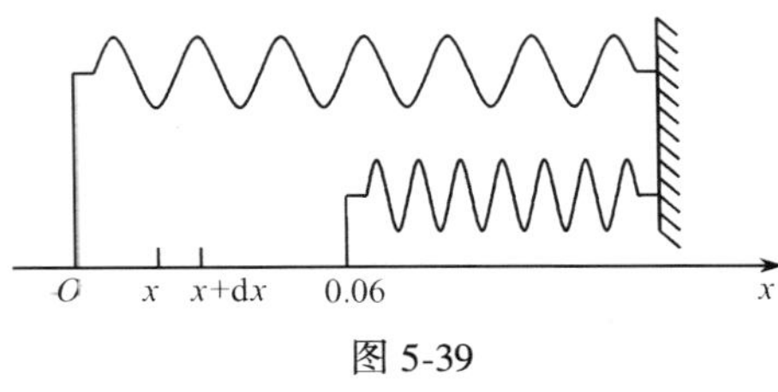

图 5-39

(1) 在 $[0,0.06]$ 内任取一个小区间 $[x,x+\mathrm{d}x]$；

(2) 求出功 W 在 $[x,x+\mathrm{d}x]$ 上的部分量 ΔW 的近似值,即求出 $\mathrm{d}W$；

在点 x 处弹簧受到的压力为 $F=kx$,k 为常数,则 $\mathrm{d}W=kx\mathrm{d}x$.

(3) $W=\int_0^{0.06}kx\mathrm{d}x=k\cdot\frac{x^2}{2}\Big|_0^{0.06}=0.0018k(\mathrm{J})$

例 4 一质点作直线运动的位移函数为 $S=2t^2$,若介质的阻力与质点运动速度的平方成正比,求质点由 $S=0$ 到 $S=a$ 时克服阻力所做的功.

解 如图 5-40,建立坐标系,单位:m.

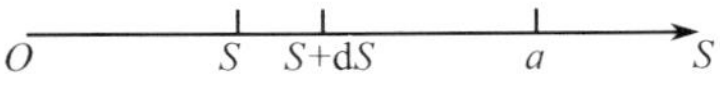

图 5-40

(1) 在 $[0,a]$ 内任取一个小区间 $[S,S+\mathrm{d}S]$.

(2) 求出功 W 在 $[S,S+\mathrm{d}S]$ 上的部分量 ΔW 的近似值,即求出 $\mathrm{d}W$.

在点 S 处,速度为 $4t$,质点受到的阻力为 $k(4t)^2=16kt^2$,k 为常数.因为 $S=2t^2$,所以在点 S 处质点受到的阻力为 $8kS$.所以 $\mathrm{d}W=8kS\mathrm{d}S$.

(3)
$$W=\int_0^a 8kS\mathrm{d}S=8k\frac{S^2}{2}\Big|_0^a=4ka^2$$

例 5 一平面薄板垂直插入水中,其形状为由直线 AOB 与抛物线 AQB 围成的图形,OQ 为对称轴(如图 5-41).设 $AO=OB=a$m,$OQ=h$m,AB 与水平面相齐.求该薄板单侧所受到的水压力.

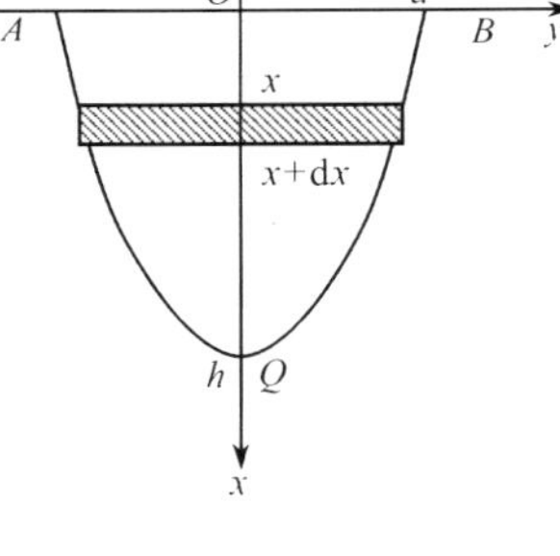

图 5-41

解 先求出抛物线的方程.设抛物线的方程为 $(x-h)=Ay^2$(A 为常数).

因为 $x=0$ 时,$y=a$,所以 $-h=Aa^2$,即 $A=-\frac{h}{a^2}$.所以抛物线的方程为

$$x-h=-\frac{h}{a^2}y^2$$

则弧 QB 的方程为

$$y=\frac{a}{\sqrt{h}}\sqrt{h-x}$$

(1) 在 $[0,h]$ 上任取一个小区间 $[x,x+\mathrm{d}x]$.

(2) 求出 F 在 $[x,x+\mathrm{d}x]$ 上的部分量 ΔF 的近似值,即求出 $\mathrm{d}F$.

在 $[x,x+\mathrm{d}x]$ 上,薄板单侧受到的水的压力约为 $\rho gx\cdot 2\frac{a}{\sqrt{h}}\sqrt{h-x}\mathrm{d}x$,即

$$\mathrm{d}F=\rho gx\cdot 2\frac{a}{\sqrt{h}}\sqrt{h-x}\mathrm{d}x$$

(3) $$F=\int_0^h \rho g x\cdot 2\frac{a}{\sqrt{h}}\sqrt{h-x}\,\mathrm{d}x=\frac{2a\rho g}{\sqrt{h}}\int_0^h x\sqrt{h-x}\,\mathrm{d}x$$

令$\sqrt{h-x}=t$,则$x=h-t^2$,$\mathrm{d}x=-2t\mathrm{d}t$.$x=0$时,$t=\sqrt{h}$;$x=h$时,$t=0$.

$$F=\frac{2a\rho g}{\sqrt{h}}\int_{\sqrt{h}}^0 (h-t^2)\cdot t\cdot(-2t)\,\mathrm{d}t=\frac{2a\rho g}{\sqrt{h}}\int_{\sqrt{h}}^0 (2t^4-2ht^2)\,\mathrm{d}t$$

$$=\frac{2a\rho g}{\sqrt{h}}\left(\frac{2}{5}t^5-\frac{2}{3}ht^3\right)\Bigg|_{\sqrt{h}}^0=\frac{8}{15}a\rho g h^2=\frac{1600}{3}gah^2(\mathrm{N})$$

例6 一密度均匀的薄片,其边界由抛物线$y^2=ax$与直线$x=a$围成,求此薄片的质心.

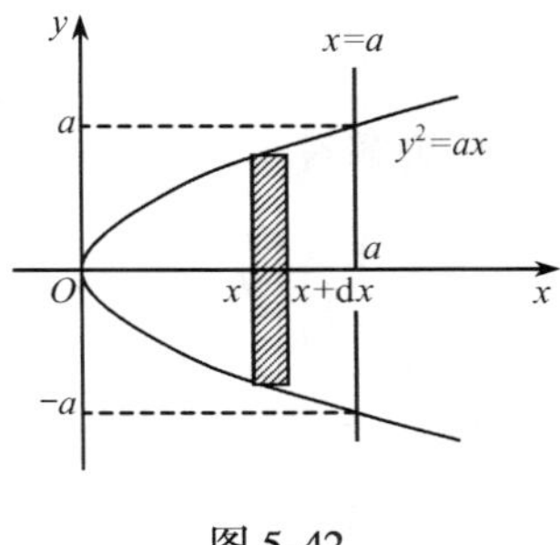

图5-42

解 不妨设$a>0$,如图5-42,并设均匀薄片的面密度为ρ,先计算均匀薄片的总质量M,

$$M=\rho\int_{-a}^a\left(a-\frac{y^2}{a}\right)\mathrm{d}y$$

$$=\rho\left(ay-\frac{1}{3a}y^3\right)\Bigg|_{-a}^a=\frac{4}{3}\rho a^2$$

再计算均匀薄片对x轴和y轴的静力矩M_x和M_y,用微元法.

(1) 在$[0,a]$内任取一个小区间$[x,x+\mathrm{d}x]$.

(2) 求出M_x和M_y在$[x,x+\mathrm{d}x]$上的部分量ΔM_x和ΔM_y近似值,即求出$\mathrm{d}M_x$和$\mathrm{d}M_y$.

$$\mathrm{d}M_x=\rho\cdot 2\sqrt{ax}\,\mathrm{d}x\cdot 0=0$$

$$\mathrm{d}M_y=\rho\cdot 2\sqrt{ax}\,\mathrm{d}x\cdot x=2\rho x\sqrt{ax}\,\mathrm{d}x$$

(3) $$M_x=\int_0^a 0\,\mathrm{d}x=0$$

$$M_y=\int_0^a 2\rho x\sqrt{ax}\,\mathrm{d}x=2\rho\sqrt{a}\int_0^a x\sqrt{x}\,\mathrm{d}x=2\rho\sqrt{a}\cdot\frac{2}{5}x^{\frac{5}{2}}\Bigg|_0^a=\frac{4}{5}\rho a^3$$

$$\bar{x}=\frac{M_y}{M}=\frac{\frac{4}{5}\rho a^3}{\frac{4}{3}\rho a^2}=\frac{3}{5}a,\ \bar{y}=\frac{M_x}{M}=\frac{0}{\frac{4}{3}\rho a^2}=0$$

即质心为$\left(\frac{3}{5}a,0\right)$.

例7 一物体以初速度$V_0=10(\mathrm{cm/s})$自由下落,经过t秒后,其速度$V(t)=V_0+gt(\mathrm{m/s})$,试计算最初5秒内的平均速度.

解 $$\bar{V}=\frac{1}{5}\int_0^5(0.1+gt)\,\mathrm{d}t=\frac{1}{5}\left(0.1t+\frac{1}{2}gt^2\right)\Bigg|_0^5=0.1+\frac{5}{2}g=24.6(\mathrm{m/s})$$

5.3 解题常见错误剖析

例1 求下列函数的导数:

(1) $\int_0^{\cos 3x} e^{t^2}dt$;　　(2) $\int_0^x x^2 f(t)dt$(其中$f(t)$是连续函数)

常见错误 (1) $\frac{d}{dx}\int_0^{\cos 3x} e^{t^2}dt = e^{\cos^2 3x}$; (2) $\frac{d}{dx}\int_0^x x^2 f(t)dt = x^2 f(x)$.

错误分析 (1)中的变上限积分不属于$\int_a^x f(t)dt$的情况,而是属于$\int_a^{g(x)} f(t)dt$的情况,因此不能用公式$\frac{d}{dx}\int_a^x f(t)dt = f(x)$,而要用公式$\frac{d}{dx}\int_a^{g(x)} f(t)dt = f[g(x)]\cdot g'_x(x)$. (2)中在变上限积分$\int_0^x x^2 f(t)dt$中$x^2$应先看作常数提到积分符号前面$x^2\int_0^x f(t)dt$,然后再求导数.

正确解答 (1) $\frac{d}{dx}\int_0^{\cos 3x} e^{t^2}dt = -3\sin 3x e^{\cos^2 3x}$.

(2) $\frac{d}{dx}\int_0^x x^2 f(t)dt = \frac{d}{dt}\left[x^2\int_0^x f(t)dt\right] = 2x\int_0^x f(t)dt + x^2 f(x)$.

例 2 计算$\int_{-1}^1 \frac{1}{x^2}dx$.

常见错误 $\int_{-1}^1 \frac{1}{x^2}dx = -\frac{1}{x}\Big|_{-1}^1 = -2$.

错误分析 这个问题的错误在于忽略了被积函数$\frac{1}{x^2}$在$[-1,1]$上是无界函数,$x=0$是一个奇点,因此这属于无界函数的广义积分. 定积分和无界函数的广义积分在外形上是相同的,都具有形式$\int_a^b f(x)dx$,因此只要拿到形如$\int_a^b f(x)dx$的积分,一定要先判断一下它是定积分还是广义积分.

正确解答 被积函数$\frac{1}{x^2}$在$[-1,1]$内除了0点外都连续,且$\lim\limits_{x\to 0}\frac{1}{x^2}=\infty$.

$$\begin{aligned}\int_{-1}^1 \frac{dx}{x^2} &= \int_{-1}^0 \frac{dx}{x^2} + \int_0^1 \frac{dx}{x^2} = \lim_{\varepsilon_1\to 0+}\int_{-1}^{0-\varepsilon_1}\frac{dx}{x^2} + \lim_{\varepsilon_2\to 0+}\int_{0+\varepsilon_2}^1 \frac{dx}{x^2}\\ &= \lim_{\varepsilon_1\to 0+}\left(-\frac{1}{x}\right)\Big|_{-1}^{-\varepsilon_1} + \lim_{\varepsilon_2\to 0+}\left(-\frac{1}{x}\right)\Big|_{\varepsilon_2}^1\\ &= \lim_{\varepsilon_1\to 0+}\left(\frac{1}{\varepsilon_1}-1\right) + \lim_{\varepsilon_2\to 0+}\left(-1+\frac{1}{\varepsilon_2}\right)\end{aligned}$$

因为以上两个极限都不存在,所以$\int_{-1}^1 \frac{dx}{x^2}$发散.

例 3 计算下列定积分:

(1) $\int_{-1}^1 \frac{1}{1+x^2}dx$;　　(2) $\int_{-1}^1 x^4 dx$.

常见错误 (1) $\int_{-1}^1 \frac{1}{1+x^2}dt \overset{x=\frac{1}{t}}{=\!=\!=} -\int_{-1}^1 \frac{1}{1+t^2}dt = -\int_{-1}^1 \frac{1}{1+x^2}dx$,移项得$\int_{-1}^1 \frac{1}{1+x^2}dx = 0$.

(2) $\int_{-1}^1 x^4 dx \overset{x^2=t}{=\!=\!=} \frac{1}{2}\int_1^1 t^{\frac{3}{2}}dt = 0$.

错误分析 (1) 这个结果显然是错误的,因为在 $[-1,1]$ 上被积函数 $\frac{1}{1+x^2}>0$,所以 $\int_{-1}^{1}\frac{1}{1+x^2}dx>0$. 错误的原因是代换变量 $x=\varphi(t)=\frac{1}{t}$ 在 $[-1,1]$ 上无界且不连续,同时 $\varphi'(t)$ 在 $[-1,1]$ 上也不连续.

(2) 这个结果显然也是错误的,因为在 $[-1,1]$ 上除了 $x=0$ 点外被积函数 $x^4>0$,所以 $\int_{-1}^{1}x^4dx>0$. 错误的原因在于代换变量 $x^2=t$ 不是单值函数,对任何一个单值支 $x=\sqrt{t}$(或 $x=-\sqrt{t}$)不存在 t 值,使对应 x 满足 $-1\leqslant x<0$(或 $0<x\leqslant 1$).

在使用第二类换元法来计算定积分 $\int_a^b f(x)dx$ 时,一定要注意所选择的代换变量 $x=\varphi(t)$ 必须满足在 $[\varphi^{-1}(a),\varphi^{-1}(b)]$ 上单调、可导,且 $\varphi'(t)$ 在 $[\varphi^{-1}(a),\varphi^{-1}(b)]$ 上连续.

正确解答 (1) $\int_{-1}^{1}\frac{1}{1+x^2}dx=\arctan x\Big|_{-1}^{1}=\frac{\pi}{2}$.

(2) $\int_{-1}^{1}x^4dx=\frac{1}{5}x^5\Big|_{-1}^{1}=\frac{2}{5}$.

例4 计算 $\int_0^{\pi}\sqrt{\sin x-\sin^3 x}\,dx$.

常见错误
$$\int_0^{\pi}\sqrt{\sin x-\sin^3 x}\,dx=\int_0^{\pi}\sqrt{\sin x\cos^2 x}\,dx=\int_0^{\pi}\sqrt{\sin x}\cos x dx$$
$$=\int_0^{\pi}\sqrt{\sin x}\,d\sin x=\frac{2}{3}(\sin x)^{\frac{3}{2}}\Big|_0^{\pi}=0$$

错误分析 错误的原因在于

$$\sqrt{\cos^2 x}=|\cos x|=\begin{cases}\cos x, 0\leqslant x\leqslant\frac{\pi}{2}\\ -\cos x, \frac{\pi}{2}<x\leqslant\pi\end{cases}$$

因此被积函数

$$\sqrt{\sin x-\sin^3 x}=\sqrt{\sin x\cos^2 x}=\sqrt{\sin x}\,|\cos x|=\begin{cases}\sqrt{\sin x}\cos x, 0\leqslant x\leqslant\frac{\pi}{2}\\ -\sqrt{\sin x}\cos x, \frac{\pi}{2}<x\leqslant\pi\end{cases}$$

属于分段函数,应该用分段点 $x=\frac{\pi}{2}$ 把积分区间 $[0,\pi]$ 拆成两段,再进行计算.

正确解答
$$\int_0^{\pi}\sqrt{\sin x-\sin^3 x}\,dx$$
$$=\int_0^{\pi}\sqrt{\sin x\cos^2 x}\,dx=\int_0^{\pi}\sqrt{\sin x}\,|\cos x|\,dx$$
$$=\int_0^{\frac{\pi}{2}}\sqrt{\sin x}\,|\cos x|\,dx+\int_{\frac{\pi}{2}}^{\pi}\sqrt{\sin x}\,|\cos x|\,dx$$
$$=\int_0^{\frac{\pi}{2}}\sqrt{\sin x}\cos x dx-\int_{\frac{\pi}{2}}^{\pi}\sqrt{\sin x}\cos x dx$$

$$= \int_0^{\frac{\pi}{2}} \sqrt{\sin x}\, \mathrm{d}\sin x - \int_{\frac{\pi}{2}}^{\pi} \sqrt{\sin x}\, \mathrm{d}\sin x$$

$$= \frac{2}{3}(\sin x)^{\frac{3}{2}}\Big|_0^{\frac{\pi}{2}} - \frac{2}{3}(\sin x)^{\frac{3}{2}}\Big|_{\frac{\pi}{2}}^{\pi} = \frac{4}{3}$$

例 5 计算：(1) $\int_{-\infty}^{+\infty} \frac{x}{\sqrt{1+x^2}}\mathrm{d}x$； (2) $\int_{-1}^{1} \frac{1}{x}\mathrm{d}x$.

常见错误 (1) 因为被积函数 $\frac{x}{\sqrt{1+x^2}}$ 是奇函数，所以 $\int_{-\infty}^{+\infty} \frac{x}{\sqrt{1+x^2}}\mathrm{d}x = 0$.

(2) 因为被积函数 $\frac{1}{x}$ 是奇函数，所以 $\int_{-1}^{1} \frac{1}{x}\mathrm{d}x = 0$.

错误分析 错误的原因在于“连续的奇函数在对称区间上的积分值为零”这个结论对于定积分是成立的，但是对于广义积分不一定成立.

正确解答 (1) $\int_{-\infty}^{+\infty} \frac{x}{\sqrt{1+x^2}}\mathrm{d}x$

$$= \int_{-\infty}^{0} \frac{x}{\sqrt{1+x^2}}\mathrm{d}x + \int_{0}^{+\infty} \frac{x}{\sqrt{1+x^2}}\mathrm{d}x$$

$$= \lim_{a\to-\infty}\int_{a}^{0} \frac{x}{\sqrt{1+x^2}}\mathrm{d}x + \lim_{b\to+\infty}\int_{0}^{b} \frac{x}{\sqrt{1+x^2}}\mathrm{d}x$$

$$= \frac{1}{2}\lim_{a\to-\infty}\int_{a}^{0} \frac{1}{\sqrt{1+x^2}}\mathrm{d}(1+x^2) + \frac{1}{2}\lim_{b\to+\infty}\int_{0}^{b} \frac{1}{\sqrt{1+x^2}}\mathrm{d}(1+x^2)$$

$$= \lim_{a\to-\infty}\sqrt{1+x^2}\Big|_a^0 + \lim_{b\to+\infty}\sqrt{1+x^2}\Big|_0^b$$

$$= \lim_{a\to-\infty}(1-\sqrt{1+a^2}) + \lim_{b\to+\infty}(\sqrt{1+b^2}-1)$$

以上两个极限均不存在，所以 $\int_{-\infty}^{+\infty} \frac{x}{\sqrt{1+x^2}}\mathrm{d}x$ 发散.

(2) $\int_{-1}^{1} \frac{1}{x}\mathrm{d}x = \int_{-1}^{0} \frac{1}{x}\mathrm{d}x + \int_{0}^{1} \frac{1}{x}\mathrm{d}x = \lim_{\varepsilon_1\to0+}\int_{-1}^{-\varepsilon_1} \frac{1}{x}\mathrm{d}x + \lim_{\varepsilon_2\to0+}\int_{\varepsilon_2}^{1} \frac{1}{x}\mathrm{d}x$

$$= \lim_{\varepsilon_1\to0+}\ln|x|\Big|_{-1}^{-\varepsilon_1} + \lim_{\varepsilon_2\to0+}\ln|x|\Big|_{\varepsilon_2}^{1} = \lim_{\varepsilon_1\to0+}\ln\varepsilon_1 - \lim_{\varepsilon_2\to0+}\ln\varepsilon_2$$

以上两个极限均不存在，所以 $\int_{-1}^{1} \frac{1}{x}\mathrm{d}x$ 发散.

例 6 计算：(1) $\int_{-1}^{1} \frac{1}{x}\mathrm{d}x$； (2) $\int_{0}^{2} \frac{\mathrm{d}x}{x^2-4x+3}$.

常见错误 (1) $\int_{-1}^{1} \frac{1}{x}\mathrm{d}x$

$$= \int_{-1}^{0} \frac{1}{x}\mathrm{d}x + \int_{0}^{1} \frac{1}{x}\mathrm{d}x = \lim_{\varepsilon\to0+}\int_{-1}^{-\varepsilon} \frac{1}{x}\mathrm{d}x + \lim_{\varepsilon\to0+}\int_{\varepsilon}^{1} \frac{1}{x}\mathrm{d}x$$

$$= \lim_{\varepsilon\to0+}\left[\int_{-1}^{-\varepsilon} \frac{1}{x}\mathrm{d}x + \int_{\varepsilon}^{1} \frac{1}{x}\mathrm{d}x\right]$$

$$= \lim_{\varepsilon\to0+}\left[\ln|x|\Big|_{-1}^{-\varepsilon} + \ln|x|\Big|_{\varepsilon}^{1}\right]$$

$$=\lim_{\varepsilon\to0+}[\ln\varepsilon-\ln1+\ln1-\ln\varepsilon]=0$$

(2) $\int_0^2\frac{dx}{x^2-4x+3}=\int_0^1\frac{dx}{x^2-4x+3}+\int_1^2\frac{dx}{x^2-4x+3}$

$$=\lim_{\varepsilon\to0+}\int_0^{1-\varepsilon}\frac{dx}{x^2-4x+3}+\lim_{\varepsilon\to0+}\int_{1+\varepsilon}^2\frac{dx}{x^2-4x+3}$$

$$=\lim_{\varepsilon\to0+}\left[\int_0^{1-\varepsilon}\frac{dx}{x^2-4x+3}+\int_{1+\varepsilon}^2\frac{dx}{x^2-4x+3}\right]$$

$$=\lim_{\varepsilon\to0+}\left[\int_0^{1-\varepsilon}\frac{1}{2}\left(\frac{1}{1-x}-\frac{1}{3-x}\right)dx+\int_{1+\varepsilon}^2\frac{1}{2}\left(\frac{1}{1-x}-\frac{1}{3-x}\right)dx\right]$$

$$=\lim_{\varepsilon\to0+}\frac{1}{2}[-\ln\varepsilon+\ln(2+\varepsilon)-\ln3+\ln\varepsilon-\ln(2-\varepsilon)]=-\frac{\ln3}{2}$$

错误分析 这两个问题的错误是相同的,比如在(1)中就错误的认为 $\lim\limits_{\varepsilon\to0+}\int_{-1}^{-\varepsilon}\frac{1}{x}dx$ 和 $\lim\limits_{\varepsilon\to0+}\int_{\varepsilon}^{1}\frac{1}{x}dx$ 中的 ε 是同一个 ε,实际上是不同的,应该用 ε_1 和 ε_2 加以区分.

正确解答 (1) 见例5.

(2) $\int_0^2\frac{dx}{x^2-4x+3}=\int_0^1\frac{dx}{x^2-4x+3}+\int_1^2\frac{dx}{x^2-4x+3}$

$$=\lim_{\varepsilon_1\to0+}\int_0^{1-\varepsilon_1}\frac{dx}{x^2-4x+3}+\lim_{\varepsilon_2\to0+}\int_{1+\varepsilon_2}^2\frac{dx}{x^2-4x+3}$$

而

$$\lim_{\varepsilon_1\to0+}\int_0^{1-\varepsilon_1}\frac{dx}{x^2-4x+3}=\lim_{\varepsilon_1\to0+}\int_0^{1-\varepsilon_1}\frac{1}{2}\left(\frac{1}{1-x}-\frac{1}{3-x}\right)dx$$

$$=\lim_{\varepsilon_1\to0+}\frac{1}{2}[-\ln\varepsilon_1+\ln(2+\varepsilon_1)-\ln3]=+\infty$$

所以 $\int_0^2\frac{dx}{x^2-4x+3}$ 发散.

5.4 强化训练

强化训练5.1

1. 单项选择题:

(1) 已知 $\int_a^x e^t dt=e^x-2$,则 $a=($ $)$.

A. 2 B. -2

C. ln2 D. -ln2

(2) 已知函数 $f(x)$ 在闭区间 $[a,b]$ 上连续,S 表示由曲线 $y=f(x)$ 及直线 $x=a,x=b$ 与 $y=0$ 围成的图形面积,则 $S=($ $)$.

A. $\int_a^b f(x)dx$ B. $-\int_a^b f(x)dx$

C. $\int_a^b |f(x)|\mathrm{d}x$　　　　D. $\left|\int_a^b f(x)\mathrm{d}x\right|$

(3) 设 $a=\int_0^1 \mathrm{e}^x\mathrm{d}x, b=\int_0^1 \mathrm{e}^{x^2}\mathrm{d}x$, 则(　　).

A. $a=b$　　　　B. $a>b$

C. $a<b$　　　　D. $a\leqslant b$

(4) 下列积分值为零的是(　　).

A. $\int_{-1}^2 x\mathrm{d}x$　　　　B. $\int_{-1}^1 x\sin^2x\mathrm{d}x$

C. $\int_{-1}^1 x\sin x\mathrm{d}x$　　　　D. $\int_{-1}^1 x^2\sin^2x\mathrm{d}x$

(5) 若 $\int_0^k(2x-3x^2)\mathrm{d}x=0$,则 $k=$(　　).

A. -1　　　　B. 2

C. 1 或 0　　　　D. $\frac{3}{2}$

(6) 若 $\int_0^1(2x+k)\mathrm{d}x=2$,则 $k=$(　　).

A. 0　　　　B. -1

C. 1　　　　D. $\frac{1}{2}$

(7) 设函数 $y=\int_0^x(t-1)\mathrm{d}t$,则 y 有(　　).

A. 极小值$\frac{1}{2}$　　　　B. 极小值$-\frac{1}{2}$

C. 极大值$\frac{1}{2}$　　　　D. 极大值$-\frac{1}{2}$

(8) 下列各式中不正确的是(　　).

A. $\frac{\mathrm{d}}{\mathrm{d}x}\int_0^b f(x)\mathrm{d}x=f(x)$　　　　B. $\frac{\mathrm{d}}{\mathrm{d}x}\int_0^x F'(x)\mathrm{d}x=F'(x)$

C. $\int f'(x)\mathrm{d}x=f(x)+C$　　　　D. $\frac{\mathrm{d}}{\mathrm{d}x}\int f(x)\mathrm{d}x=f(x)$

(9) 下列各式中正确的是(　　).

A. $\int f'(x)\mathrm{d}x=f(x)$　　　　B. $\frac{\mathrm{d}}{\mathrm{d}x}\int_a^b f(x)\mathrm{d}x=f(x)$

C. $\mathrm{d}\int f(x)\mathrm{d}x=f(x)$　　　　D. $\frac{\mathrm{d}}{\mathrm{d}x}\int f(x)\mathrm{d}x=f(x)$

(10) $f(x),g(x)$ 在$[a,b]$上可积,则下列结论不正确的是(　　).

A. $\int_a^b[f(x)+g(x)]\mathrm{d}x=\int_a^b f(x)\mathrm{d}x+\int_a^b g(x)\mathrm{d}x$

B. 若 $c\in(a,b)$,则$\int_a^b f(x)\mathrm{d}x=\int_a^c f(x)\mathrm{d}x+\int_c^b f(x)\mathrm{d}x$

C. 若对任意 $x\in[a,b]$,$f(x)\neq g(x)$,则$\int_a^b f(x)\mathrm{d}x\neq\int_a^b g(x)\mathrm{d}x$

D. 若 $f(x)$ 在 $[a,b]$ 上连续,则 $\int_a^x f(t)\,dt$ 是 $f(x)$ 的一个原函数

(11) $\int_0^3 |2-x|\,dx=($　　$)$.

A. $\frac{5}{2}$　　B. $\frac{1}{2}$

C. $\frac{3}{2}$　　D. $\frac{2}{3}$

(12) $\int_1^0 f'(3x)\,dx=($　　$)$.

A. $\frac{1}{3}[f(0)-f(3)]$　　B. $f(0)-f(3)$

C. $f(3)-f(0)$　　D. $\frac{1}{3}[f(3)-f(0)]$

(13) 如果 $\Phi(x)=\int_x^2 \sqrt{2+t^2}\,dt$,那么 $\Phi'(1)=($　　$)$.

A. $-\sqrt{3}$　　B. $\sqrt{3}$

C. $\sqrt{6}-\sqrt{3}$　　D. $\sqrt{3}-\sqrt{6}$

(14) 如果 $f(x)$ 为可导函数,且 $f(0)=0, f'(0)=2$,那么 $\lim\limits_{x\to 0}\frac{\int_0^x f(t)\,dt}{x^2}$ (　　).

A. 0　　B. 1

C. 2　　D. 不存在

(15) 设函数 $\Phi(x)=\int_0^{x^2} te^{-t}\,dt$,则 $\Phi'(x)=($　　$)$.

A. xe^{-x}　　B. $-xe^{-x}$

C. $2x^3e^{-x^2}$　　D. $-2x^3e^{-x^2}$

(16) $\int_{-1}^1 \frac{1}{x^2}\,dx=($　　$)$.

A. 发散　　B. 2

C. -2　　D. 0

(17) 下列广义积分中收敛的是(　　).

A. $\int_0^1 \frac{dx}{x}$　　B. $\int_0^1 \frac{dx}{\sqrt{x}}$

C. $\int_0^{+\infty} \frac{dx}{x}$　　D. $\int_0^{+\infty} \frac{dx}{\sqrt{x}}$

(18) $\int_0^{+\infty} e^{-x}\,dx=($　　$)$.

A. 不收敛　　B. 1

C. -1　　D. 0

(19) 广义积分 $\int_0^{+\infty} xe^{-x}\,dx=($　　$)$.

A. 1　　B. -1

C. e　　D. 发散

(20) 下列广义积分收敛的是(　　).

A. $\int_1^{+\infty}\cos x\mathrm{d}x$　　B. $\int_1^{+\infty}\frac{1}{x^3}\mathrm{d}x$

C. $\int_1^{+\infty}\ln x\mathrm{d}x$　　D. $\int_1^{+\infty}\mathrm{e}^x\mathrm{d}x$

(21) 曲线 $y=x^2-2x+4$ 上点 $M_0(0,4)$ 处的切线 M_0T 与曲线 $y^2=2(x-1)$ 所围图形的面积 $S=$(　　).

A. $\frac{9}{4}$　　B. $\frac{4}{9}$

C. $\frac{13}{12}$　　D. $\frac{21}{4}$

2. 填空题:

(1) $\int_{-1}^{1}xf(x^2)\mathrm{d}x=$ ________.

(2) 已知 $f(x)=|x|$,则 $\int_{-1}^{0}f(x)\mathrm{d}x=$ ________.

(3) $\int_{-1}^{1}f(\cos x)\mathrm{d}x=4$,则 $\int_{0}^{1}f(\cos x)\mathrm{d}x=$ ________.

(4) $\int_{\mathrm{e}}^{\mathrm{e}^2}\frac{\ln x}{x}\mathrm{d}x=$ ________.

(5) 已知 $f(x)=\int_0^{x^2}\frac{\sin t}{1+t}\mathrm{d}t$,则 $f'(x)=$ ________.

(6) 已知 $f(x)=\int_{x^2}^{0}\tan t\mathrm{d}t$,则 $f'(x)=$ ________.

(7) $\mathrm{d}\left[\int_0^{100}\frac{x}{1+x^3}\mathrm{d}x\right]=$ ________.

(8) $\int_{-1}^{1}\frac{x^4\sin x}{x^4+x^2+1}\mathrm{d}x=$ ________.

(9) $\frac{\mathrm{d}}{\mathrm{d}x}\left(\int_0^{x^2}\cos t^2\mathrm{d}t\right)=$ ________.

(10) 设 $f(x)$ 在 x_0 点连续,则 $\lim\limits_{x\to x_0}\frac{\int_{x_0}^{x}f(x)\mathrm{d}x}{x-x_0}=$ ________.

(11) $\frac{\mathrm{d}}{\mathrm{d}x}\int_a^b f(t)\mathrm{d}t=$ ________.

(12) $\frac{\mathrm{d}}{\mathrm{d}a}\int_a^b f(t)\mathrm{d}t=$ ________.

(13) $\frac{\mathrm{d}}{\mathrm{d}b}\int_a^b f(t)\mathrm{d}t=$ ________.

(14) $\dfrac{d}{da}\int_a^b \sin x^2 dx =$ ________.

(15) 设 $f(x)$ 的一个原函数为 $\sin x$，则 $\int x f''(x)dx =$ ________.

(16) 设 $f(x)$ 在积分区间上连续，则 $\int_{-a}^{a} x^2[f(x) - f(-x)]dx =$ ________.

(17) $\int_{-\frac{\pi}{2}}^{\frac{\pi}{2}} \sqrt{1-\cos 2x}\, dx =$ ________.

(18) 设 $g(x) = x\int_0^x f(t)dt$，则 $g'(x) =$ ________.

(19) 曲线 $y = \int_0^x (t-1)(t+1)dt$ 在(0,0) 点的切线方程为________.

(20) $\dfrac{d}{dx}\int_0^{\cos 3x} f(t)dt =$ ________.

(21) $\int_{-a}^{a} x[f(x) + f(-x)]dx =$ ________.

(22) 设 $f(x)$ 为奇函数且连续，又 $F(x) = \int_0^x f(t)dt$，则 $F(-x) =$ ________.

(23) $\int_0^{+\infty} e^{-ax} dx =$ ________ $(a > 0)$.

3. 计算题：

(1) 不计算积分值，估计下列各积分值的范围.

① $\int_2^0 e^{x^2-x} dx$；　② $\int_1^2 \dfrac{x}{1+x^2} dx$；　③ $\int_0^{\frac{1}{2}} \dfrac{1}{\sqrt{1-x^2}} dx$；

④ $\int_0^2 \dfrac{dx}{2+x}$；　⑤ $\int_{\frac{\pi}{4}}^{\frac{\pi}{2}} \dfrac{\sin x}{x} dx$.

(2) 不计算积分值，比较下列各组积分值的大小.

① $\int_1^2 x^2 dx$ 与 $\int_1^2 x^3 dx$；　② $\int_1^2 \ln x dx$ 与 $\int_1^2 (\ln x)^2 dx$；

③ $\int_0^{\frac{\pi}{2}} x dx$ 与 $\int_0^{\frac{\pi}{2}} \sin x dx$；　④ $\int_{-\frac{\pi}{2}}^0 \sin x dx$ 与 $\int_0^{\frac{\pi}{2}} \sin x dx$.

(3) 设 $f(x)$ 可导，且 $\lim\limits_{x\to+\infty} f(x) = 1$，求 $\lim\limits_{x\to+\infty}\int_x^{x+2} t\sin\dfrac{3}{t} f(t)dt$.

(4) 计算下列各导数.

① $\dfrac{d}{dx}\int_0^{x^2} \sqrt{1+t^2}\, dt$；　② $\dfrac{d}{dx}\int_{\sqrt{x}}^{x^2} \dfrac{\sin t}{t} dt$.

(5) 设函数 $y = y(x)$ 由方程 $\int_0^{y^2} e^{-t} dt + \int_x^0 \cos t^2 dt = 0$ 所确定，求 $\dfrac{dy}{dx}$.

(6) 求下列极限.

① $\lim\limits_{x\to 0}\dfrac{\int_0^{x^2}\sqrt{1+t^2}\, dt}{x^2}$；　② $\lim\limits_{x\to 0}\dfrac{\int_0^x \cos t^2 dt}{\int_x^0 e^{-t} dt}$；

(7) 设 $y=\int_0^x \sin t\mathrm{d}t$,求 $y'(0),y'\left(\frac{\pi}{4}\right)$.

(8) 设$f(x)$ 在$[0,+\infty)$ 上连续,若$\int_0^{f(x)} t^2\mathrm{d}t=x^2(1+x)$,求$f(2)$.

(9) 计算下列定积分.

① $\int_1^5 \frac{\sqrt{x-1}}{x}\mathrm{d}x$; ② $\int_2^5 \frac{x}{\sqrt{x+1}}\mathrm{d}x$; ③ $\int_0^4 \frac{\mathrm{d}t}{1+\sqrt{t}}$;

④ $\int_{-1}^1 \frac{\mathrm{d}x}{(1+x^2)^2}$; ⑤ $\int_0^1 \frac{\mathrm{d}x}{\sqrt{(1+x^2)^3}}$; ⑥ $\int_0^9 \frac{1}{1+\sqrt{x}}\mathrm{d}x$;

⑦ $\int_0^{\pi}(1-\sin^3\theta)\mathrm{d}\theta$; ⑧ $\int_0^5 \frac{x^3}{x^2+1}\mathrm{d}x$; ⑨ $\int_{-\frac{\pi}{2}}^{\frac{\pi}{2}} \sin x\cos 2x\mathrm{d}x$;

⑩ $\int_0^{\frac{\pi}{4}} \tan^2\theta\mathrm{d}\theta$; ⑪ $\int_0^{\frac{\pi}{2}} \frac{\cos x}{1+\sin^2 x}\mathrm{d}x$; ⑫ $\int_3^8 \frac{x-1}{\sqrt{x+1}}\mathrm{d}x$;

⑬ $\int_0^1 x^2\sqrt{1-x^2}\mathrm{d}x$; ⑭ $\int_0^1 \frac{\sqrt{\mathrm{e}^{-x}}}{\sqrt{\mathrm{e}^x+\mathrm{e}^{-x}}}\mathrm{d}x$; ⑮ $\int_0^2 |1-x|\mathrm{d}x$;

⑯ 设$f(x)=\begin{cases}\sqrt[3]{x}, & 0\leqslant x\leqslant 1\\ \mathrm{e}^{-x}, & 1<x\leqslant 3,\end{cases}$ 求$\int_0^2 f(x)\mathrm{d}x$;

⑰ $\int_0^{\pi} |\sin 2x|\mathrm{d}x$; ⑱ $\int_0^{\pi} \sqrt{\sin x-\sin^3 x}\mathrm{d}x$.

(10) 计算下列定积分.

① $\int_0^1 \mathrm{e}^{\sqrt{x}}\mathrm{d}x$; ② $\int_0^{\pi} x\sin x\mathrm{d}x$; ③ $\int_0^{\pi} x\cdot\frac{1-\cos 2x}{2}\mathrm{d}x$;

④ $\int_0^{\frac{\sqrt{3}}{2}} \arccos x\mathrm{d}x$; ⑤ $\int_0^1 x\mathrm{e}^{-x}\mathrm{d}x$; ⑥ $\int_0^1 \ln(x+1)\mathrm{d}x$;

⑦ $\int_0^{\pi} x^2\cos x\mathrm{d}x$; ⑧ $\int_0^{\frac{\pi}{2}} x\sin 2x\mathrm{d}x$; ⑨ $\int_0^{\frac{\sqrt{3}}{2}} \arcsin x\mathrm{d}x$;

⑩ $\int_0^{2\pi} x\cos^2 x\mathrm{d}x$; ⑪ $\int_0^{\frac{\pi}{2}} \mathrm{e}^x\sin x\mathrm{d}x$; ⑫ $\int_1^2 x\log_2 x\mathrm{d}x$;

⑬ $\int_1^4 \frac{\ln x}{\sqrt{x}}\mathrm{d}x$; ⑭ $\int_{\frac{\pi}{4}}^{\frac{\pi}{3}} \frac{x}{\sin^2 x}\mathrm{d}x$; ⑮ $\int_0^2 \ln\left(x+\sqrt{x^2+1}\right)\mathrm{d}x$;

⑯ $\int_0^1 \frac{\ln(1+x)}{(2-x)^2}\mathrm{d}x$; ⑰ $\int_{\frac{1}{2}}^1 \mathrm{e}^{\sqrt{2x-1}}\mathrm{d}x$; ⑱ $\int_{-1}^0 \mathrm{e}^{\sqrt{x+1}}\mathrm{d}x$;

⑲ $\int_1^{16} \arctan\sqrt{\sqrt{x}-1}\mathrm{d}x$; ⑳ $\int_{\frac{1}{\mathrm{e}}}^{\mathrm{e}} |\ln x|\mathrm{d}x$.

(11) 利用函数的奇偶性计算下列积分.

① $\int_{-2}^2 \frac{x+|x|}{2+x^2}\mathrm{d}x$; ② $\int_{-\pi}^{\pi}\left(\sqrt{1+\cos 2x}+|x|\sin x\right)\mathrm{d}x$.

(12) 已知$f(x)$ 是连续函数,证明:$\int_a^b f(x)\mathrm{d}x=(b-a)\int_0^1 f[a+(b-a)x]\mathrm{d}x$.

(13) 若函数$f(x)$ 在区间$[-a,a]$ 上连续,证明:

① $\int_{-a}^{a} f(x)\mathrm{d}x = \int_{-a}^{a} f(-x)\mathrm{d}x$;

② $\int_{-a}^{a} f(x)\mathrm{d}x = \int_{0}^{a} [f(x) + f(x-a)]\mathrm{d}x$;

③ $\int_{0}^{a} f(x)\mathrm{d}x = \int_{0}^{\frac{a}{2}} [f(x) + f(a-x)]\mathrm{d}x$.

(14) 求下列广义积分.

① $\int_{0}^{+\infty} x^3 \mathrm{e}^{-x}\mathrm{d}x$;

② $\int_{0}^{+\infty} \mathrm{e}^{-pt}\sin\omega t\mathrm{d}t\ (p,\omega > 0)$;

③ $\int_{1}^{\mathrm{e}} \frac{1}{x\sqrt{1-(\ln x)^2}}\mathrm{d}x$;

④ $\int_{1}^{3} \frac{1}{\sqrt{(x-1)(3-x)}}\mathrm{d}x$;

⑤ $\int_{0}^{1} \frac{x\mathrm{d}x}{\sqrt{1-x^2}}$;

⑥ $\int_{0}^{2} \frac{\mathrm{d}x}{(1-x)^2}$;

⑦ $\int_{1}^{2} \frac{x\mathrm{d}x}{\sqrt{x-1}}$;

⑧ $\int_{1}^{+\infty} \frac{\mathrm{d}x}{x(x^2+1)}$;

⑨ $\int_{1}^{2} \frac{\mathrm{d}x}{(x-1)^p}\quad (p > 0)$.

(15) 求下列各曲线所围图形的面积.

1) 求曲线 $y = \frac{x^2}{2}$,直线 $x = 3, x = 6$ 和 x 轴所围成的曲边梯形面积.

2) 计算由曲线 $xy = 2, y - 2x = 0, 2y - x = 0$ 所围成图形的面积.

3) 求 $y = \sin x, y = \cos x, x = 0, x = \frac{\pi}{2}$ 所围成的平面图形的面积.

4) 求 $y = 3 + 2x - x^2$ 与直线 $x = 1, x = 4$ 及 Ox 轴所围成的平面图形的面积.

5) 求由曲线 $y = x^2$ 与 $y = 2 - x^2$ 所围成的平面图形的面积.

6) 求由曲线 $y = \frac{1}{x}$ 与直线 $y = x, y = 2$ 所围成图形的面积.

7) 在闭区间 $\left[0, \frac{\pi}{2}\right]$ 上由曲线 $y = \sin x$ 与直线 $x = 0, y = 1$ 所围成图形的面积.

8) 求由曲线 $y = x^3$ 与 $y = \sqrt[3]{x}$ 所围成图形的面积.

9) 求由曲线 $y = x^3$ 与直线 $x = 0, y = 1$ 所围成图形的面积.

10) 求由曲线 $y = x^2$ 与 $y = 2x + 3$ 所围成图形的面积.

11) 求曲线 $y = \sqrt[3]{x}$ 与直线 $x = 0, y = 1$ 所围成的图形的面积.

12) 求抛物线 $y^2 = 2x$ 与直线 $y = x - 4$ 所围图形的面积.

13) 求椭圆 $\frac{x^2}{a^2} + \frac{y^2}{b^2} = 1$ 的面积 S.

14) 求曲线 $y = x^2$ 与 $y = 4 - x^2$ 所围成的图形面积.

15) 求曲线 $y = \mathrm{e}^x, y = \mathrm{e}^{-x}$ 与直线 $x = 1$ 所围成的图形面积.

16) 求曲线 $y = x^3$ 与直线 $y = 2x$ 所围成的图形面积.

17) 求曲线 $y = x^2$ 与直线 $y = 2x$ 所围成的图形面积.

18) 求曲线 $y = \mathrm{e}^x$ 与直线 $y = \mathrm{e}, x = 0$ 所围成的图形面积.

19) 求曲线 $y = 2x^2, y = x^2$ 与直线 $y = 1$ 所围成的图形面积.

20) 计算由曲线 $y = \ln x$,直线 $x = 0, y = 1, y = 2$ 所围成的平面图形面积.

21) 求由曲线 $y = e^x, y = 1$ 及 $x = 2$ 所围成的平面图形面积.

22) 求抛物线 $y = \frac{1}{4}x^2$ 与在点(2,1)处的法线所围成图形的面积.

23) 抛物线 $y^2 = 2x$ 把图形 $x^2 + y^2 = 8$ 分成两部分,求这两部分面积之比.

(16) 求下列各立体的体积.

1) 求曲线 $y = \sin x$ 和 $y = \cos x$ 与 x 轴在区间 $\left[0, \frac{\pi}{2}\right]$ 上围成的平面图形绕 x 轴旋转一周所产生的旋转体的体积.

2) 求由曲线 $y^2 = x$ 及直线 $x = 1$ 所围成平面图形绕 x 轴旋转所产生立体的体积.

3) 求由曲线 $y = \sqrt{x}, x = 1, x = 4, y = 0$ 所围成的图形绕 x 轴旋转所产生的立体体积.

4) 把抛物线 $y^2 = 4ax$ 及直线 $x = x_0 (x_0 > 0)$ 所围成的图形绕 x 轴旋转,计算所得旋转抛物体的体积.

5) 由 $y = x^3, x = 2, y = 0$ 所围成的图形,分别绕 x 轴及 y 轴旋转,计算所得旋转体的体积.

6) 星形线 $x^{\frac{2}{3}} + y^{\frac{2}{3}} = a^{\frac{2}{3}} (a > 0)$ 绕 x 轴旋转,计算所得旋转体的体积.

7) 求由曲线 $y = x^2, x = y^2$ 所围成的图形绕 y 轴旋转一周所产生的旋转体的体积.

8) 求由圆 $x^2 + (y - 5)^2 = 16$ 绕 x 轴旋转而成的环体的体积.

9) 求曲线 $y = e^x (x \leqslant 0), x = 0, y = 0$ 所围成图形绕 x 轴及 y 轴旋转所得的立体体积.

10) 求曲线 $y = x^2, y = \frac{1}{x}$ 与 $x = 2$ 所围成的图形绕 x 旋转所得立体的体积.

(17) 求下列平面曲线的弧长.

1) 计算 $y = \frac{1}{3}\sqrt{x}(3 - x)$ 上相应于 $1 \leqslant x \leqslant 3$ 的一段弧的弧长.

2) 计算渐伸线 $\begin{cases} x = a(\cos t + t\sin t) \\ y = a(\sin t - t\cos t) \end{cases}$ 上相应于 t 从 0 变到 π 的一段弧长.

3) 求曲线 $\begin{cases} x = \arctan t \\ y = \frac{1}{2}\ln(1 + t^2) \end{cases}$ 自 $t = 0$ 到 $t = 1$ 的一段弧长.

4) 求曲线 $r\theta = 1$ 相应于 $\theta = \frac{3}{4}$ 至 $\theta = \frac{4}{3}$ 的一段弧长.

(18) 有一质点按规律 $x = t^3$ 作直线运动,介质阻力与速度成正比,求质点从 $x = 0$ 移到 $x = 1$ 时,克服介质阻力所做的功.

(19) 弹簧伸长的长度与受到的力成正比,若 9.8N 的力能使弹簧伸长 1cm,现把弹簧拉长 10cm,问需做多少功?

(20) 有一形如圆台的水桶盛满了水,如果桶高 3m,上、下底的半径分别为 1m 和 2m,试计算将桶中水吸尽所做的功($g = 9.8$).

(21) 某水库的放水闸门为一等腰梯形,高 10m,上顶宽 6m,下底宽 2m. 若闸门上顶沉没于水面下 5m,计算闸门所受的压力($g=9.8$).

(22) 船的铅直侧壁上有一直径为 30cm 的圆形玻璃窗,当其面积的一半没入水中时,试计算没入水中玻璃窗上所受的压力($g=9.8$).

(23) 在直径为 1m,高为 2m 的直立圆桶内充满了水,试求圆桶侧壁上所受的压力,($g=9.8$).

(24) 如图 5-43,求密度均匀的直角三角形薄片的质心.

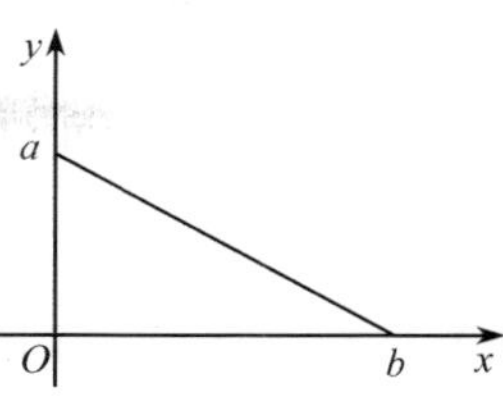

图 5-43

强化训练 5.2

1. 利用定积分的定义计算下列定积分:

(1) $\int_a^b x\mathrm{d}x \quad (a<b)$;　　(2) $\int_0^1 \mathrm{e}^x\mathrm{d}x$.

(提示:采用对区间等分法,ξ_i 可取每个小区间的左或右端点)

2. 利用定积分的定义计算下列定积分:

(1) $\int_0^1 2x\mathrm{d}x$;　　(2) $\int_0^R \sqrt{R^2-x^2}\mathrm{d}x$;　　(3) $\int_{-\pi}^{\pi}\sin x\mathrm{d}x$.

3. 证明性质 6 及其推论.

4. 不计算积分值,估计下列各积分值的范围:

(1) $\int_1^4 (1+x^2)\mathrm{d}x$;　　(2) $\int_{\frac{\pi}{4}}^{\frac{5\pi}{4}} (1+\sin^2 x)\mathrm{d}x$;

(3) $\int_0^1 \mathrm{e}^{\frac{x}{2}}\mathrm{d}x$　　(4) $\int_0^1 \ln(1+x)\mathrm{d}x$.

5. 不计算积分值,试比较下列各组积分值的大小:

(1) $\int_0^1 x\mathrm{d}x$ 与 $\int_0^1 x^2\mathrm{d}x$;　　(2) $\int_0^1 \mathrm{e}^x\mathrm{d}x$ 与 $\int_0^1 \mathrm{e}^{x^2}\mathrm{d}x$;

(3) $\int_0^1 x\mathrm{d}x$ 与 $\int_0^1 \ln(1+x)\mathrm{d}x$;　　(4) $\int_0^1 \mathrm{e}^x\mathrm{d}x$ 与 $\int_0^1 \ln(1+x)\mathrm{d}x$.

6. 证明 $1<\int_0^{\frac{\pi}{2}}\frac{\sin x}{x}\mathrm{d}x<\frac{\pi}{2}$.

强化训练 5.3

1. 求由参数表达式 $x=\int_0^t \sin u\mathrm{d}u, y=\int_0^t \cos u\mathrm{d}u$ 所确定的函数 y 对 x 的导数 $\frac{\mathrm{d}y}{\mathrm{d}x}$.

2. 求由 $\int_0^y \mathrm{e}^t\mathrm{d}t+\int_0^x \cos t\mathrm{d}t=0$ 所确定的隐函数 y 对 x 的导数 $\frac{\mathrm{d}y}{\mathrm{d}x}$.

3. 求函数 $\Phi(x)=\int_0^x t\mathrm{e}^{-t^2}\mathrm{d}t$ 的极值.

4. 求函数 $\Phi(x)=\int_{-x}^{2x}\mathrm{e}^t\mathrm{d}t$ 的二阶导数.

5. 求$\lim\limits_{x\to 0}\dfrac{\left(\int_0^x e^{t^2}dt\right)^2}{\int_0^x te^{2t^2}dt}$.

6. 求下列定积分:

(1) $\int_0^a (3x^2 - x + 1)dx$;　　(2) $\int_1^2 \left(x^2 + \dfrac{1}{x^4}\right)dx$;

(3) $\int_{-\frac{1}{2}}^{\frac{1}{2}} \dfrac{1}{\sqrt{1 - x^2}}dx$　　(4) $\int_{\frac{1}{\sqrt{3}}}^{\sqrt{3}} \dfrac{1}{1 + x^2}dx$;

(5) $\int_0^2 |x - 1|dx$;　　(6) $\int_0^{\frac{\pi}{4}} \tan^2 x dx$;

(7) 求$\int_0^2 f(x)dx$,其中

$$f(x) = \begin{cases} x + 1 & (x \leqslant 1) \\ \dfrac{1}{2}x^2 & (x > 1) \end{cases}$$

(8) $\int_{-\pi}^{\pi} \cos^2 kx dx$($k$ 为正整数).

强化训练 5.4

1. 计算下列定积分:

(1) $\int_1^9 \dfrac{1}{1 + \sqrt{x}}dx$;　　(2) $\int_0^{\sqrt{2}} \sqrt{2 - x^2}dx$;

(3) $\int_0^a x^2\sqrt{a^2 - x^2}dx$;　　(4) $\int_{-1}^1 \dfrac{x}{\sqrt{5 - 4x}}dx$;

(5) $\int_0^1 te^{-\frac{t^2}{2}}dt$;　　(6) $\int_1^{e^2} \dfrac{1}{x\sqrt{1 + \ln x}}dx$;

(7) $\int_0^{\pi} \sqrt{1 + \cos 2x}dx$;　　(8) $\int_{-\frac{\pi}{2}}^{\frac{\pi}{2}} \cos x\cos 2x dx$;

(9) $\int_{-\pi}^{\pi} x^4 \sin x dx$;　　(10) $\int_{-5}^5 \dfrac{x^3\sin^2 x}{x^4 + 2x^2 + 1}dx$.

2. 计算下列定积分:

(1) $\int_0^1 xe^{-x}dx$;　　(2) $\int_1^e x\ln x dx$;

(3) $\int_0^1 x\arctan x dx$;　　(4) $\int_1^4 \dfrac{\ln x}{\sqrt{x}}dx$;

(5) $\int_1^e \sin(\ln x)dx$;　　(6) $\int_{\frac{1}{e}}^e x|\ln x|dx$;

(7) $\int_0^{\frac{\pi}{2}} e^{2x}\cos x dx$;　　(8) $\int_0^{\pi} (x\sin x)^2 dx$.

3. 设函数$f(x)$ 连续,试证变上限积分$\int_0^x f(t)dt$.

(1) 当 $f(x)$ 为偶函数时，$\int_0^x f(t)\mathrm{d}t$ 为奇函数；

(2) 当 $f(x)$ 为奇函数时，$\int_0^x f(t)\mathrm{d}t$ 为偶函数.

4. 设 $f(x)=\begin{cases}\dfrac{x}{2}+1, & (0\leqslant x\leqslant 2)\\ x, & (2<x\leqslant 3),\end{cases}$ 求 $\int_0^3 f(x)\mathrm{d}x$.

5. 设函数 $f(x)$ 在 $[0,1]$ 上连续，试证 $\int_0^1\left[\int_0^x f(t)\mathrm{d}t\right]\mathrm{d}x=\int_0^1(1-x)f(x)\mathrm{d}x$.

强化训练 5.5

1. 求下列广义积分：

(1) $\int_1^{+\infty}\dfrac{1}{x^3}\mathrm{d}x$；

(2) $\int_{-\infty}^{+\infty}\dfrac{x}{\sqrt{1+x^2}}\mathrm{d}x$；

(3) $\int_0^{+\infty}\mathrm{e}^{-ax}\mathrm{d}x\ (a>0)$；

(4) $\int_2^{+\infty}\dfrac{1}{x(\ln x)^2}\mathrm{d}x$；

(5) $\int_{-1}^{1}\dfrac{1}{x^2}\mathrm{d}x$；

(6) $\int_0^1\ln x\mathrm{d}x$；

(7) $\int_0^1\dfrac{x}{\sqrt{1-x^2}}\mathrm{d}x$；

(8) $\int_1^{\mathrm{e}}\dfrac{1}{x\sqrt{1-(\ln x)^2}}\mathrm{d}x$.

2. 利用比较判别法判定下列广义积分的敛散性：

(1) $\int_1^{+\infty}\dfrac{\sin^2 x}{x^2}\mathrm{d}x$；

(2) $\int_1^{+\infty}\dfrac{1}{x+\mathrm{e}^{2x}}\mathrm{d}x$；

(3) $\int_0^{\frac{\pi}{2}}\dfrac{1}{x\sin x}\mathrm{d}x$；

(4) $\int_1^{+\infty}\dfrac{1}{\sqrt{1+x^3}}\mathrm{d}x$.

3. 求 $\int_0^{+\infty}x\mathrm{e}^{-x}\mathrm{d}x$，$\int_0^{+\infty}x^2\mathrm{e}^{-x}\mathrm{d}x$，$\int_0^{+\infty}x^n\mathrm{e}^{-x}\mathrm{d}x$（其中 n 为正整数）.

强化训练 5.6

1. 求下列各曲线所围成的图形的面积：

(1) $y=\dfrac{1}{x}$ 与直线 $y=x, x=2$；

(2) $y^2=x$ 与直线 $y=x$；

(3) $y=2-x^2$ 与直线 $y=x$；

(4) $y=\ln x, x=0$ 及 $y=1, y=2$；

(5) $y=\mathrm{e}^x$，$y=\mathrm{e}$ 及 $y=3x+1$；

(6) 星形线 $x=a\cos^3 t, y=a\sin^3 t\ (a>0)$.

2. 求下列各立体的体积：

(1) $y=x^2$ 与 $y=1$ 所围成的图形绕 y 轴旋转一周所得的旋转体；

(2) $y=x^2$ 与 $x=y^2$ 所围成的图形绕 x 轴旋转一周所得的旋转体；

(3) $(x-2)^2+y^2=1$ 绕 y 轴旋转一周所得的旋转体;

(4) 底面是半径为 R 的圆,垂直于底面上一条固定直径的任一截面都是等边三角形的立体.

3. 求下列曲线在相应区间上的弧长:

(1) $y=\frac{1}{2}(e^x+e^{-x})\quad x\in[-a,a]$;

(2) $y^2=x^3\quad x\in\left[0,\frac{4}{3}\right]$;

(3) 星形线 $x=a\cos^3 t, y=a\sin^3 t\ (a>0)$ 的全长;

(4) 心形线 $r=a(1+\cos\theta)(a>0)$ 的全长.

4. 求椭圆 $\frac{x^2}{a^2}+\frac{y^2}{b^2}=1$ 在第一象限部分图形的重心坐标.

5. 直径为 2m,高为 3m 的圆柱体内盛满水,将水从圆柱体内全部吸出,需做功多少?

6. 有一等腰梯形闸门,它的两条底边各长为 2m 和 1m,高为 2m,较长的底边与水面相齐,求闸门一侧所受水的压力.

7. 求函数 $y=2xe^{-x}$ 在[0,2]上的平均值.

5.5 模拟试题

1. 单项选择题(每小题 2 分):

(1) $f(x)$ 在$[a,b]$上连续是$\int_a^b f(x)\mathrm{d}x$ 存在的(   ).

A. 必要条件   B. 充要条件

C. 充分条件   D. 以上都不对

(2) 设 $f(x)$ 为连续函数,且 $F(x)=\int_x^{\ln x} f(t)\mathrm{d}t$,则 $F'(x)$ 等于(   ).

A. $\frac{1}{x}f(\ln x)+f(x)$ B. $\frac{1}{x}f(\ln x)-f(x)$

C. $f(\ln x)+f(x)$ D. $f(\ln x)-f(x)$

(3) 设 $\int_0^x f(t)\mathrm{d}t=\frac{1}{2}f(x)-\frac{1}{2}$,则 $f(x)=$(   ).

A. $e^{\frac{x}{2}}$ B. $\frac{1}{2}e^x$

C. e^{2x} D. $\frac{1}{2}e^{2x}$

(4) 设 $I_1=\int_0^{\pi}\sqrt{\sin x-\sin^3 x}\,\mathrm{d}x, I_2=\int_{-\frac{\pi}{2}}^{\frac{\pi}{2}}\sqrt{\cos x-\cos^3 x}\,\mathrm{d}x$, 则有(   ).

A. $I_1=I_2$ B. $I_1=-I_2$

C. $I_1<I_2$ D. $I_1>I_2$

(5) 当广义积分 $\int_1^{+\infty}x^k\mathrm{d}x$ 收敛时(   ).

A. $k < 0$　　B. $k \leqslant 0$

C. $k < -1$　　D. $k \leqslant -1$

(6) 下列积分正确的是(　　).

A. $\int_{-1}^{1} \frac{dx}{x^2} = \frac{1}{x}\Big|_{-1}^{1} = -2$　　B. $\int_{-\frac{\pi}{2}}^{\frac{\pi}{2}} \sin x dx = 2\int_{0}^{\frac{\pi}{2}} \sin x dx = 2$

C. $\int_{-\frac{\pi}{2}}^{\frac{\pi}{2}} \cos x dx = 0$　　D. $\int_{-\frac{\pi}{2}}^{\frac{\pi}{2}} \sin x dx = 0$

(7) 曲线 $y = |x^2 - 3x + 2|$ 与直线 $y = 2$ 所围图形的面积 $S =$(　　).

A. $\frac{9}{2}$　　B. $\frac{25}{6}$

C. 4　　D. 6

(8) 由曲线 $y = x^2$ 及 $y = \sqrt{2x - x^2}$ 所围图形绕 Ox 轴旋转所得旋转体的体积 $V =$(　　).

A. $\frac{1}{3}(\pi - 1)$　　B. $\frac{\pi}{3}$

C. $\frac{7}{15}\pi$　　D. $\pi - 1$

2. 填空题(每小题3分):

(1) 定积分 $\int_a^b f(x) dx$ 的几何意义是________.

(2) $\int_{-1}^{1} \frac{2x + |x|}{1 + x^2} dx =$ ________.

(3) 设 $f(x)$ 有一个原函数 $\tan x$,则 $\int_{-\frac{\pi}{4}}^{\frac{\pi}{4}} x f'(x) dx =$ ________.

(4) 设 $f(x)$ 是连续函数,且 $f(x) = x + 2\int_0^1 f(t) dt$,则 $f(x) =$ ________.

(5) 设 $f(x) = \begin{cases} 1 - x & x > 0 \\ 1 + x & x \leqslant 0 \end{cases}$, 则 $\int_{-1}^{1} f(x) dx =$ ________.

(6) 设 $\Phi(x) = \int_0^{x^2} \sqrt{1 + t^3} dt$, 则 $\Phi'(x) =$ ________.

(7) 已知 $\int_2^3 (3x^2 + kx) dx = 4$,则 $k =$ ________.

(8) $\int_0^{+\infty} \frac{1}{1 + x^2} dx =$ ________.

3. 计算题((1)—(4)题每小题7分,(5)—(8)题每小题8分):

(1) 计算 $\int_0^{\ln 2} \sqrt{e^x - 1} dx$;

(2) 计算 $\int_{-\frac{\pi}{2}}^{\frac{\pi}{2}} \sqrt{\cos x - \cos^3 x} dx$;

(3) $\int_0^{\sqrt{\ln 2}} x^3 e^{x^2} dx$;

(4) $\int_{-\infty}^{+\infty} \frac{1}{x^2 + 2x + 2} dx$;

(5) 求极限 $\lim\limits_{n \to \infty} \int_n^{n+1} \frac{x^2}{e^x} dx$;

(6) 设 $x > 0$, 问 x 取何值时 $\int_x^{2x} \frac{dt}{\sqrt{1 + t^3}}$ 最大;

(7) 求由曲线 $y = x^2$, $y = \frac{x^2}{4}$ 及 $y = 1$ 所围成图形的面积;

(8) 圆锥形水池, 深 15m, 池面直径 20m, 试计算把满池池水吸尽需做的功($g = 9.8$).

第6章　多元函数微积分学

6.1　知　识　点

(1) 了解空间直角坐标系的概念,熟悉空间两点间距离的计算.

(2) 了解向量的概念及基本运算.

(3) 了解空间平面、直线以及曲面的概念与表示方法.

(4) 了解二元函数与多元函数的概念.

(5) 了解二元函数极限的概念.

(6) 了解二元函数连续的概念.

(7) 熟悉偏导数的概念,掌握偏导数的计算.

(8) 了解全微分的概念,熟悉全微分的计算与应用(应用限二元函数).

(9) 掌握复合函数的微分法,掌握隐函数的微分法.

(10) 了解多元函数极值的概念与计算.

(11) 了解二重积分的概念,熟悉二重积分的性质.

(12) 掌握直角坐标系下二重积分的计算与应用.

6.2　题　型　分　析

1. 利用空间两点间距离计算动点的轨迹方程

解题思路　利用两点间的距离公式建立起含有动点坐标的方程,并化简即可.

例　一动点 $M_1(x,y,z)$ 与两定点 $M_1(1,-1,0)$, $M_2(2,0,-2)$ 的距离相等,求此动点 M 的轨迹方程.

解　因为 $|MM_1|=|MM_2|$,所以

$$\sqrt{(x-1)^2+(y+1)^2+z^2}=\sqrt{(x-2)^2+y^2+(z+2)^2}$$

化简后可得动点 M 的轨迹方程为

$$x+y-2z-3=0$$

2. 利用向量加法的三角形法则和平行四边形法则证明向量等式

解题思路　关键要弄清向量间的运算关系.

例　设$\triangle ABC$ 的三边 $\overrightarrow{BC}=\boldsymbol{a}$, $\overrightarrow{CA}=\boldsymbol{b}$, $\overrightarrow{AB}=\boldsymbol{c}$,三边中点依次为 D,E,F,试用向量 $\boldsymbol{a},\boldsymbol{b},\boldsymbol{c}$ 表示 $\overrightarrow{AD}$, $\overrightarrow{BE}$, $\overrightarrow{CF}$,并证明:$\overrightarrow{AD}+\overrightarrow{BE}+\overrightarrow{CF}=\mathbf{0}$.

解　因为

$$\overrightarrow{AD}=\frac{1}{2}\overrightarrow{AG}=\frac{1}{2}(\overrightarrow{AB}+\overrightarrow{AC})=\frac{1}{2}(\boldsymbol{c}-\boldsymbol{b})$$

同理

$$\overrightarrow{BE}=\frac{1}{2}(\boldsymbol{a}-\boldsymbol{c}),\overrightarrow{CF}=\frac{1}{2}(\boldsymbol{b}-\boldsymbol{a})$$

所以

$$\overrightarrow{AD}+\overrightarrow{BE}+\overrightarrow{CF}=\frac{1}{2}[(\boldsymbol{c}-\boldsymbol{b})+(\boldsymbol{a}-\boldsymbol{c})+(\boldsymbol{b}-\boldsymbol{a})]=\boldsymbol{0}$$

3. 利用向量的线性运算性质计算向量及证明等式

解题思路　要熟悉向量的线性运算性质.

例 1　设 $\boldsymbol{u}=\boldsymbol{a}-\boldsymbol{b}+2\boldsymbol{c}$, $\boldsymbol{v}=-\boldsymbol{a}+3\boldsymbol{b}-\boldsymbol{c}$, 试用 $\boldsymbol{a},\boldsymbol{b},\boldsymbol{c}$ 表示 $2\boldsymbol{u}-3\boldsymbol{v}$.

解

$$\begin{aligned}2\boldsymbol{u}-3\boldsymbol{v}&=2(\boldsymbol{a}-\boldsymbol{b}+2\boldsymbol{c})-3(-\boldsymbol{a}+3\boldsymbol{b}-\boldsymbol{c})\\&=5\boldsymbol{a}-11\boldsymbol{b}+7\boldsymbol{c}\end{aligned}$$

例 2　证明: $\overrightarrow{AB}\ \overrightarrow{CD}+\overrightarrow{BC}\ \overrightarrow{AD}+\overrightarrow{CA}\ \overrightarrow{BD}=\boldsymbol{0}$.

证明

$$\begin{aligned}&\overrightarrow{AB}\ \overrightarrow{CD}+\overrightarrow{BC}\ \overrightarrow{AD}+\overrightarrow{CA}\ \overrightarrow{BD}\\=&(\overrightarrow{AC}+\overrightarrow{CB})\overrightarrow{CD}+\overrightarrow{BC}\ \overrightarrow{AD}+\overrightarrow{CA}\ \overrightarrow{BD}\\=&\overrightarrow{AC}\ \overrightarrow{CD}+\overrightarrow{CB}\ \overrightarrow{CD}+\overrightarrow{BC}\ \overrightarrow{AD}+\overrightarrow{CA}\ \overrightarrow{BD}\\=&\overrightarrow{AC}\ \overrightarrow{CD}+\overrightarrow{BC}\ \overrightarrow{DC}+\overrightarrow{BC}\ \overrightarrow{AD}+\overrightarrow{AC}\ \overrightarrow{DB}\\=&\overrightarrow{AC}\ \overrightarrow{CB}+\overrightarrow{BC}\ \overrightarrow{AC}\\=&\overrightarrow{AC}\cdot\boldsymbol{0}\\=&\boldsymbol{0}\end{aligned}$$

4. 利用向量的坐标计算向量、向量的模、单位向量、向量的方向余弦

解题思路　①两点构成的向量坐标是用终点坐标减去起点坐标. ②与已知向量平行的单位向量有两个,一个与其方向相同,一个与其方向相反.

例 1　已知两点 $M_1(0,1,2)$, $M_2(1,-1,0)$, 试用坐标表示式表示向量 $\overrightarrow{M_1M_2}$ 及 $-2\overrightarrow{M_1M_2}$, 并求出向量 $\overrightarrow{M_1M_2}$ 的模、方向余弦, 以及平行于向量 $\overrightarrow{M_1M_2}$ 的单位向量.

解

$$\overrightarrow{M_1M_2}=(1-0,-1-1,0-2)=(1,-2,-2)$$

$$-2\overrightarrow{M_1M_2}=-2(1,-2,-2)=(-2,4,4)$$

$$|\overrightarrow{M_1M_2}|=\sqrt{1^2+(-2)^2+(-2)^2}=3$$

其方向余弦分别为

$$\cos\alpha=\frac{1}{3},\cos\beta=-\frac{2}{3},\cos\gamma=-\frac{2}{3}$$

平行于向量 $\overrightarrow{M_1M_2}$ 的单位向量为

$$\pm\frac{\overrightarrow{M_1M_2}}{|\overrightarrow{M_1M_2}|}=\pm\frac{1}{3}(1,-2,-2)=\pm\left(\frac{1}{3},-\frac{2}{3},-\frac{2}{3}\right)$$

例 2　设 $\boldsymbol{m}=3\boldsymbol{i}+5\boldsymbol{j}+8\boldsymbol{k}$, $\boldsymbol{n}=2\boldsymbol{i}-4\boldsymbol{j}-7\boldsymbol{k}$, $\boldsymbol{p}=5\boldsymbol{i}+\boldsymbol{j}-4\boldsymbol{k}$, 求向量 $\boldsymbol{a}=4\boldsymbol{m}+3\boldsymbol{n}-\boldsymbol{p}$ 在 x 轴上的投影及在 y 轴上的分向量.

解

$$\begin{aligned}\boldsymbol{a}&=4\boldsymbol{m}+3\boldsymbol{n}-\boldsymbol{p}\\&=4(3\boldsymbol{i}+5\boldsymbol{j}+8\boldsymbol{k})+3(2\boldsymbol{i}-4\boldsymbol{j}-7\boldsymbol{k})-(5\boldsymbol{i}+\boldsymbol{j}-4\boldsymbol{k})\\&=13\boldsymbol{i}+7\boldsymbol{j}+15\boldsymbol{k}\end{aligned}$$

$\boldsymbol{a}$ 在 x 轴上的投影为 13, 在 y 轴上的分向量为 $7\boldsymbol{j}$.

5. 利用向量数量积、向量积的定义及运算规律解题

解题思路 向量的数量积是数量,而向量积是向量.在解决实际问题时,要分清哪些量是数量,哪些量是向量.

例1 设 $\boldsymbol{a}=3\boldsymbol{i}-\boldsymbol{j}-2\boldsymbol{k}$, $\boldsymbol{b}=\boldsymbol{i}+2\boldsymbol{j}-\boldsymbol{k}$,求:

(1) $\boldsymbol{a}\cdot\boldsymbol{b}$ 及 $\boldsymbol{a}\times\boldsymbol{b}$;(2) $(-2)\boldsymbol{a}\cdot 3\boldsymbol{b}$ 及 $\boldsymbol{a}\times 2\boldsymbol{b}$;(3) $\boldsymbol{a}$、$\boldsymbol{b}$ 夹角的余弦.

解 (1)
$$\boldsymbol{a}\cdot\boldsymbol{b}=3\times1+(-1)\times2+(-2)\times(-1)=3$$
$$\boldsymbol{a}\times\boldsymbol{b}=\begin{vmatrix}\boldsymbol{i} & \boldsymbol{j} & \boldsymbol{k}\\ 3 & -1 & -2\\ 1 & 2 & -1\end{vmatrix}=5\boldsymbol{i}+\boldsymbol{j}+7\boldsymbol{k}$$

(2)
$$(-2)\boldsymbol{a}\cdot 3\boldsymbol{b}=-6\boldsymbol{a}\cdot\boldsymbol{b}=-6\times3=-18$$
$$\boldsymbol{a}\times 2\boldsymbol{b}=2(\boldsymbol{a}\times\boldsymbol{b})=2(5\boldsymbol{i}+\boldsymbol{j}+7\boldsymbol{k})=10\boldsymbol{i}+2\boldsymbol{j}+14\boldsymbol{k}$$

(3)
$$\cos(\boldsymbol{a},\boldsymbol{b})=\frac{\boldsymbol{a}\cdot\boldsymbol{b}}{|\boldsymbol{a}||\boldsymbol{b}|}=\frac{3}{\sqrt{3^2+(-1)^2+(-2)^2}\sqrt{1^2+2^2+(-1)^2}}=\frac{3}{2\sqrt{21}}$$

例2 设 $\boldsymbol{a},\boldsymbol{b},\boldsymbol{c}$ 为单位向量,且满足 $\boldsymbol{a}+\boldsymbol{b}+\boldsymbol{c}=\boldsymbol{0}$,求 $\boldsymbol{a}\cdot\boldsymbol{b}+\boldsymbol{b}\cdot\boldsymbol{c}+\boldsymbol{c}\cdot\boldsymbol{a}$.

解 因为 $\boldsymbol{a},\boldsymbol{b},\boldsymbol{c}$ 为单位向量,所以 $|\boldsymbol{a}|=|\boldsymbol{b}|=|\boldsymbol{c}|=1$.因为 $\boldsymbol{a}+\boldsymbol{b}+\boldsymbol{c}=\boldsymbol{0}$,所以
$$(\boldsymbol{a}+\boldsymbol{b}+\boldsymbol{c})\cdot(\boldsymbol{a}+\boldsymbol{b}+\boldsymbol{c})=\boldsymbol{0}$$
即
$$|\boldsymbol{a}|^2+|\boldsymbol{b}|^2+|\boldsymbol{c}|^2+2\boldsymbol{a}\cdot\boldsymbol{b}+2\boldsymbol{b}\cdot\boldsymbol{c}+2\boldsymbol{c}\cdot\boldsymbol{a}=\boldsymbol{0}$$
所以
$$\boldsymbol{a}\cdot\boldsymbol{b}+\boldsymbol{b}\cdot\boldsymbol{c}+\boldsymbol{c}\cdot\boldsymbol{a}=-\frac{1}{2}(|\boldsymbol{a}|^2+|\boldsymbol{b}|^2+|\boldsymbol{c}|^2)=-\frac{3}{2}$$

例3 设质量为100kg 的物体从点 $M_1(3,1,8)$ 沿直线移动到点 $M_2(1,4,2)$,计算重力所做的功(长度单位为 m,重力方向为 z 轴的负方向).

解
$$\overrightarrow{M_1M_2}=(-2,3,-6)$$
$$\vec{F}=(0,0,-100\times9.8)=(0,0,-980)$$
$$W=\vec{F}\cdot\overrightarrow{M_1M_2}=(-2,3,-6)\cdot(0,0,-980)=5880(\text{J})$$

6. 判断向量间的平行、垂直,并解相关的题目

解题思路

(1) 判断向量间的平行的方法:

a.两个非零向量 $\boldsymbol{a}$ 与 $\boldsymbol{b}$ 平行的充要条件是存在不等于零的数 λ,使 $\boldsymbol{a}=\lambda\boldsymbol{b}$.

b.两个非零向量 $\boldsymbol{a}=\{a_x,a_y,a_z\}$ 与 $\boldsymbol{b}=\{b_x,b_y,b_z\}$ 平行的充要条件是
$$\frac{a_x}{b_x}=\frac{a_y}{b_y}=\frac{a_z}{b_z}$$
即两个非零向量平行的充要条件是它们对应的坐标成比例.

注意:如果向量 $\boldsymbol{b}$ 的某一个坐标为零,如设 $b_x=0$,则 $\frac{a_x}{b_x}=\frac{a_y}{b_y}=\frac{a_z}{b_z}$ 应理解为
$$\begin{cases}a_x=0\\ \dfrac{a_y}{b_y}=\dfrac{a_z}{b_z}\end{cases}$$

如果 $\boldsymbol{b}$ 的某两个坐标为零，设 $b_x=b_y=0$，则 $\frac{a_x}{b_x}=\frac{a_y}{b_y}=\frac{a_z}{b_z}$ 应理解为 $a_x=a_y=0$.

c.两个非零向量 $\boldsymbol{a}$ 与 $\boldsymbol{b}$ 平行的充要条件是 $\boldsymbol{a}\times\boldsymbol{b}=\boldsymbol{0}$.

(2) 判断向量间的垂直的方法：

两个非零向量 $\boldsymbol{a}=\{a_x,a_y,a_z\}$ 与 $\boldsymbol{b}=\{b_x,b_y,b_z\}$ 垂直的充要条件是

$$\boldsymbol{a}\cdot\boldsymbol{b}=a_xb_x+a_yb_y+a_zb_z=0$$

例 1 已知 $\boldsymbol{a}=\{2,-3,1\}$，$\boldsymbol{b}=\{1,-2,3\}$，求与 $\boldsymbol{a}$，$\boldsymbol{b}$ 都垂直，且满足下列条件之一的向量 $\boldsymbol{c}$：(1) $\boldsymbol{c}$ 为单位向量．(2) $\boldsymbol{c}\cdot\boldsymbol{d}=10$，其中 $\boldsymbol{d}=\{2,1,-7\}$.

解 设 $\boldsymbol{c}=\{c_x,c_y,c_z\}$，

$$\boldsymbol{a}\times\boldsymbol{b}=\begin{vmatrix}\boldsymbol{i} & \boldsymbol{j} & \boldsymbol{k}\\ 2 & -3 & 1\\ 1 & -2 & 3\end{vmatrix}=\begin{vmatrix}-3 & 1\\ -2 & 3\end{vmatrix}\boldsymbol{i}-\begin{vmatrix}2 & 1\\ 1 & 3\end{vmatrix}\boldsymbol{j}+\begin{vmatrix}2 & -3\\ 1 & -2\end{vmatrix}\boldsymbol{k}$$

$$=-7\boldsymbol{i}-5\boldsymbol{j}-\boldsymbol{k}$$

因为 $\boldsymbol{c}$ 与 $\boldsymbol{a}$，$\boldsymbol{b}$ 都垂直，所以 $\boldsymbol{c}$ 与 $\boldsymbol{a}\times\boldsymbol{b}$ 平行，故

$$\frac{c_x}{-7}=\frac{c_y}{-5}=\frac{c_z}{-1}$$

设

$$\frac{c_x}{-7}=\frac{c_y}{-5}=\frac{c_z}{-1}=\lambda$$

则 $c_x=-7\lambda$，$c_y=-5\lambda$，$c_z=-\lambda$．即 $\boldsymbol{c}=\{-7\lambda,-5\lambda,-\lambda\}$.

(1) 因为 $\boldsymbol{c}$ 为单位向量，所以

$$(-7\lambda)^2+(-5\lambda)^2+(-\lambda)^2=1$$

解得

$$\lambda_1=\frac{\sqrt{3}}{15},\lambda_2=-\frac{\sqrt{3}}{15}$$

所以

$$\boldsymbol{c}=\left\{-\frac{7\sqrt{3}}{15},-\frac{\sqrt{3}}{3},-\frac{\sqrt{3}}{15}\right\} \text{或} \boldsymbol{c}=\left\{\frac{7\sqrt{3}}{15},\frac{\sqrt{3}}{3},\frac{\sqrt{3}}{15}\right\}$$

(2) 因为 $\boldsymbol{c}\cdot\boldsymbol{d}=10$，$\boldsymbol{d}=\{2,1,-7\}$，所以 $\boldsymbol{c}\cdot\boldsymbol{d}=-14\lambda-5\lambda+7\lambda=10$．解得 $\lambda=-\frac{6}{5}$，所以 $\boldsymbol{c}=\left\{\frac{35}{5},\frac{25}{6},\frac{5}{6}\right\}$.

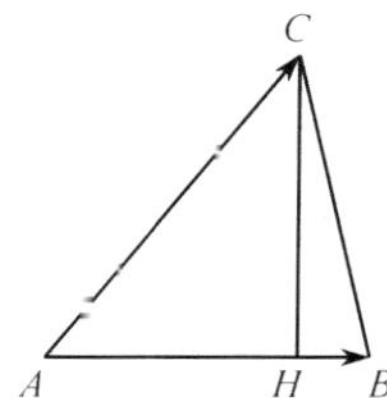

图 6-1

例 2 已知空间三点 $A(1,2,3)$，$B(2,-1,5)$，$C(3,2,-5)$，试求：(1) $\triangle ABC$ 的面积；(2) $\triangle ABC$ 的 AB 边上的高，如图 6-1.

解 (1) $S_{\triangle ABC}=\frac{1}{2}|\overrightarrow{AB}||\overrightarrow{CH}|=\frac{1}{2}|\overrightarrow{AB}||\overrightarrow{AC}|\sin(\overrightarrow{AB},\overrightarrow{AC})$

$$=\frac{1}{2}|\overrightarrow{AB}\times\overrightarrow{AC}|$$

$$\overrightarrow{AB}=\{2-1,-1-2,5-3\}=\{1,-3,2\}$$

$\overrightarrow{AC}=\{3-1,2-2,-5-3\}=\{2,0,-8\}$

$$\overrightarrow{AB}\times\overrightarrow{AC}=\begin{vmatrix} \boldsymbol{i} & \boldsymbol{j} & \boldsymbol{k} \\ 1 & -3 & 2 \\ 2 & 0 & -8 \end{vmatrix}$$

$$=\begin{vmatrix} -3 & 2 \\ 0 & -8 \end{vmatrix}\boldsymbol{i}-\begin{vmatrix} 1 & 2 \\ 2 & -8 \end{vmatrix}\boldsymbol{j}+\begin{vmatrix} 1 & -3 \\ 2 & 0 \end{vmatrix}\boldsymbol{k}$$

$$=-24\boldsymbol{i}+12\boldsymbol{j}+6\boldsymbol{k}$$

$|\overrightarrow{AB}\times\overrightarrow{AC}|=\sqrt{(-24)^2+12^2+6^2}=6\sqrt{21}$

即

$$S_{\triangle ABC}=\frac{1}{2}|\overrightarrow{AB}\times\overrightarrow{AC}|=3\sqrt{21}$$

(2) 因为 $S_{\triangle ABC}=\frac{1}{2}|\overrightarrow{AB}||\overrightarrow{CH}|$,所以

$$|\overrightarrow{CH}|=\frac{2S_{\triangle ABC}}{|\overrightarrow{AB}|}=\frac{6\sqrt{21}}{\sqrt{1+9+4}}=\frac{6\sqrt{21}}{\sqrt{14}}=3\sqrt{6}$$

7. 建立空间平面、直线方程

解题思路

(1) 求空间平面方程的基本方法.

① 找平面 π 上的一点 $M_0(x_0,y_0,z_0)$ 及平面 π 的法向量 $\boldsymbol{n}=(A,B,C)$,利用点法式

$$A(x-x_0)+B(y-y_0)+C(z-z_0)=0$$

确定方程.

例 1　求过点(3,0,−1)且与平面 $3x-7y+5z-12=0$ 平行的平面方程.

解　因为所求平面与 $3x-7y+5z-12=0$ 平行,所以所求平面的法向量可以取为 $\boldsymbol{n}=(3,-7,5)$,代入点法式 $3(x-3)-7y+5(z+1)=0$,化简得 $3x-7y+5z-4=0$.

例 2　求过点(1,2,−1)且与直线

$$l:\begin{cases}\pi_1:2x-3y+z-5=0\\ \pi_2:3x+y-2z-4=0\end{cases}$$

垂直的平面 π 的方程.

解　设 π,π_1,π_2 的法向量分别为 $\boldsymbol{n},\boldsymbol{n}_1,\boldsymbol{n}_2$,
因为 $\pi\perp l$,所以 $\boldsymbol{n}\perp\boldsymbol{n}_1\times\boldsymbol{n}_2$,所以取

$$\boldsymbol{n}=\boldsymbol{n}_1\times\boldsymbol{n}_2=\begin{vmatrix} \boldsymbol{i} & \boldsymbol{j} & \boldsymbol{k} \\ 2 & -3 & 1 \\ 3 & 1 & -2 \end{vmatrix}=(5,7,11)$$

所以所求平面方程为

$$5(x-1)+7(y-2)+11(z+1)=0$$

整理得 $5x+7y+11z-8=0$.

② 利用平面方程的一般式

$$Ax+By+Cz+D=0$$

确定方程 .

例 3 如例 1 可以采用该解法 .

解 因为所求平面与 $3x-7y+5z-12=0$ 平行,所以所求平面的法向量可以取为 $\boldsymbol{n}=(3,-7,5)$,将其代入平面方程的一般式,得所求平面方程为 $3x-7y+5z+D=0$,将点 $(3,0,-1)$ 代入,得所求平面的方程为 $3x-7y+5z-4=0$.

③ 利用平面式方程的三点 .

若平面过不共线的三点 (x_1,y_1,z_1),(x_2,y_2,z_2),(x_3,y_3,z_3),则该平面的方程为

$$\begin{vmatrix} x-x_1 & y-y_1 & z-z_1 \\ x_2-x_1 & y_2-y_1 & z_2-z_1 \\ x_3-x_1 & y_3-y_1 & z_3-z_1 \end{vmatrix}=0$$

例 4 一平面过不共线的三点 $P(1,2,3)$,$Q(-1,0,0)$,$R(3,0,1)$,求此平面的方程 .

解 由公式得

$$\begin{vmatrix} x-1 & y-2 & z-3 \\ -1-1 & 0-2 & 0-3 \\ 3-1 & 0-2 & 1-3 \end{vmatrix}=0$$

将行列式展开得

$$x+5y-4z+1=0$$

(2) 求空间直线方程的基本方法 .

找到直线上的一个点及其方向向量再用对称式或参数式写出直线方程 .

例 5 求过点 $A(-1,0,4)$,且与平面 $\pi:3x-4y+z-10=0$ 平行,又与直线 $L:\dfrac{x+1}{1}=\dfrac{y-3}{1}=\dfrac{z}{2}$ 相交的直线方程 .

解 设平面 π 的法向量为 $\boldsymbol{n}=(3,-4,1)$,则过点 $A(-1,0,4)$,且与平面 $\pi:3x-4y+z-10=0$ 平行的平面方程为

$$\pi_1:3x-4y+z-1=0$$

设直线 L 的参数方程为

$$x=-1+t,y=3+t,z=2t$$

由于所求直线与直线 L 相交,故直线 L 与平面 π_1 相交,将 L 的方程代入 π_1 的方程,得 $t=16$,故直线 L 与平面 π_1 的交点为 $B(15,19,32)$,则过 A,B 两点的直线即为所求直线,其方程为

$$\frac{x+1}{16}=\frac{y}{19}=\frac{z-4}{28}$$

例 6 求过点 $P(1,2,1)$,垂直于直线 $L_1:\dfrac{x-1}{3}=\dfrac{y}{2}=\dfrac{z+1}{1}$,又与直线 $L_2:\dfrac{x}{2}=y=-z$ 相交的直线 L 的方程 .

解 设直线 L 的方程为

$$L:\begin{cases} x=1+lt \\ y=2+mt \\ z=1+nt \end{cases}$$

因为 $L \perp L_1$，所以

$$3l+3m+n=0 \qquad ①$$

L_2 的方程可写为

$$\begin{cases} x=-2z \\ y=-z \end{cases}$$

因为 L 与 L_2 相交，所以把 L 与 L_2 的参数方程联立可解得

$$n+l=m \qquad ②$$

将方程①，②联立可解得 $l=-\dfrac{3}{5}n, m=\dfrac{2}{5}n$. 令 $n=5$，则 $l=-3, m=2$. 所以直线 L 的方程为

$$\begin{cases} x=1-3t \\ y=2+2t \\ z=1+5t \end{cases}$$

8. 根据方程判断平面与平面、直线与直线、直线与平面间平行、垂直

解题思路 关键是找出直线的方向向量和平面的法线向量，从而将上述问题转化为判断方向向量与方向向量、方向向量与法线向量、法线向量与法线向量间平行、垂直.

例1 判断直线 $L_1: \dfrac{x+3}{0}=\dfrac{y-7}{3}=\dfrac{z+14}{-10}$ 与 $L_2: \begin{cases} x+y+2z=7 \\ 6x+9y+2z=8 \end{cases}$ 间是平行还是垂直.

解 设 L_1 与 L_2 的方向向量分别为 $\boldsymbol{s}_1, \boldsymbol{s}_2$，则

$$\boldsymbol{s}_1=(0,3,-10) \quad \boldsymbol{s}_2=\begin{vmatrix} \boldsymbol{i} & \boldsymbol{j} & \boldsymbol{k} \\ 1 & 1 & 2 \\ 6 & 9 & 2 \end{vmatrix}=-16\boldsymbol{i}+10\boldsymbol{j}+3\boldsymbol{k}$$

因为 $\boldsymbol{s}_1 \cdot \boldsymbol{s}_2=0$，所以 $\boldsymbol{s}_1 \perp \boldsymbol{s}_2$，故直线 L_1 与 L_2 垂直.

例2 判断直线 $L: \dfrac{x+3}{1}=\dfrac{y-2}{-1}=\dfrac{z}{2}$ 与平面 $\pi: 2x+4y+z=7$ 间是平行还是垂直.

解 设直线 L 的方向向量为 $\boldsymbol{s}$，平面 π 的法向量为 $\boldsymbol{n}$，则

$$\boldsymbol{s}=(1,-1,2), \boldsymbol{n}=(2,4,1)$$

因为 $\boldsymbol{s} \cdot \boldsymbol{n}=0$，所以 $\boldsymbol{s} \perp \boldsymbol{n}$，故 L 与 π 平行.

例3 判断平面 $\pi_1: 10x+14y+22z+13=0$ 与平面 $\pi_2: 5x+7y+11z-8=0$ 是垂直还是平行.

解 设平面 π_1, π_2 的法向量分别为 $\boldsymbol{n}_1, \boldsymbol{n}_2$，则

$$\boldsymbol{n}_1=(10,14,22), \boldsymbol{n}_2=(5,7,11)$$

因为 $\dfrac{10}{5}=\dfrac{14}{7}=\dfrac{22}{11}$，所以 $\boldsymbol{n}_1 /\!/ \boldsymbol{n}_2$，即 $\pi_1 /\!/ \pi_2$，故平面 π_1 与 π_2 平行.

9. 根据方程判断二次曲面的类型

解题思路 关键要熟悉常见的二次曲面方程的特点. 如：

(1) 平面. 三元一次方程 $Ax+By+Cz+D=0$ 都表示空间的一个平面. 其中 $\boldsymbol{n}=(A,B,C)$ 为平面的法向量.

(2) 球面. ①是关于 x,y,z 的三元二次方程. ②缺 xy, yz, zx 项. ③平方项系数相同. ④通过配方可以写成球面方程的标准形式.

一般来说,如果三元二次方程 $Ax^2+Ay^2+Az^2+Dx+Ey+Fz+G=0$ 经过配方化成 $(x-a)^2+(y-b)^2+(z-c)^2=R^2$ 的形式,那么它的图形就是球面.其中点 (a,b,c) 为球面的圆心,R 为球面的半径.

(3) 旋转曲面.坐标面上的曲线 C 绕哪一个坐标轴旋转,母线 C 的方程中哪一个坐标就不变,另一个坐标换成另两个坐标平方和的平方根的正值或负值.如:

已知 xOy 平面上的一条曲线 $C:f(x,y)=0$,曲线 C 绕 x 轴旋转一周所得到的旋转曲面,只需要把曲线 C 的方程 $f(x,y)=0$ 中的 y 换成 $\pm\sqrt{y^2+z^2}$ 即可,即所求旋转曲面的方程为 $f(x,\pm\sqrt{y^2+z^2})=0$. 其他类似.

(4) 柱面.若某方程中只含两个变量,则该方程在空间直角坐标系中的图形就是一个母线平行于方程中所缺变量对应的坐标轴的柱面,其准线是方程中所含的两个变量构成的坐标面上该方程所表示的曲线.如方程 $F(x,y)=0$ 在空间直角坐标系中表示母线平行于 z 轴的柱面,其准线是 xOy 面上的曲线 $F(x,y)=0$. 其他类似.

除此之外还可以用截痕法确定曲面.

例 1 下列方程在空间表示什么曲面?

(1) $x=3y-2z+12$; (2) $z^2-2y=0$;

(3) $x^2+y^2+z^2-2x+4y-4z-7=0$; (4) $z=2(x^2+y^2)$.

解 (1) 因为该方程是三元一次方程,故表示空间平面.

(2) 因为该方程中不含 x,故表示空间中以平行于 x 轴的直线为母线,以 yOz 平面上的曲线 $z^2-2y=0$ 为准线的柱面.

(3) 因为该方程可以配方成 $(x-1)^2+(y+2)^2+(z-2)^2=4^2$,故表示空间中以点 $(1,-2,2)$ 为圆心,以 4 为半径的球面.

(4) 该方程表示空间以 yOz 平面上的曲线 $z=2y^2$ 为母线,以 z 轴为旋转轴的旋转曲面.

例 2 将 xOz 坐标面上的抛物线 $z^2=5x$ 绕 x 轴旋转一周,求所生成的旋转曲面的方程.

解 以 $\pm\sqrt{y^2+z^2}$ 代替抛物线方程 $z^2=5x$ 中的 z,得

$$(\pm\sqrt{y^2+z^2})^2=5x$$

即

$$y^2+z^2=5x$$

故所生成的旋转曲面的方程为 $y^2+z^2=5x$.

例 3 求母线平行于 x 轴且通过曲线 $\begin{cases}2x^2+y^2+z^2=16\\x^2+z^2-y^2=0\end{cases}$ 的柱面方程.

解 在

$$\begin{cases}2x^2+y^2+z^2=16\\x^2+z^2-y^2=0\end{cases}$$

中消去 x,得

$$3y^2-z^2=16$$

所求柱面方程为 $3y^2-z^2=16$.

10. 求空间曲线、立体在坐标面上的投影

解题思路　①求空间曲线在坐标面上的投影曲线时，先用消元法求母线平行于垂直该坐标面的坐标轴的柱面方程，母线平行于哪个坐标轴就消去该坐标轴对应的变量，然后将该柱面与该坐标面方程联立，即为所求的投影曲线方程．②立体在坐标面上的投影是该坐标面内的区域，求立体在坐标面上的投影方程时，先求出立体的边界曲线在该坐标面的投影曲线方程，再将其化为以该投影曲线为边界的区域的方程，即为所求的投影方程．

例1　求球面 $x^2+y^2+z^2=9$ 与平面 $x+z=1$ 的交线在 xOy 面上的投影方程．

解　在

$$\begin{cases}x^2+y^2+z^2=9\\x+z=1\end{cases}$$

中消去 z，得

$$2x^2-2x+y^2=8$$

它表示母线平行于 z 轴的柱面．将其与 xOy 面的方程 $z=0$ 联立，得

$$\begin{cases}2x^2-2x+y^2=8\\z=0\end{cases}$$

即为交线在 xOy 面上的投影方程．

例2　求上半球 $0\leqslant z\leqslant\sqrt{a^2-x^2-y^2}$ 与圆柱体 $x^2+y^2\leqslant ax\quad(a>0)$ 的公共部分在 xOy 面上的投影．

解　明显地，两立体的交线在 xOy 面上的投影为

$$\begin{cases}x^2+y^2=ax\\z=0\end{cases}$$

故所求立体在 xOy 面上的投影为 xOy 上的区域

$$\begin{cases}x^2+y^2\leqslant ax\\z=0\end{cases}.$$

例3　求旋转抛物面 $z=x^2+y^2\quad(0\leqslant z\leqslant 4)$ 在 xOy 面上的投影．

解　该立体可以看成旋转抛物面 $z=x^2+y^2$ 与平面 $z=4$ 所围成，其交线为

$$\begin{cases}z=x^2+y^2\\z=4\end{cases}$$

消去 z，得母线平行于 z 轴的柱面

$$x^2+y^2=4$$

故交线在 xOy 面上的投影为

$$\begin{cases}x^2+y^2=4\\z=0\end{cases}$$

所以旋转抛物面 $z=x^2+y^2$ 在 xOy 面上的投影区域为

$$\begin{cases}x^2+y^2\leqslant 4\\z=0\end{cases}$$

11. 利用多元函数表达式求函数值

解题思路　与一元函数求函数值方法相同．

例 1 设 $f(x,y)=\dfrac{2xy}{x^2+y^2}$,求 $f\left(1,\dfrac{y}{x}\right)$.

解

$$f\left(1,\frac{y}{x}\right)=\frac{2\,\frac{y}{x}}{1+\left(\frac{y}{x}\right)^2}=\frac{2y}{x^2+y^2}$$

例 2 设 $z=x+y+f(x-y)$,且当 $y=0$ 时,$z=x^2$,求 z.

解 因为 $y=0$ 时,$z=x^2$,所以 $x^2=x+f(x)$,所以 $f(x)=x^2-x$,所以

$$\begin{aligned}z&=x+y+f(x-y)\\&=x+y+(x-y)^2-(x-y)\\&=(x-y)^2+2y\end{aligned}$$

12. 求多元函数的定义域

解题思路 先写出构成该函数的各个简单函数的定义域,再求出表示这些定义域的集合的交集,即得所求定义域.

例 1 求函数 $z=\ln(y-x)+\dfrac{\sqrt{x}}{\sqrt{1-x^2-y^2}}$ 的定义域.

解 要使函数有意义,必须

$$\begin{cases}y-x>0\\x\geqslant 0\\1-x^2-y^2>0\end{cases}$$

则函数的定义域为 $\{(x,y)\mid y-x>0,x\geqslant 0,x^2+y^2<1\}$.

例 2 求函数 $z=\sqrt{(x^2+y^2-a^2)(2a^2-x^2-y^2)}$ 的定义域.

解 要使函数有意义,必须

$$\begin{cases}x^2+y^2-a^2\geqslant 0\\2a^2-x^2-y^2\geqslant 0\end{cases}$$

或

$$\begin{cases}x^2+y^2-a^2\leqslant 0\\2a^2-x^2-y^2\leqslant 0\end{cases}$$

解得

$$a^2\leqslant x^2+y^2\leqslant 2a^2$$

则函数的定义域为 $\{(x,y)\mid a^2\leqslant x^2+y^2\leqslant 2a^2\}$.

13. 求多元函数的极限

解题思路

(1) 利用多元初等函数的连续性求极限,即极限值等于函数值.

例 1 求极限 $\lim\limits_{(x,y)\to(1,0)}\dfrac{\ln(x+e^y)}{\sqrt{x^2+y^2}}$.

解

$$\lim_{(x,y)\to(1,0)}\frac{\ln(x+e^y)}{\sqrt{x^2+y^2}}=\frac{\ln(1+e^0)}{\sqrt{1+0}}=\ln 2$$

(2) 利用有理化、两个重要极限的方法求极限.

例 2 求极限 $\lim\limits_{(x,y)\to(0,0)}\dfrac{2-\sqrt{xy+4}}{xy}$.

解

$$\lim_{(x,y)\to(0,0)}\frac{2-\sqrt{xy+4}}{xy}=\lim_{(x,y)\to(0,0)}\frac{4-(xy+4)}{xy(2+\sqrt{xy+4})}$$

$$=\lim_{(x,y)\to(0,0)}\frac{-1}{2+\sqrt{xy+4}}=-\frac{1}{4}$$

例 3 求极限 $\lim\limits_{(x,y)\to(0,0)}\dfrac{1-\cos(x^2+y^2)}{(x^2+y^2)e^{x^2y^2}}$.

解

$$\lim_{(x,y)\to(0,0)}\frac{1-\cos(x^2+y^2)}{(x^2+y^2)e^{x^2y^2}}$$

$$=\lim_{(x,y)\to(0,0)}\frac{2\sin^2(x^2+y^2)}{(x^2+y^2)e^{x^2y^2}}$$

$$=\lim_{(x,y)\to(0,0)}\frac{2\sin^2\dfrac{x^2+y^2}{2}}{4\left(\dfrac{x^2+y^2}{2}\right)^2}\frac{(x^2+y^2)}{e^{x^2y^2}}=\frac{1}{2}\cdot 0$$

$$=0$$

例 4 求极限 $\lim\limits_{(x,y)\to(0,0)}(1+\sin xy)^{\frac{1}{xy}}$.

解 $$\lim_{(x,y)\to(0,0)}(1+\sin xy)^{\frac{1}{xy}}=\lim_{(x,y)\to(0,0)}\left[(1+\sin xy)^{\frac{1}{\sin xy}}\right]^{\frac{\sin xy}{xy}}=e$$

14. 说明极限不存在

解题思路 选择两条不同的路径,求得不同的极限值,即说明极限不存在.

例 1 证明极限 $\lim\limits_{(x,y)\to(0,0)}\dfrac{x^2y^2}{x^2y^2+(x-y)^2}$不存在.

解 取(x,y)沿 $y=x$ 趋近$(0,0)$,有

$$\lim_{(x,y)\to(0,0)}\frac{x^2y^2}{x^2y^2+(x-y)^2}=\lim_{(x,y)\to(0,0)}\frac{x^4}{x^4}=1$$

取(x,y)沿 $y=-x$ 趋近$(0,0)$,有

$$\lim_{(x,y)\to(0,0)}\frac{x^2y^2}{x^2y^2+(x-y)^2}\lim_{(x,y)\to(0,0)}\frac{x^4}{x^4+4x^2}=0$$

故所求极限不存在.

例 2 求极限 $\lim\limits_{(x,y)\to(0,0)}\dfrac{x^2y}{x^4+y^2}$.

解 令 $y=x^2$,则

$$\lim_{(x,y)\to(0,0)}\frac{x^2y}{x^4+y^2}=\lim_{(x,y)\to(0,0)}\frac{x^4}{x^4+x^4}=\frac{1}{2}$$

令 $y=x^3$,则

$$\lim_{(x,y)\to(0,0)}\frac{x^2y}{x^4+y^2}=\lim_{(x,y)\to(0,0)}\frac{x^5}{x^4+x^6}=0$$

故所求极限不存在.

15. 求多元函数的偏导数

解题思路 求多元函数的偏导数是将所求的变量作为变量,其余变量作为常数,利用一元函数的求导方法求导.

例 1 设 $z=x+(y-1)\arcsin\sqrt{\frac{x}{y}}$,,求$\left.\frac{\partial z}{\partial x}\right|_{(2,1)}$.

解法一

$$\frac{\partial z}{\partial x}=1+\frac{y-1}{\sqrt{1-\frac{x}{y}}}\cdot\frac{1}{2\sqrt{\frac{x}{y}}}\cdot\frac{1}{y}$$

$$\left.\frac{\partial z}{\partial x}\right|_{(2,1)}=1$$

解法二 因为只求$\left.\frac{\partial z}{\partial x}\right|_{(2,1)}$,故可令 $y=1$,则 $z=x$,

$$\left.\frac{\partial z}{\partial x}\right|_{(2,1)}=\left.\frac{\mathrm{d}z}{\mathrm{d}x}\right|_{x=2}=1$$

例 2 设 $z=\sin(xy)+\cos^2(xy)$,求$\frac{\partial z}{\partial x},\frac{\partial z}{\partial y}$.

解

$$\begin{aligned}\frac{\partial z}{\partial x}&=y\cos(xy)+2\cos(xy)\cdot[-\sin(xy)]\cdot y\\&=y[\cos(xy)-\sin2(xy)]\\\frac{\partial z}{\partial y}&=x\cos(xy)+2\cos(xy)\cdot[-\sin(xy)]\cdot x\\&=x[\cos(xy)-\sin2(xy)]\end{aligned}$$

例 3 设 $z=x^y(x>0$ 且 $x\neq1)$,求$\frac{\partial^2 z}{\partial x^2},\frac{\partial^2 z}{\partial y^2},\frac{\partial^2 z}{\partial x\partial y}$.

解

$$\frac{\partial z}{\partial x}=yx^{y-1},\frac{\partial z}{\partial y}=x^y\ln x$$

$$\frac{\partial^2 z}{\partial x^2}=y(y-1)x^{y-2},\frac{\partial^2 z}{\partial y^2}=x^y\ln^2x$$

$$\frac{\partial^2 z}{\partial x\partial y}=x^{y-1}+yx^{y-1}\ln x=x^{y-1}(1+y\ln x)$$

例 4 验证:$z=\mathrm{e}^{-kn^2x}\sin ny$ 满足$\frac{\partial z}{\partial x}=k\frac{\partial^2 z}{\partial y^2}$.

解

$$\frac{\partial z}{\partial x}=-kn^2\mathrm{e}^{-kn^2x}\sin ny,\frac{\partial z}{\partial y}=n\mathrm{e}^{-kn^2x}\cos ny$$

$$k\frac{\partial^2 z}{\partial y^2}=-kn^2\mathrm{e}^{-kn^2x}\sin ny=\frac{\partial z}{\partial x}$$

16. 已知二元函数的偏导数,求该二元函数

解题思路 这实际上就是一元函数的积分问题. 但要注意,当对其中一个变量积分时,积分常数是另一个变量的函数.

例 设 $z(x,y)$满足

$$\begin{cases}\dfrac{\partial z}{\partial x}=-\sin y+\dfrac{1}{1-xy}\\ z(1,y)=\sin y\end{cases}$$

求 $z(x,y)$.

解　在

$$\frac{\partial z}{\partial x}=-\sin y+\frac{1}{1-xy}$$

中,把 y 看成常数,两边同时对 x 积分,得

$$z(x,y)=-x\sin y-\frac{1}{y}\ln|1-xy|+\phi(y)$$

由 $z(1,y)=\sin y$ 可得

$$\phi(y)=2\sin y+\frac{1}{y}\ln|1-y|$$

故

$$\begin{aligned}z(x,y)&=-x\sin y-\frac{1}{y}\ln|1-xy|+2\sin y+\frac{1}{y}\ln|1-y|\\&=(2-x)\sin y+\frac{1}{y}\ln\left|\frac{1-y}{1-xy}\right|\end{aligned}$$

17. 求多元函数的全微分

解题思路　关键是会求多元函数的偏导数.

例 1　求函数 $u=x^{yz}$ 的全微分.

解

$$\frac{\partial u}{\partial x}=yzx^{yz-1},\frac{\partial u}{\partial y}=zx^{yz}\ln x,\frac{\partial u}{\partial z}=yx^{yz}\ln x$$

$$\mathrm{d}u=yzx^{yz-1}\mathrm{d}x+zx^{yz}\ln x\mathrm{d}y+yx^{yz}\ln x\mathrm{d}z$$

例 2　求函数 $z=\dfrac{y}{x}$ 当 $x=2,y=1,\Delta x=0.1,\Delta y=-0.2$ 时的全增量和全微分.

解

$$\Delta z=\frac{y+\Delta y}{x+\Delta x}-\frac{y}{x},\mathrm{d}z=-\frac{y}{x^2}\Delta x+\frac{1}{x}\Delta y$$

当 $x=2,y=1,\Delta x=0.1,\Delta y=-0.2$ 时,

$$\Delta z=\frac{1+(-0.2)}{2+0.1}-\frac{1}{2}=-0.119,\mathrm{d}z=-\frac{1}{4}\times0.1+\frac{1}{2}\times(-0.2)=-0.125$$

18. 全微分的应用

解题思路　利用近似等式 $z(x+\Delta x,y+\Delta y)\approx z(x,y)+\dfrac{\partial z}{\partial x}\cdot\Delta x+\dfrac{\partial z}{\partial y}\cdot\Delta y$,要注意正确选择式中 $x,y,\Delta x,\Delta y$.

(1) 近似计算.

例 1　计算 $(1.97)^{1.05}$ 的近似值($\ln2=0.693$).

解　设 $z=x^y$,则

$$\frac{\partial z}{\partial x}=yx^{y-1},\frac{\partial z}{\partial y}=x^y\ln x$$

$$(x+\Delta x)^{y+\Delta y}\approx x^y+yx^{y-1}\cdot\Delta x+x^y\ln x\cdot\Delta y$$

取 $x=2,y=1,\Delta x=-0.03,\Delta y=0.05$,代入可得

$$(1.97)^{1.05}\approx 2-0.03+2\ln 2\cdot 0.05\approx 2.039$$

例 2 有一无盖圆柱形容器,容器的壁和底的厚度均为 0.1cm,内高为 20cm,内半径为 4cm,求容器外壳体积的近似值.

解 圆柱体的体积为 $V=\pi R^2H$,圆柱形容器外壳体积就是圆柱体体积 V 的增量 ΔV,而

$$\Delta V\approx \mathrm{d}V=\frac{\partial V}{\partial R}\cdot\Delta R+\frac{\partial V}{\partial H}\cdot\Delta H=2\pi RH\Delta R+\pi R^2\Delta H$$

当 $R=4,H=20,\Delta R=\Delta H=0.1$ 时,

$$\Delta V\approx 2\times 3.14\times 4\times 20\times 0.1+3.14\times 4^2\times 0.1\approx 55.3$$

即圆柱形容器外壳体积近似为 $55.3\mathrm{cm}^3$.

(2) 误差估计.

例 3 设有直角三角形,测得其两直角边的长分别为 7 ± 0.1cm 和 24 ± 0.1cm. 试求利用上述二值计算斜边长度时的绝对误差.

解 设两直角边的长度分别为 x,y,则斜边长度为 $z=\sqrt{x^2+y^2}$,

$$|\Delta z|\approx|\mathrm{d}z|=\left|\frac{\partial z}{\partial x}\Delta x+\frac{\partial z}{\partial y}\Delta y\right|\leqslant\left|\frac{\partial z}{\partial x}\right||\Delta x|+\left|\frac{\partial z}{\partial y}\right||\Delta y|=\frac{1}{\sqrt{x^2+y^2}}(x|\Delta x|+y|\Delta y|)$$

当 $x=7,y=24,|\Delta x|=|\Delta y|=0.1$ 时,

$$|\Delta z|\approx\frac{1}{\sqrt{7^2+24^2}}(7\times 0.1+24\times 0.1)=0.124$$

即计算斜边长度时的绝对误差为 0.124cm.

19. 求复合函数的偏导数

解题思路 搞清函数的复合关系及偏导数的结构是正确求得偏导数的关键. 函数对某自变量的一阶导数,其项数等于与它有关的中间变量的个数,每一项等于函数对中间变量的偏导数乘以该中间变量对其指定的变量的偏导数.

对于多元复合函数,若已知所有的表达式,可以用复合函数的求导法则求偏导数,也可以利用复合的方法将其复合成一个函数,再按照一元函数的求导方法求出它的偏导数. 但是,如果所给出的多元函数是抽象函数,就无法用上面的方法求它的偏导数了,这时必须用复合函数的求导法则.

(1) 求已知的表达式的复合函数偏导数.

例 1 设 $z=u\ln v$,而 $u=x^2-y^2,v=xy$,求 $\frac{\partial z}{\partial x},\frac{\partial z}{\partial y}$.

解法一

$$\frac{\partial z}{\partial x}=\frac{\partial z}{\partial u}\frac{\partial u}{\partial x}+\frac{\partial z}{\partial v}\frac{\partial v}{\partial x}=\ln v\cdot 2x+\frac{u}{v}\cdot y=2x\ln(xy)+\frac{x^2-y^2}{x}$$

$$\frac{\partial z}{\partial y}=\frac{\partial z}{\partial u}\frac{\partial u}{\partial y}+\frac{\partial z}{\partial v}\frac{\partial v}{\partial y}=\ln v\cdot(-2y)+\frac{u}{v}\cdot x=-2y\ln(xy)+\frac{x^2-y^2}{y}$$

解法二

$$z=(x^2-y^2)\ln(xy)$$

$$\frac{\partial z}{\partial x}=2x\ln(xy)+\frac{(x^2-y^2)}{x},\quad\frac{\partial z}{\partial y}=-2y\ln(xy)+\frac{(x^2-y^2)}{y}$$

例 2 求 $z=(3x^2+y^2)^{4x+2y}$ 的偏导数.

解法一

$$\ln z=\ln(3x^2+y^2)^{4x+2y}$$

$$\ln z=(4x+2y)\ln(3x^2+y^2)$$

$$\frac{1}{z}\cdot\frac{\partial z}{\partial x}=4\ln(3x^2+y^2)+(4x+2y)\frac{6x}{3x^2+y^2}$$

$$\frac{\partial z}{\partial x}=(3x^2+y^2)^{4x+2y}\left[4\ln(3x^2+y^2)+(4x+2y)\frac{6x}{3x^2+y^2}\right]$$

$$\ln z=\ln(3x^2+y^2)^{4x+2y}$$

$$\ln z=(4x+2y)\ln(3x^2+y^2)$$

$$\frac{1}{z}\cdot\frac{\partial z}{\partial y}=2\ln(3x^2+y^2)+(4x+2y)\frac{2y}{3x^2+y^2}$$

$$\frac{\partial z}{\partial y}=(3x^2+y^2)^{4x+2y}\left[2\ln(3x^2+y^2)+(4x+2y)\frac{2y}{3x^2+y^2}\right]$$

解法二 设 $u=3x^2+y^2, v=4x+2y$，则 $z=u^v$，

$$\frac{\partial z}{\partial x}=\frac{\partial z}{\partial u}\frac{\partial u}{\partial x}+\frac{\partial z}{\partial v}\frac{\partial v}{\partial x}=vu^{v-1}\cdot 6x+u^v\ln u\cdot 4$$

$$=6x(4x+2y)(3x^2+y^2)^{4x+2y-1}+4(3x^2+y^2)^{4x+2y}\ln(3x^2+y^2)$$

$$\frac{\partial z}{\partial y}=\frac{\partial z}{\partial u}\frac{\partial u}{\partial y}+\frac{\partial z}{\partial v}\frac{\partial v}{\partial y}=vu^{v-1}\cdot 2y+u^v\ln u\cdot 2$$

$$=2y(4x+2y)(3x^2+y^2)^{4x+2y-1}+2(3x^2+y^2)^{4x+2y}\ln(3x^2+y^2)$$

例 3 设 $u=f(x,y,z)=e^{x^2+y^2+z^2}$，而 $z=x^2\sin y$，求$\frac{\partial u}{\partial x}$和$\frac{\partial u}{\partial y}$.

解 这里 x,y,z 是中间变量，x,y 是自变量，

$$\frac{\partial u}{\partial x}=\frac{\partial f}{\partial x}+\frac{\partial f}{\partial z}\frac{\partial z}{\partial x}=e^{x^2+y^2+z^2}\cdot 2x+e^{x^2+y^2+z^2}\cdot 2z\cdot 2x\sin y$$

$$=2xe^{x^2+y^2+z^2}+4xz\sin y e^{x^2+y^2+z^2}$$

$$=2x(1+2x^2\sin^2 y)e^{x^2+y^2+x^4\sin^2 y}$$

$$\frac{\partial u}{\partial y}=\frac{\partial f}{\partial y}+\frac{\partial f}{\partial z}\frac{\partial z}{\partial y}=e^{x^2+y^2+z^2}\cdot 2y+e^{x^2+y^2+z^2}\cdot 2z\cdot x^2\cos y$$

$$=2ye^{x^2+y^2+z^2}+2x^2z\cos y e^{x^2+y^2+z^2}$$

$$=2(y+x^4\sin y\cos y)e^{x^2+y^2+x^4\sin^2 y}$$

注意：等式两边的$\frac{\partial u}{\partial x}$，$\frac{\partial f}{\partial x}$，从表面上看它们是一样的，但是从解题过程中看，它们的含义是截然不同的．等式左边的$\frac{\partial u}{\partial x}$表示在函数 $u=f(x,y,z)$ 中把 x,y 看作自变量，z 看作中间变量，求二元复合函数 u 对 x 的偏导数．等式右边的$\frac{\partial f}{\partial x}$表示在函数 $u=f(x,y,z)$ 中把 x,y,z 看作自变量，求三元函数 u 对 x 的偏导数，在求 u 对 x 的偏导数时，要把 y,z 看作常数．

例 4 设 $z=e^{x-2y}$，而 $x=\sin t, y=t^3$，求$\frac{dz}{dt}$.

解法一

$$z=e^{x-2y}=e^{\sin t-2t^3}$$

$$\frac{\partial z}{\partial x}=(\cos t-6t^2)\mathrm{e}^{\sin t-2t^3}$$

解法二

$$\frac{\mathrm{d}z}{\mathrm{d}t}=\frac{\partial z}{\partial x}\frac{\mathrm{d}x}{\mathrm{d}t}+\frac{\partial z}{\partial y}\frac{\mathrm{d}y}{\mathrm{d}t}$$
$$=\mathrm{e}^{x-2y}\cos t+\mathrm{e}^{x-2y}(-2)\cdot 3t^2=\mathrm{e}^{\sin t-2t^3}$$
$$=\mathrm{e}^{x-2y}(\cos t-6t^2)=\mathrm{e}^{\sin t-2t^3}(\cos t-6t^2)$$

例 5 设 $z=uv+\mathrm{e}^t$，而 $u=\sin t, v=\cos t$，求全导数$\frac{\mathrm{d}z}{\mathrm{d}t}$.

解 这里 u,v,t 是中间变量，t 是自变量

$$\frac{\mathrm{d}z}{\mathrm{d}t}=\frac{\partial z}{\partial u}\frac{\mathrm{d}u}{\mathrm{d}t}+\frac{\partial z}{\partial v}\frac{\mathrm{d}v}{\mathrm{d}t}+\frac{\partial z}{\partial t}\frac{\mathrm{d}t}{\mathrm{d}t}=\frac{\partial z}{\partial u}\frac{\mathrm{d}u}{\mathrm{d}t}+\frac{\partial z}{\partial v}\frac{\mathrm{d}v}{\mathrm{d}t}+\frac{\partial z}{\partial t}$$
$$=v\cdot\cos t+u\cdot(-\sin t)+\mathrm{e}^t=\cos^2 t-\sin^2 t+\mathrm{e}^t$$

例 6 设 $z=\arctan\frac{x}{y}$，而 $x=u+v, y=u-v$，验证$\frac{\partial z}{\partial u}+\frac{\partial z}{\partial v}=\frac{u-v}{u^2+v^2}$.

证明 $\frac{\partial z}{\partial u}+\frac{\partial z}{\partial v}=\frac{\partial z}{\partial x}\frac{\partial x}{\partial u}+\frac{\partial z}{\partial y}\frac{\partial y}{\partial u}+\frac{\partial z}{\partial x}\frac{\partial x}{\partial v}+\frac{\partial z}{\partial y}\frac{\partial y}{\partial v}$

$$=\frac{\frac{1}{y}}{1+\left(\frac{x}{y}\right)^2}\cdot 1+\frac{-\frac{x}{y^2}}{1+\left(\frac{x}{y}\right)^2}\cdot 1+\frac{\frac{1}{y}}{1+\left(\frac{x}{y}\right)^2}\cdot 1+\frac{-\frac{x}{y^2}}{1+\left(\frac{x}{y}\right)^2}\cdot(-1)$$
$$=\frac{2y}{x^2+y^2}=\frac{u-v}{u^2+v^2}$$

（2）求抽象函数偏导数．

求抽象函数的偏导数一定要先设中间变量．求一阶偏导数时，中间变量一般用字母表示．求高阶偏导数时，中间变量可以用字母，也可以用数字表示．如用 1,2,3 分别表示第一、第二、第三中间变量，这样就可以用记号 f_1', f_2', f_3'分别表示函数 f 对第一、第二、第三中间变量求偏导数．类似地，记号 $f_{12}'', f_{23}'', f_{32}''$分别表示函数 f 先对第一后对第二中间变量、先对第二后对第三中间变量、先对第三后对第二中间变量求二阶偏导数．这样较为简便且不易出错.

例 7 设 $z=f(x^2+y^2,\sin xy,y)$，其中 f 为可微函数，求$\frac{\partial z}{\partial x},\frac{\partial z}{\partial y}$.

解 令 $u=x^2+y^2, v=\sin xy$，则 $z=f(u,v,y)$，故

$$\frac{\partial z}{\partial x}=\frac{\partial f}{\partial u}\frac{\partial u}{\partial x}+\frac{\partial f}{\partial v}\frac{\partial v}{\partial x}+\frac{\partial f}{\partial y}\frac{\partial y}{\partial x}=2x\frac{\partial f}{\partial u}+y\cos(xy)\frac{\partial f}{\partial v}$$
$$\frac{\partial z}{\partial y}=\frac{\partial f}{\partial u}\frac{\partial u}{\partial y}+\frac{\partial f}{\partial v}\frac{\partial v}{\partial y}+\frac{\partial f}{\partial y}\frac{\mathrm{d}y}{\mathrm{d}y}=2y\frac{\partial f}{\partial u}+x\cos(xy)\frac{\partial f}{\partial v}+\frac{\partial f}{\partial y}$$

例 8 设 $u=f\left(\frac{x}{y},\frac{y}{z}\right)$，其中 f 为可微函数，求$\frac{\partial u}{\partial x},\frac{\partial u}{\partial y},\frac{\partial u}{\partial z}$.

解 设 $s=\frac{x}{y}, t=\frac{y}{z}$，则 $u=f(s,t)$，故

$$\frac{\partial u}{\partial x}=\frac{\partial f}{\partial s}\frac{\partial s}{\partial x}+\frac{\partial f}{\partial t}\frac{\partial t}{\partial x}=\frac{\partial f}{\partial s}\frac{\partial s}{\partial x}=\frac{1}{y}f_s'$$

$$\frac{\partial u}{\partial y}=\frac{\partial f}{\partial s}\frac{\partial s}{\partial y}+\frac{\partial f}{\partial t}\frac{\partial t}{\partial y}=-\frac{x}{y^2}f'_s+\frac{1}{z}f'_t$$

$$\frac{\partial u}{\partial z}=\frac{\partial f}{\partial s}\frac{\partial s}{\partial z}+\frac{\partial f}{\partial t}\frac{\partial t}{\partial z}=\frac{\partial f}{\partial t}\frac{\partial t}{\partial z}=-\frac{y}{z^2}f'_t$$

例 9 设 $z=\dfrac{y}{f(x^2-y^2)}$，其中 $f(u)$ 为可导函数，验证 $\dfrac{1}{x}\dfrac{\partial z}{\partial x}+\dfrac{1}{y}\dfrac{\partial z}{\partial y}=\dfrac{z}{y^2}$.

证明 设 $u=x^2-y^2$，则 $z=\dfrac{y}{f(u)}$，

$$\frac{\partial z}{\partial x}=\frac{-y\cdot f'_u\cdot 2x}{f^2}=-\frac{2xyf'_u}{f^2}$$

$$\frac{\partial z}{\partial y}=\frac{f-y\cdot f'_u\cdot(-2y)}{f^2}=\frac{1}{f}+\frac{2y^2f'_u}{f^2}$$

$$\frac{1}{x}\frac{\partial z}{\partial x}+\frac{1}{y}\frac{\partial z}{\partial y}=-\frac{2yf'_u}{f^2}+\frac{1}{yf}+\frac{2yf'_u}{f^2}=\frac{1}{yf}=\frac{z}{y^2}.$$

例 10 设 $z=f(xy,y)$，其中 f 具有二阶连续偏导数，求 $\dfrac{\partial^2 z}{\partial x^2},\dfrac{\partial^2 z}{\partial y^2},\dfrac{\partial^2 z}{\partial x\partial y}$.

解 令 $s=xy,t=y$，则 $z=f(s,t)$，将中间变量 s,t 依次编号为 1，2，则

$$\frac{\partial z}{\partial x}=\frac{\partial f}{\partial s}\frac{\partial s}{\partial x}+\frac{\partial f}{\partial t}\frac{\partial t}{\partial x}=f'_1\frac{\partial s}{\partial x}=yf'_1$$

$$\frac{\partial z}{\partial y}=\frac{\partial f}{\partial s}\frac{\partial s}{\partial y}+\frac{\partial f}{\partial t}\frac{\partial t}{\partial y}=f'_1\frac{\partial s}{\partial y}+f'_2\frac{\mathrm{d}t}{\mathrm{d}y}=xf'_1+f'_2$$

因为 $f(s,t)$ 是 s,t 的函数，所以 f'_1,f'_2 也是 s,t 的函数，从而 f'_1,f'_2 是以 s,t 为中间变量的 x,y 的函数．故

$$\frac{\partial^2 z}{\partial x^2}=\frac{\partial}{\partial x}\left(\frac{\partial z}{\partial x}\right)=\frac{\partial}{\partial x}(yf'_1)=yf''_{11}\frac{\partial s}{\partial x}=y^2f''_{11}$$

$$\frac{\partial^2 z}{\partial y^2}=\frac{\partial}{\partial y}\left(\frac{\partial z}{\partial y}\right)=\frac{\partial}{\partial y}(xf'_1+f'_2)=x\left(f''_{11}\frac{\partial s}{\partial y}+f''_{12}\frac{\mathrm{d}t}{\mathrm{d}y}\right)+f''_{21}\frac{\partial s}{\partial y}+f''_{22}\frac{\mathrm{d}t}{\mathrm{d}y}=x^2f''_{11}+2xf''_{12}+f''_{22}$$

$$\frac{\partial^2 z}{\partial x\partial y}=\frac{\partial}{\partial y}\left(\frac{\partial z}{\partial x}\right)=\frac{\partial}{\partial y}(yf'_1)=f'_1+y\left(f''_{11}\frac{\partial s}{\partial y}+f''_{12}\frac{\mathrm{d}t}{\mathrm{d}y}\right)=f'_1+xyf''_{11}+yf''_{12}$$

例 11 设 $z=xy+xF\left(\dfrac{y}{x}\right)$，其中 F 为可导函数，求 $x\dfrac{\partial z}{\partial x}+y\dfrac{\partial z}{\partial y}$.

解 设 $u=\dfrac{y}{x}$，则 $z=xy+xF(u)$，故，

$$\frac{\partial z}{\partial x}=y+F+xF'_u\cdot\left(-\frac{y}{x^2}\right)=y+F-\frac{y}{x}F'_u$$

$$\frac{\partial z}{\partial y}=x+xF'_u\cdot\frac{1}{x}=x+F'_u$$

$$\begin{aligned}x\frac{\partial z}{\partial x}+y\frac{\partial z}{\partial y}&=x\left(y+F-\frac{y}{x}F'_u\right)+y(x+F'_u)\\&=xy+xF-yF'_u+xy+yF'_u\\&=2xy+xF=xy+z\end{aligned}$$

20. 多元隐函数求偏导数

解题思路 多元隐函数偏导数的计算一般采用将方程中所有非零项移到等式的一边，并将其设为函数 F，再利用多元隐函数偏导数的公式计算.

(1) 利用多元函数的偏导数计算一元隐函数的导数.

例 1 设 $\ln\sqrt{x^2+y^2}=\arctan\dfrac{y}{x}$，求$\dfrac{\mathrm{d}y}{\mathrm{d}x}$.

解 设 $F(x,y)=\ln\sqrt{x^2+y^2}-\arctan\dfrac{y}{x}=\dfrac{1}{2}\ln(x^2+y^2)-\arctan\dfrac{y}{x}$，则

$$F'_x=\frac{x}{x^2+y^2}-\frac{1}{1+\left(\dfrac{y}{x}\right)^2}\left(-\frac{y}{x^2}\right)=\frac{x+y}{x^2+y^2}$$

$$F'_y=\frac{y}{x^2+y^2}-\frac{1}{1+\left(\dfrac{y}{x}\right)^2}\cdot\frac{1}{x}=\frac{y-x}{x^2+y^2}$$

$$\frac{\mathrm{d}y}{\mathrm{d}x}=-\frac{F'_x}{F'_y}=\frac{x+y}{x-y}$$

(2) 多元隐函数求偏导数.

例 2 设 $\mathrm{e}^z=xyz$，求$\dfrac{\partial z}{\partial x},\dfrac{\partial z}{\partial y}$.

解法一 令 $F(x,y,z)=\mathrm{e}^z-xyz$，则

$$F'_x=-yz,F'_y=-xz,F'_z=\mathrm{e}^z-xy$$

$$\frac{\partial z}{\partial x}=-\frac{F'_x}{F'_z}=\frac{yz}{\mathrm{e}^z-xy},\frac{\partial z}{\partial y}=-\frac{F'_y}{F'_z}=\frac{xz}{\mathrm{e}^z-xy}$$

解法二 两边分别同时对 x,y 求偏导数，注意在这里 z 是 x,y 的函数，

$$\mathrm{e}^z\frac{\partial z}{\partial x}=yz+xy\frac{\partial z}{\partial x},\frac{\partial z}{\partial x}=\frac{yz}{\mathrm{e}^z-xy}$$

同理可得

$$\frac{\partial z}{\partial y}=\frac{xz}{\mathrm{e}^z-xy}$$

例 3 设 z 为由方程 $\mathrm{e}^{-xy}-2z+\mathrm{e}^z=0$ 所确定的二元函数，求 $\mathrm{d}z$ 及$\dfrac{\partial^2 z}{\partial x^2}$.

解 令 $F(x,y,z)=\mathrm{e}^{-xy}-2z+\mathrm{e}^z$

$$F'_x=-y\mathrm{e}^{-xy},F'_y=-x\mathrm{e}^{-xy},F'_z=\mathrm{e}^z-2$$

$$\frac{\partial z}{\partial x}=-\frac{F'_x}{F'_z}=\frac{y\mathrm{e}^{-xy}}{\mathrm{e}^z-2},\frac{\partial z}{\partial y}=-\frac{F'_y}{F'_z}=\frac{x\mathrm{e}^{-xy}}{\mathrm{e}^z-2}$$

$$\mathrm{d}z=\frac{y\mathrm{e}^{-xy}}{\mathrm{e}^z-2}\mathrm{d}x+\frac{x\mathrm{e}^{-xy}}{\mathrm{e}^z-2}\mathrm{d}y=\frac{\mathrm{e}^{-xy}}{\mathrm{e}^z-2}(y\mathrm{d}x+x\mathrm{d}y).$$

$$\frac{\partial^2 z}{\partial x^2}=\frac{\partial}{\partial x}\left(\frac{y\mathrm{e}^{-xy}}{\mathrm{e}^z-2}\right)=y\cdot\frac{-y\mathrm{e}^{-xy}(\mathrm{e}^z-2)-\mathrm{e}^{-xy}\mathrm{e}^z\dfrac{\partial z}{\partial x}}{(\mathrm{e}^z-2)^2}$$

$$=\frac{y\mathrm{e}^{-xy}}{(\mathrm{e}^z-2)^2}\left[-y(\mathrm{e}^z-2)-\mathrm{e}^z\frac{y\mathrm{e}^{-xy}}{\mathrm{e}^z-2}\right]$$

$$=\frac{-y^2e^{-xy}}{(e^z-2)^3}[(e^z-2)^2-e^{z-xy}]$$

例 4　设 z 为由方程 $f(x+y,y+z)=0$ 所确定的函数,求 dz 及 $\frac{\partial^2 z}{\partial x^2}$.

解法一　令 $s=x+y,t=y+z$,则方程为 $f(s,t)=0$,将中间变量 s,t 依次编号为 1,2,则

$$f'_x=f'_1,f'_y=f'_1+f'_2,f'_z=f'_2$$

$$z_x=-\frac{f'_x}{f'_z}=-\frac{f'_1}{f'_2},z_y=-\frac{f'_y}{f'_z}=-\frac{f'_1+f'_2}{f'_2}$$

$$dz=z_x dx+z_y dy=-\frac{f'_1}{f'_2}dx-\frac{f'_1+f'_2}{f'_2}dy$$

$$=-\frac{1}{f'_2}[f'_1dx+(f'_1+f'_2)dy]$$

$$\frac{\partial^2 z}{\partial x^2}=\frac{\partial}{\partial x}\left(-\frac{f'_1}{f'_2}\right)=-\frac{(f''_{11}+f''_{12}\cdot z_x)f'_2-f'_1(f''_{21}+f''_{22}\cdot z_x)}{(f'_2)^2}$$

$$=\frac{f''_{12}f'_1-f'_2f''_{11}}{(f'_2)^2}+\frac{f''_{21}f'_1f'_2-(f'_1)^2f''_{22}}{(f'_2)^3}$$

解法二　令 $s=x+y,t=y+z$,则方程为 $f(s,t)=0$,将中间变量 s,t 依次编号为 1,2,两边分别同时对 x,y 求偏导数,注意在这里 z 是 x,y 的函数,则

$$f'_1+f'_2\cdot z_x=0,z_x=-\frac{f'_1}{f'_2}$$

$$f'_1+f'_2\cdot(1+z_y)=0,z_y=-\frac{f'_1+f'_2}{f'_2}$$

$\frac{\partial^2 z}{\partial x^2}$的求法同上.

21. 二元函数的极值

解题思路　无条件极值常用的求法为先求出驻点,再用定义或极值存在的必要条件求解. 条件极值一般采用拉格朗日乘数法求解. 但要注意利用乘数法得到的点只是可能的极值点,究竟这些点是否是极值点,是极大值点还是极小值点还需进一步判断. 在实际问题中可根据问题本身的性质来判定. 在特殊情况下,条件极值的问题可化为无条件极值的问题求解.

(1) 无条件极值.

例 1　求 $f(x,y)=x^2+y^2$ 的极值.

解　由

$$\begin{cases}f'_x=2x=0\\f'_y=2y=0\end{cases}$$

得驻点为(0,0). 因为当 x,y 不同时为 0 时,$f(0,0)=0<x^2+y^2$. 故(0,0)是极小值点,$f(0,0)=0$ 为极小值.

例 2　讨论 $f(x,y)=y^2-x^2+1$ 是否有极值.

解　由

$$\begin{cases} f'_x = -2x = 0 \\ f'_y = 2y = 0 \end{cases}$$

得驻点为$(0,0)$. $f(0,0)=1$,当 $x\neq 0, y=0$ 时,$f(x,0)=-x^2+1<1$,当 $x=0, y\neq 0$ 时,$f(0,y)=y^2+1>1$. 故$f(0,0)$不是极值,此函数无极值.

例 3 求函数 $z=x^2-xy+y^2+9x-6y+20$ 的极值.

解 令

$$\begin{cases} z_x = 2x-y+9=0 \\ z_y = -x+2y-6=0 \end{cases}$$

得驻点为$(-4,1)$. 因为 $z_{xx}=2=A, z_{xy}=-1=C, z_{yy}=2=B$. 所以 $AC-B^2=4-(-1)^2=3>0$ 且 $A=2>0$. 故函数在$(-4,1)$点取得极小值$f(-4,1)=-1$.

(2) 条件极值.

例 4 求函数 $z=xy$ 在适合附加条件 $x+y=1$ 下的极值.

解 将此条件极值化为无条件极值,即把条件 $x+y=1$ 代入 $z=xy$,得 $z=x(1-x)$. 求此一元函数的极值,由$\dfrac{dz}{dx}=1-2x=0$,得 $x=\dfrac{1}{2}$,又$\dfrac{d^2z}{dx^2}=-2<0$,则 $x=\dfrac{1}{2}$时,函数取极大值$z=\dfrac{1}{4}$.

例 5 要造一个容积为 k 的长方体无盖水池,如何设计,才能使其表面积最小?

解 设水池的长、宽、高分别为 a,b,c,则其表面积为

$A=ab+2ac+2bc(a>0,b>0,c>0)$

约束条件 $abc=k$,作拉格朗日函数

$$L(a,b,c)=ab+2ac+2bc+\lambda(abc-k)$$

由

$$\begin{cases} L_a = b+2c+\lambda bc=0 \\ L_b = a+2c+\lambda ac=0 \\ L_c = 2a+2b+\lambda ab=0 \\ abc=k \end{cases}$$

解得

$$a=b=\sqrt[3]{2k}, c=\frac{1}{2}\sqrt[3]{2k}, \lambda=-\sqrt[3]{\frac{32}{k}}$$

$\left(\sqrt[3]{2k}, \sqrt[3]{2k}, \dfrac{1}{2}\sqrt[3]{2k}\right)$是惟一的驻点,由问题可知表面积一定有最小值,所以水池的长和宽都为 $\sqrt[3]{2k}$,高为$\dfrac{1}{2}\sqrt[3]{2k}$.

22. 利用二重积分的性质比较积分的大小

例 利用二重积分的性质比较下列积分的大小:

(1) $\iint\limits_D (x+y)^2 d\sigma$ 与$\iint\limits_D (x+y)^3 d\sigma$,其中积分区域$D$是由圆周$(x-2)^2+(y-1)^2=2$所围成.

(2) $\iint\limits_D \ln(x+y)d\sigma$ 与$\iint\limits_D [\ln(x+y)]^2 d\sigma$,其中积分区域 D 是由点$(1,0)$,$(1,1)$,$(2,0)$

所围成的三角形闭区域.

解　(1) 因为积分区域 D 位于半平面 $\{(x,y)\mid x+y\geqslant 1\}$ 内,故在 D 上有 $(x+y)^2\leqslant(x+y)^3$,从而

$$\iint_D (x+y)^2\mathrm{d}\sigma\leqslant\iint_D (x+y)^3\mathrm{d}\sigma$$

(2) 因为积分区域 D 位于条形区域 $\{(x,y)\mid 1\leqslant x+y\leqslant 2\}$ 内,故在 D 上的点有

$$\ln(x+y)\geqslant[\ln(x+y)]^2$$

从而

$$\iint_D \ln(x+y)\mathrm{d}\sigma\geqslant\iint_D [\ln(x+y)]^2\mathrm{d}\sigma$$

23. 利用二重积分的性质估计积分的值

例　利用二重积分的性质估计下列积分的值.

(1) $\iint_D xy(x+y)\mathrm{d}\sigma$,其中 $D=\{(x,y)\mid 0\leqslant x\leqslant 1,0\leqslant y\leqslant 1\}$.

(2) $\iint_D (x^2+4y^2+9)\mathrm{d}\sigma$,其中 $D=\{(x,y)\mid x^2+y^2\leqslant 4\}$.

解　(1) 因为在积分区域 D 上有 $0\leqslant x\leqslant 1,0\leqslant y\leqslant 1$,从而 $0\leqslant xy(x+y)\leqslant 2$,由于 D 的面积等于 1,因此

$$0\leqslant\iint_D xy(x+y)\mathrm{d}\sigma\leqslant 2$$

(2) 因为在积分区域 D 上有 $0\leqslant x^2+y^2\leqslant 4$,从而

$$9\leqslant x^2+4y^2+9\leqslant 4(x^2+y^2)+9\leqslant 25$$

由于 D 的面积等于 4π,因此

$$36\pi\leqslant\iint_D (x^2+4y^2+9)\mathrm{d}\sigma\leqslant 100\pi$$

24. 交换积分次序

解题思路　先由所给累次积分的上下限写出原积分区域,并画出积分区域的草图,然后写出新积分区域,按要求重新确定积分上下限.

例　交换下列二次积分的积分次序:

(1) $\int_0^1\mathrm{d}y\int_{-\sqrt{1-y^2}}^{\sqrt{1-y^2}}f(x,y)\mathrm{d}x$;　　(2) $\int_0^{\pi}\mathrm{d}x\int_{-\sin\frac{x}{2}}^{\sin x}f(x,y)\mathrm{d}y$;

(3) $\int_1^2\mathrm{d}x\int_x^{x^2}f(x,y)\mathrm{d}y+\int_2^8\mathrm{d}x\int_x^8 f(x,y)\mathrm{d}y$;

(4) $\int_0^1\mathrm{d}y\int_0^y f(x,y)\mathrm{d}x+\int_1^2\mathrm{d}y\int_0^{2-y}f(x,y)\mathrm{d}x$.

解　(1) 所给二次积分等于二重积分 $\iint_D f(x,y)\mathrm{d}\sigma$,其中 $D=\{(x,y)\mid -\sqrt{1-y^2}\leqslant x\leqslant\sqrt{1-y^2},0\leqslant y\leqslant 1\}$,如图 6-2. D 又可以表示为

$$D=\{(x,y)\mid 0\leqslant y\leqslant\sqrt{1-x^2},-1\leqslant x\leqslant 1\}$$

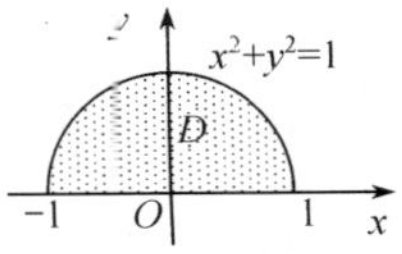

图 6-2

因此

$$\text{原式} = \int_{-1}^{1} \mathrm{d}x \int_{0}^{\sqrt{1-x^2}} f(x,y)\,\mathrm{d}y$$

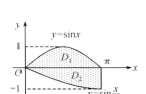

(2) 将积分区域 D 表示为 $D_1 \cup D_2$,如图 6-3,其中

$$D_1 = \{(x,y) \mid \arcsin y \leqslant x \leqslant \pi - \arcsin y, 0 \leqslant y \leqslant 1\}$$

$$D_2 = \{(x,y) \mid -2\arcsin y \leqslant x \leqslant \pi, -1 \leqslant y \leqslant 0\}$$

图 6-3

注:当 $x \in \left[0,\dfrac{\pi}{2}\right]$时, $y = \sin x$ 的反函数是 $x = \arcsin y$,而当 $x \in \left(\dfrac{\pi}{2},\pi\right]$时,$\pi - x \in \left[0,\dfrac{\pi}{2}\right]$,由$y = \sin x = \sin(\pi - x)$可得$\pi - x = \arcsin y$,于是

$$\text{原式} = \int_{0}^{1} \mathrm{d}y \int_{\arcsin y}^{\pi - \arcsin y} f(x,y)\,\mathrm{d}x + \int_{-1}^{0} \mathrm{d}y \int_{-2\arcsin y}^{\pi} f(x,y)\,\mathrm{d}x$$

(3) 所给二次积分等于二重积分$\iint\limits_D f(x,y)\,\mathrm{d}\sigma$,其中积分区域 D 可以表示为

$$\{(x,y) \mid x \leqslant y \leqslant x^2, 1 \leqslant x \leqslant 2\} \cup \{(x,y) \mid x \leqslant y \leqslant 8, 2 \leqslant x \leqslant 8\}$$

如图 6-4,D 又可以表示为

$$\{(x,y) \mid \sqrt{y} \leqslant x \leqslant y, 1 \leqslant y \leqslant 4\} \cup \{(x,y) \mid 2 \leqslant x \leqslant y, 4 \leqslant y \leqslant 8\}$$

于是

$$\text{原式} = \int_{1}^{4} \mathrm{d}y \int_{\sqrt{y}}^{y} f(x,y)\,\mathrm{d}x + \int_{4}^{8} \mathrm{d}y \int_{2}^{y} f(x,y)\,\mathrm{d}x$$

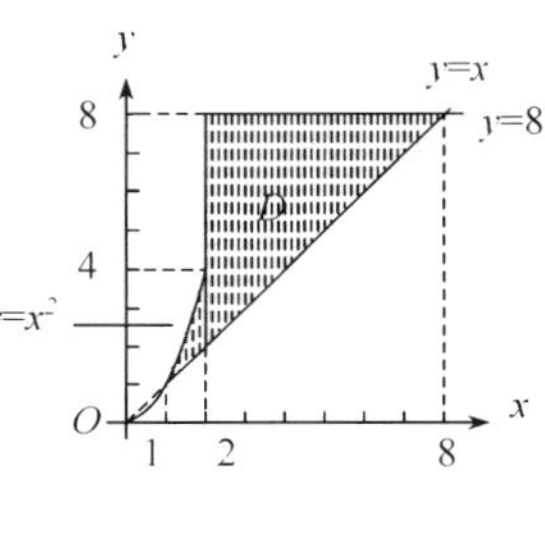

图 6-4

(4) 所给二次积分等于二重积分$\iint\limits_D f(x,y)\,\mathrm{d}\sigma$,其中积分区域 D 可以表示为

$$\{(x,y) \mid 0 \leqslant x \leqslant y, 0 \leqslant y \leqslant 1\} \cup \{(x,y) \mid 0 \leqslant x \leqslant 2 - y, 1 \leqslant y \leqslant 2\}$$

如图 6-5,D 又可以表示为

$$\{(x,y) \mid x \leqslant y \leqslant 2 - x, 0 \leqslant x \leqslant 1\}$$

于是

$$\text{原式} = \int_{0}^{1} \mathrm{d}x \int_{x}^{2-x} f(x,y)\,\mathrm{d}y$$

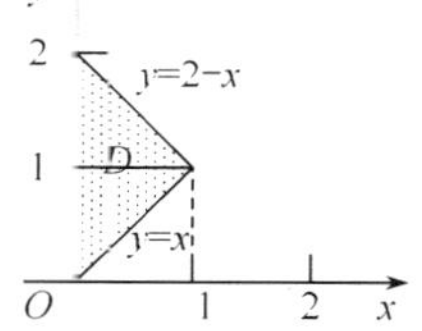

图 6-5

25. 二重积分的计算

解题思路 在计算二重积分时要先画出积分区域 D 的图形,根据积分区域 D 的形状确定积分次序,二次积分的积分限进行计算. 同时还要根据被积函数和积分区域的特点选择积分次序.

(1) 利用直角坐标系计算二重积分.

通常情况下,当积分区域不是圆、球或旋转体,特别是当积分区域是矩形图放右侧时,可利用直角坐标系计算.

例 1 计算$\iint\limits_D (x^2 + y^2)\,\mathrm{d}\sigma$,其中 $D = \{(x,y) \mid |x| \leqslant 1, |y| \leqslant 1\}$.

解 积分区域见图 6-6

$$\iint_D (x^2+y^2)\,\mathrm{d}\sigma = \int_{-1}^{1}\mathrm{d}x\int_{-1}^{1}(x^2+y^2)\,\mathrm{d}y$$

$$= \int_{-1}^{1}\left[x^2y+\frac{y^3}{3}\right]_{-1}^{1}\mathrm{d}x = \int_{-1}^{1}\left(2x^2+\frac{2}{3}\right)\mathrm{d}x$$

$$= \left[\frac{2}{3}x^3+\frac{2}{3}x\right]_{-1}^{1} = \frac{8}{3}$$

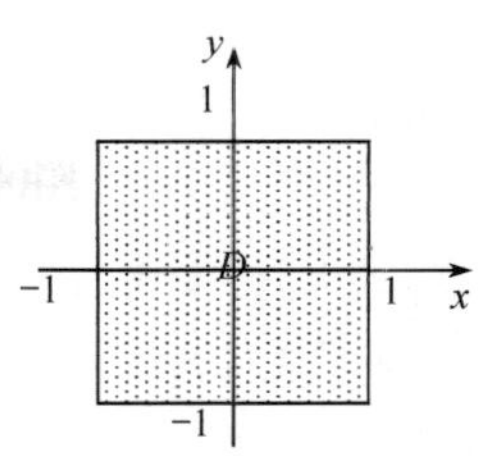

图 6-6

例 2 计算$\iint\limits_D (3x+2y)\,\mathrm{d}\sigma$,其中$D$是由两坐标轴及直线$x+y=2$所围成的闭区域.

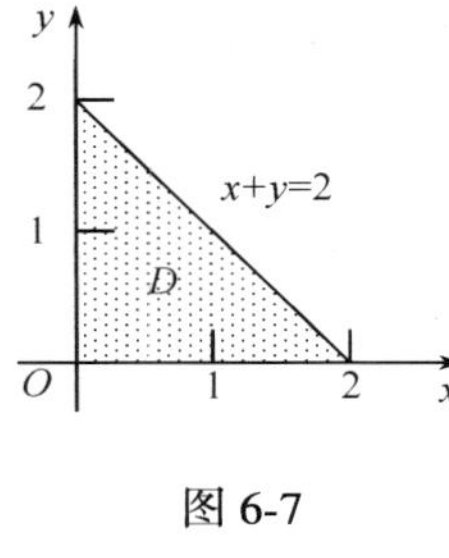

图 6-7

解 D可以写为$0\leqslant y\leqslant 2-x, 0\leqslant x\leqslant 2$,见图 6-7. 于是

$$\iint_D (3x+2y)\,\mathrm{d}\sigma = \int_0^2\mathrm{d}x\int_0^{2-x}(3x+2y)\,\mathrm{d}y$$

$$= \int_0^2[3xy+y^2]_0^{2-x}\mathrm{d}x = \int_0^2(4+2x-2x^2)\,\mathrm{d}x$$

$$= \left[4x+x^2-\frac{2}{3}x^3\right]_0^2 = \frac{20}{3}$$

例 3 计算$\iint\limits_D x^2\mathrm{e}^{-y^2}\mathrm{d}\sigma$,其中$D$是以$(0,0),(1,1),(0,1)$为顶点的三角形闭区域.

解 D是Y型的,见图 6-8,

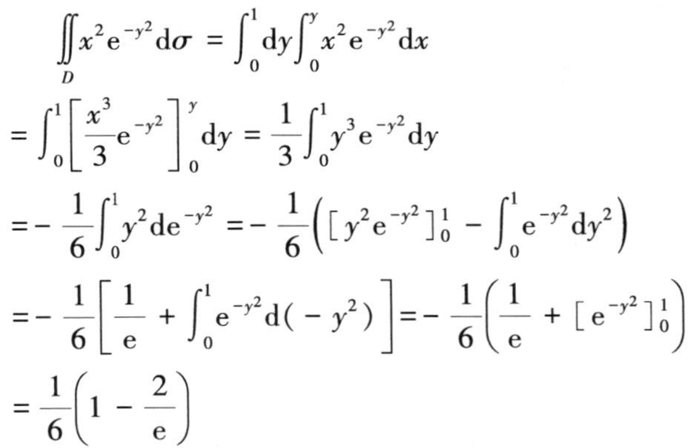

$$\iint_D x^2\mathrm{e}^{-y^2}\mathrm{d}\sigma = \int_0^1\mathrm{d}y\int_0^y x^2\mathrm{e}^{-y^2}\mathrm{d}x$$

$$= \int_0^1\left[\frac{x^3}{3}\mathrm{e}^{-y^2}\right]_0^y\mathrm{d}y = \frac{1}{3}\int_0^1 y^3\mathrm{e}^{-y^2}\mathrm{d}y$$

$$= -\frac{1}{6}\int_0^1 y^2\mathrm{d}\mathrm{e}^{-y^2} = -\frac{1}{6}\left([y^2\mathrm{e}^{-y^2}]_0^1 - \int_0^1\mathrm{e}^{-y^2}\mathrm{d}y^2\right)$$

$$= -\frac{1}{6}\left[\frac{1}{\mathrm{e}}+\int_0^1\mathrm{e}^{-y^2}\mathrm{d}(-y^2)\right] = -\frac{1}{6}\left(\frac{1}{\mathrm{e}}+[\mathrm{e}^{-y^2}]_0^1\right)$$

$$= \frac{1}{6}\left(1-\frac{2}{\mathrm{e}}\right)$$

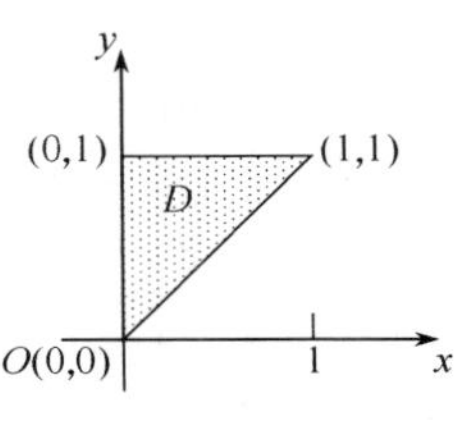

图 6-8

如果把D看作是X型的

$$\iint_D x^2\mathrm{e}^{-y^2}\mathrm{d}\sigma = \int_0^1\mathrm{d}x\int_x^1 x^2\mathrm{e}^{-y^2}\mathrm{d}y$$

我们知道e^{-y^2}的原函数不能用初等函数表示出来,所以我们计算这个二重积分时,不能先对y积分.

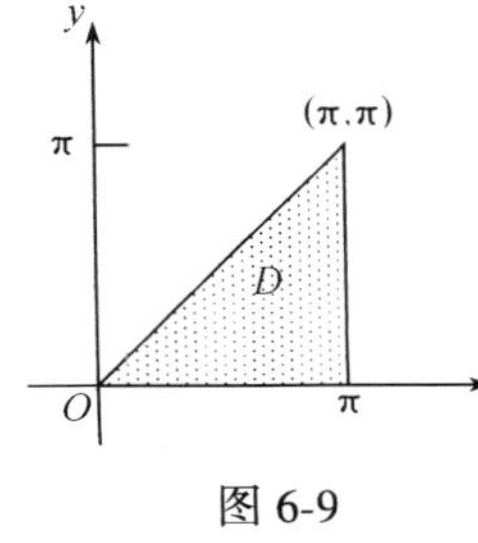

图 6-9

例 4 计算$\iint\limits_D x\cos(x+y)\,\mathrm{d}\sigma$,其中$D$是以$(0,0),(\pi,0),(\pi,\pi)$为顶点的三角形闭区域.

解 D可以写为

$$0\leqslant y\leqslant x, 0\leqslant x\leqslant \pi,$$

如图 6-9,于是

$$\begin{aligned}\iint_D x\cos(x+y)\mathrm{d}\sigma &= \int_0^{\pi} x\mathrm{d}x\int_0^{x}\cos(x+y)\mathrm{d}y\\ &= \int_0^{\pi} x[\sin(x+y)]_0^x\mathrm{d}x = \int_0^{\pi} x(\sin 2x-\sin x)\mathrm{d}x\\ &= \int_0^{\pi} x\mathrm{d}\left(\cos x-\frac{1}{2}\cos 2x\right)\\ &= \left[x\left(\cos x-\frac{1}{2}\cos 2x\right)\right]_0^{\pi} - \int_0^{\pi}\left(\cos x-\frac{1}{2}\cos 2x\right)\mathrm{d}x\\ &= \pi\left(-1-\frac{1}{2}\right)-\left[\sin x-\frac{1}{4}\sin 2x\right]_0^{\pi} = -\frac{3}{2}\pi\end{aligned}$$

例 5 计算$\iint_D \frac{y^3}{x}\mathrm{d}\sigma$,其中$D=\left\{(x,y)\mid x^2+y^2\leqslant 1, y\leqslant\sqrt{\frac{3x}{2}}\right\}$.

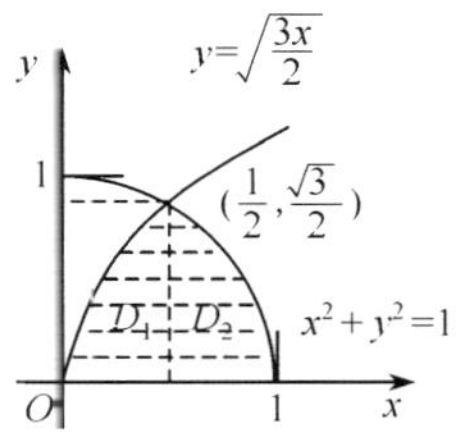

解 从 D 的形状看,似乎应先对 x 积分,但从被积函数看,这样选择会给第二次积分带来困难. 故选择应先对 y 积分. $x^2+y^2=1$ 与 $y=\sqrt{\frac{3x}{2}}$ 的交点为$\left(\frac{1}{2},\frac{\sqrt{3}}{2}\right)$,把 D 分成 D_1、D_2,如图 6-10,则

图 6-10

$$\begin{aligned}\iint_D \frac{y^3}{x}\mathrm{d}\sigma &= \iint_{D_1}\frac{y^3}{x}\mathrm{d}\sigma + \iint_{D_2}\frac{y^3}{x}\mathrm{d}\sigma\\ &= \int_0^{\frac{1}{2}}\frac{1}{x}\mathrm{d}x\int_0^{\sqrt{\frac{3x}{2}}}y^3\mathrm{d}y + \int_{\frac{1}{2}}^{1}\frac{1}{x}\mathrm{d}x\int_0^{\sqrt{1-x^2}}y^3\mathrm{d}y\\ &= \frac{9}{16}\int_0^{\frac{1}{2}}x\mathrm{d}x + \frac{1}{4}\int_{\frac{1}{2}}^{1}\frac{(1-x^2)^2}{x}\mathrm{d}x\\ &= \frac{9}{32}[x^2]_0^{\frac{1}{2}} + \frac{1}{4}\int_{\frac{1}{2}}^{1}\left(\frac{1}{x}-2x+x^3\right)\mathrm{d}x\\ &= \frac{9}{128}+\frac{1}{4}\left[\ln x - x^2+\frac{1}{4}x^4\right]_{\frac{1}{2}}^{1} = \frac{1}{4}\ln 2-\frac{15}{256}\end{aligned}$$

(2) 利用极坐标系计算二重积分.

当积分区域是圆形、圆环形、扇形域、扇形环域或积分区域的边界在极坐标系下能简单表示时,可利用极坐标系进行计算. 在利用极坐标系计算二重积分时,除了把直角坐标系下的二重积分转化为极坐标系下的二重积分外,还要注意把积分区域 D 的边界曲线也转化为极坐标系下的曲线.

例 6 计算$\iint_D \ln(1+x^2+y^2)\mathrm{d}\sigma$,其中 D 是由圆周 $x^2+y^2=1$ 及坐标轴所围成的在第一象限内的闭区域.

解 积分区域见图 6-11. 在极坐标系中,积分区域 $D=\left\{(r,\theta)\mid 0\leqslant r\leqslant 1, 0\leqslant\theta\leqslant\frac{\pi}{2}\right\}$,于是

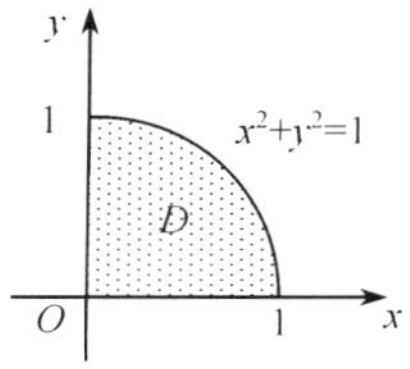

$$\iint_D \ln(1+x^2+y^2)\mathrm{d}\sigma = \iint_D \ln(1+r^2)\cdot r\mathrm{d}r\mathrm{d}\theta$$

图 6-11

$$= \int_0^{\frac{\pi}{2}} \mathrm{d}\theta \int_0^1 \ln(1 + r^2) \cdot r\mathrm{d}r$$

$$= \frac{\pi}{2} \cdot \frac{1}{2} \int_0^1 \ln(1 + r^2)\mathrm{d}(1 + r^2)$$

$$= \frac{\pi}{4}\left([(1 + r^2)\ln(1 + r^2)]_0^1 - 2\int_0^1 r\mathrm{d}r \right)$$

$$= \frac{\pi}{4}([(1 + r^2)\ln(1 + r^2)]_0^1 - [r^2]_0^1)$$

$$= \frac{\pi}{4}(2\ln 2 - 1)$$

例 7　计算 $\iint\limits_D xy\mathrm{d}\sigma$，其中 D 是由曲线 $x^2 + y^2 = 1$，$x^2 + (y - 1)^2 = 1$ 及 y 轴所围成的在右上方的闭区域．

解　积分区域见图 6-12.

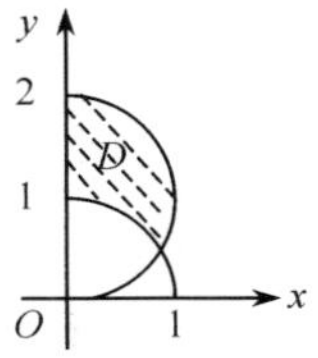

在极坐标系中，两个圆的极坐标方程为 $r = 1$ 和 $r = 2\sin\theta$，它们交点的坐标是 $\left(1, \frac{\pi}{6}\right)$，故积分区域 $D = \left\{ (r, \theta) \mid 1 \leqslant r \leqslant 2\sin\theta, \frac{\pi}{6} \leqslant \theta \leqslant \frac{\pi}{2} \right\}$，于是

图 6-12

$$\iint\limits_D xy\mathrm{d}\sigma = \iint\limits_D r^3 \sin\theta\cos\theta \mathrm{d}r\mathrm{d}\theta = \int_{\frac{\pi}{6}}^{\frac{\pi}{2}} \sin\theta\cos\theta \mathrm{d}\theta \int_1^{2\sin\theta} r^3 \mathrm{d}r$$

$$= \frac{1}{4}\int_{\frac{\pi}{6}}^{\frac{\pi}{2}} \sin\theta\cos\theta \cdot [r^4]_1^{2\sin\theta} \mathrm{d}\theta = \int_{\frac{\pi}{6}}^{\frac{\pi}{2}} \left(4\sin^5\theta\cos\theta - \frac{1}{4}\sin\theta\cos\theta \right) \mathrm{d}\theta$$

$$= \left[\frac{2}{3}\sin^6\theta - \frac{1}{8}\sin^2\theta \right]_{\frac{\pi}{6}}^{\frac{\pi}{2}} = \frac{9}{16}$$

例 8　试证 $\int_0^a \mathrm{d}y \int_0^y \mathrm{e}^{b(x-a)} f(x)\mathrm{d}x = \int_0^a (a - x)\mathrm{e}^{b(x-a)} f(x)\mathrm{d}x$，其中 a, b 均为常数，且 $a > 0$.

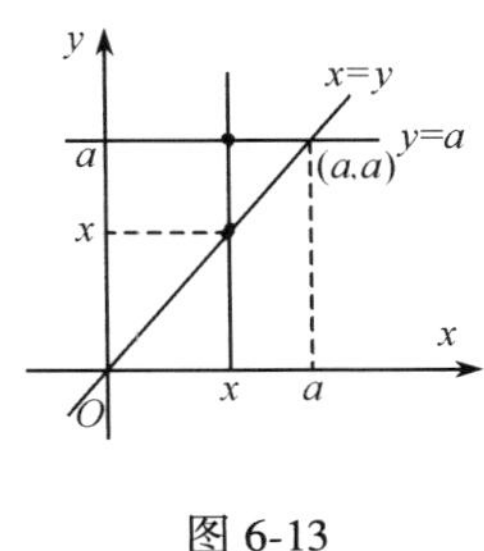

图 6-13

证明　积分区域 D：$\begin{cases} 0 \leqslant y \leqslant a, \\ 0 \leqslant x \leqslant y, \end{cases}$ 见图 6-13.

$$\int_0^a \mathrm{d}y \int_0^y \mathrm{e}^{b(x-a)} f(x)\mathrm{d}x$$

$$= \int_0^a \mathrm{d}x \int_x^a \mathrm{e}^{b(x-a)} f(x)\mathrm{d}y$$

$$= \int_0^a \left[\mathrm{e}^{b(x-a)} f(x) \int_x^a \mathrm{d}y \right] \mathrm{d}x$$

$$= \int_0^a (a - x)\mathrm{e}^{b(x-a)} f(x)\mathrm{d}x$$

26. 二重积分的应用

解题思路

(1) 求立体的体积：可以根据二重积分的几何意义，将立体体积转化为曲顶柱体的体积，利用二重积分进行计算．有时题目没有给出立体在坐标面上的底部区域，这时需要计算立体在坐标面上的投影区域及底部区域的方程．

例 1　求由平面 $y = 0$，$y = kx$，$z = 0$ 以及球心在原点，半径为 R 的上半球面所围成的在第一卦限内的立体体积．

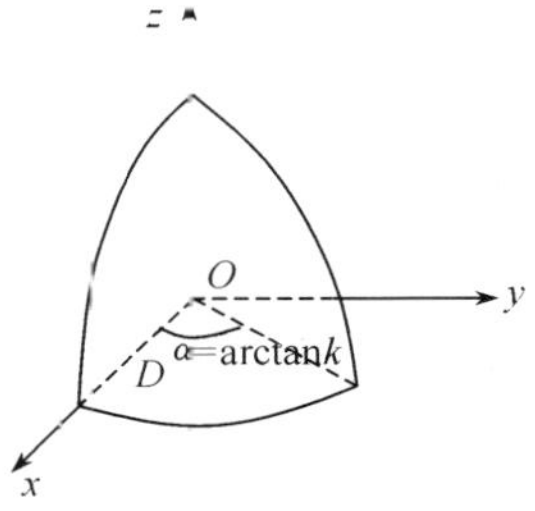

图 6-14

解 积分区域D是由xOy平面上的曲线$x^2+y^2=R^2$，$y=0$，$y=kx$所围成，见图 6-14，曲顶方程为$z=\sqrt{R^2-x^2-y^2}$，令$\alpha=\arctan k$，故

$$V=\iint\limits_D\sqrt{R^2-x^2-y^2}\,\mathrm{d}\sigma$$

利用极坐标计算，在极坐标系下，积分区域$D=\{(r,\theta)\mid 0\leqslant r\leqslant R,0\leqslant\theta\leqslant\alpha\}$，则

$$\begin{aligned}V&=\iint\limits_D\sqrt{R^2-x^2-y^2}\,\mathrm{d}\sigma=\iint\limits_D\sqrt{R^2-r^2}\,r\mathrm{d}\sigma\\&=\int_0^\alpha\mathrm{d}\theta\int_0^R\sqrt{R^2-r^2}\,r\mathrm{d}r\\&=\alpha\cdot\left(-\frac{1}{2}\right)\int_0^R\sqrt{R^2-r^2}\,\mathrm{d}(R^2-r^2)\\&=\frac{\alpha R^3}{3}=\frac{R^3}{3}\arctan k\end{aligned}$$

例 2 求由曲面$z=x^2+2y^2$，$z=6-2x^2-y^2$所围成的立体体积．

解 本题没有给出底部区域，但由图形 6-15 可知底部区域就是立体在xOy平面上的投影区域，由

$$\begin{cases}z=x^2+2y^2\\z=6-2x^2-y^2\end{cases}$$

中消去z，得$x^2+y^2=2$，故立体在xOy平面上的投影区域为$D=\{(x,y)\mid x^2+y^2\leqslant 2\}$．

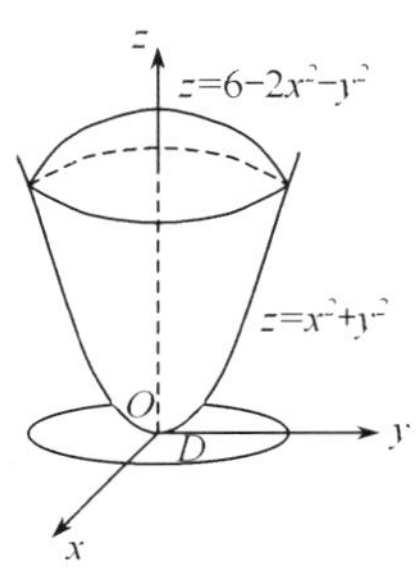

图 6-15

所求立体体积等于两个曲顶柱体的体积的差．

两个曲顶柱体的顶分别为

$$z=x^2+2y^2,z=6-2x^2-y^2$$

因此

$$\begin{aligned}V&=\iint\limits_D(6-2x^2-y^2)\,\mathrm{d}\sigma-\iint\limits_D(x^2+2y^2)\,\mathrm{d}\sigma\\&=\iint\limits_D(6-3x^2-3y^2)\,\mathrm{d}\sigma\end{aligned}$$

利用极坐标计算，在极坐标系下，积分区域$D=\{(r,\theta)\mid 0\leqslant r\leqslant\sqrt{2},0\leqslant\theta\leqslant 2\pi\}$，则

$$\begin{aligned}V&=\iint\limits_D(6-3x^2-3y^2)\,\mathrm{d}\sigma\\&=\int_0^{2\pi}\mathrm{d}\theta\int_0^{\sqrt{2}}(6-3r^2)\,r\mathrm{d}r\\&=2\pi\cdot\left(-\frac{1}{6}\right)\int_0^{\sqrt{2}}(6-3r^2)\,\mathrm{d}(6-3r^2)\\&=6\pi\end{aligned}$$

(2) 求平面闭区域的面积：令 $z = f(x,y) = 1$，则 $S = \iint\limits_D \mathrm{d}\sigma$.

例3　用二重积分计算 xOy 平面上由 $y = x^2, y = 4x - x^2$ 所围成的平面区域的面积.

解　积分区域 $D = \{(x,y) \mid x^2 \leqslant y \leqslant 4x - x^2, 0 \leqslant x \leqslant 2\}$，如图 6-16，故

$$S = \iint\limits_D \mathrm{d}\sigma = \int_0^2 \mathrm{d}x \int_{x^2}^{4x-x^2} \mathrm{d}y = \int_0^2 (4x - 2x^2)\,\mathrm{d}x = \frac{8}{3}$$

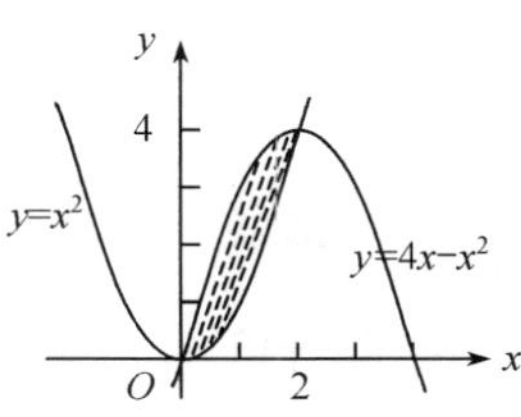

图 6-16

(3) 求平面薄片的质量.

例4　设平面薄片所占的闭区域 D 由直线 $x + y = 2, y = x, x$ 轴所围成，其面密度 $\mu(x,y) = x^2 + y^2$，求该薄片的质量.

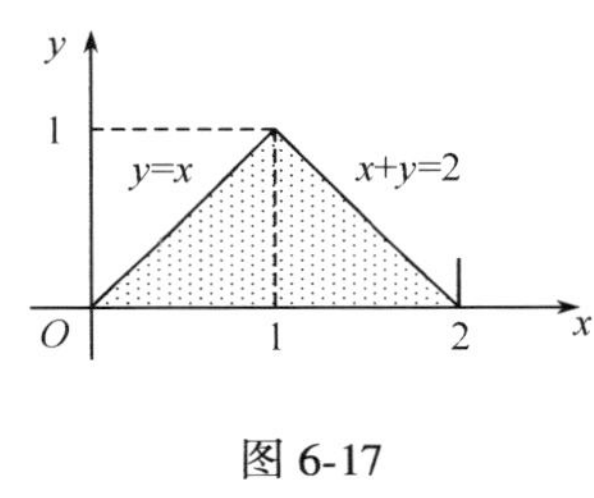

图 6-17

解　积分区域 $D = \{(x,y) \mid y \leqslant x \leqslant 2 - y, 0 \leqslant y \leqslant 1\}$，见图 6-17，故

$$M = \iint\limits_D \mu(x,y)\,\mathrm{d}\sigma = \int_0^1 \mathrm{d}y \int_y^{2-y} (x^2 + y^2)\,\mathrm{d}x = \int_0^1 \left[\frac{1}{3}x^3 + xy^2\right]_y^{2-y} \mathrm{d}y = \int_0^1 \left[\frac{1}{3}(2-y)^3 + 2y^2 - \frac{7}{3}y^3\right] \mathrm{d}y = \frac{4}{3}$$

6.3　解题常见错误剖析

例1　设 $\boldsymbol{a} \neq \boldsymbol{0}$，简化等式 $\boldsymbol{a} \cdot \boldsymbol{b} = \boldsymbol{a} \cdot \boldsymbol{c}$ 并得出相应的结论.

常见错误　因为 $\boldsymbol{a} \neq \boldsymbol{0}$，由 $\boldsymbol{a} \cdot \boldsymbol{b} = \boldsymbol{a} \cdot \boldsymbol{c}$，可得 $\boldsymbol{a} = \boldsymbol{b}$.

错误分析　错误的原因是套用了实数的消去律的结果. 由于向量的数量积、向量积都没有逆运算，故这种消去律对向量不成立.

正确解答　由 $\boldsymbol{a} \cdot \boldsymbol{b} = \boldsymbol{a} \cdot \boldsymbol{c}$，可得 $\boldsymbol{a} \cdot (\boldsymbol{b} - \boldsymbol{c}) = \boldsymbol{0}$，因为 $\boldsymbol{a} \neq \boldsymbol{0}$，故 $\boldsymbol{a} \perp (\boldsymbol{b} - \boldsymbol{c})$.

例2　设 $f(x,y) = \dfrac{x^3 y}{x^6 + y^2}, x^2 + y^2 \neq 0$，讨论极限 $\lim\limits_{(x,y)\to(0,0)} f(x,y)$.

常见错误　当动点 (x,y) 沿着任意一条直线 $y = kx$ 无限趋近于点 $(0,0)$ 时，总有

$$\lim_{(x,y)\to(0,0)} f(x,y) = \lim_{x\to 0} \frac{kx^4}{x^6 + k^2x^2} = \lim_{x\to 0} \frac{kx^2}{x^4 + k^2} = 0$$

故

$$\lim_{(x,y)\to(0,0)} f(x,y) = 0$$

错误分析　上述错误的原因在于只说明动点沿直线趋近于点 $(0,0)$ 时，函数趋近同一常数，就下了极限存在的结论，而没有讨论当动点沿任意方式趋近于点 $(0,0)$ 时，函数是否趋近于同一个常数.

正确解答　当动点 (x,y) 沿着曲线 $y = kx^3$ 无限趋近于点 $(0,0)$ 时，有

$$\lim_{(x,y)\to(0,0)} f(x,y)=\lim_{x\to 0}\frac{kx^6}{x^6+k^2x^6}=\frac{k}{1+k^2}$$

此极限值随 k 的取值不同而不同,故此极限不存在.

例 3 设 $z=\dfrac{y}{f(x^2-y^2)}$,其中 $f(u)$ 为可导函数,求 $\dfrac{\partial z}{\partial x}$.

常见错误
$$\frac{\partial z}{\partial x}=\frac{-y\cdot\dfrac{\partial f}{\partial x}\cdot 2x}{f^2}=-\frac{2xy}{f^2}\cdot\frac{\partial f}{\partial x}$$

错误分析 上述错误的原因在于没有搞清函数的复合关系.$f(x^2-y^2)$ 是由 $f(u)$ 与 $u=x^2-y^2$ 复合而成的复合函数.故在求 $f(x^2-y^2)$ 对 x 的偏导数时,应先求 f 对 u 的导数 $\dfrac{\mathrm{d}f}{\mathrm{d}u}$ 或 f'_u,再乘以 u 对 x 偏导数 $2x$. 这里要特别注意,式中 f 的导数记号是表示 f 对 u 求导,而不是对 x 求导.

正确解答
$$\frac{\partial z}{\partial x}=\frac{-y\cdot f'_u\cdot 2x}{f^2}=-\frac{2xyf'_u}{f^2}$$

例 4 $u=f(x,y,z)$,$z=g(x,y)$,求 $\dfrac{\partial z}{\partial x}$.

常见错误
$$\frac{\partial u}{\partial x}=\frac{\partial u}{\partial x}\cdot 1+\frac{\partial u}{\partial y}\cdot 0+\frac{\partial u}{\partial z}\frac{\partial z}{\partial x}$$

两边消去 $\dfrac{\partial u}{\partial x}$,得到不含 $\dfrac{\partial u}{\partial x}$ 的式子,故 $\dfrac{\partial u}{\partial x}$ 无解.

错误分析 等式两边的 $\dfrac{\partial u}{\partial x}$ 形式是一样的,但含义是截然不同的. 等式左边的 $\dfrac{\partial u}{\partial x}$ 表示在函数 $u=f(x,y,z)$ 中把 x,y 看作自变量,z 看作中间变量,求二元复合函数 u 对 x 的偏导数. 等式右边的 $\dfrac{\partial u}{\partial x}$ 表示在函数 $u=f(x,y,z)$ 中把 x,y,z 看作无关的自变量,求三元函数 u 对 x 的偏导数,这时是把 y,z 看作常数. 为了避免混淆,应将右式中的 u 用 f 替代,即将右式中 $\dfrac{\partial u}{\partial x},\dfrac{\partial u}{\partial y},\dfrac{\partial u}{\partial z}$ 分别用 $\dfrac{\partial f}{\partial x},\dfrac{\partial f}{\partial x},\dfrac{\partial f}{\partial x}$ 表示.

正确解答
$$\frac{\partial u}{\partial x}=\frac{\partial f}{\partial x}\cdot 1+\frac{\partial f}{\partial y}\cdot 0+\frac{\partial f}{\partial z}\frac{\partial z}{\partial x}=\frac{\partial f}{\partial x}+\frac{\partial f}{\partial z}\frac{\partial z}{\partial x}$$

6.4 强化训练

强化训练 6.1

1. 单项选择题:

(1) 以点 $A(-3,2,-7)$,$B(2,2,-3)$,$C(-3,6,-2)$ 为顶点的三角形是(   )三角形.

A. 直角　　B. 等边　　C. 等腰　　D. 以上都不是

(2) 若 $\boldsymbol{a}\times\boldsymbol{b}=\boldsymbol{0}$,则(   ).

A. $\boldsymbol{a}=\mathbf{0}$ 且 $\boldsymbol{b}=\mathbf{0}$　　B. $\boldsymbol{a}=\mathbf{0}$ 或 $\boldsymbol{b}=\mathbf{0}$　　C. $\boldsymbol{a}\parallel\boldsymbol{b}$　　D. $\boldsymbol{a}\perp\boldsymbol{b}$

(3) 设 $\boldsymbol{a}=(1,-2,2)$，$\boldsymbol{b}=(-2,4,m)$，若 $\boldsymbol{a}\perp\boldsymbol{b}$，$m$ 应该等于(　　).

A. 4　　B. -5　　C. -4　　D. 5

(4) 若向量$\overrightarrow{AB}$的终点为 $B(2,-1,7)$，且$\overrightarrow{AB}$的中点为(1,0,3)，则$\overrightarrow{AB}$的始点坐标为(　　).

A. (0,0,1)　　B. (0,1,−1)　　C. (1,0,0)　　D. (2,1,−1)

(5) 经过两点 $A(0,1,0)$ 和 $B(0,0,1)$ 且平行于 x 轴的平面的法向量为(　　).

A. (1,1,1)　　B. (1,0,0)　　C. (0,1,1)　　D. (1,1,0)

(6) 设空间中三直线的方程分别是 L_1: $\dfrac{x+3}{0}=\dfrac{y-7}{3}=\dfrac{z+14}{10}$，$L_2$: $\begin{cases}x+y+2z=7,\\6x+9y+2z=8,\end{cases}$

L_3: $\begin{cases}x=m+2,\\y=2m+7,\\z=3m+11,\end{cases}$ 则必有(　　).

A. L_1 与 L_2 垂直　　B. L_1 与 L_2 平行　　C. L_1 与 L_3 垂直　　D. L_2 与 L_3 平行

(7) 已知两点 $A(-7,2,-1)$ 和 $B(3,4,10)$，则通过 B 点且垂直于直线 AB 的平面方程是(　　).

A. $x+2y+11z+1=0$　　B. $x+2y+11z+48=0$

C. $10x+2y+11z-148=0$　　D. $10x+2y+11z-48=0$

(8) 表示旋转曲面的方程是(　　).

A. $\begin{cases}x-5=0\\z+2=0\end{cases}$　　B. $3x^2+4y^2=25$　　C. $x^2+y^2=4z$　　D. $z^2-x^2=0$

(9) 曲线$\begin{cases}z=4-x^2\\x^2+y^2=2\end{cases}$在 xOy 平面上的投影方程是(　　).

A. $\begin{cases}z=4-x^2\\y=0\end{cases}$　　B. $\begin{cases}z=0\\x^2+y^2=2\end{cases}$　　C. $\begin{cases}x=0\\z=2+y^2\end{cases}$　　D. $\begin{cases}z=4-x^2\\y=x\end{cases}$

(10) 设 $f(x,y)=\dfrac{x^2-2xy-y^2}{x^2+y^2}$，则 $f\left(1,\dfrac{y}{x}\right)=$(　　).

A. $\dfrac{x^2-2xy-y^2}{x^2+y^2}$　　B. $\dfrac{1-2y-y^2}{1+y^2}$　　C. $\dfrac{x^2+2xy+y^2}{x^2+y^2}$　　D. $\dfrac{y^2-2y-1}{1+y^2}$

(11) 函数 $z=\dfrac{1}{\ln(x+y)}$ 的定义域是(　　).

A. $x+y\neq 0$　　B. $x+y>0$

C. $x+y\neq 1$　　D. $x+y>0$ 且 $x+y\neq 1$

(12) 设二元函数 $f(x,y)=\begin{cases}\dfrac{x^2y}{x^4+y^2}, & (x,y)\neq(0,0)\\0, & (x,y)\neq(0,0),\end{cases}$ ，则(　　).

A. $\lim\limits_{(x,y)\to(0,0)}f(x,y)$ 存在，但 $f(x,y)$ 在(0,0)点不连续

B. $\lim\limits_{(x,y)\to(0,0)}f(x,y)$ 存在，且 $f(x,y)$ 在(0,0)点连续

C. $\lim\limits_{(x,y)\to(0,0)}f(x,y)$ 不存在，且 $f(x,y)$ 在(0,0)点不连续

D. $\lim\limits_{(x,y)\to(0,0)} f(x,y)$ 不存在，但 $f(x,y)$ 在 $(0,0)$ 点连续

(13) $\lim\limits_{(x,y)\to(\infty,\infty)}\left(1+\dfrac{1}{x}\right)^{\frac{x^2}{x+y}}=(\quad)$.

A. 1　　B. e　　C. e^{-1}　　D. 不存在

(14) $\lim\limits_{(x,y)\to(0,0)}\dfrac{\tan xy}{x}=(\quad)$.

A. 0　　B. 1　　C. 2　　D. 不存在

(15) 函数 $f(x,y)$ 在 (x_0,y_0) 点连续是 $f(x,y)$ 在 (x_0,y_0) 点偏导数存在的(　　)条件.

A. 必要但非充分　　B. 充分但非必要

C. 充要　　D. 既不是充分也不是必要

(16) 函数 $f(x,y)$ 在 (x_0,y_0) 点偏导数存在是 $f(x,y)$ 在 (x_0,y_0) 点可微的(　　)条件.

A. 必要但非充分　　B. 充分但非必要

C. 充要　　D. 既不是充分也不是必要

(17) 设函数 $z=f(x,y)$，则下列说法正确的是(　　).

A. 若 $f(x,y)$ 在 (x_0,y_0) 点 $\dfrac{\partial z}{\partial x}$ 和 $\dfrac{\partial z}{\partial y}$ 都存在，则 $f(x,y)$ 在 (x_0,y_0) 点可微

B. 若 $f(x,y)$ 在 (x_0,y_0) 点可微，则 $f(x,y)$ 在 (x_0,y_0) 点连续

C. 若 $f(x,y)$ 在 (x_0,y_0) 点连续，则 $f(x,y)$ 在 (x_0,y_0) 点可微

D. 若 $f(x,y)$ 在 (x_0,y_0) 点 $\dfrac{\partial z}{\partial x}$ 和 $\dfrac{\partial z}{\partial y}$ 都存在且相等，则 $f(x,y)$ 在 (x_0,y_0) 点可微

(18) 设 $f(x,y)=\sqrt{xy}$，则 $f'_y(1,0)=(\quad)$.

A. 0　　B. 1　　C. -1　　D. 不存在

(19) 若 $z=\sqrt{x+1}+f(\sqrt{y})$，且 $x=0$ 时，$z=y^2$，则 $z=(\quad)$.

A. $\sqrt{x+1}+y^2$　　B. $\sqrt{x+1}+y^2-1$

C. $\sqrt{x+1}+y^4$　　D. $\sqrt{x+1}+y^4-1$

(20) 设 $w=\dfrac{y}{x^2+y^2+z^2}$，则 $\dfrac{\partial w}{\partial z}=(\quad)$.

A. $-\dfrac{2xy}{(x^2+y^2+z^2)^2}$　　B. $\dfrac{x^2-y^2}{(x^2+y^2+z^2)^2}$

C. $\dfrac{-2yz}{(x^2+y^2+z^2)^2}$　　D. $\dfrac{2yz}{(x^2+y^2+z^2)^2}$

(21) 设 $z=f(x+y)+g(x-y)$，其中 f 和 g 具有二阶连续导数，则(　　).

A. $\dfrac{\partial^2 z}{\partial x^2}-\dfrac{\partial^2 z}{\partial y^2}=0$　　B. $\dfrac{\partial^2 z}{\partial x^2}+\dfrac{\partial^2 z}{\partial y^2}=0$

C. $\dfrac{\partial^2 z}{\partial x\partial y}=0$　　D. $\dfrac{\partial^2 z}{\partial y\partial x}+\dfrac{\partial^2 z}{\partial x^2}+\dfrac{\partial^2 z}{\partial x\partial y}+\dfrac{\partial^2 z}{\partial y^2}=0$

(22) 点 $(0,0)$ 是函数 $z=xy$ 的(　　).

A. 极大值点　　B. 极小值点

C. 是驻点但不是极值点　　D. 不是驻点

(23) 二元函数 $z = \arcsin\sqrt{x^2+y^2-4}$ 的定义域是(　　).

A. $\{(x,y) \mid 4 \leqslant x^2+y^2 \leqslant 5\}$　　B. $\{(x,y) \mid 3 \leqslant x^2+y^2 \leqslant 5\}$

C. $\{(x,y) \mid x^2+y^2 \geqslant 4\}$　　D. $\{(x,y) \mid x^2+y^2 \leqslant 5\}$

(24) 使得 $\frac{\partial^2 z}{\partial x \partial y} = 2x - y$ 成立的函数是(　　).

A. $z = x^2 y - \frac{1}{2}xy^2 + xy$　　B. $z = x^2 y - \frac{1}{2}xy^2 - xy$

C. $z = x^2 y - \frac{1}{2}xy^2 + e^x + e^y$　　D. $z = x^2 y - \frac{1}{2}xy^2 + e^{x+y}$

(25) 已知 $f(xy, x+y) = x^2+y^2+xy$，则 $\frac{\partial f(x,y)}{\partial x}, \frac{\partial f(x,y)}{\partial y}$ 分别为(　　).

A. $-1, 2y$　　B. $2y, -1$　　C. $2x+2y, 2y+x$　　D. $2y, 2x$

(26) 设 D 是由 $z = kx(k>0)$，$y=0$ 及 $x=1$ 所围成的闭区域，且 $\iint\limits_D xy^2 \mathrm{d}\sigma = \frac{1}{15}$，则 $k =$ (　　).

A. 1　　B. $\sqrt[3]{\frac{4}{5}}$　　C. $\sqrt[3]{\frac{1}{15}}$　　D. $\sqrt[3]{\frac{2}{15}}$

(27) $\int_0^1 \mathrm{d}x \int_0^{1-x} f(x,y)\mathrm{d}y =$ (　　).

A. $\int_0^{1-x} \mathrm{d}y \int_0^1 f(x,y)\mathrm{d}x$　　B. $\int_0^1 \mathrm{d}y \int_0^{1-x} f(x,y)\mathrm{d}x$

C. $\int_0^1 \mathrm{d}y \int_0^1 f(x,y)\mathrm{d}x$　　D. $\int_0^1 \mathrm{d}y \int_0^{1-y} f(x,y)\mathrm{d}x$

(28) 将极坐标系下的二次积分 $I = \int_{\frac{\pi}{4}}^{\frac{\pi}{2}} \mathrm{d}\theta \int_0^{2\sin\theta} rf(r\cos\theta, r\sin\theta)\mathrm{d}r$ 化为直角坐标系下的二次积分，则 $I =$ (　　).

A. $\int_0^1 \mathrm{d}x \int_x^{\sqrt{1-x^2}} f(x,y)\mathrm{d}y$　　B. $\int_0^1 \mathrm{d}x \int_{1-\sqrt{1-x^2}}^{x} f(x,y)\mathrm{d}y$

C. $\int_0^1 \mathrm{d}y \int_0^y f(x,y)\mathrm{d}x + \int_1^2 \mathrm{d}y \int_0^{\sqrt{2y-y^2}} f(x,y)\mathrm{d}x$　D. $\int_0^1 \mathrm{d}y \int_y^{\sqrt{2y-y^2}} f(x,y)\mathrm{d}x$

(29) 设 $D = \{(x,y) \mid x^2+y^2 \leqslant a^2\}$，当 $a =$ (　　) 时，$\iint\limits_D \sqrt{a^2-x^2-y^2}\mathrm{d}\sigma = \pi$.

A. 1　　B. $\sqrt[3]{\frac{3}{2}}$　　C. $\sqrt[3]{\frac{3}{4}}$　　D. $\sqrt[3]{\frac{1}{2}}$

(30) 当积分区域是 x 轴，y 轴及直线 $2x+y-2=0$ 围成的闭区域时，$\iint\limits_D \mathrm{d}\sigma =$ (　　).

A. 2　　B. 1　　C. -2　　D. 3

2. 填空题：

(1) 设向量 $\boldsymbol{a} = \{3,5,8\}$，$\boldsymbol{b} = \{1,0,1\}$，$\boldsymbol{c} = \{8,5,0\}$，令 $\boldsymbol{p} = 2\boldsymbol{a}+\boldsymbol{b}-\boldsymbol{c}$，则 $\boldsymbol{p}$ 在 y 轴上的投影向量是________.

(2) 设 $|\boldsymbol{a}|=12$, $|\boldsymbol{b}|=16$, $|\boldsymbol{a}+\boldsymbol{b}|=10\sqrt{3}$,则 $|\boldsymbol{a}-\boldsymbol{b}|=$ ________.

(3) 设 $|\boldsymbol{a}|=3$, $|\boldsymbol{b}|=1$, $|\boldsymbol{a}\times\boldsymbol{b}|=10$,则 $\boldsymbol{a}\cdot\boldsymbol{b}=$ ________.

(4) 设有三点 $A(1,2,0)$,$B(-1,3,1)$,$C(2,-1,2)$,则 $\triangle ABC$ 的面积为________.

(5) 过点$(8,-3,7)$和$(4,7,2)$且与 y 轴平行的平面方程为________.

(6) 设直线 L 的方程为$\begin{cases}x=2+at,\\y=3+bt,\\z=5+ct,\end{cases}$则点 $P(2,3,5)$ ________ L,$\boldsymbol{a}=\{a,b,c\}$ ________ L.

(7) 已知直线L过点$P(0,-1,9)$,且与两条直线$L_1:\begin{cases}x=1+3t,\\y=t,\\z=3+2t,\end{cases}$ $L_2:\dfrac{x-16}{27}=\dfrac{y-18}{18}=\dfrac{z+19}{9}$

都垂直,则直线 L 的方程为________.

(8) 方程$\dfrac{y^2}{2}+\dfrac{z^2}{2}-x=0$表示________.

(9) 曲线$\begin{cases}x=t^2\cos\theta\\y=t^2\sin\theta\\z=t^4\theta\end{cases}$在 xOy 平面上的投影曲线是________.

(10) 设一平面经过原点和点$(6,-3,2)$且与平面 $4x-y+2z=8$ 垂直,则此平面方程为 ________________.

(11) 函数$f(x,y)=\arccos\dfrac{y}{x}$的定义域是________.

(12) 函数$f(x,y)=\sqrt{x\sin y}$的定义域是________.

(13) 设$f\left(x+y,\dfrac{y}{x}\right)=x^2-y^2$,则$f(x,y)=$ ________.

(14) $\lim\limits_{(x,y)\to(0,0)}\dfrac{\sin xy}{\sqrt{xy+1}-1}=$ ________.

(15) $\lim\limits_{(x,y)\to(0,0)}\dfrac{xy^2}{x^2+y^4}=$ ________.

(16) $\lim\limits_{(x,y)\to(0,0)}\dfrac{x^2\sin y}{x^2+y^2}=$ ________.

(17) 设 $u=\ln(x^xy^yz^z)$,则 $\mathrm{d}u=$ ________.

(18) 设 $z=\mathrm{e}^{xy^2}$,则$\dfrac{\partial^2 z}{\partial x\partial y}=$ ________.

(19) 设 $z=z(x,y)$ 由方程 $xy+yz-\mathrm{e}^{xz}=0$ 所确定.则 $\mathrm{d}z=$ ________.

(20) 函数 $z=y\cos(x-2y)$,当 $x=\dfrac{\pi}{4}$,$y=\pi$ 时,$\mathrm{d}z=$ ________.

(21) 设 $z=z(x,y)$ 由方程 $xy+yz+xz=1$ 所确定.则$\dfrac{\partial^2 z}{\partial x^2}=$ ________.

(22) 设$u=u(x,y,z)$由方程$F(u^2-x^2,u^2-y^2,u^2-z^2)=0$所确定,则$\dfrac{u'_x}{x}+\dfrac{u'_y}{y}+\dfrac{u'_z}{z}=$ ______.

(23) 函数 $z=x^2+y^2$ 在条件 $\frac{x}{a}+\frac{y}{b}=1$ 下的极值为________.

(24) 若函数 $f(x,y)=2x^2+2ax+xy^2+2y$ 在 $(1,1)$ 点取得极值,则 $a=$________.

(25) 设 xOy 平面上区域 D 是由直线 $x=0,y=0,x+y=\frac{1}{2},x+y=1$ 所围成. $I_1=\iint\limits_D \ln(x+y)\mathrm{d}\sigma, I_2=\iint\limits_D (x+y)^2\mathrm{d}\sigma, I_3=\iint\limits_D (x+y)\mathrm{d}\sigma$, 则三者之间的大小关系为________.(按从大到小顺序排列)

(26) 估计 $I=\iint\limits_{|x|+|y|\leqslant 10}\frac{1}{100+\cos^2 x+\cos^2 y}\mathrm{d}\sigma$ 的值的范围是________.

(27) 交换二次积分 $\int_a^{2a}\mathrm{d}x\int_{2a-x}^{\sqrt{2ax-x^2}}f(x,y)\mathrm{d}y\ (a>0)$ 的积分次序为________.

(28) 已知 $\int_0^1 f(x)\mathrm{d}x=\int_0^1 xf(x)\mathrm{d}x$,则 $\iint\limits_D f(x)\mathrm{d}\sigma=$________.(其中 $D: x+y\leqslant 1, x\geqslant 0, y\geqslant 0$)

(29) 已知二次积分 $\int_{-2}^{0}\mathrm{d}x\int_{\frac{x+2}{2}}^{\sqrt{4-x^2}}f(x,y)\mathrm{d}y+\int_0^2\mathrm{d}x\int_{\frac{2-x}{2}}^{\sqrt{4-x^2}}f(x,y)\mathrm{d}y$,变更积分次序为________.

(30) 若 $\int_0^1\mathrm{d}x\int_{x^2}^{x^3}f(x,y)\mathrm{d}y=\int_0^1\mathrm{d}y\int_{x_1(y)}^{x_2(y)}f(x,y)\mathrm{d}x$,则 $(x_1(y),x_2(y))=$________.

3. 计算题:

(1) 已知 $\triangle ABC$ 的一个顶点 $A(1,2,-1)$,两边的向量 $\overrightarrow{AB}=\{4,2,3\}$, $\overrightarrow{BC}=\{1,4,2\}$,试求其余顶点的坐标、向量 $\overrightarrow{AC}$ 及 $\langle\overrightarrow{AB},\overrightarrow{AC}\rangle$.

(2) 证明以 $A(4,1,9)$, $B(10,-1,6)$, $A(2,4,3)$ 为顶点的三角形是等腰直角三角形.

(3) 已知两点 $M_1(4,\sqrt{2},1)$, $M_2(3,0,2)$,试用坐标表示式表示向量 $\overrightarrow{M_1M_2}$,并求出向量 $\overrightarrow{M_1M_2}$ 的模、方向余弦、方向角以及平行于向量 $\overrightarrow{M_1M_2}$ 的单位向量.

(4) 一向量的终点在点 $B(2,-1,7)$,它在 x,y,z 轴上的投影依次为 $4,-4,7$,求该向量的起点 A 的坐标.

(5) 已知 $M_1(1,-1,2)$, $M_2(3,3,1)$, $M_3(3,1,3)$,求与 $\overrightarrow{M_1M_2}$、$\overrightarrow{M_2M_3}$ 同时垂直的单位向量.

(6) 设 $\boldsymbol{a}=\{3,5,-2\}$, $\boldsymbol{b}=\{2,1,4\}$,问 λ 与 μ 有怎样的关系时,使 $\lambda\boldsymbol{a}+\mu\boldsymbol{b}$ 与 z 轴垂直?

(7) 设 $\boldsymbol{a}=2\boldsymbol{i}-3\boldsymbol{j}+\boldsymbol{k}$, $\boldsymbol{b}=\boldsymbol{i}-\boldsymbol{j}+3\boldsymbol{k}$, $\boldsymbol{c}=\boldsymbol{i}-2\boldsymbol{j}$ 求:

①$(\boldsymbol{a}\cdot\boldsymbol{b})\boldsymbol{c}-(\boldsymbol{a}\cdot\boldsymbol{c})\boldsymbol{b}$;②$(\boldsymbol{a}+\boldsymbol{b})\times(\boldsymbol{b}+\boldsymbol{c})$;③$(\boldsymbol{a}\times\boldsymbol{b})\cdot\boldsymbol{c}$.

(8) 与原点及定点 $(2,3,4)$ 的距离之比为 $1:2$ 的点的轨迹表示怎样的曲面?

(9) 将 xOz 坐标面上的曲线 $x^2+z^2=9$ 绕 z 轴旋转一周,求所生成的旋转曲面的方程.

(10) 下列方程在空间直角坐标系中表示什么图形?

① $z=3y-2x+5$;　　② $2x^2-y^2=9$;

③ $x^2-y^2-z^2=1$;　　④ $x^2+y^2+z^2-2x+4y+2z=4$.

(11) 下列曲面是怎样形成的?

① $y^2-z^2=1$;　　② $x^2-\frac{y^2}{4}+z^2=1$.

(12) 求过点(1,0,−1)且平行于向量 $\boldsymbol{a}=\{2,1,1\}$,$\boldsymbol{b}=\{1,-1,0\}$ 的平面方程.

(13) 求过点(1,2,1)且与两直线$\begin{cases}x+2y-z+1=0\\x-y+z-1=0\end{cases}$和$\begin{cases}2x-y+z=0\\x-y+z=0\end{cases}$平行的平面方程.

(14) 求过两个平面的交线 $L:\begin{cases}\pi_1:x+y+1=0\\\pi_2:x+2y+2z=0\end{cases}$且与平面 $\pi_3:2x-y-z=0$ 垂直的平面方程.(提示:想办法求交线上,也就是平面上的一点及所求平面的法向量.)

(15) 用对称式和参数式表示直线$\begin{cases}2x+y+z=4,\\x-y+z=1.\end{cases}$

(16) 求经过点 $A(-1,0,4)$ 且与直线 $L_1:\dfrac{x}{1}=\dfrac{y}{2}=\dfrac{z}{3}$,$L_2:\dfrac{x-1}{2}=\dfrac{y-2}{1}=\dfrac{z-3}{4}$ 都相交的直线方程.(提示:先分别求过 A 点与直线 L_1 的平面 π_1 和过 A 点与直线 L_2 的平面 π_2,然后联立求出的两平面方程即可.例求平面 π_1 时要注意直线 L_1 的方向向量和直线 L_1 上的已知点(0,0,0)与 A 点构成的向量都在该平面上,故易求得平面 π_1 的法向量.)

(17) 求曲线$\begin{cases}z=2-x^2-y^2\\z=(x-1)^2+(y-1)^2\end{cases}$在三个坐标面上的投影曲线方程.

(18) 求锥面 $z=\sqrt{x^2+y^2}$ 与柱面 $z^2=2x$ 所围成的立体在 xOy 坐标面上的投影.

(19) 已知函数 $f(x,y)=x^2+y^2-xy\tan\dfrac{x}{y}$,试求 $f(tx,ty)$.

(20) 试证函数 $F(x,y)=\ln x\cdot\ln y$ 满足关系式:

$$F(xy,uv)=F(x,u)+F(x,v)+F(y,u)+F(y,v)$$

(21) 求下列函数的定义域.

① $z=\dfrac{1}{\sqrt{x+y}}-\ln(x-y+2)$;　　② $z=\dfrac{\arcsin(x^2+y^2-1)}{\ln(x^2+y^2-1)}+e^{x+y}$;

③ $z=\sqrt{4y-x^2-y^2}+\sqrt{x^2+y^2-2y}$.

(22) 求下列函数的极限.

① $\lim\limits_{(x,y)\to(0,0)}\dfrac{e^{xy}-1}{\sin^2x+\cos^2y}$;　　② $\lim\limits_{(x,y)\to(1^+,1^+)}\dfrac{\ln\left(\dfrac{x^2+y^2}{2xy}\right)-1}{x^2+(x-y)^2}$;

③ $\lim\limits_{(x,y)\to(0,0)}\dfrac{\sqrt{x^2y^2+1}-1}{x^2+y^2}\left(提示:\dfrac{x^2}{x^2+y^2}有界\right)$;

④ $\lim\limits_{(x,y)\to(2,+\infty)}\dfrac{xy-1}{2y+1}$;　　⑤ $\lim\limits_{(x,y)\to(+\infty,+\infty)}\dfrac{x^2+y^2}{\arctan x+(x-y)^2}$;

⑥ $\lim\limits_{(x,y)\to(0,0)}(1+xy)^{\frac{1}{x+y}}$.

(23) 求下列函数的一阶偏导数.

① $z=e^{\frac{x}{y}}$;　　② $z=\sin(x\cos x)$;

③ $z=(1+xy)^y$;　　④ $z=\sqrt{\ln(xy)}$;

⑤ $u=\arctan(x-y)^z$;　　⑥ $z=x^2\ln(x^2+y^2)$.

(24) 求下列函数在指定点的偏导数.

① $z = x + (y-1)\arcsin\sqrt{\frac{x}{y}}$,在$(0,1)$ 点;

② $z = x^y$,在$(1,9)$ 点.

(25) 设 $z = e^{-\left(\frac{1}{x}+\frac{1}{y}\right)}$,求证 $x^2\frac{\partial z}{\partial x} + y^2\frac{\partial z}{\partial y} = 2z$.

(26) 求下列函数的二阶偏导数.

① $z = x^4 + y^4 - 4x^2y^2$; ② $z = x\ln(x+y)$.

(27) 设 $z = x\ln(xy)$,求$\frac{\partial^3 z}{\partial x^2\partial y}$,$\frac{\partial^3 z}{\partial x\partial y^2}$.

(28) 求下列函数的全微分.

① $z = xy + \frac{x}{y}$; ② $z = \frac{y}{\sqrt{x^2+y^2}}$.

(29) 计算$(10.1)^{2.03}$ 的近似值.

(30) 已知边长为 $x = 6$m 与 $y = 8$m 的矩形,如果 x 边增加 5cm,y 边减少 10cm,问这个矩形的对角线的近似变化是多少?

(31) 用某种材料做成一个开口长方形容器,其外形长 5m,宽 4m,高 3m,厚 20cm,求所需材料的近似值.

(32) 用复合求导法求下列函数的导数.

① $z = u^2 + v^2, u = x + y, v = x - y$,求$\frac{\partial z}{\partial x}$,$\frac{\partial z}{\partial y}$;

② $z = e^u\cos v, u = xy, v = 2x - y$,求$\frac{\partial z}{\partial x}$,$\frac{\partial z}{\partial y}$;

③ $z = e^{u-2v}, u = \sin x, v = x^3$,求$\frac{dz}{dx}$;

④ $u = \frac{e^{ax}(y-z)}{a^2+1}, y = a\sin x, z = \cos x$,求$\frac{dz}{dx}$;

⑤ $z = xf(u,v), u = x^2 - y^2, v = xy$,其中 f 为可微函数,求$\frac{\partial z}{\partial x}$,$\frac{\partial z}{\partial y}$;

⑥ $z = f(x^2 - y^2, e^{xy})$,求$\frac{\partial z}{\partial x}$,$\frac{\partial z}{\partial y}$.

(33) 用复合求导法求下列隐函数的导数.

① $\sin y + e^x - xy^2 = 0$,求$\frac{dz}{dx}$;

② $\frac{x}{z} = \ln\frac{z}{y}$,求$\frac{\partial z}{\partial x}$,$\frac{\partial z}{\partial y}$;

③ $z^3 - 3xyz = a^2$,求$\frac{\partial^2 z}{\partial x\partial y}$.

(34) 求函数$f(x,y) = e^{2x}(x + y^2 + 2y)$ 的极值.

(35) 将周长为 $2p$ 的矩形绕它的一边旋转构成一个圆柱体.矩形的边长各为多少时,圆柱体的体积最大?

(36) 欲围一个面积为 60m^2 的矩形场地,正面所用的材料每米造价 10 元,其余三面每米造价 5 元,场地的尺寸如何设计,才能使用料最省?

(37) 计算下列二重积分.

① $\iint\limits_D (x^2+y)\mathrm{d}\sigma$,其中 D 是由 $y=x^2, y^2=x$ 所围成的闭区域;

② $\iint\limits_D \mathrm{e}^{x+y}\mathrm{d}\sigma$,其中 $D=\{(x,y)\mid |x|+|y|\leqslant 1\}$;

③ $\iint\limits_D \frac{\sin x}{x}\mathrm{d}\sigma$,其中 D 是由 $y=x^2, y=x$ 所围成的闭区域;

④ $\iint\limits_D \sqrt{x^2+y^2}\,\mathrm{d}\sigma$,其中 D 是由 $x^2+y^2\leqslant 9$ 所围成的闭区域;

⑤ $\iint\limits_D \cos\sqrt{x^2+y^2}\,\mathrm{d}\sigma$,其中 D 是由 $\pi^2\leqslant x^2+y^2\leqslant 4\pi^2$ 所围成的闭区域.

(38) 二重积分的应用.

① 求抛物面 $z=1-4x^2-y^2$ 与 xOy 平面所围成的立体体积;

② 计算由四个平面 $x=0, y=0, x=1, y=1$ 所围成的柱体被平面 $z=0$ 及 $2x+3y+z=6$ 截得的立体体积;

③ 求由曲线 $y^2=4x, y=2x$ 所围成的平面区域的面积.

强化训练 6.2

1. 在 yz 平面上,求与三个已知点 $B(3,1,2), B(4,-2,-2), C(0,5,1)$ 等距离的点.
2. 设 $\boldsymbol{u}=\boldsymbol{a}-\boldsymbol{b}+2\boldsymbol{c}, \boldsymbol{v}=\boldsymbol{a}+3\boldsymbol{b}-\boldsymbol{c}$,试用 $\boldsymbol{a},\boldsymbol{b},\boldsymbol{c}$ 表示 $2\boldsymbol{u}-3\boldsymbol{v}$.
3. 分别求出向量 $\boldsymbol{a}=\boldsymbol{i}+\boldsymbol{j}+\boldsymbol{k}, \boldsymbol{b}=2\boldsymbol{i}-3\boldsymbol{j}+5\boldsymbol{k}, \boldsymbol{c}=-2\boldsymbol{i}-\boldsymbol{j}+2\boldsymbol{k}$ 的模,并分别用单位向量 $\boldsymbol{a}^0$, $\boldsymbol{b}^0, \boldsymbol{c}^0$ 表示向量 $\boldsymbol{a},\boldsymbol{b},\boldsymbol{c}$.
4. 设 $\boldsymbol{a}=3\boldsymbol{i}-\boldsymbol{j}-2\boldsymbol{k}, \boldsymbol{b}=\boldsymbol{i}+2\boldsymbol{j}-\boldsymbol{k}$,求 $\boldsymbol{a}+\boldsymbol{b}, (-2\boldsymbol{a})\cdot\boldsymbol{b}$.
5. 分别按下列条件求平面方程:

   (1) 平行于 xy 面且经过点 $(2,-5,3)$;

   (2) 通过 z 轴和点 $(-3,1,-2)$;

   (3) 平行于 x 轴且经过点 $(4,0,-2)$ 和 $(8,1,7)$.
6. 将 xy 坐标面上的抛物线 $y^2=5x$ 绕 x 轴旋转一周,求所形成的旋转曲面方程.

强化训练 6.3

1. 求下列函数在指定点的函数值:

   (1) $f(x,y)=xy+\frac{x}{y}$,求 $f\left(\frac{1}{2},3\right), f(1,1)$;

   (2) $f(x,y)=\begin{cases}\frac{xy}{x^2+y^2}, & x^2+y^2\neq 0,\\ 0, & x^2+y^2=0,\end{cases}$ 求 $f(0,0), f(1,1), \frac{f(0+\Delta x,1)-f(0,1)}{\Delta x}$.
2. 求下列函数的定义域:

   (1) $u=\frac{1}{\sqrt{x^2+y^2}}$;(2) $u=x+\frac{y}{x-y}$;(3) $\ln(1-x^2-y^2)$;

(4) $z = x + \frac{y}{x^3 + y^3}$;(5) $z = \sqrt{R^2 - x^2 - y^2} + \frac{1}{\sqrt{x^2 + y^2 - r^2}}(R > r > 0)$;

(6) $z = \sqrt{y - \sqrt{x}}$.

3. 求下列各极限:

(1) $\lim\limits_{(x,y)\to(0,1)} \frac{1 - xy}{x^2 + y^2}$;　　(2) $\lim\limits_{(x,y)\to(0,0)} \frac{1}{x^2 + y^2}$;

(3) $\lim\limits_{(x,y)\to(\infty,\infty)} \frac{1}{x^2 + y^2}$;　　(4) $\lim\limits_{(x,y)\to(0,0)} \frac{2 - \sqrt{xy + 4}}{xy}$;

(5) $\lim\limits_{(x,y)\to(0,0)} \frac{xy}{\sqrt{xy + 1} - 1}$;　　(6) $\lim\limits_{(x,y)\to(0,0)} \frac{\sin xy}{x}$.

强化训练 6.4

1. 求下列函数的偏导数:

(1) $z = e^{xy}$;　(2) $z = x^y$;　(3) $z = xy + \frac{x}{y}$;　(4) $z = \arctan \frac{y}{x}$.

2. 求下列函数的二阶偏导数:

(1) $z = x\sin(x + y) + y\cos(x + y)$;　(2) $z = \frac{1}{2}\ln(x^2 + y^2)$;

(3) $z = x\ln(xy)$.

3. 求下列函数在给定点的全微分:

(1) $z = x^4 + y^4 - 4x^2y^2$, $(0,0)$, $(1,1)$;

(2) $z = \frac{x}{\sqrt{x^2 + y^2}}$, $(1,0)$, $(0,1)$.

4. 求下列函数的全微分:

(1) $z = \sin(x^2 + y^2)$;　(2) $z = x^m y^n$;　(3) $z = e^{xy}$　(4) $z = x^y$;

(5) $u = \sqrt{x^2 + y^2 + z^2}$;(6) $u = \ln(x^2 + y^2 + z^2)$.

5. 求下列近似值:

(1) $\sqrt{(1.01)^3 + (1.97)^3}$;(2) $(1.97)^{1.05}$ $(\ln 2 = 0.693)$.

6. 测量圆柱体的高为 $h = 20.01 \pm 0.01\text{cm}$,直径 $D = 6.05 \pm 0.01\text{cm}$,求圆柱体的体积 V 及误差.

强化训练 6.5

1. 求下列函数的一阶偏导数:

(1) 设 $z = u^2v^2 - uv^2$, $u = x\cos y$, $v = x\sin y$;

(2) 设 $z = u^2\ln v$, $u = \frac{x}{y}$, $v = 3x - 2y$.

2. 求下列函数的全导数:

(1) $z = e^x - 2y$, $x = \sin t$, $y = t^3$;

(2) $z = \arcsin(x - y)$, $x = 3t$, $y = 4t^3$;

(3) $z = \arctan(xy)$, $y = e^x$.

3. 设 $z = \arctan\dfrac{x}{y}$, $x = u + v$, $y = u - v$, 验证 $\dfrac{\partial z}{\partial u} + \dfrac{\partial z}{\partial v} = \dfrac{u - v}{u^2 + v^2}$.

4. 设 $x + 2y + z - 2\sqrt{xyz} = 0$, 求 $\dfrac{\partial z}{\partial x}$, $\dfrac{\partial z}{\partial y}$.

5. 设 $2\sin(x + 2y - 3z) = x + 2y - 3z$, 证明 $\dfrac{\partial z}{\partial x} + \dfrac{\partial z}{\partial y} = 1$.

6. 设 $e^x - xyz = 0$, 求 $\dfrac{\partial^2 z}{\partial x^2}$.

7. 设 $\sin y + e^x - xy^2 = 0$, 求 $\dfrac{dy}{dx}$.

8. 设 $r = \sqrt{x^2 + y^2 + z^2}$, 试证函数 $u = \dfrac{1}{r}$ 满足方程 $\dfrac{\partial^2 u}{\partial x^2} + \dfrac{\partial^2 u}{\partial y^2} + \dfrac{\partial^2 u}{\partial z^2} = 0$.

强化训练 6.6

1. 求下列函数的极值:

(1) $z = 4(x - y) - x^2 - y^2$; (2) $z = (6x - x^2)(4y - y^2)$;

(3) $z = e^{2x}(x + 2y + y^2)$.

2. 求函数 $z = xy$ 在适合附加条件 $x + y = 1$ 下的极大值.

3. 抛物面 $z = x^2 + y^2$ 被平面 $x + y + z = 1$ 截得一椭圆, 求原点到该椭圆的最长最短距离.

强化训练 6.7

1. 比较下列积分的大小:

(1) $\iint\limits_D (x + y)^2 d\sigma$ 与 $\iint\limits_D (x + y)^3 d\sigma$, 其中 D 由 x 轴、y 轴与直线 $x + y = 1$ 所围成.

(2) $\iint\limits_D \ln(x + y) d\sigma$ 与 $\iint\limits_D \ln(x + y)^2 d\sigma$, 其中 D 是闭区域: $3 \leqslant x \leqslant 5$, $0 \leqslant y \leqslant 1$.

2. 改换下列二次积分的次序:

(1) $\int_0^1 dy \int_0^y (x, y) dx$; (2) $\int_0^2 dy \int_{y^2}^{2y} f(x, y) dx$;

(3) $\int_1^2 dx \int_{2-x}^{\sqrt{2x-x^2}} f(x, y) dy$; (4) $\int_1^e dx \int_0^{\ln x} f(x, y) dy$.

3. 计算下列二重积分:

(1) $\iint\limits_D x\sqrt{y}\, d\sigma$, 其中 D 是由两条抛物线 $y = \sqrt{x}$, $y = x^2$ 所围成的闭区域.

(2) $\iint\limits_D xy^2 d\sigma$, 其中 D 是由圆周 $x^2 + y^2 = 4$ 及 y 轴所围成的右半闭区域.

(3) $\iint\limits_D (x^2 + y^2 - x) d\sigma$, 其中 D 是由直线 $y = 2$, $y = x$ 及 $y = 2x$ 所围成的闭区域.

(4) $\iint\limits_D (x^2 - y^2)\mathrm{d}\sigma$，其中 D 是闭区域：$0 \leqslant x \leqslant \pi, 0 \leqslant y \leqslant \sin x$.

4. 利用极坐标计算下列各题：

(1) $\iint\limits_D \mathrm{e}^{x^2+y^2}\mathrm{d}\sigma$，其中 D 是由圆周 $x^2 + y^2 = 4$ 所围成的闭区域.

(2) $\iint\limits_D \arctan\dfrac{y}{x}\mathrm{d}\sigma$，其中 D 是由圆周 $x^2 + y^2 = 4, x^2 + y^2 = 1$ 及直线 $y = 0, y = x$ 所围成的在第一象限内的闭区域.

5. 求椭圆抛物面 $z = 1 - 4x^2 - y^2$ 与 xy 平面所围成的立体体积.

6.5　模拟试题

1. 单项选择题(每小题 2 分)：

(1) 若 $\boldsymbol{a} = 2\boldsymbol{i} + \boldsymbol{k}, \boldsymbol{b} = \boldsymbol{i} - 2\boldsymbol{j} + 3\boldsymbol{k}, \boldsymbol{c} = \boldsymbol{j}$，则 $(\boldsymbol{a} \times \boldsymbol{b}) \cdot \boldsymbol{c} =$ (　　).

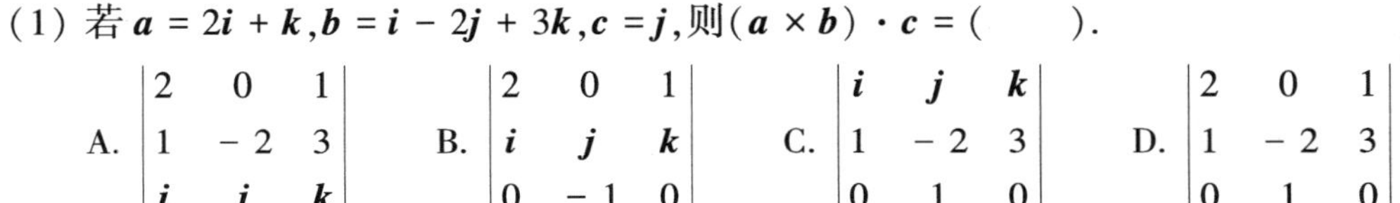

A. $\begin{vmatrix} 2 & 0 & 1 \\ 1 & -2 & 3 \\ \boldsymbol{i} & \boldsymbol{j} & \boldsymbol{k} \end{vmatrix}$　B. $\begin{vmatrix} 2 & 0 & 1 \\ \boldsymbol{i} & \boldsymbol{j} & \boldsymbol{k} \\ 0 & -1 & 0 \end{vmatrix}$　C. $\begin{vmatrix} \boldsymbol{i} & \boldsymbol{j} & \boldsymbol{k} \\ 1 & -2 & 3 \\ 0 & 1 & 0 \end{vmatrix}$　D. $\begin{vmatrix} 2 & 0 & 1 \\ 1 & -2 & 3 \\ 0 & 1 & 0 \end{vmatrix}$

(2) 已知平面通过点 $(0, m, m)$ 与 $(2m, 4m, 0)$，其中 $m \neq 0$，且垂直于 xOy 平面，则该平面的一般式方程 $Ax + By + Cz + D = 0$ 的系数必满足(　　).

A. $2A = 5B$　　B. $C = 0$　　C. $A = 0$　　D. $A = -C$

(3) $\lim\limits_{(x,y)\to(0,0)} \dfrac{x^4 - y^2}{x^4 + y^2} =$ (　　).

A. 1　　B. -1　　C. 0　　D. 不存在

(4) 设函数 $z = f(x, y)$，则下列说法正确的是(　　).

A. 若 $f(x, y)$ 在 (x_0, y_0) 点 $\dfrac{\partial z}{\partial x}$ 和 $\dfrac{\partial z}{\partial y}$ 都存在，则 $f(x, y)$ 在 (x_0, y_0) 点可微

B. 若 $f(x, y)$ 在 (x_0, y_0) 点可微，则 $f(x, y)$ 在 (x_0, y_0) 点连续

C. 若 $f(x, y)$ 在 (x_0, y_0) 点连续，则 $f(x, y)$ 在 (x_0, y_0) 点可微

D. 若 $f(x, y)$ 在 (x_0, y_0) 点 $\dfrac{\partial z}{\partial x}$ 和 $\dfrac{\partial z}{\partial y}$ 都存在且相等，则 $f(x, y)$ 在 (x_0, y_0) 点可微

(5) 设 $f(x, y) = \sin(x + y^2)$，则 $f'_x(0, 1) =$ (　　).

A. $\sin 1$　　B. $-\sin 1$　　C. $\cos 1$　　D. $-\cos 1$

(6) 已知函数 $f(x + y, x - y) = x^2 - y^2$，则 $\dfrac{\partial f(x,y)}{\partial x} + \dfrac{\partial f(x,y)}{\partial y} =$ (　　).

A. $2x - 2y$　　B. $2x + 2y$　　C. $x + y$　　D. $x - y$

(7) 二元函数 $z = f(x, y)$ 在点 (x_0, y_0) 处可微的充分条件是(　　).

A. $f'_x(x_0, y_0)$ 及 $f'_y(x_0, y_0)$ 都存在　　B. $f'_x(x, y)$ 及 $f'_y(x, y)$ 相等

C. $\Delta z - f'_x(x_0, y_0)\Delta x - f'_y(x_0, y_0)\Delta y$ 当 $\sqrt{(\Delta x)^2 + (\Delta y)^2} \to 0$ 时，是无穷小量

D. $\dfrac{\Delta z - f'_x(x_0,y_0)\Delta x - f'_y(x_0,y_0)\Delta y}{\sqrt{(\Delta x)^2+(\Delta y)^2}}$ 当$\sqrt{(\Delta x)^2+(\Delta y)^2}\to 0$时,是无穷小量

(8) 已知$\dfrac{(x+ay)\mathrm{d}x+y\mathrm{d}y}{(x+y)^2}$是某函数的全微分,则 $a=$(　　).

A. -1　　B. 0　　C. 1　　D. 2

2. 填空题(每小题 3 分):

(1) 若 $|\boldsymbol{a}|=\sqrt{3}$, $|\boldsymbol{b}|=\sqrt{2}$ 且 $\boldsymbol{a}\cdot\boldsymbol{b}=\sqrt{3}$,则 $|\boldsymbol{a}\times\boldsymbol{b}|=$________.

(2) 球面 $x^2+y^2+z^2=8$ 与平面 $x=y$ 的交线在 xOy 平面上的投影曲线方程为________.

(3) 设 $z=x+y^2+f(x+y)$,且 $y=0$ 时,$z=x^2$,则 $z=$________.

(4) 函数 $z=\ln(-x-y)$ 的定义域是________.

(5) 函数 $f(x,y)=y\cos(x-2y)$,当 $x=\dfrac{\pi}{4}$, $y=\pi$ 时,$\mathrm{d}z=$________.

(6) 若 $2\sin(x+2y-3z)=x+2y-3z$,则$\dfrac{\partial z}{\partial x}+\dfrac{\partial z}{\partial y}=$________.

(7) 直角坐标系下的二次积分$\int_0^2\mathrm{d}x\int_x^{\sqrt{3}x}f(\sqrt{x^2+y^2})\mathrm{d}x$ 化为极坐标系下的二次积分应为________.

(8) 交换二次积分$\int_{-2}^0\mathrm{d}x\int_{\frac{x+2}{2}}^{\sqrt{4-x^2}}f(x,y)\mathrm{d}y+\int_0^2\mathrm{d}x\int_{\frac{2-x}{2}}^{\sqrt{4-x^2}}f(x,y)\mathrm{d}y$ 的积分次序为________.

3. 计算题((1)—(4) 每题 7 分,(5)—(8) 每题 8 分):

(1) 求过直线 $L:\begin{cases}x-4y+3z=0\\2x+y+2z=0\end{cases}$且垂直于平面 $\pi:4x-y+2z-49=0$ 的平面方程.

(2) 求极限 $\lim\limits_{(x,y)\to(0,0)}(1+xy)^{\frac{1}{x+y}}$.

(3) 设 $u=f(x,y,z)$ 有连续偏导数,$y=y(x)$,$z=z(x)$ 分别由方程 $x\mathrm{e}^{xy}-y=0$ 和 $\mathrm{e}^z-xz=0$ 确定,求$\dfrac{\mathrm{d}u}{\mathrm{d}x}$.

(4) 若 $u=\mathrm{e}^{x^2+y^2+z^2}$, $z=x^2\cos y$,求 $\mathrm{d}u$.

(5) 设 $F(u,v)$ 具有连续偏导数,证明由方程 $F(cx-az,cy-bz)=0$ 所确定的函数 $z=f(x,y)$ 满足 $a\dfrac{\partial z}{\partial x}+b\dfrac{\partial z}{\partial y}=c$.

(6) 计算$\iint\limits_D 3x^2y^2\mathrm{d}\sigma$,其中 D 是由 x 轴,y 轴和抛物线 $y=1-x^2$ 所围成的在第一象限内的闭区域.

(7) 计算以 xOy 平面上的圆周 $x^2+y^2=ax$ 围成的闭区域为底,以曲面 $z=x^2+y^2$ 为顶的曲顶柱体的体积.

(8) 证明$\int_0^1\mathrm{d}y\int_0^{\sqrt{y}}\mathrm{e}^y f(x)\mathrm{d}x=\int_0^1(\mathrm{e}-\mathrm{e}^{x^2})f(x)\mathrm{d}x$.

第7章 常微分方程

7.1 知识点

(1) 了解微分方程的基本概念:微分方程,微分方程的阶、解、特解、通解、初始条件和初值问题,线性微分方程.

(2) 掌握一阶可分离变量微分方程的解法:①分离变量,②两端直接积分.

(3) 掌握一阶齐次微分方程的解法:变量代换法,设$\frac{y}{x}=u$.

(4) 掌握一阶线性非齐次微分方程的解法:$y'+p(x)y=q(x)$的解法——常数变易法和公式法.

① 常数变易法:$y=C(x)\mathrm{e}^{-\int P(x)\mathrm{d}x}$,$C(x)$为待定函数;

② 公式法:通解公式为 $y=\mathrm{e}^{-\int P(x)\mathrm{d}x}\left(\int Q(x)\mathrm{e}^{\int P(x)\mathrm{d}x}\mathrm{d}x+C\right)$.

(5) 掌握伯努利方程的解法:变量替换法.

$$y'+p(x)y=q(x)y^{\alpha}(\alpha\neq 0,1)$$

即做变量代换 $u=y^{1-\alpha}$,化为变量 u 的线性方程$\frac{\mathrm{d}u}{\mathrm{d}x}+(1-\alpha)p(x)u=(1-\alpha)q(x)$,解出$u(x)$,然后再回到 y.

(6) 掌握三种特殊类型的二阶微分方程的解法:降阶法.

① $y^{(n)}=f(x)$型方程,连续 n 次积分.

② $y''=f(x,y')$型方程,令 $p=y'$,化为一阶方程 $u'=f(x,p)$;

③ $y''=f(y,y')$型方程,令 $p=y'$,方程可化为 $p\frac{\mathrm{d}p}{\mathrm{d}y}=f(y,u)$.

(7) 熟悉线性微分方程解的性质和解的结构.

(8) 掌握二阶线性常系数齐次微分方程的解法:$y''+py'+qy=0$ 的解法——特征根法.会根据特征根的三种情况,熟练地写出方程的通解,并根据定解的条件写出方程特解.

(9) 掌握简单二阶线性常系数非齐次微分方程的解法:$y''+py'+qy=f(x)$,当自由项$f(x)$为多项式函数、指数函数$\mathrm{e}^{\alpha x}$,三角函数 $\cos\beta x$,$\sin\beta x$ 或它们的乘积时的解法——待定系数法.关键是依据$f(x)$的形式及特征根的情况,设出特解 y^*,代入原方程,定出 y^* 的系数.

(10) 了解一阶线性微分方程组的解法.

7.2 题型分析

1. 基本概念题

解题思路 该题型主要包括判断方程的阶、通(特)解、判断或确定方程的类型、解的结构等.

例 1 微分方程 $y''+(y')^2-y=e^x$ 的阶数是(　　).

A. 1　　B. 2　　C. 3　　D. 4

解 B.

例 2 指出下列微分方程的阶数,验证给定函数是其对应方程的解,并说明是通解还是特解.

(1) $xy'+3y=0, y=cx^{-3}$.

(2) $y''-5y'+6y=0, y=c_1e^{2x}+c_2e^{3x}$.

解 (1) 一阶、通解;(2) 二阶、通解.

例 3 验证函数 $y=\cos x+e^{-x}$ 是微分方程 $y'+y=\cos x-\sin x$ 满足初始条件 $y(0)=2$ 的解.

解 由于 $y=\cos x+e^{-x}$ 满足方程 $y=\cos x+e^{-x}$,又 $y=\cos x+e^{-x}$ 满足初始条件 $y(0)=2$,所以函数 $y=\cos x+e^{-x}$ 是初值问题的解.

2. 求解可分离变量的一阶微分方程

解题思路 可分离变量的一阶微分方程的一般形式为:

$$\frac{dy}{dx}=f(x)g(y) \text{ 或 } M_1(x)M_2(y)dx=N_1(x)N_2(y)dy$$

求解方法为:(1) 化为 $\frac{dy}{g(y)}=f(x)dx$ 形式;(2) 两端直接积分.

例 1 求微分方程 $\frac{dy}{dx}=\frac{x(1+y^2)}{y(1+x^2)}$ 的通解.

解 将方程分离变量,得

$$\frac{ydy}{1+y^2}=\frac{xdx}{1+x^2}$$

两边积分,得

$$\int\frac{ydy}{1+y^2}=\int\frac{xdx}{1+x^2}+C$$

$$\frac{1}{2}\ln(1+y^2)=\frac{1}{2}\ln(1+x^2)+C$$

于是,所求通解为 $1+y^2=C_1(1+x^2)$,其中 $C_1=\pm e^{2C}$.

例 2 求微分方程 $\frac{dy}{dx}=(2x+1)y^2$ 的通解以及满足初始条件 $y(0)=2$ 的特解.

解 将方程分离变量,得

$$\frac{dy}{y^2}=(2x+1)dx$$

两边积分,得

$$\int\frac{dy}{y^2}=\int(2x+1)dx+C$$

$$-\frac{1}{y}=x^2+x+C$$

于是,所求通解为

$$y=-\frac{1}{x^2+x+C}$$

由 $y(0)=2$,得 $C=-\frac{1}{2}$,所以满足初始条件的特解为

$$y=-\frac{2}{2x^2+2x-1}$$

3. 求解一阶齐次微分方程

解题思路　齐次微分方程 $\frac{dy}{dx}=f\left(\frac{y}{x}\right)$ 的求解方法一般用变量代换法:

(1) 做变量代换: $\frac{y}{x}=u$ 或 $y=ux$,则 $\frac{dy}{dx}=x\frac{du}{dx}+u$,代入原方程后化为可分离变量的方程

$$\frac{du}{f(u)-u}=\frac{dx}{x}$$

(2) 两端直接积分得通解为

$$\int\frac{du}{f(u)-u}=\ln|x|+C$$

(3) 再用 $\frac{y}{x}$ 回代 u 即得原方程的通解.

有时需要将 y 看作是自变量,而将 x 看作是函数会更方便些.

例 1　求微分方程 $\frac{dy}{dx}=2\sqrt{\frac{y}{x}}+\frac{y}{x}$ 的通解.

解　设 $\frac{y}{x}=u$,则 $\frac{dy}{dx}=x\frac{du}{dx}+u$,代入原方程得

$$x\frac{du}{dx}+u=2\sqrt{u}+u,\text{即 } x\frac{du}{dx}=2\sqrt{u}$$

分离变量得

$$\frac{du}{2\sqrt{u}}=\frac{dx}{x}$$

两边积分得 $\sqrt{u}=\ln x+C$,将 $u=\frac{y}{x}$ 回代,即得原方程的通解为 $y=x(\ln x+C)^2$.

例 2　求微分方程 $(y^2-3x^2)dy+2xydx=0$ 的通解以及满足条件 $y(0)=1$ 的特解.

解　该方程为齐次方程,由条件 $y(0)=1$,将 y 看作是自变量,原方程先化为关于 $\frac{x}{y}$ 为齐次的方程

$$\left[1-3\left(\frac{x}{y}\right)^2\right]dy+2\frac{x}{y}dx=0$$

设 $\frac{x}{y}=u$,则 $dx=ydu+udy$,代入原方程得

$$(1-3u^2)dy+2u(ydu+udy)=0,\text{即}(1-u^2)dy=-2uydu$$

分离变量得

$$\frac{2u}{u^2-1}\mathrm{d}u=\frac{\mathrm{d}y}{y}$$

两边积分得

$$\ln|u^2-1|=\ln y+\ln C,即\ u^2-1=C_1y$$

将 $u=\dfrac{x}{y}$ 回代,即得原方程的通解为

$$\frac{x^2}{y^2}-1=C_1y$$

整理得

$$x^2-y^2=C_1y^3$$

由 $y(0)=1$ 得,$C_1=-1$. 即特解为

$$x^2-y^2+y^3=0$$

4. 求解一阶线性微分方程

解题思路 (1) 对于一阶线性齐次微分方程 $y'+P(x)y=0$ 的求解方法作为可分离变量方程来求解. 其通解为 $y=c\mathrm{e}^{-\int P(x)\mathrm{d}x}$

(2) 对于一阶线性非齐次微分方程 $y'+P(x)y=Q(x)$ 的求解方法为常数变易法:先求出对应齐次方程的通解,再将齐次方程通解中的常数 C"变易"为待定函数 $C(x)$,代入原方程来确定 $C(x)$.

(3) 对于伯努利方程 $y'+P(x)y=Q(x)y^{\alpha}(\alpha\neq 0,1)$ 的求解方法为变量替换法:

① 做变量代换 $u=y^{1-\alpha}$,化为变量 u 的线性方程

$$\frac{\mathrm{d}u}{\mathrm{d}x}+(1-\alpha)P(x)u=(1-\alpha)Q(x)$$

② 解出 $u(x)$,然后再回到 y.

(4) 求解一阶微分方程要特别注意:

明确识别方程所属类型,以采用相应的方法,必要时可以考虑引入变量代换,或考虑认定 x 为 y 的函数,再判定方程的类型.

例 1 求一阶微分方程$(\tan x)\dfrac{\mathrm{d}y}{\mathrm{d}x}-y=5$ 的通解.

分析 解法较多,可看作是一阶线性方程,直接用公式求出通解,或用常数变易法解之. 简单的解法是分离变量.

解法一 利用一阶线性微分方程的公式法求解,将方程写成

$$y'-y\cot x=5\cot x$$

这里 $P(x)=-\cot x,Q(x)=5\cot x$,

$$\int P(x)\mathrm{d}x=-\ln|\sin x|,\mathrm{e}^{\int P(x)\mathrm{d}x}=|\csc x|$$

于是

$$y=\sin x\left(\int 5\cot x\csc x\mathrm{d}x+C\right)=\sin x(-5\csc x+C)$$

即

$$y = C\sin x - 5$$

解法二 分离变量求解.

$$\frac{dy}{y+5} = \frac{\cos x}{\sin x}dx$$

积分得

$$\ln|y+5| = \ln|\sin x| + \ln c$$

所以通解为 $y = C\sin x - 5$.

注:解题前要注意观察分析,寻找最简方法.

例2 求一阶微分方程 $\cos y dx + (x - 2\cos y)\sin y dy = 0$ 的通解.

解 改写方程

$$\frac{dx}{dy} + x\tan y = 2\sin y$$

这是一个关于 x 的一阶线性微分方程,直接用公式求得通解

$$x = e^{-\int P(y)dy}\left[\int Q(y)e^{\int P(y)dy}dy + C\right]$$

即

$$x = -2\cos y\ln|\cos y| + C\cos y$$

例3 求一阶微分方程 $y' = (y^2 + x^3)/2xy$ 的通解.

解 将方程改写为

$$y' - \frac{y}{2x} = \frac{x^2}{2}y^{-1}$$

方程是伯努利方程 $n = -1$. 令 $z = y^2$,得

$$z' - \frac{1}{x}z = x^2$$

由一阶线性微分方程通解公式,解得

$$z = x\left(\frac{x^2}{2} + c\right)$$

将 $z = y^2$ 代回,得原方程的通解为

$$y^2 = x\left(\frac{x^2}{2} + c\right)$$

例4 求一阶微分方程 $y' = (4x + y + 1)^2$.

分析 利用线性变换 $u = 4x + y + 1$,可将原方程化为可分离变量方程.

说明:变量代换对于转化方程的类型是有效的. 事实上,齐次微分方程就是通过变量代换 $u = \frac{y}{x}$,将原方程化为可分离变量方程的.

而伯努利方程也是由变换 $z = y^{1-n}$ 化为关于 z 的一阶线性方程来求解的.

而一阶线性方程也是通过变换 $y = C(x)e^{-\int P(x)dx}$ 化为可分离变量的方程的.

解 令 $u = 4x + y + 1$,则

$$\frac{dy}{dx} = \frac{du}{dx} - 4$$

原方程变为

$$\frac{\mathrm{d}u}{\mathrm{d}x}=u^2+4, \frac{\mathrm{d}u}{u^2+4}=\mathrm{d}x$$

解得 $\arctan\frac{u}{2}=2x+C$. 代回得到 $4x+y+1=2\tan(2x+C)$，或 $y=2\tan(2x+C)-4x-1$.

例 5 若连续函数 $f(x)$ 满足 $f(x)=1+\int_1^x x\frac{f(t)}{t^2}\mathrm{d}t$，求 $f(x)$.（求解积分方程.）

解 由 $f(x)$ 的连续性知等式右端可导，由于被积函数中含有 x，因此，积分变形为

$$\int_1^x x\frac{f(t)}{t^2}\mathrm{d}t=x\int_1^x\frac{f(t)}{t^2}\mathrm{d}t$$

两边求导

$$f'(x)=\int_1^x\frac{f(t)}{t^2}\mathrm{d}t+x\frac{f(x)}{x^2} \tag{1}$$

两边再求导，得二阶微分方程

$$f''(x)=\frac{f'(x)}{x} \tag{2}$$

由原方程及(1)式，有初始条件

$$\begin{cases}f(1)=1\\ f'(1)=1\end{cases} \tag{3}$$

解方程，令 $z=f'(x)$，方程变为 $\frac{\mathrm{d}z}{\mathrm{d}x}=\frac{z}{x}$，解之，得 $z=C_1x$，由(3)有 $C_1=1$，于是 $z=x$，即 $f'(x)=x$，从而 $f(x)=\frac{1}{2}x^2+C_2$，由(3) $C_2=\frac{1}{2}$，因此，所求函数为 $f(x)=\frac{1}{2}(x^2+1)$.

5.求解可降阶的高阶(二阶)微分方程

解题思路

(1) 对 $y^{(n)}=f(x)$ 型方程，其特点是左端只含最高阶导数，右端只含自变量 x 的函数. 解法是连续 n 次积分.

(2) 对 $y''=f(x,y')$ 型方程，其特点是二阶导数表示为一阶导数 y' 与自变量 x 的函数，且不含 y. 解法是：

1) 令 $p=y'$，则 $y''=p'$ 化为一阶方程 $u'=f(x,p)$；

2) 求出这一方程的通解；

3) 再作一次积分.

(3) 对 $y''=f(y,y')$ 型方程，特点是二阶导数表示为一阶导数 y' 与变量 y 的函数，且不含 x. 解法是：

1) 令 $p=y'$，方程可化为 $p\frac{\mathrm{d}p}{\mathrm{d}y}=f(y,u)$；

2) 求出通解 $p=\varphi(y,C_1)=y'$；

3) 利用变量分离求出原方程的通解为 $x=\int\frac{\mathrm{d}y}{\varphi(y,c_1)}+C_2$.

例1 求方程 $y''' = \sin x + e^{2x}$ 的通解.

解 方程属于 $y^{(n)} = f(x)$ 型,积分一次得

$$y'' = -\cos x + \frac{1}{2}e^{2x} + C_1$$

第二次积分得

$$y' = -\sin x + \frac{1}{4}e^{2x} + C_1 x + C_2$$

第三次积分得通解为

$$y' = \cos x + \frac{1}{8}e^{2x} + \frac{1}{2}C_1 x + C_2 x + C_3$$

例2 求微分方程 $xy'' + y' = \ln x$ 的通解.

解 方程属于 $y'' = f(x,y')$ 型,是不显含 y 的可降阶的二阶微分方程,令 $y' = p$,则 $y'' = p'$,方程可化为 $xp' + p = \ln x$.即 $(xp)' = \ln x$,积分得

$$xp = \int \ln x \mathrm{d}x = x\ln x - x + C_1$$

故

$$p = \ln x - 1 + \frac{C_1}{x},即\ y' = \ln x - 1 + \frac{C_1}{x}$$

再积分,得原方程的通解为

$$y = x\ln x - 2x + C_1 \ln x + C_2$$

例3 求微分方程 $2yy'' = y'^2 + y^2, y|_{x=0} = 1, y'|_{x=0} = -1$ 的特解.

解 首先,根据初值条件可以限定在 $y > 0, y' < 0$ 的范围内求解.

方程为 $y'' = f(y,y')$ 型,不显含 x,可令 $y' = p$,有 $y'' = p\dfrac{\mathrm{d}p}{\mathrm{d}y}$,方程化为

$$2yp\frac{\mathrm{d}p}{\mathrm{d}y} - p^2 = y^2,即\frac{\mathrm{d}p^2}{\mathrm{d}y} - \frac{1}{y}p^2 = y$$

这是关于 p^2 的一阶线性微分方程,按一阶线性微分方程求解公式,由

$$e^{\int p(y)\mathrm{d}y} = e^{-\ln y} = \frac{1}{y}, e^{-\int p(y)\mathrm{d}y} = e^{\ln y} = y$$

得

$$p^2 = y\left(\int y\frac{1}{y}\mathrm{d}y + C_1\right) = y(y + C_1)$$

由初值条件 $y(0) = 1, y'(0) = -1$,得 $C_1 = 0$. 于是 $p^2 = y^2$,注意初值条件,舍去 $p = y$,只取 $p = -y$,即 $\dfrac{\mathrm{d}y}{\mathrm{d}x} = -y$,分离变量得,$\dfrac{\mathrm{d}y}{y} = -\mathrm{d}x$,积分得 $\ln y = -x + c$,即 $y = C_2 e^{-x}$. 由初值条件 $y|_{x=0} = 1$ 得 $C_2 = 1$.

因此,所求初值问题的解为 $y = e^{-x}$.

小结:(1) 解高阶微分方程的基本思想是降阶,可通过适当的变换降阶.

(2) 在求解高阶微分方程特解时,一般是边解边定任意常数的值,这样比求出通解后再定要简单些.

6. 求解二阶常系数线性齐次微分方程

解题思路 对形如 $y''+py'+qy=0$ 的二阶常系数线性齐次微分方程的解法是特征根法：

(1) 将方程中 $y^{(i)}$ 改写为 r^i，写出与方程对应的特征方程 $r^2+pr+q=0$. 即将方程中 y'' 改写为 r^2，将 y' 改写为 r，将 y 改写为 1；

(2) 求出特征值 $r_{1,2}=\dfrac{-p\pm\sqrt{p^2-4p}}{2}$；

(3) 根据特征根是单根、重根、共轭复根的不同情况，依照表 7.1 写出通解表达式.

表 7.1 二阶常系数线性齐次微分方程的通解与特征根关系表

判别式	特征根	通解表达式
$p^2-4q>0$	两个不相等实根 $r_1\neq r_2$	$y=c_1e^{r_1x}+c_2e^{r_2x}$
$p^2-4q=0$	两个相等实根 $r_1=r_2=r$	$y=(c_1+c_2x)e^{rx}$
$p^2-4q<0$	一对共轭复根 $r_{1,2}=\alpha\pm i\beta$	$y=e^{\alpha x}(c_1\cos\beta x+c_2\sin\beta x)$

例 1 求微分方程 $\dfrac{d^2x}{dt^2}-3\dfrac{dx}{dt}+4x=0$ 的通解.

解 方程所对应的特征方程为 $r^2-3r+4=0$. 特征根为 $r_1=-1,r_2=4$，是两个不相等的实根，因此所求通解为 $y=C_1e^{-x}+C_2e^{4x}$.

例 2 求微分方程 $4y''+4y'+y=0$ 的通解.

解 方程所对应的特征方程为 $4r^2+4r+1=0$；特征根为 $r_1=r_2=-\dfrac{1}{2}$，是两个相等的实根，因此所求通解为 $y=(C_1+C_2x)e^{-\frac{x}{2}}$.

例 3 求微分方程 $y''+6y'+13y=0$ 的特解，其中 $y(0)=2,y'(0)=0$.

解 方程所对应的特征方程为 $r^2+6r+13=0$，特征根为 $r_1=-3+2i,r_2=-3-2i$ 是一对共轭复根，因此所求通解为

$$y=e^{-3x}(C_1\cos 2x+C_2\sin 2x)$$

这时，

$$y'=e^{-3x}[(-3C_1+2C_2)\cos 2x+(-2C_1-3C_2)\sin 2x]$$

代入初始条件得

$$\begin{cases}C_1=2\\-3C_1+2C_2=0\end{cases}$$

解得 $C_1=2,C_2=3$，因此，所求特解为

$$y=e^{-3x}(2\cos 2x+3\sin 2x)$$

7. 求解二阶常系数线性非齐次微分方程

解题思路 对形如 $y''+py'+q(x)y=f(x)$ 的二阶常系数线性非齐次微分方程的解法是待定系数法：

(1) 先求与原方程所对应的齐次方程的通解 Y；

(2) 根据非齐次项 $f(x)$ 和特征根的不同情况，依照表 7.2 设出原方程的一个特解 y^*；

(3) 将 y^* 代入原方程，求出 y^* 中的待定系数；

(4) 写出原方程的通解 $y = Y + y^*$.

表 7.2 二阶常系数线性非齐次微分方程的特解与特征根关系表

非齐次项 $f(x)$ 的形式	特解表达式的形式	特征根
$f(x) = e^{\lambda x}P_m(x)$ $P_m(x)$ 为 m 次多项式	$y^* = x^k e^{\lambda x} Q_m(x)$	$k = \begin{cases} 0, \lambda \text{ 不是特征根} \\ 1, \lambda \text{ 是特征根} \\ 2, \lambda \text{ 是特征重根} \end{cases}$ $Q_m(x)$ 为待定 m 次的多项式
$f(x) = e^{\lambda x}[A\cos\omega x + B\sin\omega x]$	$y^* = x^k e^{\lambda x}[a\cos\omega x + b\sin\omega x]$	$k = \begin{cases} 0, \lambda \pm i\omega \text{ 不是特征根} \\ 1, \lambda \pm i\omega \text{ 是特征根} \end{cases}$ a, b 为待定常数

例 1 求微分方程 $y'' - 4y' + 4y = \sin 2x$ 的通解.

解 与原方程对应的齐次方程的特征方程为 $r^2 - 4r + 4 = 0$,即 $(r-2)^2 = 0$,特征根为 $r_1 = r_2 = 2$,是两个相等的实根,所以对应的齐次方程的通解为 $Y = (C_1 + C_2 x)e^{2x}$.现求特解,由于 2i 不是特征根,故设特解为

$$y^* = A\cos 2x + B\sin 2x$$
$$(y^*)' = -2A\sin 2x + 2B\cos 2x$$
$$(y^*)'' = -4A\cos 2x - 4B\sin 2x$$

代入原方程解得 $A = \frac{1}{8}, B = 0$,于是 $y^* = \frac{1}{8}\cos 2x$,所以,原方程通解为 $y = (c_1 + c_2 x)e^{2x} + \frac{1}{8}\cos 2x$.

例 2 设 $y'' + p(x)y' = f(x)$ 有一特解 $\frac{1}{x}$,对应齐次方程有一特解 x^2,试求:

(1) $p(x), f(x)$ 的表达式;(2) 此方程的通解.

分析 解决此类问题,需搞清二阶线性方程解的结构:二阶非齐次线性微分方程通解为 $y = Y + y^*$,其中 Y 为对应齐次线性微分方程的通解 $Y = c_1 y_1 + c_2 y_2$,这里 $y_1 \neq y_2$ 是齐次线性微分方程线性无关的两个解.

解 (1) 由题给条件可知

$$\begin{cases} 2 + p(x)2x = 0 \\ \dfrac{2}{x^3} + p(x)\left(-\dfrac{1}{x^2}\right) = f(x) \end{cases}$$

解得 $p(x) = -\frac{1}{x}, f(x) = \frac{3}{x^3}$.

(2) 原方程为

$$y'' - \frac{1}{x}y' = \frac{3}{x^3}$$

容易看出 $y = 1$ 也是对应齐次方程的一个特解,它与 x^2 线性无关,故此方程的通解为 $y = c_1 + c_2 x^2 + \frac{1}{x}$.

例 3 试确定以 $y=\sin 2x$ 为特解的二阶常系数线性齐次方程.

分析 由常系数线性齐次方程解法的特点,只需先由给定的特解确定出特征根,再由特征根导出特征方程,最后由特征方程导出常系数线性齐次方程.

解 $y=\sin 2x$ 为一特解,可知 $r_1=2\mathrm{i}$ 为特征根. 由于复根总是成对出现的,可知 $r_2=-2\mathrm{i}$ 也是特征根. 因此,特征方程为 $(r-2\mathrm{i})(r+2\mathrm{i})=0$,即 $r^2+4=0$. 从而相应的二阶常系数线性齐次方程为 $y''+4y=0$.

注意:尽管自由项 $f(x)=\sin 2x$,只含正弦,但设待定特解 y^* 中必须含有余弦项.

小结:求解二阶常系数线性微分方程,关键在于搞清通解结构,根据特征根写出对应齐次方程的通解形式,根据不同的自由项设出非齐次方程特解的待定形式.

7.3 解题常见错误剖析

例 1 用分离变量法来求解方程

$$y'-2xy=2x \tag{①}$$

常见错误 分离变量后,得

$$\frac{\mathrm{d}y}{1+y}=2x\mathrm{d}x \tag{②}$$

两边积分,得

$$\ln(1+y)=x^2+C_1 \tag{③}$$

从而有

$$y=\mathrm{e}^{c_1}\mathrm{e}^{x^2}-1 \tag{④}$$

错误分析 比较 ② 式与 ④ 式,$\mathrm{e}^{c_1}>0$,而 c 为任意常数,因此 ④ 式只是表达了方程 ① 的一部分解,② 中 $c\leqslant 0$ 时的那一部分解,未能表达出来. 问题在于两边积分时,③ 式中 $\ln(1+y)$ 的真数少了绝对值符号.

正确答案 事实上,③ 式应为 $\ln|1+y|=x^2+c$,从而有 $|1+y|=\mathrm{e}^{c_1}\mathrm{e}^2$ 或 $y=\pm\mathrm{e}^{c_1}\mathrm{e}^{x^2}$,令 $c=\pm\mathrm{e}^{c_1}$,得出通解 $y=c\mathrm{e}^{x^2}+1$.

例 2 同例 1.

常见错误 就是求不定积分时,任意常数放在最后一步加.

错误分析 在解题时,不但真数不加绝对值,而且不及时加任意常数,使解成为 $\ln(1+y)=x^2$,$y=\mathrm{e}^{x^2}+C$.

从而通解为 $y=\mathrm{e}^{x^2}-1+c_1=\mathrm{e}^{x^2}+c$,这是错误的.

正确答案 由此可见,在解微分方程的过程中,如果积分出的对数的真数不加绝对值符号或把任意常数写成 $\ln C$(应写为 $\ln|C|$),它的变化就要受到限制,那么就会产生错误,所以,如果真数可正可负时,必须要注意加绝对值符号.

例 3 求微分方程 $4y''+4y'+y=0$ 的通解.

常见错误 方程所对应的特征方程为 $4r^2+4r+1=0$,特征根为 $r_1=r_2=-\dfrac{1}{2}$,是两个相等的实根,因此所求通解为 $y=C(1+x)\mathrm{e}^{-\frac{x}{2}}$.

错误分析 二阶微分方程的通解要求有两个相互独立的任意常数.

正确答案　所求通解为 $y=(C_1+C_2x)e^{-\frac{x}{2}}$.

例 4　求二阶微分方程 $y''-y=4xe^x$ 的通解.

常见错误　与原方程所对应的齐次方程的特征方程为 $r^2-1=0$,特征根为 $r_1=1,r_2=-1$,所以对应齐次方程的通解为 $Y=C_1e^x+C_2e^{-x}$,由 $f(x)=4xe^x$,设特解为 $y^*=(Ax+B)e^x$,代入原方程解得 A 和 B.

错误分析　由于非齐次项 $f(x)=4xe^x$ 中的 $\lambda=1$ 是特征单根,所以在设特解时要加以考虑,选择出特解正确的表达形式.

正确答案　设特解为 $y^*=x(Ax+B)e^x$,代入原方程解得 $A=1,B=-1$,代入所设特解得 $y^*=e^x(x^2-x)$,所以原方程的通解为 $y=C_1e^x+C_2e^{-x}+e^x(x^2-x)$.

7.4　强化训练

强化训练 7.1

1. 单项选择题:

(1) 微分方程 $(x+y)dy=(x-y)dx$ 是(　　)微分方程.

A. 线性　　B. 可分离变量　　C. 齐次　　D. 一阶线性非齐次

(2) 方程 $(x+1)(y^2+1)dx+x^2y^2dy=0$ 是(　　)微分方程.

A. 齐次　　B. 可分离变量　　C. 伯努利　　D. 线性非齐次

(3) 微分方程 $(2x-y)dx+(2y-x)dy=0$ 的通解是 $y=$(　　).

A. $x^2+y^2=C$　　B. $x^2-y^2=C$

C. $x^2+xy+y^2=C$　　D. $x^2-xy+y^2=C$

(4) 微分方程 $\frac{dy}{dx}=\frac{y}{x}+\tan\frac{y}{x}$ 的通解是 $y=$(　　).

A. $\frac{1}{\sin\frac{y}{x}}=Cx$　　B. $\sin\frac{y}{x}=C+x$

C. $\sin\frac{y}{x}=Cx$　　D. $\sin\frac{x}{y}=Cx$

(5) 已知函数 $y(x)$ 满足微分方程 $xy'=y\ln\frac{y}{x}$,且在 $x=1$ 时,$y=e^2$,则当 $x=-1$ 时,$y=$(　　).

A. -1　　B. 0　　C. 1　　D. e^{-1}

(6) 设函数 $y(x)$ 满足微分方程 $\cos^2x\cdot y'+y=\tan x$,且在 $x=\frac{\pi}{4}$ 时 $y=0$,则当 $x=0$ 时,$y=$(　　).

A. $\frac{\pi}{4}$　　B. $-\frac{\pi}{4}$　　C. -1　　D. 1

(7) 微分方程 $x\frac{dy}{dx}=y+x^3$ 的通解是 $y=$(　　).

A. $\frac{x^3}{4}+\frac{C}{x}$　　B. $\frac{x^3}{2}+Cx$　　C. $\frac{x^3}{3}+C$　　D. $\frac{x^3}{4}+Cx$

(8) 设函数 $y(x)$ 满足微分方程 $xy'+y-y^2\ln x=0$,且在 $x=1$ 时,$y=1$,则当 $x=\mathrm{e}$ 时,$y=$ (　　).

A. $\frac{1}{\mathrm{e}}$　　B. $\frac{1}{2}$　　C. 2　　D. e

(9) 微分方程 $y''-2y'-3y=0$ 的通解是 $y=$(　　).

A. $\frac{C_1}{x}+C_2x$　　B. $\frac{C_1}{x^3}+C_2x$

C. $C_1\mathrm{e}^x+C_2\mathrm{e}^{-3x}$　　D. $C_1\mathrm{e}^{-x}+C_2\mathrm{e}^{3x}$

(10) 微分方程 $y''+2y'+y=0$ 的通解是 $y=$(　　).

A. $C_1\cos x+C_2\sin x$　　B. $C_1\mathrm{e}^x+C_2\mathrm{e}^{2x}$

C. $(C_1+C_2x)\mathrm{e}^{-x}$　　D. $C_1\mathrm{e}^{-x}+C_2\mathrm{e}^x$

(11) 设微分方程 $y''-2y'-3y=f(x)$ 有特解 y^*,则它的通解是 $y=$(　　).

A. $C_1\mathrm{e}^{-x}+C_2\mathrm{e}^{3x}+y^*$　　B. $C_1\mathrm{e}^{-x}+C_2\mathrm{e}^{3x}$

C. $C_1x\mathrm{e}^{-x}+C_2x\mathrm{e}^{3x}+y^*$　　D. $C_1\mathrm{e}^x+C_2\mathrm{e}^{3x}+y^*$

(12) 当 $y_1(x),y_2(x)$ 是微分方程 $y''+P(x)y'+Q(x)y=0$ 的(　　)时,函数 $y=C_1y_1(x)+C_2y_2(x)$ 是该方程的通解(其中 C_1,C_2 为任意常数).

A. 两个特解　　B. 任意两个解

C. 两个线性无关的解　　D. 两个线性相关的解

(13) 微分方程$(y^4-3x^2)\mathrm{d}y+xy\mathrm{d}x=0$ 可化为(　　).

A. $y\frac{\mathrm{d}y}{\mathrm{d}x}-\frac{3}{y}x^2=-y^3$　　B. $x\frac{\mathrm{d}y}{\mathrm{d}x}-3yx^2=-y^3$

C. $2x\frac{\mathrm{d}y}{\mathrm{d}x}+\frac{y}{3}x^2=y^2$　　D. $x\frac{\mathrm{d}y}{\mathrm{d}x}-\frac{3}{y}x^2=-y^3$

(14) 微分方程 $y'''=\sin x$ 的通解是 $y=$(　　).

A. $\cos x+\frac{1}{2}C_1x^2+C_2x+C_3$　　B. $\sin x+\frac{1}{2}C_1x^2+C_2x+C_3$

C. $\cos x+C$　　D. $2\sin 2x+C$

(15) 微分方程 $y'-y\tan x+y^2\cos x=0$ 的通解是(　　).

A. $\frac{1}{y}=(x+C)\cos x$　　B. $y=(x+C)\cos x$

C. $\frac{1}{y}=x\cos x+C$　　D. $y=x\cos x+C$

(16) 二阶常系数线性非齐次方程 $y''+py'+qy=f(x)$ 是指(　　).

A. $f(x)\neq 0$　　B. p,q 是 x 的线性(一元)函数

C. $f(x)\equiv 0$　　D. p,q 是 x 的线性(一元)函数且 $f(x)\equiv 0$

(17) 微分方程 $y''-3y'+2y=x+\mathrm{e}^x$ 的特解形式是(　　).

A. $(ax+b)\mathrm{e}^x$　　B. $(ax+b)x\mathrm{e}^x$

C. $(ax+b)+cx\mathrm{e}^x$　　D. $(ax+b)+c\mathrm{e}^x$

(18) 下列方程中(　　)是一阶线性微分方程.

A. $y' = e^{x+y}$　　　　B. $\frac{1}{x}y' + y\sin^2 x = \cos x$

C. $y'' + xy' + y = 0$　　　　D. $y' = \frac{x}{y}$

2. 填空题:

(1) 微分方程 $y'\sin x = y\ln x$ 满足初始条件 $y\left(\frac{\pi}{2}\right) = e$ 的特解是 $y =$ ________.

(2) 微分方程 $f'(x) + \frac{1}{x}f(x) = -1$ 的通解是 $f(x) =$ ________.

(3) 微分方程 $x\frac{dy}{dx} + y = xy\frac{dy}{dx}$ 的通解是________.

(4) 微分方程 $e^x y' - 1 = 0$ 的通解是________.

(5) 微分方程 $\frac{dy}{dx} = 1 + \sin x + \sin^2 x$ 满足条件 $y(0) = 2$ 的特解是 $y =$ ________.

(6) 方程 $(y'')^3 + 3(y')^{(7)} + xy + x^8 = 0$ 是________阶微分方程.

(7) 微分方程 $y'' - 2y + y = x - 2$ 的通解是________.

(8) 微分方程 $y' + y\tan x = \cos x$ 的通解是________.

(9) 微分方程 $y'' + 4y' + 4y = e^{-2x}$ 的通解是________.

(10) 微分方程 $y'' - 4y = e^{2x}$ 的通解是________.

(11) 微分方程 $y'' + y = -2x$ 的通解是________.

(12) 微分方程 $y'' + 2y' + 5y = 0$ 的通解是________.

(13) 常微分方程中的自变量个数是________.

(14) 路程函数 $S(t)$ 的加速度是常数 a,则此路程函数 $S(t)$ 的一般形式是________.

(15) 微分方程 $\frac{dy}{dx} = g\left(\frac{y}{x}\right)$ 中 $g(u)$ 为 u 的连续函数,作变量变换________,方程可化为可分离变量的方程.

(16) 方程 $\frac{dy}{dx} - \frac{y}{x+1} = (x+1)^3$ 的通解为________.

3. 计算题:

(1) 求微分方程 $\frac{dy}{dx} - \frac{3}{x}y = \frac{y^2}{x^2}$ 的通解.

(2) 求微分方程 $S''(t) - S(t) = t + 1$ 满足 $S(0) = 1, S'(0) = 2$ 的特解.

(3) 求微分方程 $\frac{dy}{dx} = \frac{1+y}{xy + x^3 y}$ 的通解.

(4) 求一阶微分方程 $(1 + e^{-\frac{x}{y}})y\,dx + (y - x)\,dy = 0$ 的通解.

(5) 求一阶线性微分方程 $\frac{dy}{dx} + \frac{y}{x} = 1$ 的通解.

(6) 求一阶线性微分方程$\frac{dy}{dx}=\frac{y}{y-x}$的通解.

(7) 求一阶线性微分方程 $x\frac{dy}{dx}+y-e^x=0$ 满足 $y(1)=e$ 的特解.

(8) 求一阶齐次方程$\frac{dy}{dx}=\frac{2y}{x-2y}$的通解.

(9) 求一阶齐次方程 $x\frac{dy}{dx}=y(\ln y-\ln x)$ 的通解.

(10) 求一阶微分方程 $x\mathrm{d}y=y(xy-1)\mathrm{d}x$ 的通解.

(11) 求二阶微分方程 $y''=2x\ln x$ 的通解.

(12) 求二阶微分方程 $xy''=y'+x^2$ 的通解.

(13) 求二阶微分方程 $y''=3\sqrt{y}$ 满足 $y(0)=1, y'(0)=1$ 的特解.

(14) 求二阶微分方程 $y''-3y'+2y=0$ 的通解.

(15) 求二阶微分方程 $y''-6y'+25y=0$ 的通解.

(16) 求二阶微分方程 $y''+25y=0$ 满足 $y(0)=2, y'(0)=5$ 的特解.

(17) 求二阶微分方程 $y''-10y'+9y=e^{2x}$ 满足 $y(0)=\frac{6}{7}, y'(0)=\frac{33}{7}$ 的特解.

(18) 求二阶微分方程 $y''-y=4xe^x$ 满足 $y(0)=0, y'(0)=1$ 的特解.

(19) 求二阶微分方程 $y''-4y'=5$ 满足 $y(0)=1, y'(0)=0$ 的特解.

(20) 利用代换 $y=\frac{u}{\cos x}$ 将二阶微分方程 $y''\cos x-2y'\sin x+3y\cos x=e^x$ 化简,并求出原方程的通解.

强化训练 7.2

1. 下列各微分方程是几阶方程:

(1) $x(y')^2-2yy'+x=0$;　　(2) $x^2y''-xy'+y=0$;

(3) $\frac{d\rho}{d\theta}+\rho=\sin^2\theta$;　　(4) $xy'''+2y''+x^2y=0$.

2. 指出下列各题中的函数是否为所给方程的解:

(1) $xy'=2y, y=5x^2$;

(2) $y''-2y'+y=0, y=x^2e^x$;

(3) $y''-2y'-3y=0, y=C_1e^{3x}+C_2e^{-x}$;

(4) $x^2y''+5xy'+4y=0, y=\frac{1}{x^2}$.

3. 求下列微分方程满足所给初始条件的特解:

(1) $\frac{dy}{dx}=2, y(1)=0$;　　(2) $\frac{dy}{dx}+\sin x=0, y(0)=0$.

强化训练 7.3

1. 求下列方程的通解或满足初始条件的特解:

(1) $x^2y'=(x-1)y$;　(2) $1+y'=e^y$;

(3) $y\ln x\mathrm{d}x+x\ln y\mathrm{d}y=0$;　(4) $y'=\dfrac{x(1+y^2)}{y(1+x^2)}$;

(5) $\sec^2x\tan y\mathrm{d}x+\sec^2y\tan x\mathrm{d}y=0$;　(6) $y'=(2x+1)y^2, y(0)=2$;

(7) $y'=\dfrac{1+y^2}{1+x^2}, y(0)=1$;　(8) $\dfrac{x\mathrm{d}x}{1+y}-\dfrac{y\mathrm{d}y}{1+x}=0, y(0)=1$;

(9) $\sin y\cos x\mathrm{d}y=\cos y\sin x\mathrm{d}x, y(0)=\dfrac{\pi}{4}$.

2. 求下列方程的通解或满足初始条件的特解:

(1) $y'=e^{\frac{y}{x}}+\dfrac{y}{x}$;　(2) $xy'=y+\sqrt{x^2-y^2}$;

(3) $x\sin\dfrac{y}{x}+y=xy'$;　(4) $xyy'+y^2+x^2=0$;

(5) $(y^2-3x^2)\mathrm{d}y+2xy\mathrm{d}x=0, y(0)=1$;

(6) $y'+1=\dfrac{(x+y)^m}{(x+y)^n+(x+y)^p}$($m,n,p$ 为非零常数).

3. 求下列方程的通解或满足初始条件的特解:

(1) $y'-y\cot x=2x\sin x$;　(2) $y'+y-e^{-x}=0$;

(3) $y'+2xy=xe^{-x^2}$;　(4) $y'+y\tan x=\sin 2x$;

(5) $xy'\ln x+y=ax(\ln x+1)(a>0)$;　(6) $y'=\dfrac{y}{x+y^3}$;

(7) $y'=\dfrac{1}{x\cos y+\sin 2y}$;　(8) $x(1+x^2)\mathrm{d}y=(y+x^2y+x^2)\mathrm{d}x$;

(9) $y'=\dfrac{x^4+y^3}{xy^2}$;　(10) $y'+\dfrac{y}{x}=y^2\ln x$;

(11) $y'=\dfrac{x^4+y^3}{xy^2}$;　(12) $xy'+y=y^2\ln x, y(1)=1$.

4. 牛顿冷却定律:空气中物体冷却的速率与该物体和空气温度之差成正比. 如果当时空气的温度等于20℃,又已知在20分钟内物体由100℃冷却至60℃,试求物体的温度对于时间的变化规律及物体温度到达30℃所需的时间.

强化训练 7.4

1. 求下列方程的通解:

(1) $y''=x+\sin x$;　(2) $y''=xe^{-x}$;　(3) $y''=\dfrac{1}{x^2+1}$;

(4) $y''=y'+x$;　(5) $xy''+y'=0$;　(6) $(1-x^2)y''-xy'=2$;

(7) $y''=(y')^3+y'$;　(8) $y''=-\sqrt{1-(y')^2}$;(9) $ay''=-[1+(y')^2]^{\frac{3}{2}}$.

2. 求下列方程满足初始条件的特解:

(1) $y''+(y')^2=1$,　$y(0)=0, y'(0)=1$;

(2) $y''=3\sqrt{y}, y(0)=1, y'(0)=2$;

(3) $y'' = e^{2y}, y(0) = y'(0) = 0$;

(4) $y'' = e^{ax}, y(0) = y'(0) = 0$.

强化训练 7.5

1. 求下列二阶常系数线性齐次方程的通解或满足初始条件的特解：

(1) $y'' + y' - 2y = 0$;

(2) $y'' + 6y' + 13y = 0$;

(3) $4\dfrac{d^2x}{dt^2} - 20\dfrac{dx}{dt} + 25x = 0$;

(4) $y'' - 3y' - 4y = 0, y(0) = 1, y'(0) = -5$;

(5) $4y'' + 4y' + y = 0, y(0) = 2, y'(0) = 0$;

(6) $y'' - 4y' + 13y = 0,\ y(0) = 0, y'(0) = 3$.

2. 求下列二阶常系数线性非齐次方程的通解或满足初始条件的特解：

(1) $2y'' + y' - y = 2e^x$;

(2) $y'' + 3y' + 2y = 3xe^{-x}$;

(3) $y'' + 4y = x\cos x$;

(4) $y'' + y = e^x + \cos x$;

(5) $y'' - 3y' + 2y = 5, y(0) = 1, y'(0) = 2$.

3. 解下列方程组：

(1) $\begin{cases} \dfrac{dx}{dt} = y, \\ \dfrac{dy}{dt} = -x + 3; \end{cases}$ (2) $\begin{cases} \dfrac{dx}{dt} + 3x - y = 0, \\ \dfrac{dy}{dt} - 8x + y = 0, \end{cases}$ $x(0) = 1, y(0) = 4$.

强化训练 7.6

1. 将 50g 蔗糖溶解在含有 2000g 水的罐中，由于不断搅拌，蔗糖始终在罐中分布是均匀的．通过一个导管，每分钟有 10g 水注入罐内，而且通过另一个导管，每分钟有 10g 水从罐中流出，同时也流出一些蔗糖．试求蔗糖随时间的变化规律及 100 分钟时的蔗糖含量．

2. 设有某种动物（或植物）群体的数目为 $N = N(t)$．假设个体的出生率与 $N(t)$ 成正比，比例系数 λ 保持不变，个体的死亡率与 $N(t)$ 成正比，比例系数 μ 保持不变．试求群体的变化规律，并加以讨论．如果死亡率与 $N^2(t)$ 成正比，情况又会如何？$N(0) = N_0$.

3. 同上题假设，出生率与死亡率分别与 $N(t)$ 成正比．如果个体以不变速率 $\beta(\beta > 0)$ 迁入群体．试建立群体变化的模型，并解之．这里设 $\lambda - \mu = \alpha, N(0) = N_0$.

4. 通过加热、冷冻、药剂、紫外线照射等方法杀死细菌的消毒过程满足方程 $\dfrac{dN}{dt} = -kN$，其中 N 为存活的细菌数目，$k > 0$ 为常数．设在 1ml 的悬浮液中有 8×10^5 个细菌．现用 5% 的酚溶液来处理，每分钟杀死 9% 的细菌．试问 10 分钟后存活的细菌数目是多少？20 分钟后又如何？

5. 已知某药物可用一室模型描述，其半衰期为 12h，理论容积为 240L，临床有效血药浓度为

1.5μg/mL,现决定每日快速静脉注射3次,问每次注射量D应是多少?

7.5　模拟试题

1. 单项选择题(每小题2分):

(1) 下列方程中(　　)是微分方程$dy - 2dx = 0$的解.

A. $y = 2x$　　B. $y = -2x$

C. $y = x^2$　　D. $y = -x^2$

(2) 下列函数满足微分方程$y'' + y = 0$的是(　　).

A. $y = 1$　　B. $y = x$　　C. $y = e^x$　　D. $y = \sin x$

(3) 微分方程$S''(t) = g$的解是(　　).

A. $S = -gt$　　B. $S = -gt^2$

C. $S = -\frac{1}{2}gt$　　D. $S = \frac{1}{2}gt^2$

(4) 函数$y = \cos x$是微分方程(　　)的解.

A. $y' + y = 0$　　B. $y' + 2y = 0$　　C. $y'' + y = 0$　　D. $y'' - y = 0$

(5) 满足方程$y'' - y = 0$的函数是(　　).

A. $y = 1$　　B. $y = x$　　C. $y = \sin x$　　D. $y = e^x$

(6) 微分方程$3y^2dy + 2x^2dx = 0$的阶是(　　).

A. 1　　B. 2　　C. 3　　D. 0

(7) 下列函数中是一阶线性微分方程的是(　　).

A. $xy' + y^2 = x$　　B. $y' + xy = \sin x$

C. $yy' = x$　　D. $y' + x = \cos y$

(8) 微分方程$2ydy - dx = 0$的通解是(　　).

A. $y^2 - x = C$　　B. $y - \sqrt{x} = C$　　C. $y = x + C$　　D. $y = -x + C$

2. 填空题(每小题3分):

(1) 一阶微分方程的通解的图像是________维空间上的一族曲线.

(2) 设$y_1(x), y_2(x)$是二阶线性齐次微分方程$y'' + py' + qy = 0$的两个解,则$y = C_1y_1(x) + C_2y_2(x)$为方程的通解的充分必要条件是________.

(3) 微分方程$y'' - 2y' + y = 0$的两个线性无关解是________.

(4) 微分方程$\frac{dy}{dx} = y\sin(x + y)$的任一非零解________与$x$轴相交(可以或不能).

(5) 微分方程$\frac{dy}{dx} = \sqrt{1 - y^2}$的通解是________.

(6) 设函数$y = (1 + x)^2u(x)$是微分方程$y' - \frac{2y}{1 + x} = (1 + x)^3$的通解,则$u(x) =$ ________.

(7) 微分方程$y'' + 3y' + 2y = e^x$的一个特解是________.

(8) 以$y = C_1e^{-x} + C_2e^x$为通解的二阶常系数线性齐次微分方程为________.

3. 计算题((1)—(4) 题每小题 7 分,(5)—(8) 题每小题 8 分):

(1) 求微分方程 $y' = e^{2x-y}$ 满足 $y(0) = 1$ 的特解.

(2) 求微分方程$\frac{dy}{dx} = \sqrt{1 - \left(\frac{y}{x}\right)^2} + \frac{y}{x}$ 的通解.

(3) 求微分方程$\frac{dy}{dx} = y + xy^5$ 的通解.

(4) 求微分方程$\frac{dy}{dx} = e^{x-y}$ 的通解.

(5) 求微分方程$\frac{dy}{dx} - \frac{y}{x} = 1$ 的通解.

(6) 求微分方程 $y'' + 2y' - 3y = 2e^x$ 的通解.

(7) 求微分方程 $y'' - 5y' = -5x^2$ 的通解.

(8) 求微分方程 $y'' + 4y = \cos 2x$ 的通解.

第8章 无穷级数

8.1 知 识 点

（1）理解数项级数的概念、理解数项级数收敛与发散的概念,掌握用定义判定一个级数的收敛性,同时,收敛级数会求和.

（2）掌握数项级数的性质. 掌握几何级数和 p 级数的收敛性.

（3）理解正项级数的概念及基本收敛定理,掌握正项级数收敛性的三个判别法——比较判别法、比值判别法、根值判别法.

（4）掌握任意项级数的绝对收敛与条件收敛的概念,掌握交错级数的莱布尼茨判别法,会判定一个任意项级数是绝对收敛还是条件收敛,了解绝对收敛级数的两个性质.

（5）理解函数项级数、幂级数的概念,掌握幂级数的收敛半径、收敛域的求法.

（6）掌握幂级数的性质,会求幂级数的和函数.

（7）掌握泰勒中值定理、泰勒级数,会将函数展开成幂级数.

（8）掌握 $e^x,\sin x,\cos x,\ln x$ 和 $(1+x)^\alpha$ 的麦克劳林展开式,掌握用这些展开式将一些简单的函数展开成幂级数.

（9）了解幂级数在近似计算中的应用.

8.2 题 型 分 析

1. 利用级数的定义和基本性质判别级数的收敛性

解题思路 （1）利用定义判别级数的收敛性,必须先求出部分和 S_n,然后再求出 S_n 的极限. 若有极限,则相应级数收敛;若 S_n 没有极限,则相应级数发散. 求 S_n 的方法有公式法、分项求和法等,这些方法在中学数列求和中已学过,这里不在赘述.

（2）将一个级数化为已知收敛性的某个级数与常数的乘积,或加减有限项.或化为已知收敛性的级数的和(差),再利用级数的性质判断其是否收敛.

（3）经常要用到的几个最基本的级数:

① 几何级数 $\sum\limits_{n=1}^{\infty} aq^{n-1}$,当$|q|<1$时,收敛,其和为 $S=\dfrac{a}{1-q}$;当$|q|\geqslant 1$时,发散.

② p 级数 $\sum\limits_{n=1}^{\infty}\dfrac{1}{n^p}$,当 $p>1$ 时,收敛;当 $p\leqslant 1$ 时,发散.

③ 调和级数 $\sum\limits_{n=1}^{\infty}\dfrac{1}{n}$,发散(调和级数是 p 级数当 $p=1$ 时的特殊情况).

（4）利用级数收敛的必要条件,首先要判别 u_n 是否趋于0,这是判别级数发散性的简单而实用的方法．$\lim\limits_{n\to\infty}u_n=0$ 是级数收敛的必要条件，而非充分条件；$\lim\limits_{n\to\infty}u_n\neq 0$ 是级数发散的充分条件，即当 u_n 不趋于 0 时，级数 $\sum\limits_{n=1}^{\infty}u_n$ 发散．

例 1 判断下列级数的收敛性：

(1) $\sum\limits_{n=1}^{\infty}\dfrac{1}{(3n-1)(3n+2)}$；(2) $\sum\limits_{n=1}^{\infty}(\sqrt{n+1}-\sqrt{n})$．

解 (1) 由于级数的一般项

$$u_n=\frac{1}{(3n-1)(3n+2)}=\frac{1}{3}\left(\frac{1}{3n-1}-\frac{1}{3n+2}\right)$$

所以部分和

$$\begin{aligned}S_n&=\sum_{k=1}^{n}u_k=\sum_{k=1}^{n}\frac{1}{(3k-1)(3k+2)}\\&=\frac{1}{3}\left(\frac{1}{2}-\frac{1}{5}\right)+\frac{1}{3}\left(\frac{1}{5}-\frac{1}{8}\right)+\frac{1}{3}\left(\frac{1}{8}-\frac{1}{11}\right)+\cdots+\frac{1}{3}\left(\frac{1}{3n-1}-\frac{1}{3n+2}\right)\\&=\frac{1}{3}\left(\frac{1}{2}-\frac{1}{3n+2}\right)\end{aligned}$$

故

$$\lim_{n\to\infty}S_n=\lim_{n\to\infty}\frac{1}{3}\left(\frac{1}{2}-\frac{1}{3n+2}\right)=\frac{1}{6}$$

因此，根据级数的收敛定义知此级数

$$\sum_{n=1}^{\infty}\frac{1}{(3n-1)(3n+2)}$$

收敛，其和为 $S=\dfrac{1}{6}$.

(2)
$$\begin{aligned}S_n&=\sum_{k=1}^{n}u_k=\sum_{k=1}^{n}(\sqrt{k+1}-\sqrt{k})\\&=(\sqrt{2}-1)+(\sqrt{3}-\sqrt{2})+(\sqrt{4}-\sqrt{3})+\cdots+(\sqrt{n+1}-\sqrt{n})=\sqrt{n+1}-1\end{aligned}$$

故

$$\lim_{n\to\infty}S_n=\lim_{n\to\infty}(\sqrt{n+1}-1)=\infty$$

因此，根据级数的收敛定义知级数 $\sum\limits_{n=1}^{\infty}(\sqrt{n+1}-\sqrt{n})$ 发散．

例 2 判断下列级数的收敛性．

(1) $\sum\limits_{n=1}^{\infty}\left(\dfrac{1}{2^n}+\dfrac{1}{3^n}\right)$；(2) $\dfrac{1}{4}+\dfrac{1}{5}+\dfrac{1}{6}+\cdots+\dfrac{1}{n+3}+\cdots$

解 (1) 由于

$$\sum_{n=1}^{\infty}\left(\frac{1}{2^n}+\frac{1}{3^n}\right)=\sum_{n=1}^{\infty}\frac{1}{2^n}+\sum_{n=1}^{\infty}\frac{1}{3^n}$$

而级数 $\sum\limits_{n=1}^{\infty}\dfrac{1}{2^n}=\dfrac{1}{2}\sum\limits_{n=1}^{\infty}\dfrac{1}{2^{n-1}}$是 $q=\dfrac{1}{2}$的几何级数，其和为

$$\frac{1}{2}\cdot\frac{1}{1-q}=\frac{1}{2}\cdot\frac{1}{1-\frac{1}{2}}=1$$

$\sum_{n=1}^{\infty}\frac{1}{3^n}=\frac{1}{3}\sum_{n=1}^{\infty}\frac{1}{3^{n-1}}$ 是 $q=\frac{1}{3}$ 的几何级数,其和为

$$\frac{1}{3}\cdot\frac{1}{1-q}=\frac{1}{3}\cdot\frac{1}{1-\frac{1}{3}}=\frac{1}{2}$$

因此,由级数收敛的性质可知级数 $\sum_{n=1}^{\infty}\left(\frac{1}{2^n}+\frac{1}{3^n}\right)$收敛,且其和为

$$S=1+\frac{1}{2}=\frac{3}{2}$$

(2) 因为

$$\frac{1}{4}+\frac{1}{5}+\frac{1}{6}+\cdots+\frac{1}{n+3}+\cdots=\sum_{n=1}^{\infty}\frac{1}{n}-\left(1+\frac{1}{2}+\frac{1}{3}\right)$$

而级数 $\sum_{n=1}^{\infty}\frac{1}{n}$为调和级数,发散. 所以,由级数收敛的性质可知级数$\frac{1}{4}+\frac{1}{5}+\frac{1}{6}+\cdots+\frac{1}{n+3}+\cdots$ 发散.

例 3 判别级数 $\sum_{n=1}^{\infty}\frac{1}{\left(1+\frac{1}{n}\right)^n}$的收敛性.

解 由于

$$\lim_{n\to\infty}u_n=\lim_{n\to\infty}\frac{1}{\left(1+\frac{1}{n}\right)^n}=\frac{1}{\mathrm{e}}\neq 0$$

根据级数收敛的必要条件知级数 $\sum_{n=1}^{\infty}\frac{1}{\left(1+\frac{1}{n}\right)^n}$发散.

2. 判断正项级数的收敛性

解题思路 (1) 比较判别法分两种情况:

1) 非极限形式的比较判别法:若存在 N,当 $n>N$ 时有 $u_n\leqslant v_n$,则当 $\sum_{n=1}^{\infty}v_n$ 收敛时,$\sum_{n=1}^{\infty}u_n$ 也收敛;当 $\sum_{n=1}^{\infty}u_n$ 发散时,$\sum_{n=1}^{\infty}v_n$ 也发散;当 $\sum_{n=1}^{\infty}v_n$ 发散时,$\sum_{n=1}^{\infty}u_n$ 可能收敛也可能发散. 即"大收敛⇒小收敛","小发散⇒大发散". 应用非极限形式的比较判别法时,应对正项级数的一般项 u_n 进行分析,作适当的放大或缩小.

2) 极限形式的比较判别法:若 $\lim_{n\to\infty}\frac{u_n}{v_n}=\rho$,当 $0<\rho<+\infty$ 时,级数 $\sum_{n=1}^{\infty}u_n$ 与 $\sum_{n=1}^{\infty}v_n$ 同时收敛或同时发散;当 $\rho=0$ 且 $\sum_{n=1}^{\infty}v_n$ 收敛时,$\sum_{n=1}^{\infty}u_n$ 也收敛;当 $\rho=+\infty$ 且 $\sum_{n=1}^{\infty}v_n$ 发散时,$\sum_{n=1}^{\infty}u_n$ 也发散. 极限形式的比较判别法的实质是寻找等价或同阶无穷小量.

一般来说,用极限形式的比较判别法要方便些,通常选择 p 级数或几何级数做参照比较.但无论哪种方法,都需要另外找到一个适当的正项级数作为比较级数,而要寻找到合适的级数有时并非易事,需要经验的积累或一点技巧性.对于通项 u_n 为 n 的有理分式函数,可取 p 级数做参照级数,其中 p 的取值为分母的最高次数减去分子的最高次数;下列等价关系,能帮助我们比较容易的找到参照级数,当 $n\to\infty$ 时,有 $\sin\frac{1}{n}\sim\frac{1}{n}$, $\tan\frac{1}{n}\sim\frac{1}{n}$, $\arcsin\frac{1}{n}\sim\frac{1}{n}$, $e^{\frac{1}{n}}\sim\frac{1}{n}$, $\ln\left(1+\frac{1}{n}\right)\sim\frac{1}{n}$, $1-\cos\frac{1}{n}\sim\frac{1}{2n^2}$,等等.

(2) 比值判别法:若 $\lim\limits_{n\to\infty}\frac{u_{n+1}}{u_n}=\rho$,当 $\rho<1$ 时,正项级数 $\sum\limits_{n=1}^{\infty}u_n$ 收敛;当 $\rho>1$ 时,级数发散;当 $\rho=1$ 时,级数可能收敛也可能发散.使用比值判别法,不需要和其他级数进行比较,因而比较方便和快速,只是当 $\rho=1$ 时无法使用.一般来说,凡是比收敛的等比级数收敛的速度慢或一般项趋于零的发散正项级数,都不能用比值判别法.而级数的 u_n 中含有因式乘积和阶乘 $n!$ 项,首先应考虑采用比值判别法.

(3) 根值判别法:若 $\lim\limits_{n\to\infty}\sqrt[n]{u_n}=\rho$,当 $\rho<1$ 时,正项级数 $\sum\limits_{n=1}^{\infty}u_n$ 收敛;当 $\rho>1$ 或 $\rho=\infty$ 时,级数发散;当 $\rho=1$ 时,级数可能收敛也可能发散.一般来说,当级数的一般项 u_n 为 n 的幂指函数 $[f(n)]^{g(n)}$ 形式,用根值判别法比较方便,但当 $\rho=1$ 时无法使用.

例 1 判断下列级数的收敛性:

(1) $\sum\limits_{n=1}^{\infty}\frac{\sin^2(n+1)}{n^2}$; (2) $\sum\limits_{n=1}^{\infty}\frac{2n+1}{n^3+n}$; (3) $\sum\limits_{n=2}^{\infty}\frac{1}{\ln n}$.

解 (1) $u_n=\frac{\sin^2(n+1)}{n^2}$,由于 $\frac{\sin^2(n+1)}{n^2}\leqslant\frac{1}{n^2}$,而 $\sum\limits_{n=1}^{\infty}\frac{1}{n^2}$ 是 $p=2$ 时的 p 级数,收敛.由比较判别法知级数 $\sum\limits_{n=1}^{\infty}\frac{\sin^2(n+1)}{n^2}$ 收敛.

(2) **方法一** 非极限形式的比较判别法.由于 $\frac{2n+1}{n^3+n}<\frac{2n+2}{n^3+n}=\frac{2}{n^2}$,而 $\sum\limits_{n=1}^{\infty}\frac{2}{n^2}=2\sum\limits_{n=1}^{\infty}\frac{1}{n^2}$ 是 $p=2$ 时的 p 级数,收敛.由比较判别法知级数 $\sum\limits_{n=1}^{\infty}\frac{2n+1}{n^3+n}$ 收敛.

方法二 极限形式的比较判别法.取级数 $\sum\limits_{n=1}^{\infty}v_n=\sum\limits_{n=1}^{\infty}\frac{1}{n^2}$ 作为参考级数,由于

$$\lim_{n\to\infty}\frac{2n+1}{n^3+n}\Big/v_n=\lim_{n\to\infty}\frac{2n+1}{n^3+n}\Big/\frac{1}{n^2}=\lim_{n\to\infty}\frac{2n+1}{n+1}=2$$

而 $\sum\limits_{n=1}^{\infty}\frac{1}{n^2}$ 是 $p=2$ 时的 p 级数,收敛.由比较判别法的极限形式知级数 $\sum\limits_{n=1}^{\infty}\frac{2n+1}{n^3+n}$ 收敛.

(3) **方法一** 非极限形式的比较判别法.由于当 $x>0$ 时,恒有 $x>\ln x$,所以当 x 取大于 2 的自然数 n 时,恒有 $n>\ln n$ 或 $\frac{1}{\ln n}>\frac{1}{n}$,而级数 $\sum\limits_{n=2}^{\infty}\frac{1}{n}=-1+\sum\limits_{n=1}^{\infty}\frac{1}{n}$ 是调和级数,发散.由比较判别法的极限形式知级数 $\sum\limits_{n=2}^{\infty}\frac{1}{\ln n}$ 发散.

方法二 极限形式的比较判别法.由于

$$\lim_{x\to\infty}\frac{\frac{1}{\ln x}}{\frac{1}{x}}=\lim_{x\to\infty}\frac{x}{\ln x}=\lim_{x\to\infty}x=+\infty$$

所以,

$$\lim_{n\to\infty}\frac{\frac{1}{\ln n}}{\frac{1}{n}}=+\infty$$

而级数 $\sum\limits_{n=2}^{\infty}\frac{1}{n}=-1+\sum\limits_{n=1}^{\infty}\frac{1}{n}$是调和级数,发散. 故级数 $\sum\limits_{n=2}^{\infty}\frac{1}{\ln n}$发散.

例 2 判断下列级数的收敛性:

(1) $\sum\limits_{n=1}^{\infty}\frac{n^n}{4^n n!}$;(2) $\sum\limits_{n=1}^{\infty}\frac{x^n}{n!}(x>0)$.

解 分析该例,其 u_n 中均含有 $n!$ 项,所以首先应采用比值判别法.

(1) 取 $u_n=\frac{n^n}{4^n n!}$,

$$\rho=\lim_{n\to\infty}\frac{u_{n+1}}{u_n}=\lim_{n\to\infty}\frac{\frac{(n+1)^{n+1}}{4^{n+1}(n+1)!}}{\frac{n^n}{4^n n!}}=\lim_{n\to\infty}\frac{(n+1)^n}{4n^n}=\lim_{n\to\infty}\frac{1}{4}\left(1+\frac{1}{n}\right)^n=\frac{\mathrm{e}}{4}<1$$

根据比值判别法知级数 $\sum\limits_{n=1}^{\infty}\frac{n^n}{4^n n!}$收敛.

(2) 取 $u_n=\frac{x^n}{n!}$,

$$\rho=\lim_{n\to\infty}\frac{u_{n+1}}{u_n}=\lim_{n\to\infty}\frac{\frac{x^{n+1}}{(n+1)!}}{\frac{x^n}{n!}}=\lim_{n\to\infty}\frac{x}{n+1}=0<1$$

根据比值判别法知级数 $\sum\limits_{n=1}^{\infty}\frac{x^n}{n!}$收敛.

例 3 判断下列级数的收敛性:

(1) $\sum\limits_{n=1}^{\infty}\left(1-\frac{1}{n}\right)^{n^2}$;(2) $\sum\limits_{n=1}^{\infty}\left(\frac{na}{n+1}\right)^n(a>0)$.

解 分析该例,其 u_n 均为 n 的幂指函数$[f(n)]^{g(n)}$形式,所以首先采用根值判别法.

(1) 取 $u_n=\left(1-\frac{1}{n}\right)^{n^2}$,

$$\rho=\lim_{n\to\infty}\sqrt[n]{u_n}=\lim_{n\to\infty}\sqrt[n]{\left(1-\frac{1}{n}\right)^{n^2}}=\lim_{n\to\infty}\left(1-\frac{1}{n}\right)^n=\mathrm{e}^{-1}<1$$

根据根值判别法知级数 $\sum\limits_{n=1}^{\infty}\left(1-\dfrac{1}{n}\right)^{n^2}$ 收敛.

（2）该级数是含有字母 a 的级数，取 $u_n=\left(\dfrac{na}{n+1}\right)^n$，

$$\rho=\lim_{n\to\infty}\sqrt[n]{u_n}=\lim_{n\to\infty}\sqrt[n]{\left(\frac{na}{n+1}\right)^n}=\lim_{n\to\infty}\frac{na}{n+1}=a$$

根据根值判别法知当 $a<1$ 时，级数 $\sum\limits_{n=1}^{\infty}\left(\dfrac{na}{n+1}\right)^n$ 收敛；当 $a>1$ 时，级数发散；当 $a=1$ 时，根值判别法失效．但当 $a=1$ 时，有

$$\lim_{n\to\infty}u_n=\lim_{n\to\infty}\left(\frac{na}{n+1}\right)^n=\lim_{n\to\infty}\left(\frac{n}{n+1}\right)^n=\lim_{n\to\infty}\frac{1}{\left(1+\dfrac{1}{n}\right)^n}=\frac{1}{\mathrm{e}}\neq 0$$

级数发散.

3．交错级数的莱布尼茨判别法、绝对收敛和条件收敛

解题思路 （1）莱布尼茨判别法是级数收敛的充分条件使用比较方便．只要级数 $\sum\limits_{n=1}^{\infty}(-1)^{n-1}u_n(u_n\geqslant 0)$ 满足绝对递减（或后项不大于前项 $u_n\geqslant u_{n+1}$）和通项趋于零，则级数收敛，其和 $S\leqslant u_1$，余项 $|r_n|\leqslant u_{n+1}$.

莱布尼茨判别法主要针对的是条件收敛的交错级数，然而如果只考虑收敛性而不管收敛的绝对性，把它用于绝对收敛的交错级数也很方便.

（2）任意项级数 $\sum\limits_{n=1}^{\infty}u_n$ 的绝对收敛是通过判断正项级数 $\sum\limits_{n=1}^{\infty}|u_n|$ 的收敛性，因此，可用正项级数的各种判别法．例如，用比较判别法、比值判别法或根值判别法可以判别 $\sum\limits_{n=1}^{\infty}|u_n|$ 的收敛或发散，则立刻得知任意项级数 $\sum\limits_{n=1}^{\infty}u_n$ 是否绝对收敛.

（3）当交错级数非绝对收敛时，通常我们用莱布尼茨判别法来判别其条件收敛．判别任意项级数条件收敛，必须证明两个方面的问题：

a. 取绝对值后的正项级数发散（非绝对收敛）；

b. 任意级数本身收敛.

例 1 判断下列级数的收敛性．若收敛，是绝对收敛还是条件收敛？

（1）$\sum\limits_{n=3}^{\infty}(-1)^n\dfrac{1}{\ln n}$；（2）$\sum\limits_{n=1}^{\infty}(-1)^{n-1}\dfrac{(n+1)!}{n^{n+1}}$；（3）$\sum\limits_{n=1}^{\infty}(-1)^{n-1}\dfrac{3^n}{n2^n}$.

分析 本题三个级数都是交错级数（或任意项级数），故首先应确定一般项 u_n 取绝对值后所得正项级数 $\sum\limits_{n=1}^{\infty}|u_n|$ 是否收敛或发散.

解 （1）由于 $|u_n|=\dfrac{1}{\ln n}>\dfrac{1}{n}$，而调和级数 $\sum\limits_{n=1}^{\infty}\dfrac{1}{n}$ 发散，故由比较判别法知级数 $\sum\limits_{n=3}^{\infty}|u_n|$ 发散，所以需用莱布尼茨判别法，来确定所给的交错级数 $\sum\limits_{n=3}^{\infty}(-1)^nu_n$ 是否满足条件收敛的两

个条件．

显然有$\lim\limits_{n\to\infty}u_n=\lim\limits_{n\to\infty}\dfrac{1}{\ln n}=0$，下面只需验证级数是否满足$u_n\geqslant u_{n+1}$即可．

由于$\ln n<\ln(n+1)$，故有$\dfrac{1}{\ln n}>\dfrac{1}{\ln(n+1)}$，即有$u_n>u_{n+1}$，根据交错级数的莱布尼茨判别法，知该级数收敛，且为条件收敛．

（2）设$u_n=(-1)^{n-1}\dfrac{(n+1)!}{n^{n+1}}$，则有

$$\lim_{n\to\infty}\left|\frac{u_{n+1}}{u_n}\right|=\lim_{n\to\infty}\frac{\dfrac{(n+2)!}{(n+1)^{n+2}}}{\dfrac{(n+1)!}{n^{n+1}}}=\lim_{n\to\infty}\frac{n+2}{n+1}\left(\frac{n}{n+1}\right)^{n+1}=\lim_{n\to\infty}\frac{n+2}{n+1}\frac{1}{\left(1+\dfrac{1}{n}\right)^{n+1}}=\frac{1}{\mathrm{e}}<1$$

由比值判别法知$\rho=\dfrac{1}{\mathrm{e}}<1$，所以级数$\sum\limits_{n=1}^{\infty}|u_n|$收敛，故原级数绝对收敛．

（3）设$u_n=(-1)^{n-1}\dfrac{3^n}{n2^n}$，则有

$$\lim_{n\to\infty}\left|\frac{u_{n+1}}{u_n}\right|=\lim_{n\to\infty}\frac{\dfrac{3^{n+1}}{(n+1)2^{n+1}}}{\dfrac{3^n}{n2^n}}=\lim_{n\to\infty}\frac{3}{2}\left(\frac{n}{n+1}\right)=\frac{3}{2}>1$$

由比值判别法知$\rho=\dfrac{3}{2}>1$，故$\sum\limits_{n=1}^{\infty}|u_n|$发散，并且知$\lim\limits_{n\to\infty}|u_n|\neq0$，因而$\lim\limits_{n\to\infty}u_n\neq0$，所以原级数也发散．

例2 判断级数$\sum\limits_{n=1}^{\infty}(-1)^{n-1}\dfrac{1}{(2n-1)(2n+1)}$的收敛性．

解 设级数

$$\sum_{n=1}^{\infty}(-1)^{n-1}\frac{1}{(2n-1)(2n+1)}=\sum_{n=1}^{\infty}(-1)^{n-1}u_n$$

即

$$u_n=\frac{1}{(2n-1)(2n+1)}.$$

方法一 莱布尼茨判别法.因为

$$[2(n+1)-1][(2n+1)+1]=(2n+1)(2n+3)>(2n-1)(2n+1)$$

所以

$$\frac{1}{(2n-1)(2n+1)}>\frac{1}{(2n+1)(2n+3)},u_n>u_{n+1}$$

又

$$\lim_{n\to\infty}u_n=\lim_{n\to\infty}\frac{1}{(2n-1)(2n+1)}=0$$

故由莱布尼茨判别法知级数$\sum\limits_{n=1}^{\infty}(-1)^{n-1}\dfrac{1}{(2n-1)(2n+1)}$收敛．

方法二 极限形式的比值法．

$$\lim_{n\to\infty}\frac{u_n}{\frac{1}{n^2}}=\lim_{n\to\infty}\frac{\frac{1}{(2n-1)(2n+1)}}{\frac{1}{n^2}}=\lim_{n\to\infty}\frac{n^2}{(2n-1)(2n+1)}=\frac{1}{4}$$

而级数 $\sum\limits_{n=1}^{\infty}\frac{1}{n^2}$是 $p=2$ 的 p-级数,收敛.故级数 $\sum\limits_{n=1}^{\infty}\frac{1}{(2n-1)(2n+1)}$收敛,从而级数 $\sum\limits_{n=1}^{\infty}(-1)^{n-1}\frac{1}{(2n-1)(2n+1)}$绝对收敛.

方法三 定义法.对级数

$$\sum_{n=1}^{\infty}\frac{1}{(2n-1)(2n+1)}$$

其部分和

$$S_n=\sum_{k=1}^{n}\frac{1}{(2k-1)(2k+1)}=\sum_{k=1}^{n}\frac{1}{2}\left(\frac{1}{2k-1}-\frac{1}{2k+1}\right)=\frac{1}{2}\left(1-\frac{1}{2n+1}\right)$$

所以 $\lim\limits_{n\to\infty}S_n=\frac{1}{2}$,故级数 $\sum\limits_{n=1}^{\infty}\frac{1}{(2n-1)(2n+1)}$收敛且其和为$\frac{1}{2}$. 从而级数

$$\sum_{n=1}^{\infty}(-1)^{n-1}\frac{1}{(2n-1)(2n+1)}$$

绝对收敛.

4. 求幂级数的收敛半径及收敛域(区间)

解题思路 (1)求幂级数的收敛半径有比值法和根值法两种,常用比值法.

1)比值法:设有幂级数 $\sum\limits_{n=0}^{\infty}a_nx^n(a_n\neq 0)$,又设 $\lim\limits_{n\to\infty}\left|\frac{a_{n+1}}{a_n}\right|=\rho$ 广义存在,$(0\leqslant\rho\leqslant+\infty)$,收敛半径记为 R. 则当 $\rho\neq 0$ 时,$R=\frac{1}{\rho}$;当 $\rho=0$ 时,$R=+\infty$;当 $\rho=+\infty$ 时,$R=0$.

2)根值法:设有幂级数 $\sum\limits_{n=0}^{\infty}a_nx^n(a_n\neq 0)$,又设 $\lim\limits_{n\to\infty}\sqrt[n]{a_n}=\rho$ 广义存在,$(0\leqslant\rho\leqslant+\infty)$,收敛半径记为 R. 则当 $\rho\neq 0$ 时,$R=\frac{1}{\rho}$;当 $\rho=0$ 时,$R=+\infty$;当 $\rho=+\infty$ 时,$R=0$.

(2)对于标准幂级数 $\sum\limits_{n=0}^{\infty}a_nx^n$,可直接应用以上两种方法求其收敛半径.

(3)对于非标准幂级数 $\sum\limits_{n=0}^{\infty}a_n(x-x_0)^n$,可设 $z=x-x_0$ 化级数为标准形式 $\sum\limits_{n=0}^{\infty}a_nz^n$,求出新级数的收敛半径,再转换为原级数的收敛半径.

(4)对于缺项幂级数,可通过变形化为标准幂级数,或者按照一般函数项级数求其收敛半径.

(5)要确定级数的收敛域(如标准幂级数 $\sum\limits_{n=0}^{\infty}a_nx^n$),必须对 $x=-R$ 和 $x=R$ 分别讨论其收敛性,再在四个区间 $(-R,R)$,$[-R,R)$,$(-R,R]$ 或 $[-R,R]$ 中进行选择.

例 1 求下列级数的收敛半径和收敛区间(域):

(1) $\sum_{n=1}^{\infty}\frac{(-1)^{n+1}}{n}x^n$;(2) $\sum_{n=1}^{\infty}n!\ (x-1)^n$;(3) $\sum_{n=1}^{\infty}2^nx^{2n}$.

解 (1) 设 $a_n=\frac{(-1)^{n+1}}{n}$,则

$$\left|\frac{a_{n+1}}{a_n}\right|=\frac{\frac{1}{n+1}}{\frac{1}{n}}=\frac{n}{n+1}$$

$$\rho=\lim_{n\to\infty}\left|\frac{a_{n+1}}{a_n}\right|=\lim_{n\to\infty}\frac{n}{n+1}=1$$

所以级数的收敛半径为 $R=\frac{1}{\rho}=1$.

当 $x=1$ 时,原级数成为 $\sum_{n=1}^{\infty}\frac{(-1)^{n+1}}{n}$,收敛;当 $x=-1$ 时,原级数成为 $\sum_{n=1}^{\infty}\frac{-1}{n}=-\sum_{n=1}^{\infty}\frac{1}{n}$,发散.故级数的收敛区间为 $(-1,1]$.

(2) 令 $z=x-1$,则原级数化为 $\sum_{n=1}^{\infty}n!\ z^n$,

$$\rho=\lim_{n\to\infty}\left|\frac{a_{n+1}}{a_n}\right|=\lim_{n\to\infty}\frac{(n+1)!}{n!}=\lim_{n\to\infty}(n+1)=+\infty$$

所以级数的收敛半径为 $R=0$.此时,级数的收敛域为 $\{0\}$.

(3) 该级数为缺项级数.

方法一 令 $z=x^2$,则原级数化为 $\sum_{n=1}^{\infty}2^nz^n$,

$$\rho=\lim_{n\to\infty}\left|\frac{a_{n+1}}{a_n}\right|=\lim_{n\to\infty}\frac{2^{n+1}}{2^n}=2$$

所以级数 $\sum_{n=1}^{\infty}2^nz^n$ 的收敛半径为 $R_z=\frac{1}{2}$.因为 $z=x^2$,所以原级数的收敛半径 $R_x=\sqrt{\frac{1}{2}}=\frac{\sqrt{2}}{2}$.

当 $x=\pm\frac{\sqrt{2}}{2}$ 时,级数成为 $\sum_{n=1}^{\infty}2^n\left(\frac{1}{2}\right)^n=\sum_{n=1}^{\infty}1$,发散.所以,原级数的收敛区间为 $\left(-\frac{\sqrt{2}}{2},\frac{\sqrt{2}}{2}\right)$.

方法二 按照一般函数项级数对待,利用极限形式的比值判别法,对任意的 x

$$\lim_{n\to\infty}\left|\frac{u_{n+1}}{u_n}\right|=\lim_{n\to\infty}\frac{2^{n+1}|x|^{2(n+1)}}{2^n|x|^{2n}}=2x^2$$

所以,当 $2x^2<1$ 时,级数收敛.解出 $-\frac{\sqrt{2}}{2}<x<\frac{\sqrt{2}}{2}$,即收敛半径 $R=\frac{\sqrt{2}}{2}$.

同理,当 $x=\pm\frac{\sqrt{2}}{2}$ 时,级数发散.所以,原级数的收敛区间为 $\left(-\frac{\sqrt{2}}{2},\frac{\sqrt{2}}{2}\right)$.

5. 幂级数运算性质的应用

解题思路 幂级数的运算性质主要包括代数和运算、乘(除)法运算、逐项微分和逐项

积分运算．需要注意的是逐项微分和逐项积分运算不改变收敛半径，而代数和运算、乘(除)法运算后的收敛区间是各自收敛区间中较小的(代数和运算)或更小．

例 1 利用逐项微分或逐项积分求下列幂级数的和函数：

(1) $\sum\limits_{n=0}^{\infty}\frac{x^n}{n+1}$；(2) $\sum\limits_{n=0}^{\infty}(n+1)x^{2n}$.

解 (1) 先求收敛域．由

$$\rho=\lim_{n\to\infty}\left|\frac{a_{n+1}}{a_n}\right|=\lim_{n\to\infty}\frac{n+1}{n+2}=1$$

得收敛半径 $R=1$. 当 $x=-1$ 时，级数成为 $\sum\limits_{n=0}^{\infty}\frac{(-1)^n}{n+1}$，是条件收敛的交错级数；当 $x=1$ 时，级数成为 $\sum\limits_{n=0}^{\infty}\frac{1}{n+1}$，发散．因此收敛域为$[-1,1)$.

设所求级数的和函数为 $S(x)$，即

$$S(x)=\sum_{n=0}^{\infty}\frac{x^n}{n+1},x\in[-1,1)$$

则 $xS(x)=\sum\limits_{n=0}^{\infty}\frac{x^{n+1}}{n+1}$，逐项求导，并由

$$\frac{1}{1-x}=\sum_{n=0}^{\infty}x^n(|x|<1)$$

得

$$[xS(x)]'=\sum_{n=0}^{\infty}\left(\frac{x^{n+1}}{n+1}\right)'=\sum_{n=0}^{\infty}x^n=\frac{1}{1-x}(x\in[-1,1))$$

对上式两端从 0 到 x 积分，得

$$xS(x)=\int_0^x\frac{1}{1-x}\mathrm{d}x=-\ln(1-x)\quad(x\in[-1,1))$$

于是，当 $x\neq0$ 时，有 $S(x)=-\frac{1}{x}\ln(1-x)$. 而 $S(0)=1$ 可由和函数的连续性得出

$$S(0)=\lim_{x\to0}S(x)=\lim_{x\to0}-\frac{1}{x}\ln(1-x)=1$$

故有

$$S(x)=\begin{cases}-\frac{1}{x}\ln(1-x),x\in[-1,0)\cup(0,1)\\1, \qquad x=0\end{cases}$$

(2) 容易求得所给幂级数的收敛区间为$(-1,1)$，设级数在收敛区间$(-1,1)$内的和函数为 $S(x)=\sum\limits_{x=0}^{\infty}(n+1)x^{2n}$，令 $x^2=t$，则

$$S(t)=\sum_{x=0}^{\infty}(n+1)t^n,t\in[0,1)$$

将上式从 0 到 $t(0\leqslant t<1)$ 逐项积分，并由 $\sum\limits_{n=0}^{\infty}t^n=\frac{1}{1-t}$得

$$\int_0^t S(t)\mathrm{d}t = \sum_{x=0}^{\infty}\int_0^t (n+1)t^n \mathrm{d}t = \sum_{x=0}^{\infty} t^{n+1} = t\sum_{x=0}^{\infty} t^n = \frac{t}{1-t}$$

再将上式对 t 求导,得

$$S(t) = \left(\frac{t}{1-t}\right)' = \frac{1}{(1-t)^2}$$

最后以 x^2 代入 t,得

$$\sum_{n=0}^{\infty}(n+1)x^{2n} = \frac{1}{(1-x)^2}, x \in (-1,1)$$

例 2　试求级数 $\sum_{n=1}^{\infty} 2x^{2n-1}$在收敛区间内的和函数.

解　方法一　容易求得所给幂级数的收敛区间为$(-1,1)$,利用幂级数的运算性质,将下面两个已知的幂级数 $\sum_{n=0}^{\infty} x^n$ 和 $\sum_{n=0}^{\infty}(-1)^n x^n$ 在它们共同的收敛区间$(-1,1)$内相减,得

$$\sum_{n=0}^{\infty} x^n - \sum_{n=0}^{\infty}(-1)^n x^n = \sum_{n=0}^{\infty}[1-(-1)^n]x^n = \sum_{n=1}^{\infty} 2x^{2n-1}$$

而

$$\sum_{n=0}^{\infty} x^n = \frac{1}{1-x}, \sum_{n=0}^{\infty}(-1)^n x^n = \frac{1}{1+x}$$

所以

$$\sum_{n=1}^{\infty} 2x^{2n-1} = \frac{1}{1-x} - \frac{1}{1+x} = \frac{2x}{1-x^2}, x \in (-1,1)$$

方法二　设所给幂级数在收敛区间$(-1,1)$内的和函数为

$$S(x) = \sum_{n=1}^{\infty} 2x^{2n-1}$$

由于

$$\sum_{n=0}^{\infty} 2x^{2n+1} = 2x\sum_{n=0}^{\infty} x^{2n} = 2x\sum_{n=0}^{\infty}(x^2)^n$$

而

$$\sum_{n=0}^{\infty}(x^2)^n = \frac{1}{1-x^2}, x \in (-1,1)$$

故

$$S(x) = \sum_{n=1}^{\infty} 2x^{2n-1} = \frac{2x}{1-x^2}, x \in (-1,1)$$

6. 函数展开成幂级数

解题思路　将给定函数$f(x)$展开成幂级数的方法有直接展开法和间接展开法两种.

(1) 直接展开法:

1) 求出$f(x)$的各阶导数$f'(x), f''(x), \cdots, f^{(n)}(x)\cdots$

2) 求出$f(x)$的各阶导数在点 x_0 处的值$f'(x_0), f''(x_0), \cdots, f^{(n)}(x_0)\cdots$

3) 写出$f(x)$在点 x_0 处的泰勒级数

$$f(x_0)+f'(x_0)(x-x_0)+\frac{f''(x_0)}{2!}(x-x_0)^2+\cdots+\frac{f^{(n)}(x_0)}{n!}(x-x_0)^n+\cdots$$

4) 考察在收敛域内的余项 $R_n(x)$ 是否满足 $\lim\limits_{n\to\infty}R_n(x)=0$.

当 $x_0=0$ 式,上述级数为麦克劳林级数.

(2) 间接展开法:利用已知的函数展开式,经过适当的加、减、乘、除、微分、积分、变量代换等运算,求出所给函数在给定点处的幂级数展开式.

利用间接展开法,必须记住以下几个常用函数的幂级数展开式:

1) $e^x=\sum\limits_{n=0}^{\infty}\frac{x^n}{n!}\quad(-\infty<x<+\infty)$;

2) $\sin x=\sum\limits_{n=1}^{\infty}(-1)^{n-1}\frac{x^{2n-1}}{(2n-1)!}\quad(-\infty<x<+\infty)$;

3) $\cos x=\sum\limits_{n=0}^{\infty}(-1)^n\frac{x^{2n}}{(2n)!}\quad(-\infty<x<+\infty)$;

4) $\ln(1+x)=\sum\limits_{n=1}^{\infty}(-1)^n\frac{x^n}{n}\quad(-1<x\leqslant1)$;

5) $\frac{1}{1-x}=\sum\limits_{n=1}^{\infty}x^{n-1}\quad(-1<x<1)$;

6) $(1+x)^\alpha=\sum\limits_{n=0}^{\infty}\frac{\alpha(\alpha-1)\cdots(\alpha-n+1)}{n!}x^n\quad(-1<x<1)$.

例 1 将下列函数展开成幂级数:

(1) $f(x)=\frac{1}{x^2-3x+2}$;(2) $f(x)=\ln(1-x)$;

(3) $\operatorname{sh}x=\frac{1}{2}(e^x-e^{-x})$;(4) $f(x)=\frac{1}{x+2}$,在 $x_0=2$ 处.

解 (1) 因为

$$f(x)=\frac{1}{x^2-3x+2}=\frac{1}{x-2}+\frac{1}{1-x}=-\frac{1}{2}\cdot\frac{1}{1-\frac{x}{2}}+\frac{1}{1-x}$$

由 $\frac{1}{1-x}=\sum\limits_{n=1}^{\infty}x^{n-1}(-1<x<1)$,得

$$\frac{1}{x-2}=-\frac{1}{2}\cdot\frac{1}{1-\frac{x}{2}}=\frac{1}{2}\sum_{n=1}^{\infty}\left(\frac{x}{2}\right)^{n-1}=-\sum_{n=1}^{\infty}\frac{x^{n-1}}{2^n}$$

其中 $-1<\frac{x}{2}<1$,即 $-2<x<2$,由幂级数的加法运算,在两个级数的公共收敛域 $(-1,1)$ 内,有

$$f(x)=\frac{1}{x^2-3x+2}=\frac{1}{x-2}+\frac{1}{1-x}=-\sum_{n=1}^{\infty}\frac{x^{n-1}}{2^n}+\sum_{n=1}^{\infty}x^{n-1}=\sum_{n=1}^{\infty}\left(1-\frac{1}{2^n}\right)x^{n-1}$$

(2) 由基本公式

$$\ln(1+y)=\sum_{n=1}^{\infty}(-1)^n\frac{y^n}{n}\quad(-1<y\leqslant1)$$

令 $y=-x$,代入上式得

$$\ln(1-x)=\sum_{n=1}^{\infty}(-1)^{n}\frac{(-x)^{n}}{n}=-\sum_{n=1}^{\infty}\frac{x^{n}}{n}\quad(-1\leqslant x<1)$$

（3）由基本公式

$$e^{x}=\sum_{n=0}^{\infty}\frac{x^{n}}{n!}\quad(-\infty<x<+\infty)$$

得

$$e^{-x}=\sum_{n=0}^{\infty}(-1)^{n}\frac{x^{n}}{n!}\quad(-\infty<x<+\infty)$$

所以,

$$\operatorname{sh}x=\frac{1}{2}(e^{x}-e^{-x})=\frac{1}{2}\left(\sum_{n=0}^{\infty}\frac{x^{n}}{n!}-\sum_{n=0}^{\infty}(-1)^{n}\frac{x^{n}}{n!}\right)=\frac{1}{2}\sum_{n=0}^{\infty}[1-(-1)^{n}]\frac{x^{n}}{n!}$$

$$=\frac{1}{2}\sum_{n=0}^{\infty}\frac{2x^{2n+1}}{(2n+1)!}=\sum_{n=0}^{\infty}\frac{x^{2n+1}}{(2n+1)!}\quad(-\infty<x<+\infty)$$

（4）**方法一**　由$\frac{1}{1-x}=\sum_{n=1}^{\infty}x^{n-1}\quad(-1<x<1)$,得

$$f(x)=\frac{1}{x+2}=\frac{1}{4}\cdot\frac{1}{1-\left(-\frac{x-2}{4}\right)}=\frac{1}{4}\sum_{n=1}^{\infty}\left(-\frac{x-2}{4}\right)^{n-1}=\sum_{n=1}^{\infty}(-1)^{n-1}\frac{(x-2)^{n-1}}{4^{n+1}}$$

由$-1<\frac{x-2}{4}<1$,得$-2<x<6$.

方法二　由

$$(1+x)^{\alpha}=\sum_{n=0}^{\infty}\frac{\alpha(\alpha-1)\cdots(\alpha-n+1)}{n!}x^{n}\quad(-1<x<1)$$

得

$$\frac{1}{x+2}=\frac{1}{4}\left(1+\frac{x-2}{4}\right)^{-1}=\frac{1}{4}\left[1+\sum_{n=1}^{\infty}\frac{(-1)(-2)\cdots(-n)}{n!}\cdot\left(\frac{x-2}{4}\right)^{n}\right]$$

$$=\sum_{n=0}^{\infty}(-1)^{n}\frac{(x-2)^{n}}{4^{n+1}}$$

其中$-2<x<6$.

方法三　利用逐项微分

$$\frac{1}{x+2}=\frac{1}{4}\cdot\frac{1}{1+\frac{x-2}{4}}=\left[\ln\left(1+\frac{x-2}{4}\right)\right]'$$

$$=\sum_{n=1}^{\infty}\left[(-1)^{n-1}\frac{1}{n}\left(\frac{x-2}{4}\right)^{n}\right]'$$

$$=\sum_{n=1}^{\infty}(-1)^{n-1}\frac{(x-2)^{n-1}}{4^{n+1}}$$

其中$-2<x<6$.

8.3 解题常见错误剖析

例 1 判断级数$\frac{\sin x}{2}+\frac{\sin 2x}{2^2}+\cdots+\frac{\sin nx}{2^n}+\cdots$的收敛性.

常见错误 因为$\lim\limits_{n\to\infty}\frac{\sin nx}{2^n}=0$,所以原级数收敛.

错误分析 $\lim\limits_{n\to\infty}u_n=0$是级数收敛的必要条件,并不是级数收敛的充分条件.

正确答案 因为$\frac{\sin nx}{2^n}\leqslant\frac{1}{2^n}$,而级数$\sum\limits_{n=0}^{\infty}\frac{1}{2^n}$是$q=\frac{1}{2}<1$的几何级数,收敛. 由比较判别法知,原级数收敛.

例 2 判断级数$\sum\limits_{n=1}^{\infty}\frac{2n+1}{n^2+n}$的收敛性.

常见错误 因为$\frac{2n+1}{n^2+n}\leqslant\frac{2n+n}{n^2+n}=\frac{3}{n+1}<\frac{3}{n}$,而级数$\sum\limits_{n=1}^{\infty}\frac{3}{n}=3\sum\limits_{n=1}^{\infty}\frac{1}{n}$发散,所以原级数发散.

错误分析 在使用比较判别法时,若$u_n\leqslant v_n$,不能由$\sum\limits_{n=1}^{\infty}v_n$的发散来推断$\sum\limits_{n=1}^{\infty}u_n$的发散. 这一点在使用比较判别法时要加以注意.

正确答案 因为$\frac{2n+1}{n^2+n}>\frac{2n}{n^2+n}=\frac{2}{n+1}$,而级数$\sum\limits_{n=1}^{\infty}\frac{2}{n+1}=2\sum\limits_{n=1}^{\infty}\frac{1}{n}-2$发散,所以由比较判别法知原级数发散.

8.4 强化训练

强化训练 8.1

1. 单项选择题:

(1) 若$\sum\limits_{n=1}^{\infty}(1-u_n)$收敛,则$\lim\limits_{n\to\infty}u_n=($ $)$.

A. 1　　B. 0

C. 不存在　　D. 不能确定

(2) 对任意级数$\sum\limits_{n=0}^{\infty}a_n$,若$|a_n|>|a_{n+1}|$,且$\lim\limits_{n\to\infty}a_n=0$,则该级数( ).

A. 条件收敛　　B. 绝对收敛

C. 发散　　D. 可能收敛可能发散

(3) 若正项级数$\sum\limits_{n=1}^{\infty}u_n$和$\sum\limits_{n=1}^{\infty}v_n$都收敛,则( )发散.

A. $\sum\limits_{n=1}^{\infty}u_n^2$　　B. $\sum\limits_{n=1}^{\infty}u_nv_n$

C. $\sum_{n=1}^{\infty}\min(u_n,v_n)$　　D. $\sum_{n=1}^{\infty}\max(u_n,v_n)$

(4) 当下列条件(　　)成立时，$\sum_{n=1}^{\infty}u_n$ 收敛.

A. $\lim_{n\to\infty}\left|\frac{u_{n+1}}{u_n}\right|<1$　　B. 部分和数列有界

C. $\lim_{n\to\infty}u_n=0$　　D. $\lim_{n\to\infty}\left|\frac{u_{n+1}}{u_n}\right|\leqslant 1$

(5) 若 $\sum_{n=1}^{\infty}a_nx^n$ 在 $x=-3$ 处收敛,则在 $x=2$ 处(　　).

A. 发散　　B. 条件收敛

C. 绝对收敛　　D. 不能确定

(6) 设函数项级数 $\sum_{n=1}^{\infty}a_nx^n$ 及 $\sum_{n=1}^{\infty}b_nx^n$ 的收敛半径都是 R,则级数 $\sum_{n=1}^{\infty}(a_n+b_n)x^n$ 的收敛半径 R_1 与 R 的关系为(　　).

A. $R_1=R$　　B. $R_1<R$

C. $R_1\geqslant R$　　D. $R_1\leqslant R$

(7) 若级数 $\sum_{n=1}^{\infty}a_n(x-2)^n$ 在 $x=-2$ 处收敛,则此级数在 $x=5$ 处(　　).

A. 一定发散　　B. 一定条件收敛

C. 一定绝对收敛　　D. 收敛性不能确定

(8) 函数项级数 $\sum_{n=1}^{\infty}\frac{\sqrt{n}}{(x-2)^n}$的收敛域是(　　).

A. $x>1$　　B. $x<1$

C. $x<1$ 及 $x>3$　　D. $1<x<3$

(9) 函数 $f(x)=\frac{1}{3-x}$展开成$(x-1)$的幂级数是(　　).

A. $\sum_{n=0}^{\infty}\frac{(x-1)^n}{2^n},x\in(-1,3)$　　B. $\sum_{n=0}^{\infty}(-1)^n\frac{(x-1)^n}{2^n},x\in(-1,3)$

C. $\frac{1}{2}\sum_{n=0}^{\infty}(x-1)^n,x\in(-1,3)$　　D. $\frac{1}{2}\sum_{n=0}^{\infty}\frac{(x-1)^n}{2^n},x\in(-1,3)$

(10) 函数 $f(x)=\frac{3}{(1-x)(1+2x)}$展开成 x 的幂级数是(　　).

A. $\sum_{n=0}^{\infty}[(-1)^n+2^n]x^n,|x|<1$　　B. $\sum_{n=0}^{\infty}[1+(-1)^n2^{n+1}]x^n,|x|<1$

C. $\sum_{n=0}^{\infty}[1+(-1)^n2^{n+1}]x^n,|x|<\frac{1}{2}$　　D. $\sum_{n=0}^{\infty}[(-1)^n+2^{n+1}]x^n,|x|<\frac{1}{2}$

2. 填空题:

(1) 级数 $\sum\limits_{n=1}^{\infty}\frac{1}{n(n+1)}$的部分和 $S_n=$________.

(2) 若正项级数 $\sum\limits_{n=1}^{\infty}u_n$ 收敛,则 $\sum\limits_{n=1}^{\infty}\frac{\sqrt{u_n}}{n}$的收敛性是________.

(3) 给定正项级数 $\sum\limits_{n=1}^{\infty}u_n$,若$\lim\limits_{n\to\infty}\frac{u_n+1}{u_n}=k$,则当 k ________时此级数收敛.

(4) 给定正项级数 $\sum\limits_{n=1}^{\infty}u_n$,若$\lim\limits_{n\to\infty}\sqrt[n]{u_n}=k$,则当 k ________时此级数收敛.

(5) 级数 $\sum\limits_{n=1}^{\infty}\frac{n}{3^n}$的和是________.

(6) 若幂级数 $\sum\limits_{n=1}^{\infty}a_nx^n$ 的系数满足条件$\lim\limits_{n\to\infty}\left|\frac{a_{n+1}}{a_n}\right|=\rho$,则当 $0<\rho<+\infty$ 时,其收敛半径 $R=$ ________.

(7) 函数$f(x)=\cos x$ 关于 x 的幂级数展开式为________.

(8) 函数$f(x)=\mathrm{e}^x$ 关于 x 的幂级数展开式为________.

(9) 函数$f(x)=\sin x$ 关于 x 的幂级数展开式为________.

(10) 函数$f(x)=\frac{1}{1+x^2}$关于 x 的幂级数展开式为________.

(11) 函数$f(x)=\ln(1+x)$关于 x 的幂级数展开式的收敛域为________.

(12) 函数$f(x)=\ln(1+x)$关于 x 的幂级数展开式为________.

(13) 级数 $\sum\limits_{n=1}^{\infty}\frac{(-1)^{n+1}}{n}$的和函数为________.

(14) 若级数 $\sum\limits_{n=1}^{\infty}a_nx^n$ 在 $x=-2$ 处收敛,则该级数在 $x=1$ 处的收敛性为________.

(15) 级数 $\sum\limits_{n=1}^{\infty}\frac{(x-1)^n}{2n}$的收敛区间为________.

3. 计算题:

(1) 判定下列级数的收敛性.

① $\sum\limits_{n=1}^{\infty}\frac{3^n n!}{n^n}$;　② $\sum\limits_{n=1}^{\infty}\frac{1+n^2}{1+n^3}$;

③ $\sum\limits_{n=1}^{\infty}2^n\sin\frac{x}{3^n}(x>0)$;　④ $\sum\limits_{n=1}^{\infty}(-1)^n\frac{n\pi}{2}$.

(2) 判定下列级数的收敛性,收敛时是绝对收敛,还是条件收敛?

① $\sum\limits_{n=1}^{\infty}\frac{(-1)^n}{\sqrt{2n}}$;② $\sum\limits_{n=1}^{\infty}\frac{\cos nx}{\sqrt{n^3}}$;③ $\sum\limits_{n=1}^{\infty}\frac{(-1)^n(a+n)}{n^2}$;④ $\sum\limits_{n=1}^{\infty}\frac{(-1)^{n-1}(2n)!}{(n!)^2}$.

(3) 求幂级数 $\sum\limits_{n=1}^{\infty}\frac{(x+1)^n}{2^n n}$的收敛区间.

(4) 求幂级数 $\sum\limits_{n=1}^{\infty}\dfrac{2n-1}{2^n}x^{2n-1}$ 的收敛区间．

(5) 求 $\sum\limits_{n=0}^{\infty}(2n+1)x^n$ 的和函数，并求 $\sum\limits_{n=0}^{\infty}\dfrac{n}{2^{n-1}}$ 的和．

(6) 将函数 $f(x)=\dfrac{1}{(1+x)^2}$ 展开为 x 的幂级数．

(7) 将函数 $f(x)=\dfrac{1}{x^2+3x+2}$ 展开为 $x+4$ 的幂级数．

(8) 求级数 $\sum\limits_{n=0}^{\infty}\sin\dfrac{1}{3n}\left(\dfrac{3+x}{3-2x}\right)^n$ 的收敛域．

强化训练 8.2

1. 写出下列级数的一般项：

(1) $1+\dfrac{1}{3}+\dfrac{1}{5}+\dfrac{1}{7}+\cdots$

(2) $\dfrac{2}{1}-\dfrac{3}{2}+\dfrac{4}{3}-\dfrac{5}{4}+\cdots$

(3) $\dfrac{1}{1\cdot 4}+\dfrac{a}{4\cdot 7}+\dfrac{a^2}{7\cdot 10}+\dfrac{a^3}{10\cdot 13}+\dfrac{a^4}{13\cdot 16}+\cdots$

(4) $\dfrac{\sqrt{x}}{2}+\dfrac{x}{2\cdot 4}+\dfrac{x\sqrt{x}}{2\cdot 4\cdot 6}+\cdots(x>0)$.

2. 判定下列级数的收敛性：

(1) $\dfrac{1}{1\cdot 2}+\dfrac{1}{2\cdot 3}+\cdots+\dfrac{1}{n(n+1)}+\cdots$

(2) $\sum\limits_{n=1}^{\infty}(\sqrt{n+2}-2\sqrt{n+1}+\sqrt{n})$；

(3) $\sum\limits_{n=1}^{\infty}\dfrac{1}{\sqrt{n+1}+\sqrt{n}}$；

(4) $\dfrac{1}{3}+\dfrac{1}{6}+\dfrac{1}{9}+\dfrac{1}{12}+\cdots$

(5) $\left(\dfrac{1}{2}+\dfrac{1}{3}\right)+\left(\dfrac{1}{2^2}+\dfrac{1}{3^2}\right)+\cdots+\left(\dfrac{1}{2^n}+\dfrac{1}{3^n}\right)+\cdots$

(6) $\dfrac{1}{1+\dfrac{1}{1}}+\dfrac{1}{\left(1+\dfrac{1}{2}\right)^2}+\dfrac{1}{\left(1+\dfrac{1}{3}\right)^3}+\cdots+\dfrac{1}{\left(1+\dfrac{1}{n}\right)^n}+\cdots$

3. 求下列级数的和：

(1) $\left(\dfrac{1}{2}+\dfrac{1}{3}\right)+\left(\dfrac{1}{2^2}+\dfrac{1}{3^2}\right)+\cdots+\left(\dfrac{1}{2^n}+\dfrac{1}{3^n}\right)+\cdots$

(2) $\dfrac{1}{1\cdot 4}+\dfrac{1}{4\cdot 7}+\cdots+\dfrac{1}{(3n-2)(3n+1)}+\cdots$

强化训练 8.3

1. 判定下列级数的收敛性:

(1) $\sum_{n=1}^{\infty} \frac{1}{n^2+1}$; (2) $\sum_{n=1}^{\infty} \frac{1}{(2n-1)^2}$; (3) $\sum_{n=1}^{\infty} \frac{(\sin x)^2}{4^n}$;

(4) $\sum_{n=1}^{\infty} \frac{5^n n!}{n^n}$; (5) $\sum_{n=1}^{\infty} 2^n \sin \frac{1}{3^n}$; (6) $\sum_{n=1}^{\infty} \frac{(n!)^2}{(2n)!}$;

(7) $\sum_{n=1}^{\infty} \frac{1}{(\ln(1+n))^n}$; (8) $\sum_{n=1}^{\infty} \frac{3^n}{1+e^n}$; (9) $\sum_{n=1}^{\infty} \left(\frac{n}{3n+1}\right)^n$;

(10) $\sum_{n=1}^{\infty} n \sin \frac{1}{2^n}$.

2. 下列级数,哪些是绝对收敛,哪些是条件收敛?

(1) $\sum_{n=1}^{\infty} (-1)^{n-1} \sin \frac{1}{n^2}$; (2) $\sum_{n=1}^{\infty} \frac{(-1)^n}{n+a}$($a$ 为非负整数);

(3) $\sum_{n=1}^{\infty} (-1)^n \frac{n+2}{n+1} \frac{1}{\sqrt{n}}$; (4) $\sum_{n=1}^{\infty} (-1)^{n+1} \frac{1}{\sqrt{n}}$;

(5) $\sum_{n=1}^{\infty} \frac{(-1)^{n+1}}{\ln(1+n)}$; (6) $\sum_{n=1}^{\infty} \frac{\sin na}{(n+1)^2}$;

(7) $\sum_{n=0}^{\infty} \frac{(-10)^n}{n!}$; (8) $\sum_{n=1}^{\infty} e^{-n} n!$.

强化训练 8.4

1. 求下列幂级数的收敛半径和收敛区域:

(1) $\sum_{n=1}^{\infty} nx^n$; (2) $\sum_{n=1}^{\infty} \frac{(-1)^n x^n}{n}$; (3) $\sum_{n=1}^{\infty} 2^n x^n$;

(4) $\sum_{n=1}^{\infty} \frac{x^n}{n \cdot 3^n}$; (5) $\sum_{n=1}^{\infty} n!\ (x-1)^n$; (6) $\sum_{n=1}^{\infty} \frac{(x-5)^n}{\sqrt{n}}$.

2. 求下列级数的收敛区间和函数:

(1) $\sum_{n=1}^{\infty} nx^{n-1}$; (2) $\sum_{n=1}^{\infty} \frac{x^{4n+1}}{4n+1}$;

(3) $\sum_{n=1}^{\infty} \frac{x^{n+1}}{n(n+1)}$; (4) $\sum_{n=1}^{\infty} n(n+1)x^n$.

3. 将下列函数展开成 x 的幂级数:

(1) $f(x)=a^x$; (2) $f(x)=\ln(10+x)$;

(3) $f(x)=\frac{1}{2x^2-3x+1}$; (4) $f(x)=\sqrt[3]{8-x^3}$.

4. 将 $f(x)=\frac{1}{x+2}$ 分别在 $x=0$ 及 $x=2$ 展开为泰勒级数.

5. 利用级数展开式前三项,近似计算下列各值:

(1) $\sqrt[5]{1.05}$; (2) $\sqrt{e}$; (3) $\sin 18°$.

8.5　模拟试题

1. 单项选择题(每小题 2 分):

(1) 下列级数收敛的是(　　).

A. $\sum\limits_{n=1}^{\infty}\dfrac{1}{2n-1}$　　B. $\sum\limits_{n=1}^{\infty}\dfrac{1}{\sqrt[3]{n^4}}$

C. $\sum\limits_{n=1}^{\infty}\dfrac{1}{\ln n}$　　D. $\sum\limits_{n=1}^{\infty}\dfrac{1+n}{n^2}$

(2) 下列级数收敛的是(　　).

A. $\sum\limits_{n=1}^{\infty}\dfrac{\arctan n}{n^2}$　　B. $\sum\limits_{n=1}^{\infty}n\cos\dfrac{1}{n}$

C. $\sum\limits_{n=1}^{\infty}\dfrac{(-1)^n}{n}$　　D. $\sum\limits_{n=1}^{\infty}\dfrac{(-1)^n}{\sqrt{n+1}}$

(3) 下列级数收敛的是(　　).

A. $\sum\limits_{n=1}^{\infty}\dfrac{(-1)^n}{\sqrt{n^3}+1}$　　B. $\sum\limits_{n=1}^{\infty}(-1)^n\dfrac{\cos n}{n}$

C. $\sum\limits_{n=1}^{\infty}\dfrac{(-1)^n}{\ln(n+1)}$　　D. $\sum\limits_{n=1}^{\infty}(-1)^n e^{-n}$

(4) 设正项级数 $\sum\limits_{n=1}^{\infty}u_n$ 收敛,则级数(　　)一定收敛.

A. $\sum\limits_{n=1}^{\infty}\sqrt{u_n}$　　B. $\sum\limits_{n=1}^{\infty}(-1)^n u_n$

C. $\sum\limits_{n=1}^{\infty}\dfrac{1}{u_n}$　　D. $\sum\limits_{n=1}^{\infty}nu_n$

(5) 级数 $\sum\limits_{n=1}^{\infty}(-1)^n n^p$ 绝对收敛的充分条件是(　　).

A. $p<-1$　　B. $p\leqslant-1$

C. $p>1$　　D. $p\geqslant1$

(6) 设幂级数 $\sum\limits_{n=1}^{\infty}a_n x^n$ 在 $x=\dfrac{3}{2}$处收敛,则该级数在 $x=-1$ 处(　　).

A. 绝对收敛　　B. 发散

C. 条件收敛　　D. 收敛性不能确定

(7) 下列级数中,收敛半径 $R\neq1$ 的是(　　).

A. $\sum\limits_{n=0}^{\infty}(-1)^n nx^n$　　B. $\sum\limits_{n=0}^{\infty}2^n x^n$

C. $\sum\limits_{n=1}^{\infty}(-1)^n\dfrac{x^n}{n\sqrt{n}}$　　D. $\sum\limits_{n=0}^{\infty}\dfrac{\sqrt{n}}{\sqrt{n}+1}x^n$

(8) 幂级数 $\sum\limits_{n=1}^{\infty}n(n+1)x^n$ 的收敛区间是(　　).

A. $(-1,1)$　　B. $(-1,1]$

C. $[-1,1)$　　D. $[-1,1]$

2. 填空题(每小题 3 分)：

(1) 若正项级数 $\sum_{n=1}^{\infty} u_n$ 收敛($u_n \neq 0$)，则正项级数 $\sum_{n=1}^{\infty} \frac{1}{u_n}$的收敛性是________.

(2) 当 k ________时，级数 $\sum_{n=0}^{\infty} e^{kn}$收敛.

(3) 当 p ________时，级数 $\sum_{n=1}^{\infty} (-1)^n \frac{1}{n^p}$收敛.

(4) 级数 $\sum_{n=1}^{\infty} \frac{a^n}{n}$绝对收敛的充分条件是________.

(5) 幂级数 $\sum_{n=0}^{\infty} (-1)^n \frac{n}{n+1} x^n$ 的收敛半径为________.

(6) 幂级数 $\sum_{n=0}^{\infty} (-1)^n \frac{2^n}{3^n} x^n$ 的收敛半径为________.

(7) 幂级数 $\sum_{n=0}^{\infty} \frac{x^n}{n+1}$的收敛域为________.

(8) 幂级数 $\sum_{n=1}^{\infty} (-1)^n \frac{(x+1)^n}{n}$的收敛域为________.

3. 计算题((1)—(4)题每小题 7 分，(5)—(8)题每小题 8 分)：

(1) 判断级数 $\sum_{n=1}^{\infty} \ln\left(1+\frac{1}{n^2}\right)$的收敛性.

(2) 判断级数 $\sum_{n=1}^{\infty} \frac{n \cos n^2}{2^n}$的收敛性.

(3) 判断级数 $\sum_{n=1}^{\infty} (-1)^n \frac{n}{2n+1}$的收敛性，并指出是条件收敛还是绝对收敛.

(4) 判断级数 $\sum_{n=1}^{\infty} (-1)^{n-1} \frac{1}{\sqrt[3]{n^2}}$的收敛性，并指出是条件收敛还是绝对收敛.

(5) 求级数 $\sum_{n=1}^{\infty} \frac{(x-1)^n}{2^n \cdot n}$的收敛半径和收敛域.

(6) 求级数 $\sum_{n=1}^{\infty} \frac{x^n}{n!}$的收敛半径和收敛域.

(7) 将函数 $f(x)=\frac{1}{x}$展开成 $x-2$ 的幂级数.

(8) 将函数 $f(x)=\ln x$ 展开成 $x-1$ 的幂级数.

强化训练及模拟试题参考答案

第1章 函数、极限与连续

强化训练1.1

1. 单项选择题：

(1) C (2) C (3) C (4) D (5) C (6) C (7) C (8) D (9) A (10) A
(11) C (12) A (13) D (14) B (15) C (16) D (17) C (18) A (19) D
(20) B

2. 填空题：

(1) $[-3,0]$ (2) $\left[0,\frac{\sqrt{2}}{2}\right)$ (3) $\frac{1}{x+2}$ (4) $\frac{x}{1-2x}$ (5) e^{-1} (6) $\frac{1}{2}$ (7) 1 (8) 0 (9) 1 (10) $\frac{1}{6}$ (11) $m=\frac{1}{2},n=2$ (12) ± 2 (13) 1 (14) 3 (15) $x=1$

(16) $x=0$ (17) $a=4,b=5$ (18) $a=-3$ (19) $a=\frac{1}{2}$ (20) 2

3. 计算题：

(1) n (2) 0 (3) -1 (4) 0 (5) 0 (6) $\left(\frac{3}{2}\right)^{20}$ (7) $\frac{3}{2}$ (8) 16 (9) $e^{-\frac{1}{2}}$

(10) e^{-1} (11) e^{3} (12) e^{-1} (13) 1 (14) 0 (15) π (16) e^{-2} (17) 2 (18) $\frac{1}{4}$

(19) -1 (20) $\frac{p+q}{2}$

强化训练1.2

1. (1) $[-1,2]$ (2) $(0,1)$ (3) $[-4,-1)\cup(-1,1)\cup(1,+\infty)$ (4) $(-\infty,0)$
2. $f(-1)=2$ $f(0)=-1$ $f\left(\frac{1}{2}\right)=-\frac{1}{2}$
3. 2^{1999}.
4. (1) 非奇非偶函数 (2) 奇函数 (3) 偶函数 (4) 奇函数

5. 略.

6. $\frac{1-x}{2+x}$;$\frac{1}{2+x^2}$;$\frac{(1+x)^2+1}{(1+x)^2}$;$2+2x^2+x^4$

7. (1) $y=e^u, u=\sin v, v=x^2$ (2) $y=\sqrt{u}, u=\log_a v, v=1+x^2$

(3) $y=u^2, u=\arctan v, v=\frac{1-x}{1+x}$ (4) $y=f(u), u=\cos v, v=ax+b$

(5) $y=2^u, u=v^2, v=\sin m, m=\frac{1}{x}$ (6) $y=u^{-1}, u=1+\arcsin x$

8. 略.

强化训练 1.3

3. (1) 0 (2) ∞ (3) 1 (4) 1

5. (1) 26 (2) $-\frac{3}{4}$ (3) $\frac{3}{4}$ (4) $\frac{1}{2\sqrt{2}}$ (5) $\frac{2\sqrt{2}}{3}$ (6) 2 (7) $2x$ (8) -1

6. (1) $\frac{1}{a}$ (2) 0 (3) $\frac{3}{4}$ (4) 1 (5) $e^{\frac{1}{k}}$ (6) $e^{\frac{1}{a}}$ (7) e^{-a} (8) a

7. 因为$\lim\limits_{x\to 0+}f(x)=1$,$\lim\limits_{x\to 0-}f(x)=-1$,所以$\lim\limits_{x\to 0}f(x)$不存在

8. (1) 无穷大量 (2) 无穷小量 (3) 无穷小量 (4) 无穷小量

10. 因为$\lim\limits_{t\to+\infty}V_0e^{\frac{A}{a}}(1-e^{-at})=V_0e^{\frac{A}{a}}$,所以不会无限增大

强化训练 1.4

2. 不连续

3. $a=\frac{b}{2}$

4. (1) $x=-1$ 第二类间断点(无穷型间断点)和 $x=2$ 第二类间断点(无穷型间断点)

(2) $x=2$ 第一类间断点(可去间断点)

(3) $x=0$ 第一类间断点(可去间断点)

(4) $x=0$ 第一类间断点(可去间断点)

(5) $x=1$ 第一类间断点(可去间断点)和 $x=2$ 第二类间断点(无穷型间断点)

(6) $x=0$ 第一类间断点(跳跃间断点)

5. (1) 3 (2) 0 (3) $\cos x_0$ (4) $\frac{1}{2\sqrt{x}}$

第1章 模拟试题

1. 单项选择题:

(1) D (2) D (3) A (4) C (5) A (6) A (7) D (8) A

2. 填空题:

(1) a (2) x^2+1 (3) $\frac{3}{2}$ (4) $\frac{4}{3}$ (5) 2 (6) $\frac{2^{20}3^{30}}{5^{50}}$ (7) 2 (8) $a=2, b=-8$

3. 计算题:

(1) $\frac{1}{2}$ (2) 6 (3) x (4) $\frac{1}{2}$ (5) 1 (6) 2 (7) e (8) 1

第 2 章 导数与微分

强化训练 2.1

1. 单项选择题:

(1) C (2) C (3) C (4) D (5) D (6) D (7) D (8) B (9) D (10) A
(11) D (12) B (13) D (14) A (15) D (16) D (17) C (18) D (19) B
(20) D

2. 填空题:

(1) $y'=n\sin^{n-1}x\cdot\cos x\cdot\cos nx-\sin^n x\cdot\sin nx\cdot n$ (2) $2^{\sin x}\ln2\cdot\cos x$ (3) $\frac{1}{2\sqrt{x}(1+x)}$ (4) $\frac{1}{(x+1)^2}$ (5) $y'=3\ln^2(3x+6)\cdot\frac{1}{3x+1}\cdot3=\frac{9\ln^2(3x+6)}{3x+1}$ (6) -16 (7) -1
(8) $(-1)^{10}(\ln a)^{10}a^{-x}$ (9) $\cos x$ (10) $\mathrm{d}y=\mathrm{e}^{x\sin x}(\sin x+x\cos x)\mathrm{d}x$
(11) $-k^6\cos kx$ (12) $\mathrm{d}y=2^{\sin x^2}\cdot\ln2\cdot\cos x^2\cdot2x\,\mathrm{d}x$ (13) $a^n\mathrm{e}^{ax}$ (14) $2\sqrt{x}+C$
(15) $-\frac{\cos\omega x}{\omega}+C$ (16) $\ln|1+x|+C$ (17) $-\sqrt{1-x^2}+C$ (18) $y=-\frac{1}{2}x+\frac{3}{2}$
(19) $y=2$ (20) $y-\frac{2}{\mathrm{e}}x=0$

3. 计算题:

(1) $y'=\frac{7}{8\sqrt[8]{x}}$ (2) $y'=-4x\tan(x^2+1)$ (3) $y'=3(\ln2)2^{\sin3x}\cos3x-\frac{x\sin x+\cos x}{x^2}$

(4) $y'=\frac{n(x+\sqrt{1+x^2})^n}{\sqrt{1+x^2}}$ (5) $y'=\frac{1}{(1-x)\sqrt{x}}$ (6) $y'=x\mathrm{e}^{-2x}\sin3x(2-2x+3x\cot3x)$

(7) $y'=\frac{1}{3}\sqrt[3]{\frac{x^2(x+1)}{1-2x}}\left(\frac{2}{x}+\frac{1}{1+x}+\frac{2}{1-2x}\right)$ (8) $y'=\left(\frac{x}{1+x}\right)^x\left(\ln\frac{x}{1+x}+\frac{1}{1+x}\right)$

(9) $\frac{\mathrm{d}y}{\mathrm{d}x}=\frac{xy\ln y-y^2}{xy\ln x-x^2}$ (10) $\frac{\mathrm{d}y}{\mathrm{d}x}=\frac{y^2-\mathrm{e}^x}{\cos y-2xy}$ (11) $\frac{\mathrm{d}y}{\mathrm{d}x}=\frac{2t\sin t+t^2\cos t}{\cos t-t\sin t}$

(12) $\left.\frac{dy}{dx}\right|_{x=1}=\frac{1}{2}$ (13) $\frac{\sin^2x+x\sin2x}{x\sin^2x}$ (14) $f'(x)=-\frac{1}{x^2},f'(\ln x)=-\frac{1}{\ln^2x}$

(15) $y'=(x-1)(x-2)^2\cdots(x-n)^n\left(\frac{1}{x-1}+\frac{2}{x-2}+\cdots+\frac{n}{x-n}\right)$

(16) $-y(1+x)^{-\frac{3}{2}}(1-x)^{-\frac{1}{2}}$

(17) $y+4=0$

(18) $x-y-1=0$ (19) $y+1=-2(x-2)$和$y+2=-2x$ (20) $-\frac{1}{2}$

强化训练 2.2

1. (1) $f'(x_0)$ (2) $f'(x_0)$ (3) $2f'(x_0)$ (4) $-f'(x_0)$
2. (1) 4 (2) -3
3. $4x-y-6=0;3x+y-6=0$
4. $f(x)$在点$x=0$处不可导
5. $f'(0)=0$

强化训练 2.3

1. (1) $y'=2x\sin x+x^2\cos x$ (2) $y'=\cos x-x\sin x+6x$ (3) $y'=\tan x+x\sec^2x-7$

(4) $y'=e^x\sin x+e^x\cos x+7\sin x+10x$ (5) $y=\frac{2}{\sqrt{x}}-\frac{1}{x^2}-6x^2$ (6) $y'=3+\frac{5}{2\sqrt{x}}-\frac{21}{x^4}$

(7) $y'=\frac{4x}{(1-x^2)^2}$ (8) $y'=-\frac{1+2x}{(1+x+x^2)^2}$ (9) $y'=\frac{2-x^2}{(2-3x+x^2)^2}$

(10) $y'=-\frac{1+x}{\sqrt{x}(1-x)^2}$

2. (1) $y'=9x^2(x^3-4)^2$ (2) $y'=(a^2+x^2)\sqrt{a^2-x^2}+2x^2\sqrt{a^2-x^2}-\frac{x^2(a^2+x^2)}{\sqrt{a^2-x^2}}$

(3) $y'=\frac{a^2}{(a^2-x^2)^{\frac{3}{2}}}$ (4) $y'=\frac{4x^2}{3(1+x^3)^{\frac{2}{3}}(1-x^3)^{\frac{4}{3}}}$ (5) $y'=\frac{1}{x\ln x}$ (6) $y'=\frac{a}{a^2-x^2}$

(7) $y'=\frac{x}{\sqrt{x^2+1}}\cot\sqrt{x^2+1}$ (8) $y'=\frac{1}{\sin x}$ (9) $y'=\frac{1}{2\sqrt{x}}\sin\sqrt{x}\sin(\cos\sqrt{x})$

(10) $y'=-3\sin x\cos^2x+3\sin3x$ (11) $y'=-\frac{6x}{\sqrt{2\pi}}e^{-3x^2}$ (12) $y'=\frac{\cos2x}{\sqrt{1-(\sin x\cos x)^2}}$ (13) $y'=\frac{2}{1-x^2}$ (14) $y'=(2-2x)e^{-x^2+2x}$ (15) $y'=\frac{1}{2}\left(\frac{1}{x+2}+\frac{1}{x+3}-\frac{1}{x+1}\right)$

(16) $y'=2e^{2x}\sin3x+3e^{2x}\cos3x+x$ (17) $y'=\frac{-ke^{-kx}\sin\omega x+\omega e^{-kx}\cos\omega x-e^{-kx}\sin\omega x}{(1+x)^2}$

(18) $y'=\sqrt{a^2-x^2}-\frac{x^2}{\sqrt{a^2-x^2}}+\frac{a^2}{(a^2-x^2)^{\frac{3}{2}}}$ (19) $y'=n\sin^{n-1}x\cos(n+1)x$

(20) $y'=\dfrac{1}{x\sqrt{1-x^2}}$

3. (1) $y'=-\dfrac{\sin(x+y)}{1+\sin(x+y)}$ (2) $y'=\dfrac{e^y}{1-xe^y}$ (3) $y'=\dfrac{y-2x}{2y-x}$

4. (1) $y'=x\sqrt{\dfrac{1-x}{1+x}}\cdot\left[\dfrac{1}{x}-\dfrac{1}{2(1-x)}-\dfrac{1}{2(1+x)}\right]$

(2) $y'=\dfrac{x^2}{1-x}\sqrt{\dfrac{1+x}{1+x+x^2}}\cdot\left[\dfrac{2}{x}+\dfrac{1}{1-x}+\dfrac{1}{2(1+x)}-\dfrac{2x+1}{2(1+x+x^2)}\right]$

(3) $y'=n(x+\sqrt{1+x^2})^{n-1}\cdot\left(1+\dfrac{x}{\sqrt{1+x^2}}\right)=\dfrac{n(x+\sqrt{1+x^2})^n}{\sqrt{1+x^2}}$

(4) $y'=x^{\cos\frac{x}{2}}\left(-\dfrac{1}{2}\ln x\cdot\sin\dfrac{x}{2}+\dfrac{\cos\dfrac{x}{2}}{x}\right)$ (5) $y'=\dfrac{2\ln x}{x}\cdot x^{\ln x}$

(6) $y'=(1+x)^{\frac{1}{x}}\cdot\left[\dfrac{1}{x(1+x)}-\dfrac{\ln(1+x)}{x^2}\right]$ (7) $y'=x^{\tan x}\left(\sec^2x\cdot\ln x+\dfrac{\tan x}{x}\right)$

(8) $y'=a^{\sin x}\cdot\ln a\cdot\cos x$

5. (1) $\dfrac{dy}{dx}=2x\cdot f'(x^2)$ (2) $\dfrac{dy}{dx}=e^xf'(e^x)e^{f(x)}+f(e^x)e^{f(x)}f'(x)$

(3) $\dfrac{dy}{dx}=f'(f(f(x)))\cdot f'(f(x))\cdot f'(x)$

6. (0,1) 7. $x+y-8=0$ 8. $\dfrac{dy}{dx}=-\cot t$

强化训练 2.4

1. (1) 26,18,0 (2) $0,-3\cdot 2^{-\frac{5}{2}}=-\sqrt{\dfrac{9}{32}},3\cdot 2^{-\frac{5}{2}}=\sqrt{\dfrac{9}{32}}$

2. (1) $y''=\dfrac{1}{x}$ (2) $y'''=(12x-8x^3)\cdot e^{-x^2}$

(3) 提示:利用莱布尼茨公式 $y^{(n)}=\sum\limits_{i=0}^{n}C_n^i\cdot(x^2)^{(i)}.(e^{2x})^{(n-i)}$ 即可求得

(4) 提示:利用莱布尼茨公式 $y^{(n)}=\sum\limits_{i=0}^{n}C_n^i\cdot(\arcsin x)^{(i)}\cdot\left(\dfrac{1}{\sqrt{1-x^2}}\right)^{(n-i)}$ 即可求得

3. (1) $y^{(n)}=e^x+2^x(\ln 2)^n$ (2) $y^{(n)}=(-1)^{n+1}\dfrac{(n-1)!}{x^n}$

4. (1) $y''=2f'(x^2)+4x^2f''(x^2)$ $y'''=8xf''(x^2)+8x^3f'''(x^2)$

(2) $y''=-2x^{-3}f'\left(\dfrac{1}{x}\right)+x^{-4}f''\left(\dfrac{1}{x}\right)$ $y'''=6x^{-4}f'\left(\dfrac{1}{x}\right)-2x^{-5}f''\left(\dfrac{1}{x}\right)-x^{-6}f'''\left(\dfrac{1}{x}\right)$

(3) $y''=e^{-x}f'(e^{-x})+e^{-2x}f''(e^{-x})$ $y'''=-e^{-x}f'(e^{-x})-3e^{-2x}f''(e^{-x})-e^{-3x}f'''(e^{-x})$

(4) $y''=-x^{-2}f'(\ln x)+x^{-2}f''(\ln x)$; $y'''=2x^{-3}f'(\ln x)-3x^{-3}f''(\ln x)+x^{-3}f'''(\ln x)$

强化训练 2.5

1. (1) $dy=-\frac{1}{x^2}e^{\frac{1}{x}}dx$ (2) $dy=2\tan x\sec^2 x dx$ (3) $dy=-\frac{1}{\sqrt{x-x^2}}dx$ (4) $dy=\frac{1}{x\ln x}dx$ (5) $dy=\left(2x\sin\frac{1}{x}-\cos\frac{1}{x}\right)dx$ (6) $dy=\frac{1+y^2}{2+y^2}dx$

3. (1) $\sqrt[3]{1.02}\approx1.0067$ (2) $\sqrt[4]{85}\approx3.037$ (3) $\ln1.01\approx0.01$ (4) $e^{0.05}\approx1.05$

第2章 模拟试题

1. 单项选择题:

(1) B (2) C (3) A (4) D (5) D (6) D (7) A (8) D

2. 填空题:

(1) -1 (2) 0 (3) $\frac{1}{x-1}$ (4) $-nx^{n-1}\sin x^n dx$ (5) $y=-x-e^{-2}$ (6) $\frac{2-2x^2}{(1+x^2)^2}$

(7) $\tan x+C$ (8) 10.4(m/s)

3. 计算题:

(1) $y'=\frac{8}{3}x^{\frac{5}{3}}-\frac{4}{3}x^{-\frac{1}{3}}-x^{-\frac{4}{3}}$ (2) $y'=e^{\sqrt{2x+1}}\sec3x\left(\frac{1}{\sqrt{2x+1}}+3\tan3x\right)$

(3) $y'=(x+\sin x)^x\left[\ln(x+\sin x)+\frac{x(1+\cos x)}{x+\sin x}\right]$ (4) $\left.\frac{dy}{dx}\right|_{\substack{x=2\\y=4}}=\frac{5}{2}$ (5) $\frac{dy}{dx}=-3\tan t$

(6) $\frac{x^2}{1-x}\sqrt[3]{\frac{3-x}{(3+x)^2}}\left[\frac{2}{x}+\frac{1}{1-x}+\frac{9-x}{3(x^2-9)}\right]$ (7) $4x-4y+3=0$ (8) $\frac{1}{\sqrt{x^2+a^2}}$

第3章 中值定理及导数应用

强化训练 3.1

1. 单项选择题:

(1) D (2) A (3) D (4) A (5) C (6) B (7) D (8) D (9) D (10) D
(11) C (12) C (13) A (14) A (15) B (16) D (17) B (18) C (19) A
(20) D (21) B (22) C

2. 填空题:

(1) $\frac{9}{4}$ (2) 0 (3) 0 (4) $x=2$ (5) $y_{极大}=1$ (6) (0,0) (7) $\frac{5}{4}$ (8) (1,2)

(9) $x_1=1,x_2=3$　(10) $x=1$　(11) $y=\frac{1}{2}$　(12) $a=2$

3. 计算题:

(1) 提示:令 $f(x)=a_0x+\frac{a_1}{2}x^2+\cdots+\frac{a_n}{n+1}x^{n+1}$,对 $f(x)$ 在区间 $[0,1]$ 上应用罗尔定理

(2) 提示:用反证法,设方程有 4 个不同的实根分别为 $x_1<x_2<x_3<x_4$,令 $f(x)=e^x-ax^2-bx-c$,则 x_1,x_2,x_3,x_4 是函数 $f(x)$ 的 4 个不同的零点.

对 $f(x)$ 应用罗尔定理,则函数 $f'(x)=e^x-2ax-b$ 至少有三个不同的零点.

对 $f'(x)$ 应用罗尔定理,则函数 $f''(x)=e^x-2a$ 至少有两个不同的零点.

对 $f''(x)$ 应用罗尔定理,则函数 $f'''(x)=e^x$ 至少有一个不同的零点.

这与函数 e^x 无零点相矛盾,即方程最多有三个实根

(3) 提示:反证法,设 $f(x)$ 在 $[0,1]$ 上有两个零点为 $x_1<x_2$,则 $f(x)$ 在 $[x_1,x_2]$ 上满足罗尔定理条件.则 $\exists\xi\in(x_1,x_2)$,使 $f'(\xi)=0$,即 $3\xi^2-3=0\Rightarrow\xi=\pm1$.这与 $\exists\xi\in(x_1,x_2)\subset(0,1)$ 矛盾

(4) 提示:对 $f(x)=px^2+qx+r$ 在区间 $[a,b]$ 上应用拉格朗日中值定理,求出满足定理条件的 ξ,$\xi=\frac{a+b}{2}$

(5) 提示:设 $f(x)=\sqrt{x}$,a,$a+1$ 是大于 N^2 的两个连续自然数,对 $f(x)$ 在区间 $[a,a+1]$ 上应用拉格朗日中值定理得

$$\frac{1}{2\sqrt{\xi}}=\frac{\sqrt{a+1}-\sqrt{a}}{(a+1)-a}=\sqrt{a+1}-\sqrt{a},a<\xi<a+1$$

因为

$$\frac{1}{2\sqrt{a+1}}<\frac{1}{2\sqrt{\xi}}<\frac{1}{2\sqrt{a}}$$

又因为

$$a>N^2$$

所以

$$\frac{1}{2\sqrt{a}}<\frac{1}{2N},$$

所以

$$\frac{1}{2\sqrt{\xi}}<\frac{1}{2\sqrt{a}}<\frac{1}{2N},$$

所以

$$\sqrt{a+1}-\sqrt{a}<\frac{1}{2N}.$$

(6) 利用拉格朗日中值定理的推论:若在 (a,b) 内,$f'(x)\equiv0$,则在 (a,b) 内 $f(x)$ 为一常数

(7) 同(6)

(8) $f(x)=\sqrt{x}=2+\frac{1}{4}(x-4)-\frac{1}{64}(x-4)^2+\frac{1}{512}(x-4)^3-\frac{15}{384\xi^{7/2}}(x-4)^4$,$\xi$ 介于 x 和 4 之间

(9) 提示：

$$\begin{aligned}&\lim_{x\to+\infty}\left(\sqrt[3]{x^3+3x^2}-\sqrt[4]{x^4-2x^3}\right)\\&=\lim_{x\to+\infty}x\left[\left(1+\frac{3}{x}\right)^{\frac{1}{3}}-\left(1-\frac{2}{x}\right)^{\frac{1}{4}}\right]\\&=\lim_{x\to+\infty}x\left[1+\frac{1}{3}\cdot\frac{3}{x}+O\left(\frac{1}{x}\right)-1+\frac{1}{4}\cdot\frac{2}{x}+O\left(\frac{1}{x}\right)\right]\\&=\lim_{x\to+\infty}\left[\frac{3}{2}+\frac{O\left(\frac{1}{x}\right)}{\frac{1}{x}}\right]=\frac{3}{2}\end{aligned}$$

(10) 提示：

$$\begin{aligned}&\lim_{x\to0}\frac{\cos x-e^{-\frac{x^2}{2}}}{x^2[x+\ln(1-x)]}\\&=\lim_{x\to0}\frac{1-\frac{x^2}{2}+\frac{x^4}{4!}+O(x^4)-1-\left(-\frac{x^2}{2}\right)-\frac{1}{2}\left(-\frac{x^2}{2}\right)^2+O(x^4)}{x^2\left[x+\left(-x-\frac{1}{2}x^2+O(x^2)\right)\right]}\\&=\lim_{x\to0}\frac{\left(\frac{1}{4!}-\frac{1}{8}\right)x^4+O(x^4)}{-\frac{1}{2}x^4+O(x^4)}=\lim_{x\to0}\frac{-\frac{1}{12}+\frac{O(x^4)}{x^4}}{-\frac{1}{2}+\frac{O(x^4)}{x^4}}=\frac{1}{6}\end{aligned}$$

(11) ① $\frac{2a}{b}$ ② $\frac{2}{\pi}$ ③ $-\frac{1}{2}$ ④ $-\frac{1}{2}$ ⑤ e ⑥ e^2 ⑦ 1 ⑧ $\frac{1}{\sqrt[6]{e}}$ ⑨ $\frac{4}{\pi}a^2$ ⑩ $e^{\frac{1}{3}}$

(12)

x	$(-\infty,-1)$	-1	$(-1,3)$	3	$(3,+\infty)$
y'	+	0	−	0	+
y	↑	极大值	↓	极小值	↑

所以极大值为$f(-1)=0$,极小值为$f(3)=-32$.

(13)

x	$\left(-\infty,-\frac{1}{2}\ln2\right)$	$-\frac{1}{2}\ln2$	$\left(-\frac{1}{2}\ln2,+\infty\right)$
y'	−	0	+
y	↓	极小值	↑

所以极小值为

$$\begin{aligned}&f\left(-\frac{1}{2}\ln2\right)=2e^{-\frac{1}{2}\ln2}+e^{\frac{1}{2}\ln2}\\&=2e^{\ln2^{-\frac{1}{2}}}+e^{\ln2^{\frac{1}{2}}}=2\cdot2^{-\frac{1}{2}}+2^{\frac{1}{2}}=2\cdot\frac{1}{\sqrt{2}}+\sqrt{2}=2\sqrt{2}\end{aligned}$$

(14)

x	$(-\infty,-1)$	-1	$(-1,1)$	1	$(1,+\infty)$
y''	+	0	−	0	+
y	∪	拐点	∩	拐点	∪

拐点为$(-1,-1-\ln 2)$和$(1,1-\ln 2)$.

(15)

x	$(-\infty,-\sqrt{3})$	$-\sqrt{3}$	$(-\sqrt{3},0)$	0	$(0,\sqrt{3})$	$\sqrt{3}$	$(\sqrt{3},+\infty)$
y''	+	不存在	−	0	+	不存在	−
y	∪	不存在	∩	拐点	∪	不存在	∩

拐点为$(0,0)$

(16) 最小值为$f(0)=0$,最大值为$f\left(-\dfrac{1}{2}\right)=f(1)=\dfrac{1}{2}$

(17) 长 22 厘米,宽 11 厘米时最省纸张

强化训练 3.2

2. 方程$f'(x)=0$有两个实数根,分别$(1,2)$和$(2,3)$内

强化训练 3.3

1. (1) 1 (2) 2 (3) $\cos\alpha$ (4) $-\dfrac{3}{5}$ (5) $-\dfrac{1}{8}$ (6) $\dfrac{m}{n}a^{m-n}$ (7) 1 (8) 3 (9) 1

(10) 1 (11) $\dfrac{1}{2}$ (12) ∞ (13) $-\dfrac{1}{2}$ (14) e^{α} (15) 1 (16) 1

2. (1) 1 (2) 1

强化训练 3.4

1. $-56+21(x-4)+37(x-4)^2+11(x-4)^3+(x-4)^4$
2. $1-9x+30x^2-45x^3+30x^4-9x^5+x^6$
3. $-[1+(x+1)+(x+1)^2+\cdots+(x+1)^n]+(-1)^{n+1}\xi^{-(n+2)}(x+1)^{n+1}$,其中$\xi$介于$x$与$-1$之间
4. $x+\dfrac{2\sec^2\xi\tan^2\xi+\sec^4\xi}{3}x^3$,其中$\xi$介于$x$与0之间
5. $x+x^2+\dfrac{x^3}{2!}+\cdots+\dfrac{x^n}{(n-1)!}+O(x^n)$
6. $\sqrt{e}\approx 1.645$
7. (1) $\sqrt[3]{30}\approx 3.10724$,误差为$1.88\times10^{-5}$ (2) $\sin 18°\approx 0.3090$,误差为2.55×10^{-5}
8. (1) $\dfrac{1}{3}$ (2) $\dfrac{1}{2}$

强化训练 3.5

1. (1)

x	$(-\infty,-1)$	$(-1,3)$	$(3,+\infty)$
y'	+	−	+
y	↑	↓	↑

(2)

x	$(-\infty,0)$	$\left(0,\frac{1}{2}\right)$	$\left(\frac{1}{2},1\right)$	$(1,+\infty)$
y'	−	−	+	−
y	↓	↓	↑	↓

(3)

x	$(-\infty,-1)$	$\left(-1,\frac{1}{2}\right)$	$\left(\frac{1}{2},+\infty\right)$
y'	−	−	+
y	↓	↓	↑

(4)

x	$(0,n)$	$(n,+\infty)$
y'	+	−
y	↑	↓

3. (1)

x	$(-\infty,1)$	1	$(1,+\infty)$
y	−	0	+
y	↓	极小值 2	↑

(2)

x	$(-\infty,-1)$	-1	$(-1,3)$	3	$(3,+\infty)$
y'	+	0	−	0	+
y	↑	极大值 17	↓	极小值−47	↑

(3)

x	$(-\infty,0)$	0	$(0,+\infty)$
y'	−	0	+
y	↓	极小值 0	↑

(4)

x	$(-\infty,2.4)$	2.4	$(2.4,+\infty)$
y'	+	0	−
y	↑	极大值$\frac{\sqrt{205}}{10}$	↓

(5) 当 $x=2n\pi+\frac{\pi}{4},n\in\mathbf{Z}$ 时,$y=e^x\cos x$ 取得极大值 $f\left(2n\pi+\frac{\pi}{4}\right)=\frac{\sqrt{2}}{2}e^{2n\pi+\frac{\pi}{4}}$;当 $x=(2n+1)\pi+\frac{\pi}{4},n\in\mathbf{Z}$ 时,$y=e^x\cos x$ 取得极小值 $f\left((2n+1)\pi+\frac{\pi}{4}\right)=-\frac{\sqrt{2}}{2}e^{2n\pi+\frac{5\pi}{4}}$

(6)

x	$\left(-\infty,-\frac{1}{2}\ln 2\right)$	$-\frac{1}{2}\ln 2$	$\left(-\frac{1}{2}\ln 2,+\infty\right)$
y'	−	0	+
y	↓	极小值 $2\sqrt{2}$	↑

(7)

x	$(-\infty,-1)$	−1	$(-1,+\infty)$
y'	−	不存在	−
y	↓		↓

无极值.

4. $a=2$ 时,$f(x)=a\sin x+\frac{1}{3}\sin 3x$ 在 $x=\frac{\pi}{3}$ 处取得极大值

5. (1) 最大值 $f(4)=80$,最小值 $f(-1)=-5$ (2) 最大值 $f(3)=11$,最小值 $f(2)=-14$

6. 小屋的两边长为 5,10 时,小屋面积最大

7. 当气管半径收缩 $\frac{1}{3}R_0$ 时,v 达到最大

强化训练 3.6

1. (1)

x	$\left(-\infty,\frac{5}{3}\right)$	$\frac{5}{3}$	$\left(\frac{5}{3},+\infty\right)$
y''	−	0	+
y	∩	拐点$\left(\frac{5}{3},\frac{20}{27}\right)$	∪

(2)

x	$(-\infty,2)$	2	$(2,+\infty)$
y''	$-$	0	$+$
y	$\cap$	拐点$\left(2,\frac{2}{e^2}\right)$	$\cup$

(3) 在$(-\infty,+\infty)$上 $y=(x+1)^4+e^x$ 是下凹的

(4)

x	$(-\infty,-1)$	-1	$(-1,1)$	1	$(1,+\infty)$
y''	$-$	0	$+$	0	$-$
y	$\cap$	拐点$(-1,\ln 2)$	$\cup$	拐点$(1,\ln 2)$	$\cap$

(5)

x	$\left(-\infty,\frac{1}{2}\right)$	$\frac{1}{2}$	$\left(\frac{1}{2},+\infty\right)$
y''	$+$	0	$-$
y	$\cup$	拐点$\left(\frac{1}{2},e^{\arctan\frac{1}{2}}\right)$	$\cap$

(6)

x	$(0,1)$	1	$(1,+\infty)$
y''	$-$	0	$+$
y	$\cap$	拐点$(1,-7)$	$\cup$

3. 当 $a=-\frac{3}{2},b=\frac{9}{2}$时

第3章　模拟试题

1. 单项选择题:

(1) C　(2) A　(3) C　(4) A　(5) D　(6) D　(7) A　(8) D

2. 填空题:

(1) $\xi=1$　(2) $\frac{f(b)-f(a)}{b-a}$　(3) <0　(4) $\frac{9}{4}$　(5) $(-1,0)$　(6) -50　(7) $(0,+\infty)$

(8) $x=1$

3. 计算题：

(1) 提示：令 $f(x)=a_1\sin x+\frac{1}{3}a_2\sin 3x+\cdots+\frac{1}{2n-1}a_n\sin(2n-1)x$，对 $f(x)$ 在 $\left[0,\frac{\pi}{2}\right]$ 上应用罗尔定理

(2) 提示：设 $f(x)=x^n$，则 $f'(x)=nx^{n-1}$，对 $f(x)$ 在 $[b,a]$ 上应用拉格朗日中值定理得 $n\xi^{n-1}=\frac{a^n-b^n}{a-b}(b<\xi<a)$；由 $nb^{n-1}<n\xi^{n-1}<na^{n-1}$ 可证得该结论

(3) 提示：

$$\lim_{x\to 0}\frac{\sin x-\tan x}{x^3}=\lim_{x\to 0}\frac{x-\frac{x^3}{3!}+O(x^3)-\left(x+\frac{1}{3}x^3+O(x^3)\right)}{x^3}$$

$$=\lim_{x\to 0}\frac{-\frac{1}{2}x^3+O(x^3)}{x^3}=-\frac{1}{2}$$

(4) $r=\sqrt[3]{\frac{V_0}{2\pi}}$，　$h=2\sqrt[3]{\frac{V_0}{2\pi}}$ 时，水池造价最低

(5) 2　(6) $\frac{1}{6}$　(7) $-\frac{1}{6}$　(8) $e^{-\frac{1}{3}}$

第4章　不定积分

强化训练4.1

1. 单项选择题：

(1) A　(2) A　(3) D　(4) B　(5) C　(6) B　(7) D　(8) B　(9) A　(10) C　(11) B　(12) D　提示：令 $e^x=t$，则 $x=\ln t$，$f'(t)=\ln t+1$，$f(t)=\int(\ln t+1)dt=t\ln t+C$　(13) B　(14) B　(15) C

2. 填空题：

(1) C　(2) $\int v du$　(3) $F(x)+C$　(4) $\frac{1}{1+\mu}x^{1+\mu}+C$　(5) $\frac{1}{2}\sin^2 x+C$

(6) $\frac{1}{2}\ln(x^2+1)+C$　(7) $-F(e^{-x})+C$　(8) $-f\left(\frac{1}{x}\right)+C$　(9) $-\frac{1}{x^2}$

(10) $x\sin x+\cos x+C$　(11) $\tan(e^x)+C$　(12) $\frac{6^x}{\ln 6}+C$　(13) $-\frac{2}{(x-1)^2}$　(14) $\frac{a^x}{\ln a}+C$　(15) $\sin(\arcsin x)+C$（或 $x+C$）　(16) $e^{f(x)}+C$　(17) $-\ln|\cos x|+C$　(18) xe^x-e^x+C

(19) $\sqrt{3+2x}+C$　(20) $2\pi,0$　(21) $\frac{2}{\sqrt{\cos x}}+C$　(22) $e^{e^x}+C$　(23) $\frac{1}{4}\sin(8x^2-4)+C$

3. 计算题：

（1）① $\tan x-\cot x+C$ 或 $-2\cot 2x+C$ ② $\frac{x^3}{3}+\frac{x^2}{2}+x+C$ ③ $\frac{1}{2}(x-\sin x)+C$

④ $-\frac{10^{3-2x}}{2\ln 10}+C$ ⑤ e^t+t+C ⑥ $x-\frac{1}{5}x^5+\arcsin x+C$

（2）① $\frac{1}{2}e^{2x}-e^x+x+C$ ② $\frac{1}{2}x+\frac{1}{4}\sin 2x+C$ ③ $-e^{\frac{1}{x^2}}+C$ ④ $\frac{5}{18}(x^3+2)^{\frac{6}{5}}+C$

⑤ $-\frac{1}{2(2x-3)}+C$ ⑥ $\frac{2^{\sin x}}{\ln 2}+C$ ⑦ $\ln\left|\frac{x-3}{x-2}\right|+C$ ⑧ $\arcsin(\ln x)+C$ ⑨ $\arctan(x-1)+C$

⑩ $\ln|\ln x|+C$ ⑪ $\frac{1}{2}\ln|\sec 2x+\tan 2x|+C$ ⑫ $\cos\frac{1}{x}+C$ ⑬ $\sin e^x+C$ ⑭ $\frac{2}{3}\sqrt{\tan x}\tan x+C$

⑮ $-\frac{1}{2}\ln(1+\cos^2 x)+C$ ⑯ $\frac{1}{2}\sqrt{2x^2+3}+C$ ⑰ $\frac{1}{9}(2x^3+1)\sqrt{2x^3+1}+C$

⑱ $-\frac{2}{7}\cos^7 x+C$ ⑲ $\frac{1}{4}\arctan\left(x+\frac{1}{2}\right)+C$ ⑳ $2(x^3+8)^{\frac{3}{2}}+C$ ㉑ $\frac{1}{5}(2x^{\frac{3}{2}}+1)^{\frac{5}{3}}+C$

㉒ $-\frac{1}{1+\tan x}+C$ ㉓ $\frac{1}{3}\arctan^3 x+C$ ㉔ $\ln\left|\arcsin\frac{x}{2}\right|+C$ ㉕ $-\frac{1}{3}(\ln x)^{-3}+C$

㉖ $\frac{1}{11}\tan^{11}x+C$ ㉗ $\ln|\ln\ln x|+C$ ㉘ $\arctan e^x+C$ ㉙ $-\ln|\cos\sqrt{1+x^2}|+C$

㉚ $\frac{1}{3}\sec^3 x-\sec x+C$ ㉛ $\frac{1}{3}\sin\frac{3x}{2}+\sin\frac{x}{2}+C$ ㉜ $\frac{1}{2}\cos x-\frac{1}{10}\cos 5x+C$ ㉝ $\frac{10^{\arcsin x}}{\ln 10}+C$

㉞ $-\frac{1}{\arcsin x}+C$ ㉟ $(\arctan\sqrt{x})^2+C$ ㊱ $\frac{1}{2}\arctan(\sin^2 x)+C$

㊲ $\begin{cases}\frac{(x\ln x)^{p+1}}{p+1}+C, p\neq -1\\ \ln(x\ln x)+C, p=-1\end{cases}$

㊳ 提示：$\int\frac{(x-1+1)^2dx}{(x-1)^{100}}$，$-\frac{1}{97}\cdot\frac{1}{(x-1)^{97}}-\frac{1}{49}\cdot\frac{1}{(x-1)^{98}}-\frac{1}{99}\cdot\frac{1}{(x-1)^{99}}+C$

㊴ $\frac{1}{2}\left[\ln\frac{x+1}{x}\right]^2+C$，提示：$\int[\ln(x+1)-\ln x]\cdot\left(\frac{1}{x}-\frac{1}{x+1}\right)dx$

㊵ $\frac{1}{32}\ln(1+4x^2)-\frac{1}{12}\sqrt{(\arcsin 2x)^3}+C$ ㊶ $e^{\arctan x}+\frac{1}{4}\ln^2(1+x^2)+C$

（3）① $\frac{2}{3}(x+1)\sqrt{x+1}-2\sqrt{x+1}+C$ ② $-\sqrt{3-2x}+\ln(\sqrt{3-2x}+1)+C$

③ $3\sqrt[3]{x}-6\sqrt[6]{x}+6\ln(\sqrt[6]{x}+1)+C$ ④ $\frac{3}{5}x^{\frac{5}{3}}+\frac{3}{2}x^{\frac{2}{3}}+C$

⑤ $\frac{1}{10}(2x+1)^{\frac{5}{2}}-\frac{1}{6}(2x+1)^{\frac{3}{2}}+C$ ⑥ $\arccos\frac{1}{x}+C$

⑦ $\sqrt{x^2-a^2}-a\arccos\frac{a}{x}+C$ ⑧ $-\frac{\sqrt{1-x^2}}{x}-\arcsin x+C$

⑨ $\dfrac{x}{\sqrt{1+x^2}}+C$　　⑩ $2\sqrt{x}-4\sqrt[4]{x}+4\ln(\sqrt[4]{x}+1)+C$

⑪ $-\dfrac{2}{5}(2-x)^2\sqrt{2-x}+\dfrac{8}{3}(2-x)\sqrt{2-x}-8\sqrt{2-x}+C$

⑫ $\sqrt{1+x^2}-\ln(1+\sqrt{1+x^2})+C$　　⑬ $\dfrac{x}{a^2\sqrt{a^2-x^2}}+C$

⑭ $x-2\ln(\sqrt{1+e^x}+1)+C$　　⑮ $\dfrac{9}{2}\arcsin\dfrac{x+2}{3}+\dfrac{x+2}{2}\sqrt{5-4x-x^2}+C$

⑯ 提示：令 $3^x=t$，则 $x=\log_3 t$，$\dfrac{2}{\sqrt{3}\ln 3}\arctan\dfrac{2\cdot 3^x+1}{\sqrt{3}}+C$

⑰ 提示：$\int 2e^x\sqrt{1-e^{2x}}\,dx=2\int\sqrt{1-(e^x)^2}\,de^x$，令 $e^x=\sin t$，则 $\sqrt{1-(e^x)^2}=\cos t$，$de^x=d\sin t=\cos t\,dt$，$\arcsin e^x+e^x\sqrt{1-e^{2x}}+C$

⑱ 提示：令 $\sqrt{e^x-1}=t$，则 $x=\ln(t^2+1)$，$2x\sqrt{e^x-1}-4\sqrt{e^x-1}+4\arctan\sqrt{e^x-1}+C$

(4) ① $-\dfrac{1}{4}x\cos 2x+\dfrac{1}{8}\sin 2x+C$　　② $\dfrac{1}{4}x^4\left(\ln x-\dfrac{1}{4}\right)+C$

③ $-\dfrac{1}{x}(\ln x+1)+C$　　④ $\dfrac{1}{2}\ln|\sec x+\tan x|+\dfrac{1}{2}\sec x\tan x+C$

⑤ $\dfrac{1}{2}(x^2\arctan x-x+\arctan x)+C$　　⑥ $\dfrac{1}{2}x^2\left(\ln x-\dfrac{1}{2}\right)+C$

⑦ $\dfrac{1}{4}e^{2x}(2x-1)+C$　　⑧ $x(\ln^2 x-2\ln x+2)+C$

⑨ $\dfrac{1}{8}(2x^2+2x\sin 2x+\cos 2x)+C$　　⑩ $\dfrac{2}{5}e^{2x}\cos x+\dfrac{1}{5}e^{2x}\sin x+C$

⑪ $-\dfrac{1}{x}\ln(1+x^2)+2\arctan x+C$　　⑫ $e^{-x}\left(-\dfrac{1}{10}\sin 3x-\dfrac{3}{10}\cos 3x\right)+C$

⑬ $e^x\ln x+C$　　⑭ $x\arctan x-\dfrac{1}{2}\ln(1+x^2)-\dfrac{1}{2}(\arctan x)^2+C$

⑮ $-e^{-x}\ln(e^x+1)-\ln(1+e^{-x})+C$　　⑯ $\dfrac{\ln x}{1-x}+\ln|1-x|-\ln|x|+C$

⑰ 提示：$\int x\ln\dfrac{1+x}{1-x}dx=\int x[\ln(1+x)-\ln(1-x)]\,dx$，$\dfrac{1}{2}(x^2-1)\ln\dfrac{1+x}{1-x}+\dfrac{1}{2}x^2+C$

⑱ $\dfrac{x}{2}(\cos\ln x+\sin\ln x)+C$

⑲ 提示：$\int\dfrac{\ln(1+x^2)}{x^3}dx=-\dfrac{1}{2}\int\ln(1+x^2)\,d\dfrac{1}{x^2}$，$\ln\dfrac{x}{\sqrt{1+x^2}}=-\dfrac{\ln(1+x^2)}{2x^2}+C.$

(5) ① $\ln|x|-7\ln|x-2|+6\ln|x-3|+C$　② $\dfrac{1}{2}\ln|x-1|-\dfrac{1}{4}\ln(x^2+1)+\dfrac{1}{2}\arctan x+C$

③ $\dfrac{1}{4}\arctan\dfrac{x+3}{4}+C$　④ $\dfrac{1}{4\sqrt{3}}\arctan\dfrac{x^4}{\sqrt{3}}+C$　⑤ $\dfrac{1}{3}x^3-\dfrac{3}{2}x^2+9x-27\ln|x+3|+C$

⑥ $-\dfrac{1}{2(x-1)^2}-\dfrac{2}{3(x-1)^3}-\dfrac{1}{4(x-1)^4}+C$　⑦ $-\dfrac{1}{3}\ln|x-1|-\dfrac{1}{6}\ln|2x+1|+C$

⑧ $\frac{3}{2}\ln(x^2+4x+6)-3\sqrt{2}\arctan\frac{x+2}{\sqrt{2}}+C$ ⑨ $-\frac{1}{2}\ln\frac{x^2+1}{x^2+x+1}+\frac{\sqrt{3}}{3}\arctan\frac{2x+1}{\sqrt{3}}+C$

(6) ① $\ln\left|1+\tan\frac{x}{2}\right|+C$ ② $\frac{1}{\sqrt{5}}\arctan\frac{3\tan\frac{x}{2}+1}{\sqrt{5}}$

③ $\frac{2}{3}(x+1)^{\frac{3}{2}}+\frac{3}{4}(x+1)^{\frac{4}{3}}+\frac{6}{7}(x+1)^{\frac{7}{6}}+(x+1)+\frac{6}{5}(x+1)^{\frac{5}{6}}+\frac{3}{2}(x+1)^{\frac{2}{3}}+C$

④ 提示：$\int\frac{\sqrt{1+x}}{\sqrt{1-x}}dx=\int\frac{\sqrt{1-x^2}}{1-x}dx$，用三角代换，$\arcsin x-\sqrt{1-x^2}+C$

强化训练 4.2

1. (1) $2\sqrt{x}+C$ (2) $\frac{m}{m+n}\cdot x^{\frac{m+n}{m}}+C$ (3) $\frac{1}{5}x^5+\frac{2}{3}x^3+x+C$

(4) $\frac{1}{3}x^3+\frac{2}{5}x^{\frac{5}{2}}-\frac{2}{3}x^{\frac{3}{2}}-x+C$ (5) $x-\arctan x+C$ (6) $\arctan x+3\arcsin x+C$

(7) $2e^x+\frac{1}{3}\ln|x|+C$ (8) $2x+\frac{5\cdot\left(\frac{2}{3}\right)^x}{\ln2-\ln3}+C$ (9) $\sin x-\cos x+C$ (10) $\frac{1}{2}\tan x+C$ (11) $-2\csc 2x+C$ 或 $-\cot x-\tan x+C$ (12) $2\arcsin x+C$ (13) $\tan x-\sec x+C$

2. $y=\ln|x|+1$

强化训练 4.3

1. (1) $-2\sqrt{2-x}+C$

(2) $\frac{1}{2}x-\frac{1}{4}\sin 2x+C$

(3) $-2\cos\sqrt{t}+C$

(4) $\frac{1}{2}e^{x^2}+C$

(5) $-\frac{1}{3}\ln|4-3e^x|+C$

(6) $-\frac{1}{1+\tan x}+C$

(7) $-\frac{1}{x\ln x}+C$

(8) $\frac{1}{2}x^2-\frac{1}{2}\ln(1+x^2)+C$

(9) $-\cos x+\frac{1}{3}\cos^3x+C$

(10) $\frac{3}{8}x+\frac{1}{4}\sin 2x+\frac{1}{32}\sin 4x+C$

(11) $\frac{1}{12}\ln\left|\frac{2+3x}{2-3x}\right|+C$

(12) $\ln|\sqrt{x^2+9}+x|+C$

(13) $\ln\left|x+\sqrt{x^2-a^2}\right|-\frac{\sqrt{x^2-a^2}}{x}+C$

(14) $\arcsin\frac{2x-1}{3}+C$

(15) $\frac{x}{a^2\sqrt{a^2-x^2}}+C$

(16) $-\frac{1}{24}\cos 12x+\frac{1}{4}\cos 2x+C$

(17) $\frac{2}{3}x\sqrt{x}-x+2\sqrt{x}-2\ln(1+\sqrt{x})+C$

(18) $\ln\left|\frac{x-2}{x-1}\right|+C$

2. (1) $-x^2\cos x+2x\sin x+2\cos x+C$ (2) $x^3\sin x+3x^2\cos x-6x\sin x-6\cos x+C$

(3) $-xe^{-x}-e^{-x}+C$　(4) $\frac{1}{2}x^2e^{x^2}-\frac{1}{2}e^{x^2}+C$　(5) $x\ln x-x+C$

(6) $\frac{1}{3}x^3\ln^2x-\frac{2}{9}x^3\ln x+\frac{2}{27}x^3+C$　(7) $x(\arcsin x)^2+2\sqrt{1-x^2}\arcsin x-2x+C$

(8) $\frac{1}{3}x^3\arctan x-\frac{x^2}{6}+\frac{1}{6}\ln(1+x^2)+C$　(9) $\frac{e^{ax}(a\sin bx-b\cos bx)}{a^2+b^2}+C$

(10) $\frac{e^{ax}(a\cos bx+b\sin bx)}{a^2+b^2}+C$　(11) $3\sqrt[3]{x^2}e^{\sqrt[3]{x}}-6\sqrt[3]{x}e^{\sqrt[3]{x}}+6e^{\sqrt[3]{x}}+C$

(12) $\frac{x}{2}\sqrt{x^2+a^2}+\frac{a^2}{2}\ln\left|x+\sqrt{x^2+a^2}\right|+C$

强化训练4.4

1. (1) $\ln\left|\frac{x+1}{x}\right|-\frac{1}{x}+C$　(2) $\sqrt{2}\arctan\frac{x}{\sqrt{2}}-\frac{1}{2(x^2+2)}+C$　(3) $\ln|x|-\frac{1}{2}\ln(1+x^2)+C$　(4) $\frac{1}{2}\ln|x+1|-\ln|x+2|+\frac{1}{2}\ln|x+3|+C$　(5) $\frac{x^3}{3}-x+\arctan x+C$

(6) $\frac{\sqrt{2}}{2}\arctan\frac{x+1}{\sqrt{2}}+C$

2. (1) $\frac{\sqrt{2}}{2}\arctan\frac{\tan\frac{x}{2}}{\sqrt{2}}+C$　(2) $\frac{2\sqrt{3}}{3}\arctan\frac{2\tan\frac{x}{2}+1}{\sqrt{3}}+C$

(3) $-\frac{1}{6}\ln|\sin x-1|-\frac{1}{2}\ln|\sin x+1|+\frac{2}{3}\ln|2\sin x+1|+C$

(4) $-\frac{1}{2}\cos x+\frac{1}{2\sqrt{2}}\arctan(\sqrt{2}\cos x)+C$　(5) $\frac{1}{12}\arctan\left(\frac{3}{4}\tan x\right)+C$

(6) $\frac{1}{2}\ln|\tan x+1|+\frac{1}{2}\arctan(\tan x)-\frac{1}{4}\ln|\tan^2x+1|+C$

3. (1) $\sqrt{2}\arctan\left(\frac{\sqrt{1+x}}{\sqrt{2}}\right)+C$　(2) $\frac{1}{3}\sqrt{(1-x^2)^3}-\sqrt{1-x^2}+C$

(3) $2\sqrt{x}-4\sqrt[4]{x}+4\ln(\sqrt[4]{x}+1)+C$

(4) $(x+1)-4\sqrt{x+1}+4\ln(\sqrt{x+1}+1)+C$

(5) $2a\arcsin\frac{\sqrt{a+x}}{\sqrt{2a}}-\sqrt{a^2-x^2}+C$　(6) $\arccos\frac{1}{x}+C$

第4章　模拟试题

1. 单项选择题：

(1) D　(2) B　(3) C　(4) D　(5) A　(6) C　(7) B　(8) C

2. 填空题:

(1) $2x(x+1)e^{2x}$ (2) $\frac{1}{3}\ln^3 x+C$ (3) $2f(\sqrt{x})+C$ (4) $5f\left(\frac{x}{5}\right)+C$

(5) $xf(x)-\frac{\cos x}{x}+C$ (6) $\arctan f(x)+C$ (7) x^2+C (8) 不定积分

3. 计算题:

(1) $\cos x-\frac{2\sin x}{x}+C$ (2) $\left(1-\frac{2}{x}\right)e^x+C$ (3) $-e^{-x}-\sqrt{x}e^{2\sqrt{x}}+\frac{1}{2}e^{2\sqrt{x}}+C$

(4) 提示:

$$\int e^{2x}f''(e^x)dx=\int e^x d[f'(e^x)]\text{(因为}[f'(e^x)]'=f''(e^x)\cdot e^x\text{)}$$
$$=e^x f'(e^x)-\int f'(e^x)de^x$$
$$=e^x f'(e^x)-\int df(e^x)\quad\text{(因为}[f(e^x)]'=f'(e^x)\cdot e^x\text{)}$$
$$=e^x f'(e^x)-f(e^x)+C$$

(5) $(x^3-5)^{\frac{1}{3}}+C$

(6) $\frac{1}{3}\ln\left|3x+\sqrt{9x^2-4}\right|+C$

(7) 提示:**方法一**

$$\int\frac{\sin x}{\sin x+\cos x}dx=\int\frac{\sin x(\cos x-\sin x)}{\cos^2 x-\sin^2 x}dx$$
$$=\int\frac{\frac{1}{2}\sin 2x-\sin^2 x}{\cos 2x}dx=-\frac{1}{4}\int\frac{1}{\cos 2x}d\cos 2x-\int\frac{\frac{1-\cos 2x}{2}}{\cos 2x}dx$$
$$=-\frac{1}{4}\ln|\cos 2x|-\frac{1}{2}\int\frac{1}{\cos 2x}dx+\frac{1}{2}\int dx$$
$$=-\frac{1}{4}\ln|\cos 2x|-\frac{1}{4}\ln|\sec 2x+\tan 2x|+\frac{1}{2}x+C$$

方法二

$$\int\frac{\sin x}{\sin x+\cos x}dx=\int\frac{\tan x}{\tan x+1}dx$$

设 $\tan x=t$,则 $x=\arctan t$, $dx=\frac{1}{1+t^2}dt$,

$$\text{原式}=\int\frac{t}{t+1}\cdot\frac{1}{1+t^2}dt=\int\frac{t}{(t+1)(t^2+1)}dt$$

使用部分分式法得

$$\text{原式}=-\frac{1}{2}\ln|1+\tan x|+\frac{1}{4}\ln|1+\tan^2 x|+\frac{1}{2}x+C$$

方法三 设 $\tan\frac{x}{2}=t$,则

$$\sin x=\frac{2t}{1+t^2},\cos x=\frac{1-t^2}{1+t^2},x=2\arctan t,\mathrm{d}x=\frac{2}{1+t^2}\mathrm{d}t$$

$$\text{原式}=-\int\frac{4t}{(t^2-2t-1)(t^2+1)}\mathrm{d}t$$

再使用部分分式法

第5章 定积分及其应用

强化训练5.1

1. 单项选择题:

(1) C (2) C (3) B (4) B (5) C (6) C (7) B (8) A (9) D (10) C
(11) A (12) D (13) A (14) B (15) C (16) A (17) B (18) B (19) A
(20) B (21) A

2. 填空题:

(1) 0 (2) $\frac{1}{2}$ (3) 2 (4) $\frac{3}{2}$ (5) $\frac{2x\sin x^2}{1+x^2}$ (6) $-2x\tan x^2$ (7) 0 (8) 0
(9) $2x\cos x^4$ (10) $f(x_0)$ (11) 0 (12) $-f(a)$ (13) $f(b)$ (14) $-\sin a^2$
(15) $-x\sin x-\cos x+C$ (16) 0 (17) 0 (18) $\int_0^x f(t)\mathrm{d}t+xf(x)$ (19) $y=-x$
(20) $-3\sin 3xf(\cos 3x)$ (21) 0 (22) $F(x)$ (23) $\frac{1}{a}$

3. 计算题:

(1) ① $-2e^2\leqslant\int_2^0 e^{x^2-x}\mathrm{d}x\leqslant-2e^{-\frac{1}{4}}$ ② $\frac{2}{5}\leqslant\int_1^2\frac{x}{1+x^2}\mathrm{d}x\leqslant\frac{1}{2}$ ③ $\frac{1}{2}\leqslant\int_0^{\frac{1}{2}}\frac{1}{\sqrt{1-x^2}}\mathrm{d}x\leqslant\frac{1}{\sqrt{3}}$ ④ $\frac{1}{2}\leqslant\int_0^2\frac{\mathrm{d}x}{2+x}\leqslant1$ ⑤ $\frac{1}{2}\leqslant\int_{\frac{\pi}{4}}^{\frac{\pi}{2}}\frac{\sin x}{x}\mathrm{d}x\leqslant\frac{\sqrt{2}}{2}$

(2) ① $\int_1^2 x^2\mathrm{d}x<\int_1^2 x^3\mathrm{d}x$ ② $\int_1^2\ln x\mathrm{d}x>\int_1^2(\ln x)^2\mathrm{d}x$ ③ $\int_0^{\frac{\pi}{2}}x\mathrm{d}x>\int_0^{\frac{\pi}{2}}\sin x\mathrm{d}x$

④ $\int_{\frac{\pi}{2}}^0\sin x\mathrm{d}x<\int_0^{\frac{\pi}{2}}\sin x\mathrm{d}x$.

(3) 6.

(4) ① $2x\sqrt{1+x^4}$ ② $\frac{2\sin x^2}{x}-\frac{\sin\sqrt{x}}{2x}$

(5) $\dfrac{e^{y^2}\cos x^2}{2y}(y\neq 0)$

(6) ① 1 ② -1

(7) $y'(0)=0, y'\left(\dfrac{\pi}{4}\right)=\dfrac{\sqrt{2}}{2}$

(8) $f(2)=\sqrt[3]{36}$.提示:因为$\int_0^{f(x)} t^2 \mathrm{d}t=\dfrac{1}{3}t^3\Big|_0^{f(x)}=\dfrac{1}{3}f^3(x)=x^2(1+x)$,则$f(x)=\sqrt[3]{3x^2(1+x)}$,则$f(2)=\sqrt[3]{35}$

(9) ① $4-2\arctan 2$ ② $2\sqrt{6}$ ③ $4-2\ln 3$ ④ $\dfrac{\pi}{4}+\dfrac{1}{2}$ ⑤ $\dfrac{\sqrt{2}}{2}$ ⑥ $6-4\ln 2$ ⑦ $\pi-\dfrac{4}{3}$

⑧ $\dfrac{1}{2}(25-\ln 26)$ ⑨ 0 ⑩ $1-\dfrac{\pi}{4}$ ⑪ $\dfrac{\pi}{4}$ ⑫ $\dfrac{26}{3}$ ⑬ $\dfrac{\pi}{16}$

⑭ $\ln(1+\sqrt{2})-\ln(1+\sqrt{1+e^2})+1$.提示:$\int_0^1 \dfrac{\sqrt{e^{-x}}}{\sqrt{e^x+e^{-x}}}\mathrm{d}x=\int_0^1 \dfrac{e^{-x}}{\sqrt{1+e^{-2x}}}\mathrm{d}x$ 令 $t=e^{-x}$,则$x=-\ln t$,$\mathrm{d}x=-\dfrac{1}{t}\mathrm{d}t$.$x=0$时,$t=1$;$x=1$时,$t=\dfrac{1}{e}$;原式$=\int_1^{\frac{1}{e}} \dfrac{t}{\sqrt{1+t^2}}\left(-\dfrac{1}{t}\right)\mathrm{d}t=\cdots$

⑮ 1 ⑯ $\dfrac{3}{4}-\dfrac{1}{e^2}+\dfrac{1}{e}$ ⑰ 2 ⑱ $\dfrac{4}{3}$

(10) ① 2 ② π ③ $\dfrac{\pi^2}{4}$ ④ $\dfrac{\sqrt{3}}{12}\pi+\dfrac{1}{2}$ ⑤ $1-\dfrac{2}{e}$ ⑥ $2\ln 2-1$ ⑦ -2π ⑧ $\dfrac{\pi}{4}$ ⑨ $\dfrac{\sqrt{3}\pi}{6}-\dfrac{1}{2}$

⑩ π^2 ⑪ $\dfrac{1}{2}(e^{\frac{\pi}{2}}+1)$ ⑫ $2-\dfrac{3}{4\ln 2}$ ⑬ $4(2\ln 2-1)$ ⑭ $\left(\dfrac{1}{4}-\dfrac{\sqrt{3}}{9}\right)\pi+\dfrac{1}{2}\ln\dfrac{3}{2}$

⑮ $2\ln(2+\sqrt{5})-\sqrt{5}+1$ ⑯ $\dfrac{1}{3}\ln 2$ ⑰ 1 ⑱ 2 ⑲ $\dfrac{16\pi}{3}-2\sqrt{3}$. 提示:令$\sqrt{\sqrt{x}-1}=t$,则 $x=t^4+2t^2+1$,$\mathrm{d}x=(4t^3+4t)\mathrm{d}t$.$x=1$时,$t=0$;$x=16$时,$t=\sqrt{3}$则$\int_1^{16}\arctan\sqrt{\sqrt{x}-1}\,\mathrm{d}x=\int_0^{\sqrt{3}}\arctan t(4t^3+4t)\mathrm{d}t=\cdots$ ⑳ $2-\dfrac{2}{e}$

(11) ① $\ln 3$ ② $4\sqrt{2}$

(12) 提示:设 $x=a+(b-a)t$

(14) ① 6 ② $\dfrac{\omega}{p^2+\omega^2}$ ③ $\dfrac{\pi}{2}$ ④ π ⑤ 1 ⑥ 发散 ⑦ $2\dfrac{2}{3}$ ⑧ $\dfrac{1}{2}\ln 2$.提示:$\dfrac{1}{x(x^2+1)}=\dfrac{1}{x}-\dfrac{x}{x^2+1}$ ⑨ 答案 $p\geqslant 1$ 时,发散,$0<p<1$ 时收敛于$\dfrac{1}{1-p}$

(15) 1) $\dfrac{63}{2}$ 2) $4\ln 2$ 3) $2(\sqrt{2}-1)$ 4) $\dfrac{23}{3}$ 5) $\dfrac{8}{3}$ 6) $\dfrac{3}{2}-\ln 2$ 7) $\dfrac{\pi}{2}-1$ 8) 1 9) $\dfrac{3}{4}$

10) $\dfrac{32}{3}$ 11) $\dfrac{1}{4}$ 12) 18 13) πab 14) $\dfrac{16\sqrt{2}}{3}$ 15) $e+\dfrac{1}{e}-2$ 16) 2 17) $\dfrac{4}{3}$ 18) 1

19) $\dfrac{4-2\sqrt{2}}{3}$ 20) e^2-e^1 21) e^2-3 22) $\dfrac{64}{3}$ 23) $\dfrac{2\pi+4}{6\pi-4}$

(16) 1) $\frac{\pi^2}{4}-\frac{\pi}{2}$ 2) $\frac{\pi}{2}$ 3) 7.5π 4) $2\pi a x_0^2$ 5) $\frac{128\pi}{7},\frac{64\pi}{5}$ 6) $\frac{32}{105}\pi a^3$ 7) $\frac{3\pi}{10}$

8) $160\pi^2$ 9) $\frac{\pi}{2},2\pi$ 10) $\frac{57}{10}\pi$

(17) 1) $2\sqrt{3}-\frac{4}{3}$ 2) $\frac{a}{2}\pi^2$ 3) $\ln(1+\sqrt{2})$ 4) $\ln\frac{3}{2}+\frac{5}{12}$

(18) $\frac{9}{5}k$(k 为比例常数)

(19) 4.9(J) (20) 3.93×10^5(J) (21) 3.6×10^6(N) (22) 22.05(N) (23) 6.16×10^4 (N) (24) $\left(\frac{b}{3},\frac{a}{3}\right)$

强化训练 5.2

2. (1) 1 (2) $\frac{1}{4}\pi R^2$ (3) 0

4. (1) $3\leqslant\int_1^4(1+x^2)\mathrm{d}x\leqslant51$ (2) $\pi\leqslant\int_{\frac{\pi}{4}}^{\frac{5\pi}{4}}(1+\sin^2x)\mathrm{d}x\leqslant2\pi$ (3) $1\leqslant\int_0^1\mathrm{e}^{\frac{x}{2}}\mathrm{d}x\leqslant\sqrt{\mathrm{e}}$

(4) $0\leqslant\int_0^1\ln(1+x)\mathrm{d}x\leqslant\ln2$

5. (1) $\int_0^1x\mathrm{d}x\geqslant\int_0^1x^2\mathrm{d}x$ (2) $\int_0^1\mathrm{e}^x\mathrm{d}x\geqslant\int_0^1\mathrm{e}^{x^2}\mathrm{d}x$ (3) $\int_0^1x\mathrm{d}x\geqslant\int_0^1\ln(x+1)\mathrm{d}x$ (4) $\int_0^1\mathrm{e}^x\mathrm{d}x>\int_0^1\ln(1+x)\mathrm{d}x$

强化训练 5.3

1. $\frac{\mathrm{d}y}{\mathrm{d}x}=\cot t$. 2. $y'=-\frac{\cos x}{\mathrm{e}^y}$. 3. 函数 $\Phi(x)=\int_0^x t\mathrm{e}^{-t^2}\mathrm{d}t$ 有极小值 $\Phi(0)=0$

4. $\Phi''(x)=-\mathrm{e}^{-x}+4\mathrm{e}^{2x}$

5. 2

6. (1) $a^3-\frac{a^2}{2}+a$ (2) $\frac{21}{8}$ (3) $\frac{\pi}{3}$ (4) $\frac{\pi}{6}$ (5) 1 (6) $1-\frac{\pi}{4}$ (7) $\frac{8}{3}$ (8) π

强化训练 5.4

1. (1) $4-2\ln2$ (2) $\frac{\pi}{2}$ (3) $\frac{\pi a^4}{16}$ (4) $\frac{1}{6}$ (5) $-\frac{1}{\sqrt{\mathrm{e}}}+1$ (6) $2\sqrt{3}-2$ (7) $2\sqrt{2}$

(8) $\frac{2}{3}$ (9) 0 (10) 0

2. (1) $1-\frac{2}{\mathrm{e}}$ (2) $\frac{\mathrm{e}^2}{4}+\frac{1}{4}$ (3) $\frac{\pi}{4}-\frac{1}{2}$ (4) $8\ln2-4$ (5) $\frac{\mathrm{e}}{2}(\sin1-\cos1)+\frac{1}{2}$

(6) $-\frac{3}{4\mathrm{e}^2}+\frac{\mathrm{e}^2}{4}+\frac{1}{2}$ (7) $\frac{\mathrm{e}^{\pi}-2}{5}$ (8) $\frac{\pi^3}{6}-\frac{\pi}{4}$

4. $\frac{11}{2}$

3 题,5 题答案略.

强化训练 5.5

1. (1) $\frac{1}{2}$ (2) 发散 (3) $\frac{1}{\alpha}$ (4) $\frac{1}{\ln 2}$ (5) 发散 (6) -1 (7) 1 (8) $\frac{\pi}{2}$

2. (1) 收敛 (2) 收敛 (3) 发散 (4) 收敛

3. $1,2,n!$

强化训练 5.6

1. (1) $\frac{3}{2}-\ln 2$ (2) $\frac{1}{6}$ (3) $\frac{9}{2}$ (4) e^2-e (5) $-\frac{e^2}{6}+\frac{e}{3}+\frac{5}{6}$ (6) $\frac{3a^2\pi}{8}$

2. (1) $\frac{\pi}{2}$ (2) $\frac{3}{10}\pi$ (3) $4\pi^2$ (4) $\frac{4\sqrt{3}}{3}R^3$

3. (1) e^a-e^{-a} (2) $\frac{112}{27}$ (3) $6a$ (4) $8a$

4. $\left(\frac{4a}{3\pi},\frac{4b}{3\pi}\right)$ 5. 138.474kJ 6. 26133.33N 7. $-3e^{-2}+1$

第5章 模拟试题

1. 单项选择题:

(1) C (2) B (3) C (4) A (5) C (6) D (7) B (8) C

2. 填空题:

(1) 由曲线 $y=f(x)$,直线 $x=a,x=b$ 以及 x 轴所围成的各部分曲边梯形面积的代数和

(2) $\ln 2$ (3) $\frac{\sqrt{2}}{2}\pi-2$ (4) $x-1$ (5) 1 (6) $2x\sqrt{1+x^6}$ (7) -6 (8) $\frac{\pi}{2}$

3. 计算题:

(1) $2-\frac{\pi}{2}$ (2) $\frac{4}{3}$ (3) $\ln 2-\frac{1}{2}$ (4) π (5) 0 (6) 提示:记 $g(x)=\int_x^{2x}\frac{dt}{\sqrt{1+t^3}}$,则 $g'(x)=\frac{2}{\sqrt{1+8x^3}}-\frac{1}{\sqrt{1+x^3}}$,令 $g'(x)=0$,得驻点 $x_1=\sqrt[3]{\frac{3}{4}}$,当 x 从小到大经过点 $x_1=\sqrt[3]{\frac{3}{4}}$ 时,$g'(x)$ 由正值变为负值.所以函数 $g(x)$ 在 $x_1=\sqrt[3]{\frac{3}{4}}$ 取得极大值.由于函数 $g(x)$ 在 $(0,+\infty)$ 连续,且有惟一的极大值点.所以 $g(x)$ 在 $x_1=\sqrt[3]{\frac{3}{4}}$ 取得最大值

(7) $\frac{4}{3}$ (8) 5.8×10^7(J)

第 6 章 多元函数微积分学

强化训练 6.1

1. 单项选择题:

(1) C (2) C (3) D (4) B (5) C (6) A (7) A (8) C (9) B (10) A
(11) D (12) C (13) D (14) A (15) D (16) A (17) B (18) D (19) B
(20) C (21) A (22) C (23) A (24) C (25) A (26) A (27) D (28) C
(29) B (30) B

2. 填空题:

(1) $5\boldsymbol{j}$ (2) 10 (3) ±2 (4) $\frac{5}{2}\sqrt{3}$ (5) $5x-4z-12=0$ (6) 属于,平行

(7) $\frac{x}{-1}=\frac{y+1}{1}=\frac{z-9}{1}$ (8) 由抛物线$\begin{cases}\frac{y^2}{2}-x=0\\z=0\end{cases}$绕 x 轴旋转所生成的旋转抛物面

(9) $x^2+y^2=t^4$ (10) $2x+2y-3z=0$ (11) $\{(x,y)\mid -x\leqslant y\leqslant x\}$
(12) $\{(x,y)\mid x\geqslant 0, y\in[2k\pi,(2k+1)\pi], k=0,\pm1,\cdots\}$ 或 $\{(x,y)\mid x<0, y\in[(2k-1)\pi, 2k\pi], k=0,\pm1,\cdots\}$ (13) $\frac{x^2(1-y)}{1+y}$ (14) 2 (15) 不存在 (16) 0

(17) $(1+\ln x)\mathrm{d}x+(1+\ln y)\mathrm{d}y+(1+\ln z)\mathrm{d}z$ (18) $2y(1+xy^2)\mathrm{e}^{xy^2}$

(19) $-\frac{1}{y-x\mathrm{e}^{xz}}[(y-z\mathrm{e}^{xz})\mathrm{d}x+(x+z)\mathrm{d}y]$ (20) $-\frac{\sqrt{2}}{2}\pi\mathrm{d}x+\frac{\sqrt{2}}{2}(1+2\pi)\mathrm{d}y$ (21) $\frac{2(y+z)}{(x+y)^2}$

(22) $\frac{1}{u}$ (23) $\frac{a^2b^2}{a^2+b^2}$ (24) $-\frac{5}{2}$ (25) $I_1<I_2<I_3$ (26) $\frac{100}{51}\leqslant I\leqslant 2$

(27) $\int_0^a\mathrm{d}y\int_{2a-y}^{a+\sqrt{a^2-y^2}}f(x,y)\mathrm{d}x$ (28) 0

(29) $\int_0^1\mathrm{d}y\int_{-\sqrt{4-y^2}}^{2y-2}f(x,y)\mathrm{d}x+\int_0^1\mathrm{d}y\int_{2+2y}^{\sqrt{4-y^2}}f(x,y)\mathrm{d}x+\int_1^2\mathrm{d}y\int_{-\sqrt{4-y^2}}^{\sqrt{4-y^2}}f(x,y)\mathrm{d}x$

(30) $(\sqrt[3]{y},\sqrt{y})$

3. 计算题:

(1) $B(5,4,2)$, $C(6,8,4)$, $\overrightarrow{AC}=\{5,6,5\}$, $\langle\overrightarrow{AB},\overrightarrow{AC}\rangle=\arccos\frac{47}{\sqrt{2494}}$ (2) 略.

(3) $\overrightarrow{M_1M_2}=(-1,-\sqrt{2},1)$, $\left|\overrightarrow{M_1M_2}\right|=2$, $\cos\alpha=-\frac{1}{2}$, $\cos\beta=-\frac{\sqrt{2}}{2}$, $\cos\gamma=\frac{1}{2}$, $\alpha=\frac{2\pi}{3}$, $\beta=\frac{3\pi}{4}$, $\gamma=$

$\frac{\pi}{3}, \pm\left(-\frac{1}{2}, -\frac{\sqrt{2}}{2}, \frac{1}{2}\right)$ (4) $A(-2,3,0)$ (5) $\pm\left(\frac{3}{\sqrt{17}}, -\frac{2}{\sqrt{17}}, -\frac{2}{\sqrt{17}}\right)$ (6) $\lambda=2\mu$

(7) ① $-8\boldsymbol{j}-24\boldsymbol{k}$ ② $-\boldsymbol{j}-\boldsymbol{k}$ ③ 2

(8) 以$\left(-\frac{2}{3}, -1, -\frac{4}{3}\right)$为球心，$\frac{2}{3}\sqrt{29}$为半径的球面

(9) $x^2+y^2+z^2=9$

(10) ①平面 ②柱面 ③旋转曲面 ④球面

(11) ① 表示以 yOz 平面上的双曲线 $y^2-z^2=1$ 为准线，以平行于 x 轴的直线为母线的双曲柱面 ② 表示 xOy 平面上的双曲线 $x^2-\frac{y^2}{4}=1$ 绕 y 轴旋转一周所形成的旋转曲面，或表示 yOz 平面上的双曲线 $z^2-\frac{y^2}{4}=1$ 绕 y 轴旋转一周所形成的旋转曲面

(12) $x+y-3z-4=0$ (13) $x-y+z=0$ (14) $3x+4y+2z+2=0$

(15) $L: \frac{x}{-2}=\frac{y-\frac{3}{2}}{1}=\frac{z-\frac{5}{2}}{3}, \begin{cases} x=-2t \\ y=\frac{3}{2}+t \\ z=\frac{5}{2}+3t \end{cases}$

(16) $\begin{cases} 8x-7y+2z=0 \\ 9x-10y-2z=-17 \end{cases}$

(17) $xOy: \begin{cases} x^2+y^2-x-y=0 \\ z=0 \end{cases}$

$xOz: \begin{cases} 2x^2+2zx+z^2-4x-3z+2=0 \\ y=0 \end{cases}$

$yOz: \begin{cases} 2y^2+2zy+z^2-4y-3z+2=0 \\ x=0 \end{cases}$

(18) $\begin{cases} (x-1)^2+y^2\leqslant 1 \\ z=0 \end{cases}$

(19) $t^2f(x,y)$

(20) 略.

(21) ① $\{(x,y)\mid x+y>0, x-y+2>0\}$ ② $\{(x,y)\mid 1<x^2+y^2<2\}$ ③ $\{(x,y)\mid x^2+(y-2)^2\leqslant 4, x^2+(y-1)^2\geqslant 1\}$

(22) ① 0 ② -1 ③ 0 ④ 1 ⑤ 不存在 ⑥ 不存在

(23) ① $\frac{\partial z}{\partial x}=\frac{1}{y}e^{\frac{x}{y}}$, $\frac{\partial z}{\partial y}=-\frac{x}{y^2}e^{\frac{x}{y}}$

② $\frac{\partial z}{\partial x}=\cos y\cos(x\cos y)$, $\frac{\partial z}{\partial y}=-x\sin y\cos(x\cos y)$

③ $\frac{\partial z}{\partial x}=y^2(1+xy)^{y-1}$ $\frac{\partial z}{\partial y}=(1+xy)^y\left[\ln(1+xy)+\frac{xy}{1+xy}\right]$

④ $\frac{\partial z}{\partial x}=\frac{1}{2x\sqrt{\ln(xy)}}$ $\frac{\partial z}{\partial y}=\frac{1}{2y\sqrt{\ln(xy)}}$

⑤ $\frac{\partial u}{\partial x}=\frac{z(x-y)^{z-1}}{1+(x-y)^{2z}}$　$\frac{\partial u}{\partial y}=-\frac{z(x-y)^{z-1}}{1+(x-y)^{2z}}$,　$\frac{\partial u}{\partial z}=\frac{(x-y)^z\ln(x-y)}{1+(x-y)^{2z}}$

⑥ $\frac{\partial z}{\partial x}=2x\ln(x^2+y^2)+\frac{2x^3}{x^2+y^2}$　$\frac{\partial z}{\partial y}=\frac{2x^2y}{x^2+y^2}$

(24) ① 1,0　② 9,0

(25) 略.

(26) ① $\frac{\partial^2 z}{\partial x^2}=12x^2-8y^2$　$\frac{\partial^2 z}{\partial y^2}=12y^2-8x^2$　$\frac{\partial^2 z}{\partial x\partial y}=-16xy$

② $\frac{\partial^2 z}{\partial x^2}=\frac{x+2y}{(x+y)^2}$　$\frac{\partial^2 z}{\partial y^2}=-\frac{x}{(x+y)^2}$　$\frac{\partial^2 z}{\partial x\partial y}=\frac{y}{(x+y)^2}$

(27) $\frac{\partial^3 z}{\partial x^2\partial y}=0$　$\frac{\partial^3 z}{\partial x\partial y^2}=-\frac{1}{y^2}$

(28) ① $\mathrm{d}z=\left(y+\frac{1}{y}\right)\mathrm{d}x+\left(x-\frac{x}{y^2}\right)\mathrm{d}y$　② $\mathrm{d}z=-\frac{x}{(x^2+y^2)^{\frac{3}{2}}}(y\mathrm{d}x-x\mathrm{d}y)$

(29) 108.91

(30) −0.05cm

(31) 14.8m^3

(32) ① $\frac{\partial z}{\partial x}=4x,\frac{\partial z}{\partial y}=4y$

② $\frac{\partial z}{\partial x}=\mathrm{e}^{xy}[y\cos(2x-y)-2\sin(2x-y)],\frac{\partial z}{\partial y}=\mathrm{e}^{xy}[x\cos(2x-y)+\sin(2x-y)]$

③ $\mathrm{e}^{\sin x-2x^3}(\cos x-6x^2)$　④ $\mathrm{e}^{ax}\sin x$

⑤ $\frac{\partial z}{\partial x}=2x\frac{\partial f}{\partial u}+xy\frac{\partial f}{\partial v}+f(x^2+y^2,xy),\frac{\partial z}{\partial y}=-2xy\frac{\partial f}{\partial u}+x^2\frac{\partial f}{\partial v}$

⑥ 将中间变量 x^2-y^2, e^{xy} 依次编为 1,2 号,则 $\frac{\partial z}{\partial x}=2xf_1'+y\mathrm{e}^{xy}f_2',\frac{\partial z}{\partial x}=-2yf_1'+x\mathrm{e}^{xy}f_2'$

(33) ① $\frac{\mathrm{d}z}{\mathrm{d}x}=\frac{y^2-\mathrm{e}^x}{\cos y-2xy}$　② $\frac{\partial z}{\partial x}=\frac{z}{x+z},\frac{\partial z}{\partial y}=\frac{z^2}{y(x+z)}$　③ $\frac{z(z^4-2xyz^2-x^2y^2)}{(z^2-xy)^3}$

(34) 在 $\left(\frac{1}{2},-1\right)$ 处,函数取得极小值 $-\frac{\mathrm{e}}{2}$

(35) $\frac{p}{3}$ 或 $\frac{2p}{3}$

(36) 长、宽都为 $2\sqrt{10}$m

(37) ① $\frac{33}{140}$　② $\mathrm{e}-\mathrm{e}^{-1}$　③ $1-\sin 1$　④ 18π　⑤ 4π

(38) ① $\frac{\pi}{4}$　② $\frac{7}{2}$　③ $\frac{1}{3}$

强化训练 6.2

1. (0,1,−2)　2. $-\boldsymbol{a}-11\boldsymbol{b}+7\boldsymbol{c}$

3. $|\boldsymbol{a}|=\sqrt{3}$, $|\boldsymbol{b}|=\sqrt{38}$, $|\boldsymbol{c}|=3$, $\boldsymbol{a}=|\boldsymbol{a}|\cdot\boldsymbol{a}^0=\sqrt{3}\left(\frac{1}{\sqrt{3}},\frac{1}{\sqrt{3}},\frac{1}{\sqrt{3}}\right)$, $\boldsymbol{b}=|\boldsymbol{b}|\cdot\boldsymbol{b}^0=\sqrt{38}\left(\frac{2}{\sqrt{38}},-\frac{3}{\sqrt{38}},\frac{5}{\sqrt{38}}\right)$, $\boldsymbol{c}=|\boldsymbol{c}|\cdot\boldsymbol{c}^0=3\left(-\frac{2}{3},-\frac{1}{3},\frac{2}{3}\right)$

4. $4\boldsymbol{i}+\boldsymbol{j}-3\boldsymbol{k}$, -6

5. (1) $z=3$ (2) $x+3y=0$ (3) $9y-z-2=0$

6. $y^2+z^2=5x$

强化训练 6.3

1. (1) $f\left(\frac{1}{2},3\right)=\frac{5}{3}$, $f(1,1)=2$

(2) $f(0,0)=0$, $f(1,1)=\frac{1}{2}$, $\frac{f(0+\Delta x,1)-f(0,1)}{\Delta x}=\frac{1}{1+(\Delta x)^2}$

2. (1) $x^2+y^2\neq0$ (2) $x-y\neq0$ (3) $0\leqslant x^2+y^2\leqslant1$ (4) $x^3+y^3\neq0$ (5) $r^2<x^2+y^2\leqslant R^2$ (6) $x\geqslant0$ 且 $y\geqslant\sqrt{x}$

3. (1) 1 (2) ∞ (3) 0 (4) $-\frac{1}{4}$ (5) 2 (6) 0

强化训练 6.4

1. (1) $\frac{\partial z}{\partial x}=ye^{xy}$, $\frac{\partial z}{\partial y}=xe^{xy}$ (2) $\frac{\partial z}{\partial x}=yx^{y-1}$, $\frac{\partial z}{\partial y}=x^y\ln x$ (3) $\frac{\partial z}{\partial x}=y+\frac{1}{y}$, $\frac{\partial z}{\partial y}=x-\frac{x}{y^2}$

(4) $\frac{\partial z}{\partial x}=-\frac{y}{x^2+y^2}$, $\frac{\partial z}{\partial y}=\frac{x}{x^2+y^2}$

2. (1) $\frac{\partial^2 z}{\partial x^2}=(2-y)\cos(x+y)-x\sin(x+y)$, $\frac{\partial^2 z}{\partial y^2}=-(x+2)\sin(x+y)-y\cos(x+y)$, $\frac{\partial^2 z}{\partial x\partial y}=(1-y)\cos(x+y)-(x+1)\sin(x+y)$

(2) $\frac{\partial^2 z}{\partial x^2}=\frac{y^2-x^2}{(x^2+y^2)^2}$, $\frac{\partial^2 z}{\partial y^2}=\frac{x^2-y^2}{(x^2+y^2)^2}$, $\frac{\partial^2 z}{\partial x\partial y}=-\frac{2xy}{(x^2+y^2)^2}$

(3) $\frac{\partial^2 z}{\partial x^2}=\frac{1}{x}$, $\frac{\partial^2 z}{\partial y^2}=-\frac{x}{y^2}$, $\frac{\partial^2 z}{\partial x\partial y}=\frac{1}{y}$

3. (1) $dz|_{(0,0)}=0$, $dz|_{(1,1)}=-4(dx+dx)$ (2) $dz|_{(1,0)}=-dx$, $dz|_{(0,1)}=dx$

4. (1) $dz=2\cos(x^2+y^2)(xdx+ydy)$ (2) $dz=mx^{m-1}y^n dx+nx^m y^{n-1}dy$

(3) $dz=e^{xy}(ydx+xdy)$ (4) $dz=yx^{y-1}dx+x^y\ln x dy$

(5) $du=\frac{1}{\sqrt{x^2+y^2+z^2}}(xdx+ydy+zdz)$ (6) $du=\frac{2}{x^2+y^2+z^2}(xdx+ydy+zdz)$

5. (1) 2.95 (2) 2.039

6. 574.9466cm^3 2.187

强化训练 6.5

1. (1) $\frac{\partial z}{\partial x}=x^2\sin^2y\cos y(2x\cos y-1)+x^2\sin 2y\sin y(x\cos y-1)$,

$\frac{\partial z}{\partial y}=-x^3\sin^3y(2x\cos y-1)+x^3\sin 2y\cos y(x\cos y-1)$

(2) $\frac{\partial z}{\partial x}=\frac{2x}{y^2}\ln(3x-2y)+\frac{3x^2}{(3x-2y)y^2}, \frac{\partial z}{\partial y}=-\frac{2x^2}{y^3}\ln(3x-2y)-\frac{2x^2}{(3x-2y)y^2}$

2. (1) $\frac{dz}{dt}=e^{\sin t-2t^3}(\cos t-6t^2)$ (2) $\frac{dz}{dt}=\frac{3(1-4t^2)}{\sqrt{1-(3t-4t^3)^2}}$ (3) $\frac{dz}{dx}=\frac{e^x(1+x)}{1+x^2e^{2x}}$

4. $\frac{\partial z}{\partial x}=\frac{yz-\sqrt{xyz}}{\sqrt{xyz}-xy}, \frac{\partial z}{\partial y}=\frac{xz-2\sqrt{xyz}}{\sqrt{xyz}-xy}$

6. $\frac{\partial^2 z}{\partial x^2}=\frac{2y^2ze^z-2xy^3z-y^2z^2e^z}{(e^z-xy)^3}$

7. $\frac{dy}{dx}=\frac{y^2-e^x}{\cos y-2xy}$

强化训练6.6

1. (1) 在点(2,-2)处有极大值8 (2) 在点(3,2)处有极大值36

(3) 在点$\left(\frac{1}{2},-1\right)$处有极小值$-\frac{e}{2}$

2. 极大值$\frac{1}{4}$

3. $\sqrt{9+5\sqrt{3}}, \sqrt{9-5\sqrt{3}}$

强化训练6.7

1. (1) $\iint\limits_D (x+y)^2 d\sigma \geqslant \iint\limits_D (x+y)^3 d\sigma$

(2) $\iint\limits_D \ln(x+y) d\sigma \leqslant \iint\limits_D \ln(x+y)^2 d\sigma$

2. (1) $\int_0^1 dx\int_x^1 f(x,y)dy$ (2) $\int_0^4 dx\int_{\frac{x}{2}}^{\sqrt{x}} f(x,y)dy$ (3) $\int_0^1 dy\int_{2-y}^{1+\sqrt{1-y^2}} f(x,y)dx$

(4) $\int_0^1 dy\int_{e^y}^{e} f(x,y)dx$

3. (1) $\frac{6}{55}$ (2) $\frac{64}{15}$ (3) $\frac{13}{6}$ (4) $\pi^2-\frac{40}{9}$

4. (1) $\pi(e^4-1)$ (2) $\frac{3}{64}\pi^2$

第6章 模拟试题

1. 单项选择题:

(1) D (2) A (3) D (4) B (5) C (6) C (7) D (8) D

2. 填空题：

(1) $\sqrt{3}$ (2) $\begin{cases} x=y \\ z=0 \end{cases}$ $(|x|\leqslant 8)$ (3) $x^2+2y^2+2xy-y$ (4) $x+y<0$

(5) $-\frac{\sqrt{2}}{2}\pi dx+\frac{\sqrt{2}}{2}(1+2\pi)dy$ (6) 1 (7) $\int_{\frac{\pi}{4}}^{\frac{\pi}{3}}d\theta\int_1^{2\sec\theta}f(r)rdr$

(8) $\int_0^1 dy\int_{-\sqrt{4-y^2}}^{2y-2}f(x,y)dx+\int_0^1 dy\int_{2+2y}^{\sqrt{4-y^2}}f(x,y)dx+\int_1^2 dy\int_{-\sqrt{4-y^2}}^{\sqrt{4-y^2}}f(x,y)dx$

3. 计算题：

(1) $7x+58y-5z=0$ (2) 不存在 (3) $\frac{\partial f}{\partial x}-\frac{e^{xy}(1+xy)}{x^2e^{xy}-1}\frac{\partial f}{\partial y}+\frac{z}{e^x-x}\frac{\partial f}{\partial z}$

(4) $e^{x^2+y^2+x^4\cos^2 y}[(4x^3\cos^2 y+2x)dx+(2y-x^4\sin 2y)dy]$

(5) 略.

(6) $\frac{16}{315}$ (7) $\frac{3}{32}\pi a^4$

第 7 章 常微分方程

强化训练 7.1

1. 单项选择题：

(1) C (2) B (3) D (4) C (5) A (6) C (7) B (8) B (9) D (10) C
(11) A (12) C (13) D (14) A (15) A (16) A (17) C (18) B

2. 填空题：

(1) $y=e^{\tan\frac{x}{2}}$

(2) $f(x)=\frac{1}{x}\left(C-\frac{x^2}{2}\right)$

(3) $y=\ln(Cx)$ 或 $e^y=Cxy$

(4) $y=-e^{-x}+C$

(5) $y=\frac{3}{2}x-\cos x-\frac{1}{4}\sin 2x+3$

(6) 二

(7) $y=(C_1+C_2x)e^x+x$

(8) $y=(x+C)\cos x$

(9) $y=(C_1+C_2x)e^{-2x}+\frac{1}{2}x^2e^{-2x}$

(10) $y=C_1e^{-2x}+C_2e^{2x}+\frac{1}{4}xe^{2x}$

(11) $y=C_1\cos x+C_2\sin x-2x$

(12) $y=e^{-x}(C_1\cos 2x+C_2\sin 2x)$

(13) 1

(14) $S(t)=\frac{a}{2}t^2+C_1t+C_2$

(15) $u=\frac{y}{x}$

(16) $y=\frac{1}{2}(x+1)^4+C(x+1)^2$

3. 计算题：

(1) $\frac{1}{y}=-\frac{1}{2x}+\frac{C}{x^3}$或$\frac{x^3}{y}+\frac{x^2}{2}=C$

(2) $S(t)=\frac{5}{2}e^t-\frac{1}{2}e^{-t}-(t+1)$

(3) $y=\ln\frac{C|x(1+y)|}{\sqrt{1+x^2}}$或 $e^y=\frac{Cx(1+y)}{\sqrt{1+x^2}}$

(4) 提示：将 x 视为 y 的函数，方程可变形为关于$\frac{x}{y}$为齐次的方程，$x+ye^{\frac{x}{y}}=c$

(5) $x^2-2xy=C$

(6) 提示：将给定的方程变形为 $\frac{dx}{dy}+\frac{1}{y}x=1$，则是以 x 为函数、以 y 为自变量的一阶线性方程 $y^2-2xy=C$

(7) $y=\frac{1}{x}e^x$

(8) 提示：设 $y=ux$，则$\frac{dy}{dx}=u+x\frac{du}{dx}$，代入原方程得$\frac{1-2u}{u(1+2u)}du=\frac{1}{x}dx$，积分得$\frac{u}{(1+2u)^2}=Cx$，代回原变量得通解为 $y=C(x+2y)^2$

(9) 提示：原方程可化为$\frac{dy}{dx}=\frac{y}{x}\ln\frac{y}{x}$，设 $y=ux$，则$\frac{dy}{dx}=u+x\frac{du}{dx}$，代入原方程得 $u+x\frac{du}{dx}=u\ln u$，分离变量得$\frac{du}{u(\ln u-1)}=\frac{dx}{x}$，积分得 $\ln(\ln u-1)=\ln x+\ln C$，即 $\ln u-1=Cx$，代回原变量得通解为 $\frac{y}{x}=e^{Cx+1}$即 $y=xe^{Cx+1}$

(10) $\frac{1}{y}=Cx-x\ln x$ 或 $y=\frac{1}{Cx-\ln x}$

(11) 提示：方程接连两次积分即得通解 $y'=\int 2x\ln x dx=x^2\ln x-\frac{x^2}{2}+C_1$，$y=\int\left(x^2\ln x-\frac{x^2}{2}+C_1\right)dx=\frac{x^3}{3}\ln x-\frac{5x^3}{18}+C_1x+C_2$

(12) 提示：这是 $y''=f(x,y')$ 型方程，令 $y'=P$，$y''=P'$，代入原方程得 $P'-\frac{1}{x}P=x$，该方程为一阶线性非齐次方程，代入通解公式得 $P=e^{-\int P(x)dx}\left[\int Q(x)e^{\int P(x)dx}dx+C\right]=e^{\int\frac{1}{x}dx}\left[\int xe^{-\int\frac{1}{x}dx}dx+C\right]=x(x+C_1)$，代回 $P=y'$，积分得 $y=\int(x^2+C_1x)dx+C_2=\frac{1}{3}x^3+\frac{1}{2}C_1x^2+C_2$

(13) 提示：这是 $y''=f(y,y')$ 型方程，令 $y'=P$，则 $y''=P\frac{dP}{dx}$，代入原方程得 $P\frac{dP}{dy}=3\sqrt{y}$，分离变量得 $PdP=3\sqrt{y}dy$，积分得 $P^2=4y^{\frac{3}{2}}+C_1$. 由 $y'(0)=1$ 得 $C_1=0$，从而 $y'=P=2y^{\frac{3}{4}}$，积分得 $y^{\frac{1}{4}}=$

$\frac{1}{2}x+C$,由 $y(0)=1$ 得 $C=1$.所以,所求特解为 $y^{\frac{1}{4}}=\frac{1}{2}x+1$

(14) $y=C_1e^x+C_2e^{2x}$

(15) $y=e^{3x}(C_1\cos4x+C_2\sin4x)$

(16) $y=2\cos5x+\sin5x$

(17) 提示:与原方程所对应的齐次方程的特征方程为 $r^2-10r+9=0$,特征根为 $r_1=1,r_2=9$,是两个不相等的实根.所以对应齐次方程的通解为 $Y=C_1e^x+C_2e^{9x}$.由于非齐次项 $f(x)=e^{2x}$,$\lambda=2$ 不是特征根,因而设特解为 $y^*=Ae^{2x}$,则$(y^*)'=2Ae^{2x}(y^*)''=4Ae^{2x}$,代入原方程解得 $A=-\frac{1}{7}$,代入所设特解得 $y^*=-\frac{1}{7}e^{2x}$. 所以原方程的通解为 $y=C_1e^x+C_2e^{9x}-\frac{1}{7}e^{2x}$.由初始条件解得 $C_1=C_2=\frac{1}{2}$,故原方程满足初始条件的特解为 $y=\frac{1}{2}e^x+\frac{1}{2}e^{9x}-\frac{1}{7}e^{2x}$

(18) 提示:与原方程所对应的齐次方程的特征方程为 $r^2-1=0$,特征根为 $r_1=1,r_2=-1$ 是两个不相等的实根.所以对应齐次方程的通解为 $Y=C_1e^x+C_2e^{-x}$.由于非齐次项 $f(x)=4xe^x$,$\lambda=1$ 是特征单根,因而设特解为 $y^*=x(Ax+B)e^x$,代入原方程解得 $A=1,B=-1$,代入所设特解得 $y^*=e^x(x^2-x)$.所以原方程的通解为 $y=C_1e^x+C_2e^{-x}+e^x(x^2-x)$.由初始条件解得 $C_1=1,C_2=-1$,故原方程满足初始条件的特解为 $y=e^x-e^{-x}+e^x(x^2-x)$

(19) 提示:与原方程所对应的齐次方程的特征方程为 $r^2-4r=0$,特征根 $r_1=0,r_2=4$,是两个不相等的实根.所以对应齐次方程的通解为 $Y=C_1+C_2e^{4x}$,由于非齐次项 $f(x)=5$,$\lambda=0$ 是特征单根.因而设特解为 $y^*=Ax$,代入原方程解得 $A=-\frac{5}{4}$,代入所设特解得$y^*=-\frac{5}{4}x$.所以原方程的通解为 $y=C_1+C_2e^{4x}-\frac{5}{4}x$.由初始条件解得 $C_1=\frac{11}{16},C_2=\frac{5}{16}$,故原方程满足初始条件的特解为 $y=\frac{1}{16}(11+5e^{4x})-\frac{5}{4}x$

(20) 提示:由 $u=y\cos x$ 两端对 x 求导,得 $u'=y'\cos x-y\sin x$,$u''=y''\cos x-2y'\sin x-y\cos x$.于是原方程化为 $u''+4u=e^x$,其通解为 $u=C_1\cos2x+C_2\sin2x+\frac{1}{5}e^x$.从而原方程的通解为 $y=\frac{1}{\cos x}(C_1\cos2x+C_2\sin2x+\frac{1}{5}e^x)$

强化训练 7.2

1. (1) 1 (2) 2 (3) 1 (4) 3
2. (1) 是 (2) 不是 (3) 是 (4) 不是
3. (1) $y=2x-2$ (2) $y=\cos x-1$

强化训练 7.3

1. (1) $y=Cxe^{\frac{1}{x}}$ (2) $e^y-1=Ce^{x+y}$ (3) $\ln^2x+\ln^2y=C$ (4) $1+y^2=C(1+x^2)$
(5) $\tan x\tan y=C$ (6) $y=-\frac{2}{2x^2+2x-1}$ (7) $\arctan y=\arctan x+\frac{\pi}{4}$

(8) $x^2+2x-y^2-2y+3=0$ (9) $\cos y=\frac{\sqrt{2}}{2}\cos x$

2. (1) $e^{-\frac{y}{x}}+\ln x=C$ (2) $y=x\sin(Cx)$ (3) $\csc\frac{y}{x}-\cot\frac{y}{x}=Cx$ (4) $y^2=x^2(C-2\ln x)$ (5) $x^2-y^2+y^3=0$ (6) $\frac{1}{n-m+1}(x+y)^{n-m+1}+\frac{1}{p-m+1}(x+y)^{p-m+1}=C+x$

3. (1) $y=(x^2+C)\sin x$ (2) $y=e^{-x}(x+C)$ (3) $y=e^{-x^2}\left(\frac{x^2}{2}+C\right)$ (4) $y=-2\cos^2 x+C\cos x$

(5) $y=ax+\frac{C}{\ln x}$ (6) $x=\frac{1}{2}y^3+Cy$ (7) $x=Ce^{\sin y}-2\sin y+2$ (8) $y=x(\arctan x+C)$ (9) $y^3=Cx^3+3x^4$ (10) $\frac{1}{y}=Cx-x\ln\ln x$ (11) $y^3=Cx^3+3x^4$ (12) $y=\frac{1}{\ln x+1}$

4. $T(t)=20+80e^{-kt}, k=\frac{\ln 2}{20}$

强化训练 7.4

1. (1) $y=\frac{1}{6}x^3-\sin x+C_1x+C_2$ (2) $y=xe^{-x}+2e^{-x}+C_1x+C_2$

(3) $y=x\arctan x-\frac{1}{2}\ln(1+x^2)+C_1x+C_2$ (4) $y=C_1e^x-\frac{1}{2}x^2-x+C_2$ (5) $y=C_1\ln x+C_2$

(6) $y=C_1\arcsin x+(\arcsin x)^2+C_2$ (7) $y=\arctan(C_2e^x)+C_1$ (8) $y=\sin(C_1+x)+C_2$

(9) $x=\frac{1}{C_1-1}\sqrt{a^2+(C_1-1)y^2}+C_2$

2. (1) $y=\ln\operatorname{ch}x$ (2) $y=\left(\frac{1}{2}x+1\right)^4$ (3) $y=\ln\sec x$

(4) $y=\frac{1}{a^3}e^{ax}-\frac{e^a}{2a}x^2+\frac{e^a}{a^2}(a-1)x+\frac{e^a}{2a^3}(2a-a^2-2)$

强化训练 7.5

1. (1) $y=C_1e^x+C_2e^{-2x}$ (2) $y=e^{-3x}(C_1\cos 2x+C_2\sin 2x)$ (3) $y=(C_1+C_2t)e^{\frac{5}{2}t}$

(4) $y=e^{-x}-4e^{4x}$ (5) $y=(C_1+C_2x)e^{-\frac{x}{2}}, y=2(1+x)e^{-\frac{x}{2}}$ (6) $y=e^{2x}\sin 3x$

2. (1) $y=C_1e^{\frac{x}{2}}+C_2e^{-x}+e^x$ (2) $y=C_1e^{-x}+C_2e^{-2x}+\left(\frac{3}{2}x^2-3x\right)e^{-x}$

(3) $y=C_1\cos 2x+C_2\sin 2x+\frac{1}{3}x\cos x+\frac{2}{9}\sin x$ (4) $y=C_1\cos x+C_2\sin x+\frac{e^x}{2}+\frac{x}{2}\sin x$

(5) $y=-5e^x+\frac{7}{2}e^{2x}+\frac{5}{2}$

3. (1) $\begin{cases}x=C_1\cos x+C_2\sin x+3\\ y=C_2\cos x-C_1\sin x\end{cases}$ (2) $\begin{cases}x=e^x\\ y=4e^x\end{cases}$

强化训练 7.6

1. $x(t)=50e^{-\frac{t}{250}}, x(100)=50e^{-0.4}$(g)
2. $N(t)=N_{(0)}e^{(\lambda-\mu)t}$
3. $N(t)=\left(N_{(0)}+\frac{\beta}{\alpha}\right)e^{\alpha t}-\frac{\beta}{\alpha}$
4. $8\times10^5e^{-0.9}, 8\times10^5e^{-1.8}$
5. $C(t)=\frac{D}{V}e^{-kt}, k=\frac{\ln2}{t_{1/2}}=\frac{\ln2}{12}=0.0578$

第7章 模拟试题

1. 单项选择题:

(1) C (2) D (3) D (4) C (5) D (6) A (7) B (8) A

2. 填空题:

(1) 2 (2) 线性无关 (3) e^x, xe^x (4) 不能 (5) $y=\sin(x+C)$ (6) $u(x)=\frac{1}{2}x^2+x+C$

(7) $\frac{1}{6}e^x$ (8) $y''-y=0$

3. 计算题:

(1) $e^y=\frac{1}{2}e^{2x}+e-\frac{1}{2}$

(2) 提示:令 $y=xu$,则$\frac{dy}{dx}=u+x\frac{du}{dx}$,代入原方程,得 $x\frac{du}{dx}=\sqrt{1-u^2}$,分离变量,取不定积分,得$\int\frac{du}{\sqrt{1-u^2}}=\int\frac{dx}{x}+\ln C(C\neq0)$.通解为 $\arcsin\frac{y}{x}=\ln Cx$

(3) $y^{-4}=Ce^{-4x}-x+\frac{1}{4}$ (4) $e^y=e^x+C$ (5) $y=Cx+x\ln|x|$

(6) 提示:对应齐次方程的通解为:$\bar{y}=c_1e^{-3x}+c_2e^x$ 设原方程的一个特解为 $y^*=Axe^x$,代入原方程,比较系数确定出 $A=\frac{1}{2}$.故原方程的一个特解为 $y^*=\frac{1}{2}xe^x$.因此原方程的通解为:$y=c_1e^{-3x}+c_2e^x+\frac{1}{2}xe^x$

(7) 提示:对应齐次方程的特征方程为 $\lambda^2-5\lambda=0$,特征根为 $\lambda_1=0, \lambda_2=5$.齐次方程的通解为 $y=C_1+C_2e^{5x}$,因为 $\alpha=0$ 是特征根. 所以,设非齐次方程的特解为 $y_1(x)=x(Ax^2+Bx+C)$,代入原方程,比较系数确定出 $A=\frac{1}{3}, B=\frac{1}{5}, C=\frac{2}{25}$.原方程的通解为 $y=C_1+C_2e^{5x}+\frac{1}{3}x^3+\frac{1}{5}x^2+\frac{2}{25}x$

(8) 提示:方程的特征根为 $\lambda_{1,2}=\pm 2\mathrm{i}$,齐次方程的通解为 $y=C_1\cos 2x+C_2\sin 2x$.因为 $\alpha\pm\mathrm{i}\beta=\pm 2\mathrm{i}$ 是特征根. 所以,设非齐次方程的特解为 $y_1(x)=x(A\cos 2x+B\sin 2x)$,代入原方程,可确定 $A=0,B=\frac{1}{4}$.故原方程的通解为 $y=C_1\cos 2x+C_2\sin 2x+\frac{1}{4}x\sin 2x$

第8章 无穷级数

强化训练8.1

1. 单项选择题:

(1)A (2) D (3) D (4) A (5) C (6) C (7) C (8) C (9) D (10) D

2. 填空题:

(1) $S_n=1-\frac{1}{n+1}$ (2) 收敛 (3) $k<1$ (4) $k<1$

(5) $\frac{4}{3}$(提示:$S_n-\frac{1}{3}S_n=\frac{1}{3}+\frac{1}{3^2}+\cdots+\frac{1}{3^n}+\cdots$) (6) $R=\frac{1}{\rho}$

(7) $\cos x=\sum_{n=0}^{\infty}(-1)^n\frac{x^{2n}}{(2n)!}(-\infty<x<+\infty)$

(8) $\mathrm{e}^x=\sum_{n=0}^{\infty}\frac{x^n}{n!}(-\infty<x<+\infty)$

(9) $\sin x=\sum_{n=1}^{\infty}(-1)^{n-1}\frac{x^{2n-1}}{(2n-1)!}(-\infty<x<+\infty)$

(10) $\frac{1}{1+x^2}=\sum_{n=0}^{\infty}(-1)^n x^{2n}(-1<x<1)$

(11) $-1<x\leqslant 1$

(12) $\ln(1+x)=\sum_{n=1}^{\infty}(-1)^n\frac{x^n}{n}$

(13) ln2 (14) 收敛 (15) $[0,2)$

3. 计算题:

(1) ① 发散 ② 发散(比较) ③ 收敛 ④ 发散(必要条件)

(2) ① 条件收敛 ② 绝对收敛 ③ 条件收敛 ④ 发散

(3) $[-3,1)$ (4) $(-\sqrt{2},\sqrt{2})$

(5) 收敛区间为$(-1,1)$,$S(x)=\frac{1+x}{(1-x)^2}$,$\sum_{n=1}^{\infty}\frac{n}{2^{n-1}}=4$

(6) $\frac{1}{(1+x)^2}=\left(-\frac{1}{1+x}\right)'=-\left[\sum_{n=0}^{\infty}(-1)^n x^n\right]'=\sum_{n=1}^{\infty}(-1)^{n-1}nx^{n-1}$

(7) $f(x)=\sum_{n=0}^{\infty}\left(\frac{1}{2^{n+1}}-\frac{1}{3^{n+1}}\right)(x+4)^n, -6<x<-2$

(8) $(-\infty,0)\cup[6,+\infty)$

强化训练 8.2

1. (1) $\frac{1}{2n-1}$ (2) $(-1)^n\frac{n+1}{n}$ (3) $\frac{a^{n-1}}{(3n-2)(3n+1)}$ (4) $\frac{(\sqrt{x})^n}{2\cdot4\cdot6\cdot\cdots\cdot2n}=\frac{x^{\frac{n}{2}}}{2(n!)}$.

2. (1) 收敛 (2) 收敛 (3) 发散 (4) 发散 (5) 收敛 (6) 发散

3. (1) $\frac{3}{2}$ (2) $\frac{1}{3}$

强化训练 8.3

1. (1) 收敛 (2) 收敛 (3) 收敛 (4) 收敛 (5) 收敛 (6) 收敛 (7) 收敛 (8) 发散 (9) 发散 (10) 收敛

2. (1) 绝对收敛 (2) 条件收敛 (3) 条件收敛 (4) 条件收敛 (5) 条件收敛 (6) 绝对收敛 (7) 绝对收敛 (8) 绝对收敛

强化训练 8.4

1. (1) $R=1,(-1,1)$ (2) $R=1,(-1,1]$ (3) $R=\frac{1}{2}$, $\left(-\frac{1}{2},\frac{1}{2}\right)$ (4) $R=3,[-3,3)$

(5) $R=0,\{x=1\}$ (6) $R=1,[4,6)$

2. (1) $(-1,1)$, $S(x)=\frac{1}{(1-x)^2}$ (2) $(-1,1)$, $S(x)=\frac{1}{2}\arctan x+\frac{1}{4}\ln\frac{1+x}{1-x}$

(3) $[-1,1]$, $S(x)=\begin{cases}2\ln2-1, & x=-1\\ \ln(1-x)-x\ln(1-x)+x, & -1<x<1\\ 1, & x=1\end{cases}$

(4) $(-1,1)$, $S(x)=\frac{6x}{1-x}+\frac{2}{(1-x)^2}+\frac{2x^2(3-2x)}{(1-x)^3}+2$

3. (1) $a^x=\sum_{n=0}^{\infty}\frac{(x\ln a)^n}{n!}$,其中$-\infty<x<\infty$

(2) $\ln(10+x)=\ln10+\sum_{n=1}^{\infty}(-1)^{n-1}\frac{1}{n}\left(\frac{x}{10}\right)^n$,其中$-10<x\leqslant10$

(3) $f(x)=\frac{1}{2x^2-3x+1}=\frac{1}{(1-x)(1-2x)}=2\frac{1}{1-2x}-\frac{1}{1-x}\frac{1}{2x^2-3x+1}=2\sum_{n=0}^{\infty}(2x)^n-\sum_{n=0}^{\infty}x^n=\sum_{n=0}^{\infty}(2^{n+1}-1)x^n$,其中$-2<x<2$

(4) $\sqrt[3]{8-x^3}=2\sum_{n=0}^{\infty}\frac{\frac{1}{3}\left(\frac{1}{3}-1\right)\cdots\left(\frac{1}{3}-n+1\right)}{n!}\left(-\frac{x^3}{2}\right)^n$

$$= \sum_{n=0}^{\infty} (-1)^n \frac{\frac{1}{3}\left(\frac{1}{3}-1\right)\cdots\left(\frac{1}{3}-n+1\right)}{n!} \cdot \frac{x^{3n}}{2^{n-1}}$$

4. $\frac{1}{x+2}=\frac{1}{2}\cdot\frac{1}{1-\left(-\frac{x}{2}\right)}=\frac{1}{2}\sum_{n=1}^{\infty}\left(-\frac{x}{2}\right)^{n-1}=\sum_{n=1}^{\infty}(-1)^{n-1}\frac{x^{n-1}}{2^n}$,其中$-2<x<2$,$\frac{1}{x+2}=\sum_{n=1}^{\infty}(-1)^{n-1}$ $\frac{(x-2)^{n-1}}{4^{n+1}}$,其中$-2<x<6$

5. (1) 1.0098 (2) 1.625 (3) 0.3090

第8章 模拟试题

1. 单项选择题:

(1) B (2) A (3) C (4) B (5) A (6) A (7) B (8) A

2. 填空题:

(1) 发散 (2) $k<0$ (3) $p>0$ (4) $|a|<1$ (5) $R=1$ (6) $R=\frac{3}{2}$ (7) $(-1,1)$

(8) $(-2,0)$

3. 计算题:

(1) 收敛(提示:当$x>0$时,$\ln(1+x)\leqslant x$)

(2) 收敛(提示:$\frac{n\cos n^2}{2^n}\leqslant\frac{n}{2^n}$,再应用比值判别法)

(3) 发散(提示:利用级数收敛的必要条件)

(4) 收敛,条件收敛

(5) $R=2$,$[-1,3)$

(6) $R=+\infty$,$(-\infty,+\infty)$

(7) $f(x)=\sum_{n=0}^{\infty}(-1)^n\frac{(x-2)^n}{2^{n+1}}$,$0<x<4$

(8) $f(x)=\sum_{n=1}^{\infty}(-1)^{n-1}\frac{(x-1)^n}{n}$,$0<x\leqslant 2$